全国重要江河湖泊
水功能区划手册

水利部水资源司
水利部水利水电规划设计总院

编著

中国水利水电出版社
www.waterpub.com.cn

内 容 提 要

　　按照《中华人民共和国水法》第三十二条的有关规定和《中共中央　国务院关于加快水利改革发展的决定》的有关要求，水利部会同环境保护部、国家发展和改革委员会编制完成了《全国重要江河湖泊水功能区划（2011—2030 年）》（以下简称《区划》），并获国务院批复实施。全国重要江河湖泊水功能区划已成为全国水资源开发利用与保护、水污染防治和水环境综合治理的重要依据。本手册主要以国务院批复的《区划》成果为基础编撰而成，分为两篇。第一篇为全国重要江河湖泊水功能区划综述，主要包括全国水资源概况、水功能区划体系、全国及各水资源一级区重要江河湖泊水功能区划概况和水功能区保护与监督管理等。第二篇为全国重要江河湖泊水功能区划成果，主要包括松花江区、辽河区、海河区、黄河区、淮河区、长江区（不含太湖流域）、东南诸河区、珠江区、西南诸河区、西北诸河区、太湖流域的重要江河湖泊水功能区划登记表等。此外，手册在最后还列出了与水功能区管理有关的附件。

　　本手册可供水资源保护、管理、规划、科研和监测人员参考使用，也可供相关专业的科研设计人员和大专院校师生参阅。

图书在版编目（CIP）数据

全国重要江河湖泊水功能区划手册 / 水利部水资源司，水利部水利水电规划设计总院编著． -- 北京 ： 中国水利水电出版社，2013.11
　ISBN 978-7-5170-1403-4

　Ⅰ．①全… Ⅱ．①水… ②水… Ⅲ．①河流－水资源管理－中国－手册②湖泊－水资源管理－中国－手册
Ⅳ．①TV213.4-62

中国版本图书馆CIP数据核字（2013）第274207号

书　　名	**全国重要江河湖泊水功能区划手册**
作　　者	水 利 部 水 资 源 司　编著 水利部水利水电规划设计总院
出版发行	中国水利水电出版社 （北京市海淀区玉渊潭南路 1 号 D 座　　100038） 网址：www.waterpub.com.cn E - mail：sales@waterpub.com.cn 电话：（010）68367658（发行部）
经　　售	北京科水图书销售中心（零售） 电话：（010）88383994、63202643、68545874 全国各地新华书店和相关出版物销售网点
排　　版	中国水利水电出版社微机排版中心
印　　刷	北京纪元彩艺印刷有限公司
规　　格	184mm×260mm　16 开本　26 印张　617 千字
版　　次	2013 年 11 月第 1 版　2013 年 11 月第 1 次印刷
印　　数	0001—3000 册
定　　价	**130.00 元**

《全国重要江河湖泊水功能区划手册》
编撰委员会

主　　任　　胡四一

副 主 任　　陈明忠　梅锦山　陈　明　朱党生

委　　员　（以姓氏笔画为序）

于琪洋　马铁民　王方清　石秋池　史晓新

司毅铭　朱　威　李志群　李学灵　吴建青

连　煜　张鸿星　林　超　洪一平　姜永生

袁弘任　徐雪红　高而坤　程晓冰　程绪水

曾肇京　廖文根

编写组成员　（以姓氏笔画为序）

于　卉　曲宝安　朱远生　刘　平　刘　晨

刘江壁　刘新媛　刘德文　李　扬　李　环

李　斐　李云成　宋世霞　汪传刚　张红举

张军锋　张炎斋　张建永　张建军　陈　平

范兰池　罗　阳　罗小勇　武　剑　郁丹英

欧阳昊　姜海萍　贾　利　高丽娜　郭　勇

袁洪洲　宿　华　蒋云钟　程　伟　程西方

彭　勃　赖晓珍　蔡　宇　穆宏强　魏　民

序

人多水少，水资源时空分布不均是我国的基本国情和水情。过去30多年来，我国经济虽得到了快速发展，但河湖水域污染问题一直没有得到有效解决。进入21世纪以来，我国水资源形势正在发生着深刻变化。随着工业化、城镇化的深入发展和全球气候变化影响的加剧，在发达国家200多年工业化进程中分阶段出现的水危机，现阶段正在我国集中体现出来。水资源短缺、水污染严重、水生态退化等问题日益突出，已成为制约经济社会可持续发展的主要瓶颈。

破解水资源困局，实现中国水资源可持续利用，必须实行水资源优化配置、高效利用与有效保护。制定水功能区划，加强水功能区监督管理，对于促进经济社会发展与水资源承载能力相适应，切实落实最严格水资源管理制度具有重要意义。自1999年底水利部组织开展全国水功能区划工作，至2011年底国务院正式批复《全国重要江河湖泊水功能区划（2011—2030年）》，整整历时12年。经过十多年的实践和探索，水功能区划体系已基本形成，在水资源保护和管理工作中发挥了重要作用，已成为我国水资源开发利用与保护和水环境综合治理的重要基础和基本依据。

水功能区管理也是实行最严格水资源管理制度的重要内容。确立水功能区限制纳污红线，到2030年将主要污染物入河湖总量控制在水功能区纳污能力范围之内，将水功能区水质达标率提高到95％以上，已成为未来近20年我国水资源保护工作的主要目标。为实现水功能区水质目标，当前亟需尽快确立水功能区限制纳污红线，严格控制入河湖排污总量；全面加强水功能区监督管理，强化入河排污口监管；深入推进饮用水水源保护，切实保障饮用水安全；积极开展水生态文明建设，促进水生态系统保护与修复，逐步构建完善的水资源保护和河湖健康保障体系。

潮起海天阔，扬帆正当时！希望广大水资源保护工作者抓住历史机遇，大胆开拓、扎实工作，努力开创水资源保护工作新局面，为实现我国水资源可持续利用贡献力量。

水利部副部长　胡四一

2013年8月

前　言

　　水是生命之源、生产之要、生态之基。水资源短缺、水污染严重仍然是当前制约经济社会可持续发展的主要瓶颈。据统计，我国北方地区主要河流河道外用水多年平均挤占河道内生态环境用水约为 132 亿 m^3，2010 年在我国 17.6 万 km 长的河流中，48.7％的省界断面水质劣于Ⅲ类，全国水功能区水质达标率不足 50％，水体污染、水生态和环境恶化问题突出，水事矛盾频发。随着我国人口的不断增长、工业化和城镇化进程的加快，水资源和水环境面临的压力将不断加大。

　　《中华人民共和国水法》（以下简称《水法》）第三十二条明确提出了"国务院水行政主管部门会同国务院环境保护行政主管部门、有关部门和有关省、自治区、直辖市人民政府，按照流域综合规划、水资源保护规划和经济社会发展要求，拟定国家确定的重要江河、湖泊的水功能区划，报国务院批准"的要求。根据我国水资源的自然条件和属性，统筹协调水资源开发利用与保护、整体与局部的关系，合理划分水功能区，突出主体功能，实现分类指导，是水资源开发利用与保护、水环境综合治理和水污染防治等工作的重要基础。通过划分水功能区，从严核定水域纳污能力，提出限制排污总量意见，可为确立水功能区限制纳污红线提供重要支撑，有利于合理制定水资源开发利用与保护政策，调控开发强度、优化空间布局，有利于引导经济布局与水资源水环境承载能力相适应，有利于统筹河流上下游、左右岸、省界间水资源开发利用与保护。

　　按照《水法》第三十二条的有关规定和《中共中央 国务院关于加快水利改革发展的决定》的有关要求，水利部会同环境保护部、国家发展和改革委员会编制完成了《全国重要江河湖泊水功能区划（2011—2030 年）》❶（以下简称《区划》）。全国重要江河湖泊一级水功能区共 2888 个，区划河长 177977km，区划湖库面积 43333km²，其中开发利用区的个数、河长所占比例均约为 40％，面积所占比例约为 16％。全国重要江河湖泊二级水功能区共 2738 个，区划河长 72018km，区划湖库面积 6792km²，其中农业用水区、工

---

　　❶　全国重要江河湖泊的水功能区划范围及各组统计数字未包括香港、澳门及台湾地区。

业用水区和饮用水源区的累计河长比例较大，分别占二级水功能区划总河长的45%、21%和18%。全国一、二级水功能区合并总计为4493个（开发利用区不重复统计），81%的水功能区水质目标确定为Ⅲ类或优于Ⅲ类。

本次水功能区划成果是在全国31个省（自治区、直辖市）人民政府已经批复的辖区水功能区划基础上，根据全国重要江河湖泊水功能区划范围的选取原则和水功能区划分标准，经多次复核完善后形成。依据《水法》要求，2010年12月水利部、国家发展和改革委员会、环境保护部联合发文征求国家有关部委局及全国各省（自治区、直辖市）人民政府的意见。根据有关部委局及各省（自治区、直辖市）人民政府的意见，对水功能区划成果进行了进一步协调和修改完善。2011年12月，国务院以国函〔2011〕167号文正式批复了《区划》。

国务院批复意见指出，《区划》是全国水资源开发利用与保护、水污染防治和水环境综合治理的重要依据；各地区和有关部门要加强领导、密切配合，加大投入，制定相应措施，完善管理规定，如期实现水功能区水质目标。目前水利部正在按照实行最严格水资源管理制度的有关要求，积极开展了水功能区达标目标分解、纳污能力核定和限制排污总量控制方案的制定工作，并加强了水功能区监督、监测和管理工作。水利、发改、环保等有关部门已经编制或者正在编制的多项重大规划均以水功能区划为依据开展工作。各省（自治区、直辖市）人民政府在城市规划、国土资源开发管理、取水许可管理、排水管理、水污染防治、建设项目管理等工作中，均需要根据国务院批复的《区划》有关要求开展工作。《区划》的重大基础性作用已经逐步显现，以水功能区为基础的水资源保护体系正在逐步建立和完善。

为深入贯彻落实《区划》，确保《区划》的各项要求不折不扣地落到实处，充分发挥好《区划》的重大基础性作用，水利部水资源司组织水利水电规划设计总院、七大流域水资源保护局、中国水利水电科学研究院等有关单位成立了编撰委员会进行本手册的编撰工作。水利水电规划设计总院具体承担了书稿汇总工作。各流域管理机构、各省（自治区、直辖市）水利（水务）部门以及有关科研设计单位的领导、专家和技术人员为《区划》的编制作出了重要贡献，在此一并向他们表示衷心的感谢。

由于时间和水平有限，疏漏和错误之处在所难免，敬请批评指正。

编撰委员会

2013年8月10日

目　　录

第一篇　全国重要江河湖泊水功能区划综述

第一篇
全国重要江河湖泊水功能区划综述

1 全国水资源概况

1.1 自然条件与经济社会状况

1.1.1 自然条件

我国地域辽阔，东部和南部滨临海洋，西部深入欧亚大陆腹地。总体地势呈阶梯状分布，西高东低，从被称为"世界屋脊"的青藏高原逐级而下，到达东部滨海平原，呈高差明显的三级阶梯。地貌类型丰富多样，平原少，山地多，山地、高原、丘陵等约占总面积的 66%。

各种地形地貌的空间组合和分布，尤其青藏高原的存在，形成了我国气候的基本特点：季风气候显著，雨热同期；大陆性气候明显，降水、气温变化较大；气候类型多样，地区差异明显。受季风气候和地形地貌影响，我国的降水分布不均，从东南沿海地区向西北内陆地区递减。降水总体分布是南方多、北方少，山区多、平原少，绝大多数河流地表水资源年内年际变化大且经常出现连丰、连枯状况。

根据 1956—2000 年 45 年同步水文系列，全国多年平均年降水量为 61775 亿 m³，折合降水深 650mm。全国水资源总量❶为 28412 亿 m³，居世界第六位，但人均水资源量仅为世界人均占有量的 28%，水资源可利用总量❷为 8140 亿 m³。我国水资源空间分布不均，水资源分布与土地资源、经济布局不相匹配。近几十年来，气候变化对我国水资源的影响日益彰显，并有不断加重的趋势。2010 年，全国平均降水量为 695mm，地表水资源总量为 29798 亿 m³，比常年值偏多 11.6%。

1.1.2 河流与湖泊

我国河流、湖泊众多，全国流域面积大于 1000km² 的河流有 1500 多条，其中 860 条集中在长江、黄河、珠江、松花江和辽河等流域内，约占流域面积 1000km² 以上河流总数的 57%。

全国湖面面积大于 10.0km² 的湖泊 600 多个，总面积 7.72 万 km²，总储水量 7421.5 亿 m³，主要分布在青藏高原、蒙新高原、东北平原以及江淮平原等地。

1.1.3 经济社会现状❸

2010 年，全国总人口 13.40 亿，其中城镇人口 6.66 亿，占全国总人口的 49.7%。全

---

❶ 水资源评价有关数据采用《全国水资源综合规划》及《2010 年中国水资源公报》有关成果。

❷ 水资源可利用总量是以流域为单元，在保护生态环境和水资源可持续利用的前提下，在可预见的未来，通过经济合理、技术可行的措施，在当地水资源中可供河道外经济社会系统开发利用消耗的最大水量（按不重复水量计）。

❸ 经济社会统计数据采用《2010 年国民经济和社会发展统计公报》及《2010 年第六次全国人口普查主要数据公报》有关成果。

国国内生产总值（GDP）39.8万亿元，人均GDP2.97万元，全国工业增加值16.0万亿元。粮食种植面积16.48亿亩，粮食产量5.46亿t，人均粮食408kg。

1.2 水资源开发利用与水质状况

我国各地自然条件与经济社会发展状况差异显著，水资源条件、生态环境状况与经济社会发展状况也不尽相同。按照流域和行政区域水资源特点，划分为10个水资源一级区，即松花江区、辽河区、海河区、黄河区、淮河区、长江区、东南诸河区、珠江区、西南诸河区和西北诸河区。

1.2.1 供水量和用水量

2010年，全国总供（用）水量为6022亿m^3，其中地表水、地下水和其他水源供水量分别为4882亿m^3、1107亿m^3和33亿m^3，分别占全国总供水量的81.1%、18.4%和0.5%。

全国总用水量6022亿m^3中，生活、工业、农业和河道外人工生态环境用水量分别为766亿m^3、1447亿m^3、3689亿m^3和120亿m^3，分别占总用水量的12.7%、24.0%、61.3%和2.0%。现状全国海水直接利用量为488亿m^3，主要是广东、浙江和山东等沿海地区火（核）电的冷却用水。

1.2.2 水资源开发利用程度

根据2000—2008年供水量和水资源量资料，全国水资源开发利用率为21%。北方地区水资源开发利用率平均为50%，其中海河区、辽河区和黄河区分别为134%、87%和73%；南方地区水资源开发利用率为14%。其中，全国地表水资源开发利用率为18%，北方地区平均地表水资源开发利用率为38%，海河区、黄河区和辽河区分别为76%、63%和59%；南方地区地表水资源开发利用率为14%。

1.2.3 河湖水质现状

2010年，全国废污水排放总量为792亿t。对全国总长为17.6万km的河流进行水质状况评价表明：全年水质评价为Ⅰ～Ⅲ类水的河长占评价总河长的61.4%；对339个省界断面进行水质评价，全年水质评价为Ⅰ～Ⅲ类的断面占评价断面总数的51.3%。

对99个湖泊和437座水库进行水质状况评价，全年水质达到Ⅰ～Ⅲ类的湖泊和水库分别占58.9%和78.0%；对99个湖泊和420座水库进行营养状态评价，其中65.7%的湖泊和30.7%的水库呈富营养状态。对3902个水功能区进行水质达标评价，全年达标率为46.0%。

2 水功能区划体系

2.1 依据与目的

2.1.1 水功能区划依据

《中华人民共和国水法》（以下简称《水法》）第三十二条规定，"国务院水行政主管部门会同国务院环境保护行政主管部门、有关部门和有关省、自治区、直辖市人民政府，按照流域综合规划、水资源保护规划和经济社会发展要求，拟定国家确定的重要江河、湖泊水功能区划，报国务院批准。"

《中共中央 国务院关于加快水利改革发展的决定》（中发〔2011〕1号）明确提出："到2020年，基本建成水资源保护和河湖健康保障体系，主要江河湖泊水功能区水质明显改善"；"建立水功能区限制纳污制度，确立水功能区限制纳污红线，从严核定水域纳污容量，严格控制入河湖排污总量。"

国务院批复的《全国水资源综合规划》和《全国主体功能区规划》明确提出，至2020年，主要江河湖泊水功能区水质达标率到80%左右；到2030年，全国江河湖泊水功能区基本实现达标。

2.1.2 水功能区划目的

水功能区是指为满足水资源合理开发、利用、节约和保护的需求，根据水资源的自然条件和开发利用现状，按照流域综合规划、水资源与水生态系统保护和经济社会发展要求，依其主导功能划定范围并执行相应水环境质量标准的水域。

根据我国水资源的自然条件和属性，按照流域综合规划、水资源保护规划及经济社会发展要求，协调水资源开发利用与保护、整体与局部的关系，合理划分水功能区，突出主体功能，实现分类指导，是水资源开发利用与保护、水环境综合治理和水污染防治等工作的重要基础。

通过划分水功能区，从严核定水域纳污能力，提出限制排污总量意见，可为建立水功能区限制纳污制度，确立水功能区限制纳污红线提供重要支撑，有利于合理制定水资源开发利用与保护政策，调控开发强度、优化空间布局，有利于引导经济布局与水资源和水环境承载能力相适应，有利于统筹河流上下游、左右岸、省界间水资源开发利用与保护。

2.2 指导思想与原则

2.2.1 指导思想

水功能区划的指导思想是以水资源承载能力与水环境承载能力为基础，以合理开发和有效保护水资源为核心，以改善水资源质量、遏制水生态系统恶化为目标，按照流域综合规划、水资源保护规划及经济社会发展要求，从我国水资源开发利用现状、水生态系统保护状况以及未来发展需要出发，科学合理地划定水功能区，实行最严格的水资源管理，建立水功能区限制纳污制度，促进经济社会和水资源保护的协调发展，以水资源的可持续利用支撑经济社会的可持续发展。

2.2.2　区划原则

（1）坚持可持续发展的原则

水功能区划以促进经济社会与水资源、水生态系统的协调发展为目的，与水资源综合规划、流域综合规划、国家主体功能区规划、经济社会发展规划相结合，坚持可持续发展原则，根据水资源和水环境承载能力及水生态系统保护要求，确定水域主体功能；对未来经济社会发展有所前瞻和预见，为未来发展留有余地，保障当代和后代赖以生存的水资源。

（2）统筹兼顾与突出重点相结合的原则

水功能区划以流域为单元，统筹兼顾上下游、左右岸、近远期水资源及水生态保护目标与经济社会发展需求，水功能区划体系和水功能区划指标既考虑普遍性，又兼顾不同水资源区特点。对城镇集中饮用水源和具有特殊保护要求的水域，划为保护区或饮用水源区并提出重点保护要求，保障饮用水安全。

（3）坚持水质、水量、水生态并重的原则

水功能区划充分考虑各水资源分区的水资源开发利用和社会经济发展状况，水污染及水环境、水生态等现状，以及经济社会发展对水资源的水质、水量、水生态保护的需求。部分仅对水量有需求的功能，例如航运、水力发电等不单独划水功能区。

（4）尊重水域自然属性的原则

水功能区划尊重水域自然属性，充分考虑水域原有的基本特点，所在区域自然环境、水资源及水生态的基本特点。对于特定水域如东北、西北地区，在执行水功能区划水质目标时还要考虑河湖水域天然背景值已经偏高的影响。

2.3　水功能区划分体系

根据《水功能区划分标准》（GB/T 50594—2010），将水功能区划为两级体系（见图2.1），即一级区划和二级区划。

一级水功能区分四类，即保护区、保留区、开发利用区、缓冲区。二级水功能区将一级水功能区中的开发利用区具体划分为饮用水源、工业用水区、农业用水区、渔业用水区、景观娱乐用水区、过渡区和排污控制区等七类。

一级区划在宏观上调整水资源开发利用与保护的关系，协调地区间关系，同时考虑可持续发展的需求；二级区划主要确定水域功能类型及功能排序，协调不同用水行业间的关系。

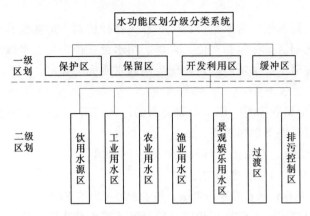

图 2.1 水功能区划分级分类体系图

2.4 一级区划的条件和指标

2.4.1 保护区

保护区是指对水资源保护、自然生态系统及珍稀濒危物种的保护具有重要意义，需划定范围进行保护的水域。

1）保护区应具备以下划区条件之一：

——重要的涉水国家级及省级自然保护区、国际重要湿地及重要的国家级水产种质资源保护区范围内的水域或具有典型生态保护意义的自然生境内的水域；

——已建和拟建（规划水平年内建设）跨流域、跨区域的调水工程水源（包括线路）和国家重要水源地的水域；

——重要河流源头河段一定范围内的水域。

2）保护区划区指标包括集水面积、水量、调水量、保护级别等。

3）保护区水质标准原则上应符合《地表水环境质量标准》（GB 3838—2002）中的Ⅰ类或Ⅱ类水质标准；当由于自然、地质原因不满足Ⅰ类或Ⅱ类水质标准时，应维持现状水质。

2.4.2 保留区

保留区是指目前水资源开发利用程度不高，为今后水资源可持续利用而保留的水域。

1）保留区应具备以下划区条件：

——受人类活动影响较少，水资源开发利用程度较低的水域；

——目前不具备开发条件的水域；

——考虑可持续发展需要，为今后的发展而保留的水域。

2）保留区划区指标包括产值、人口、用水量、水域水质等。

3）保留区水质标准应不低于《地表水环境质量标准》（GB 3838—2002）规定的Ⅲ类水质标准或按现状水质控制。

2.4.3 开发利用区

开发利用区是指为满足城镇生活、工农业生产、渔业、娱乐等功能需求而划定的水域。

1）开发利用区划区条件为取水口集中，有关指标达到一定规模和要求的水域。

2）开发利用区划区指标包括产值、人口、用水量、排污量、水域水质等。

3）水质标准按照二级水功能区划相应类别的水质标准确定。

2.4.4 缓冲区

缓冲区是指为协调省际间、用水矛盾突出的地区间用水关系而划定的水域。

1）缓冲区应具备以下划区条件：

——跨省（自治区、直辖市）行政区域边界的水域；

——用水矛盾突出的地区之间的水域。

2）缓冲区划区指标包括省界断面水域、用水矛盾突出的水域范围、水质、水量状况等。

3）水质标准根据实际需要执行相应水质标准或按现状水质控制。

2.5 二级区划的条件和指标

2.5.1 饮用水源区

饮用水源区是指为城镇提供综合生活用水而划定的水域。

1）饮用水源区应具备以下划区条件：

——现有城镇综合生活用水取水口分布较集中的水域，或在规划水平年内为城镇发展设置的综合生活供水水域；

——用水户的取水量符合取水许可管理的有关规定。

2）饮用水源区划区指标包括相应的人口、取水总量、取水口分布等。

3）饮用水源区水质标准应符合《地表水环境质量标准》（GB 3838—2002）中Ⅱ～Ⅲ类水质标准，经省级人民政府批准的饮用水源一级保护区执行Ⅱ类标准。

2.5.2 工业用水区

工业用水区是指为满足工业用水需求而划定的水域。

1）工业用水区应具备以下划区条件：

——现有工业用水取水口分布较集中的水域，或在规划水平年内需设置的工业用水供水水域；

——供水水量满足取水许可管理的有关规定。

2）工业用水区划区指标包括工业产值、取水总量、取水口分布等。

3）工业用水区水质标准应符合《地表水环境质量标准》（GB 3838—2002）中Ⅳ类水质标准。

2.5.3 农业用水区

农业用水区是指为满足农业灌溉用水而划定的水域。

1）农业用水区应具备以下划区条件：

——现有的农业灌溉用水取水口分布较集中的水域，或在规划水平年内需设置的农业灌溉用水供水水域；

——供水水量满足取水许可管理的有关规定。

2）农业用水区区划指标包括灌区面积、取水总量、取水口分布等。

3）农业用水区水质标准应符合《地表水环境质量标准》（GB 3838—2002）中Ⅴ类水质标准，或按《农田灌溉水质标准》（GB 5084—2005）的规定确定。

2.5.4 渔业用水区

渔业用水区是指为水生生物自然繁育以及水产养殖而划定的水域。

1）渔业用水区应具备以下划区条件：

——天然的或天然水域中人工营造的水生生物养殖用水的水域；

——天然的水生生物的重要产卵场、索饵场、越冬场及主要洄游通道涉及的水域或为水生生物养护、生态修复所开展的增殖水域。

2）渔业用水区划区指标包括主要水生生物物种、资源量以及水产养殖产量、产值等。

3）渔业用水区水质标准应符合《渔业水质标准》（GB 11607—89）的规定，也可按《地表水环境质量标准》（GB 3838—2002）中Ⅱ类或Ⅲ类水质标准确定。

2.5.5 景观娱乐用水区

景观娱乐用水区是指以满足景观、疗养、度假和娱乐需要为目的的江河湖库等水域。

1）景观娱乐用水区应具备以下划区条件：

——休闲、娱乐、度假所涉及的水域和水上运动场需要的水域；

——风景名胜区所涉及的水域。

2）景观娱乐用水区划区指标包括景观娱乐功能需求、水域规模等。

3）景观娱乐用水区水质标准应根据具体使用功能符合《地表水环境质量标准》（GB 3838—2002）中相应水质标准。

2.5.6 过渡区

过渡区是指为满足水质目标有较大差异的相邻水功能区间水质要求而划定的过渡衔接水域。

1）过渡区应具备以下划区条件：

——下游水质要求高于上游水质要求的相邻功能区之间的水域；

——有双向水流，且水质要求不同的相邻功能区之间的水域。

2）过渡区划区指标包括水质与水量。

3）过渡区水质标准应按出流断面水质达到相邻功能区的水质目标要求选择相应的控制标准。

2.5.7 排污控制区

排污控制区是指生产、生活废污水排污口比较集中的水域，且所接纳的废污水不对下游水环境保护目标产生重大不利影响。

1）排污控制区应具备以下划区条件：

——接纳废污水中污染物为可稀释降解的；

——水域稀释自净能力较强，其水文、生态特性适宜作为排污区。

2）排污控制区划区指标包括污染物类型、排污量、排污口分布等。

3）排污控制区水质标准应按其出流断面的水质状况达到相邻水功能区的水质控制标准确定。

3 全国重要江河湖泊水功能区划概况

水功能区划作为水资源保护工作的重要基础和依据，在依法核定水域纳污容量、提出限制排污总量意见、入河排污口和省界缓冲区监管、水资源保护规划等工作中正在发挥着越来越重要的作用。

3.1 水功能区选取原则

全国重要江河湖泊水功能区是在全国 31 个省（自治区、直辖市）人民政府批复的辖区水功能区划的基础上，从实施最严格水资源管理制度及加强国家对水资源的保护和管理出发，按照下列原则选定：

1）国家重要江河干流及其主要支流的水功能区。

2）重要的涉水国家级及省级自然保护区、国际重要湿地及重要的国家级水产种质资源保护区、跨流域调水水源地及重要饮用水水源地的水功能区。

3）国家重点湖库水域的水功能区，主要包括对区域生态保护和水资源开发利用具有重要意义的湖泊和水库水域的水功能区。

4）主要省际边界水域、重要河口水域等协调省际间用水关系以及内陆与海洋水域功能关系的水功能区。

3.2 一级水功能区

全国重要江河湖泊一级水功能区共 2888 个，区划河长 177977km，区划湖库面积 43333km²，区划成果见表 3.1、图 3.1 和图 3.2。其中，保护区 618 个，占总数的 21.4%；保留区 679 个，占总数的 23.5%；开发利用区 1133 个，占总数的 39.2%；缓冲区 458 个，占总数的 15.9%。

在 177977km 区划河长中，保护区共 36861km，占区划总河长的 20.7%；保留区共 55651km，占区划总河长的 31.3%；开发利用区共 71865km，占区划总河长的 40.4%；缓冲区共 13600km，占区划总河长的 7.6%。在 43333km² 区划湖库面积中，涉及一级水功能区 174 个❶，其中保护区总面积为 33358km²，占区划总面积的 77.0%；保留区总面积 2685km²，占区划总面积的 6.2%；开发利用区 6792km²，占区划总面积的 15.7%；缓

---

❶ 对主要包括湖泊、水库等水域的水功能区，按面积进行统计；太湖流域部分水库水功能区按库容进行描述，其库容未计入全国统计数据。

冲区 498km²，占区划总面积的 1.1%。

表 3.1　　　　　　　全国重要江河湖泊一级水功能区划汇总表

长度单位：km　面积单位：km²

一级水功能区 项目 水资源分区	总计			保护区			保留区			开发利用区			缓冲区		
	个数	河长	面积	个数	河长	面积	个数	河长	面积	个数	河长	面积	个数	河长	面积
全　国	2888	177977	43333	618	36861	33358	679	55651	2685	1133	71865	6792	458	13600	498
松花江区	289	25097	6771	101	7451	6766	42	3964	0	102	11925	5	44	1757	0
辽河区	149	11294	92	42	1353	0	4	202	0	78	9092	92	25	647	0
海河区	168	9542	1415	27	1145	1115	9	600	0	85	5917	292	47	1880	8
黄河区	171	16883	456	36	2240	448	16	2966	0	59	9836	8	60	1841	0
淮河区	226	12036	6434	64	1811	5987	16	888	0	107	8331	447	39	1006	0
长江区	1181	52660	13610	187	9109	9120	407	28698	2039	416	10878	1961	171	3975	490
其中太湖流域	254	4472	2777	14	289	1577	6	82	0	158	3589	752	76	512	448
东南诸河区	126	4836	1202	25	679	471	17	787	0	71	3208	731	13	162	0
珠江区	339	16607	1213	52	1912	995	90	5967	0	143	6608	218	54	2120	0
西南诸河区	159	16876	1482	48	5025	888	69	10627	568	37	1012	26	5	212	0
西北诸河区	80	12146	10658	36	6136	7568	9	952	78	35	5058	3012	0	0	0

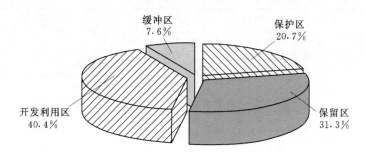

图 3.1　全国重要江河湖泊一级水功能区各类型河长比例示意图

3.2.1　保护区

全国一级水功能区中，共有保护区 618 个，区划河长 36861km，区划湖库面积 33358km²，主要分布在长江、松花江区、西北诸河区、西南诸河区和淮河区等。保护区的分布与各水资源区的自然地理条件、水资源及生态环境状况密切相关，各水资源区中保护区的分布和数量存在明显差异。保护区分源头水保护区、重要水源地和自然保护区及重要生境等类型。各水资源分区中一级水功能区的保护区统计结果见表 3.2。

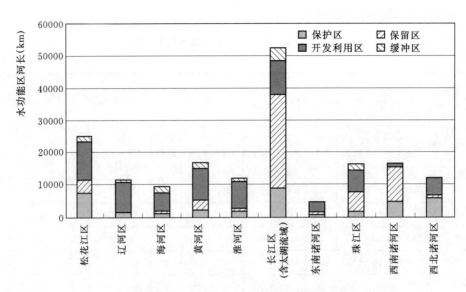

图 3.2　各水资源分区重要江河湖泊一级水功能区划河长示意图

表 3.2　　　　　　　　各水资源分区中一级水功能区——保护区分类统计表

长度单位：km　面积单位：km²

水资源分区 \ 项目	总计			源头水保护区			重要水源地			自然保护区及重要生境		
	个数	河长	面积	个数	河长	面积	个数	河长	面积	个数	河长	面积
全　国	618	36861	33358	359	22161	856	117	3884	8829	142	10816	23673
松花江区	101	7451	6766	70	4754	0	3	186	0	28	2511	6766
辽河区	42	1353	0	40	1295	0	1	47	0	1	11	0
海河区	27	1145	1115	8	287	0	18	858	755	1	0	360
黄河区	36	2240	448	29	1978	0	1	73	0	6	189	448
淮河区	64	1811	5987	8	268	64	48	1499	5184	8	44	739
长江区	187	9109	9120	92	5211	202	34	581	2226	61	3317	6692
其中太湖流域	14	289	1577	2	37	0	9	226	164	3	26	1413
东南诸河区	25	679	471	21	540	51	3	122	420	1	17	0
珠江区	52	1912	995	37	1221	539	7	459	244	8	232	212
西南诸河区	48	5025	888	35	3288	0	0	0	0	13	1737	888
西北诸河区	36	6136	7568	19	3319	0	2	59	0	15	2758	7568

保护区中有源头水保护区 359 个，区划河长 22161km（占保护区总河长的 60.1%），区划湖库面积 856km²（占保护区湖库面积的 2.57%）。源头水保护区主要位于人烟稀少、人类活动影响较小的河源地区，水资源基本保持在天然、良好状态。源头水保护区的数量、区划长度与流域河源数量及地理条件有关。该类型保护区累计河长较长的是长江区、松花江区等。

保护区中有重要水源地（集中式饮用水水源地或中大型区域调水水源保护区）117

个，区划河长 3884km（占保护区总河长的 10.5%），区划湖库面积 8829km² （占保护区总湖库面积的 26.5%）。在人口稠密，经济发达的地区，集中式饮用水水源地是城市生活不可缺少的基础设施，如密云水库、大伙房水库等。大型区域调水水源地及输水线路是通过区域调水措施，在不同水资源区之间实施水资源优化配置，实现以丰补缺，如南水北调工程等。该类型保护区主要分布在淮河区、长江区、海河区等区。

保护区中有自然保护区及重要生境保护区 142 个，区划河长 10816km（占保护区总河长的 29.3%），区划湖库面积 23673km² （占保护区总湖库面积的 71.0%），主要为重要的涉水国家级及省级自然保护区、国际重要湿地、重要国家级水产种质资源保护区以及具有典型生态保护意义的自然生境内的水域。该类型保护区主要分布在长江区、松花江区、西北诸河区等区。

3.2.2 保留区

全国一级水功能区中，共有保留区 679 个，区划河长 55651km，区划湖库面积 2685 km²。由于水资源条件不同，因而保留区在各水资源区中分布特点也不同。其中，长江区的保留区数量最多，共 407 个，河长达 28698km，占全国保留区河长的 51.6%。其次是西南诸河区和珠江区，分别占全国保留区河长的 19.1% 和 10.7%。水功能区中的保留区是我国水资源的主要储备区，保留区在维持水资源的良好状态、促进我国水资源可持续利用方面意义重大。

3.2.3 开发利用区

全国一级水功能区中，共有开发利用区 1133 个，区划河长 71865km，占一级水功能区总河长的 40.4%。全国湖库型开发利用区面积 6792km²，累计河长较长的是松花江区、长江区等区。

开发利用区涉及河流长度占本水资源分区一级水功能区总河长比例超过 50% 的有辽河区、海河区、淮河区、黄河区、东南诸河区等，其中辽河区最大为 80.5%。开发利用区的分布基本反映了水资源开发利用程度和经济社会发展状况，如辽河区水资源供需矛盾相对突出，其开发利用区长度比例最大，而西南诸河区，水资源开发利用程度低、经济社会欠发达，开发利用区长度比例较低。

3.2.4 缓冲区

全国一级水功能区中，共有缓冲区 458 个，区划河长 13600km，区划湖库面积 498km²。缓冲区是协调省际间或用水矛盾突出的地区间用水关系而划定的重要水资源管理和保护的水域。缓冲区主要由流域管理机构根据省际（界）的用水需求和水质管理需要来划定。

3.3 二级水功能区

在 1133 个开发利用区中，共划分二级水功能区 2738 个，区划长度 72018km，区划面积 6792km²，区划成果见图 3.3、表 3.3。二级水功能区的分布及长度❶与我国水资源开

---

❶ 二级水功能区累计长度大于一级水功能区的开发利用区长度，是因为同一区域左右岸划分为不同水功能区后长度累加所致。

发利用状况总体一致，其中松花江区、长江区、黄河区、辽河区位于前四位，东南诸河区和西南诸河区居后两位。

开发利用区中，农业用水区、工业用水区和饮用水源区累计河长分别占二级水功能区划总河长的44.7%、20.8%和18.3%，比例较大；过渡区和景观娱乐用水区的河长次于前三区，分别占二级水功能区划总河长的5.2%和4.9%；渔业用水区和排污控制区最短，分别占2.9%和2.7%。

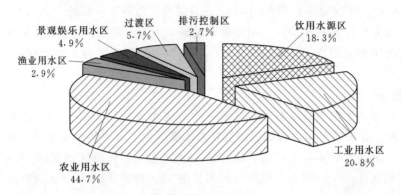

图 3.3 全国重要江湖湖泊二级水功能区各类型河长比例示意图

3.3.1 饮用水源区

除重要的流域性集中式饮用水源地或大中型区域调水水源地已划为保护区外，其他饮用水水源地划为饮用水源区。以饮用水为主导功能的二级水功能区共687个，区划河长13160km，区划湖库面积2015km²。饮用水源区一般位于大中城市、县级城市上游水域和规划饮用水取水水域，其分布与城镇密集度、生活用水量和水污染状况等有关。河流型饮用水源区主要分布在长江区、珠江区、辽河区、黄河区等；湖泊型饮用水源区主要分布在长江区、东南诸河区、海河区等。

3.3.2 工业用水区

以工业用水为主导功能的二级水功能区共553个，区划河长14999km，区划湖库面积179km²。工业用水区总体分布特点是南方多于北方，沿海地区多于内陆地区，与工业生产的发达程度基本吻合。其中，长江区、珠江区、东南诸河区等工业用水区区划河长占本区区划总河长的比例均在30%以上。

3.3.3 农业用水区

以农业用水为主导功能的二级水功能区共625个，区划河长32166km，区划湖库面积450km²。其中，松花江区、淮河区、辽河区、黄河区和西北诸河区农业用水区长度居前五位。农业用水区总体分布特点是北方多于南方，与我国水土资源组合和灌区分布状况吻合。我国北方地区土地资源丰富，在灌区的分布上，北方灌区一般位于河谷平原地带，多以农业用水为主导功能。南方河道河网用水一般为多功能，农业用水为主导功能的水域相对较少。

3.3.4 渔业用水区

以渔业用水为主导功能的二级水功能区共90个，区划河长2075km，区划湖库面积

表 3.3

全国重要江河湖泊二级水功能区划汇总表

长度单位：km　面积单位：km²

水资源分区	总计 个数	总计 长度	总计 面积	饮用水源区 个数	饮用水源区 长度	饮用水源区 面积	工业用水区 个数	工业用水区 长度	工业用水区 面积	农业用水区 个数	农业用水区 长度	农业用水区 面积	渔业用水区 个数	渔业用水区 长度	渔业用水区 面积	景观娱乐用水区 个数	景观娱乐用水区 长度	景观娱乐用水区 面积	过渡区 个数	过渡区 长度	过渡区 面积	排污控制区 个数	排污控制区 长度
全国	2738	72018	6792	687	13160	2015	553	14999	179	625	32166	450	90	2075	2335	243	3502	1803	309	4116	10	231	2000
松花江区	219	11925	5	33	1187	0	28	2423	0	81	6846	5	3	189	0	6	128	0	35	780	0	33	372
辽河区	262	9092	92	71	2283	92	26	1095	0	91	4489	0	7	250	0	10	162	0	31	521	0	26	292
海河区	147	5917	292	32	1222	271	16	955	0	70	3290	11	1	36	0	10	151	10	10	183	0	8	80
黄河区	234	9836	8	36	1717	0	34	2012	0	70	4233	0	7	512	0	11	105	8	35	681	0	41	576
淮河区	275	8331	447	42	997	145	15	369	0	116	5669	153	12	327	142	16	154	0	28	406	7	46	409
长江区	978	11031	1961	258	2480	749	297	3880	169	78	1501	205	22	220	565	130	1838	270	125	911	3	68	201
其中太湖流域	284	3589	753	42	365	623	77	1195	0	51	766	0	10	93	119	74	934	11	30	236	0	0	0
东南诸河区	179	3208	731	59	735	635	36	1205	0	36	622	0	5	28	3	28	394	93	15	224	0	0	0
珠江区	323	6608	218	132	2286	110	88	2227	0	31	928	73	26	513	35	19	359	35	21	265	0	6	30
西南诸河区	59	1012	26	20	115	13	7	135	10	16	531	3	0	0	0	11	211	0	5	20	0	0	0
西北诸河区	62	5058	3012	4	138	0	6	698	0	36	4057	0	7	0	1590	2	0	1422	4	125	0	3	40

2335km²。区划累计河长居前六位的是珠江区、黄河区、淮河区、辽河区、长江区和松花江区。湖泊型渔业用水区主要分布在西北诸河区和长江区。除主导功能为渔业用水的二级区外，另有136个二级水功能区将渔业用水功能作为第二或第三主导功能。具有渔业用水功能的二级区总计225个，区划河长6094km，区划湖库面积3311km²，分别占全国二级水功能区相应总数的8.2%、8.5%和48.7%。

3.3.5 景观娱乐用水区

以景观娱乐用水为主导功能的二级水功能区共243个，区划河长3502km，区划湖库面积1803km²。景观娱乐用水区总体上南方多于北方，区划河长较长的有长江区、东南诸河区、珠江区等。

3.3.6 过渡区

全国二级水功能区中共划分过渡区309个，区划河长4116km，区划湖库面积10km²。过渡区分布及长度取决于相邻功能区的水质差别、水量、流速大小等。

3.3.7 排污控制区

全国重要江河湖泊二级水功能区中共划分排污控制区231个，区划河长2000km，全部为河流型。排污控制区长度占二级水功能区河长的2.7%，所占比例较小，符合严格控制的原则。

我国北方地区水资源相对短缺，水资源开发利用程度高，水污染较严重，划分排污控制区的数量多、长度长；我国南方地区水资源相对充沛，水资源开发利用程度相对较低，水污染程度较轻，划分为排污控制区的数量较少。

3.4 水功能区水质目标

按照水体使用功能的要求，根据《水功能区划分标准》(GB/T 50594—2010)及《地表水环境质量标准》(GB 3838—2002)、《农田灌溉水质标准》(GB 5084—2005)、《渔业水质标准》(GB 11607—89)等，结合水资源开发利用和水质现状，合理确定各类型水功能区的水质目标。本区划实现水功能区主要目标的时间是2030年，实施中可根据形势变化和评估结果适时调整修订。

全国重要江河湖泊一、二级水功能区合计4493个❶，有3631个水功能区的水质目标确定为Ⅲ类或优于Ⅲ类，占一、二级水功能区总数的80.8%。各水资源分区水功能区水质目标统计见表3.4所示。

总体上，南方地区的水功能区水质目标优于北方地区；西南诸河区、珠江区、东南诸河区、西北诸河区及长江区中水功能区水质目标确定为Ⅲ类或优于Ⅲ类的个数比例均在85%以上，西南诸河区的比例最高达99.4%；而松花江区、辽河区、淮河区、黄河区及海河区的比例均在80%以下，海河区的比例最低为50.9%。

---

❶ 一级水功能区的保护区、保留区和缓冲区以及二级水功能区的各类水功能区合并统计，即一级水功能区中的开发利用区不重复统计。

表 3.4 　　　　　　　　　　　各水资源分区水功能区水质目标统计表

项目 水资源分区	一、二级水功能区合计（个）	不同类别的水功能区数量		
		Ⅲ类及优于Ⅲ类（个）	Ⅳ类及劣于Ⅳ类（个）	Ⅲ类及优于Ⅲ类的个数比例（%）
总计	4493	3631	862	80.8
松花江区	406	318	88	78.3
辽河区	333	231	102	69.4
海河区	230	117	113	50.9
黄河区	346	219	127	63.3
淮河区	394	256	138	65.0
长江区	1743	1506	237	86.4
其中太湖流域	380	276	104	72.6
东南诸河区	234	211	23	90.2
珠江区	519	496	23	95.6
西南诸河区	181	180	1	99.4
西北诸河区	107	97	10	90.7

4 水资源一级区重要江河湖泊水功能区概况

4.1 松花江区

松花江区位于我国的最北端，由额尔古纳河、嫩江、第二松花江、松花江、乌苏里江、绥芬河和图们江等河系组成，地跨黑、吉、辽、内蒙古等 4 个省（自治区），区域总面积 93.5 万 km²。该区地貌基本特征是西、北、东部为大兴安岭、小兴安岭、长白山，腹地为松嫩平原，东北部为三江平原，湿地众多，多为沼泽、湖泊河流湿地。该区工业基础雄厚，其能源、重工业产品在全国占有重要地位；耕地资源丰富，水土匹配良好，光热条件适宜，是我国粮食主产区。

松花江区水资源总量为 1492 亿 m³，水资源可利用量为 660 亿 m³。2010 年，该区水资源供（用）水量为 456.6 亿 m³；有 50.8% 的评价河长水质为Ⅲ类或优于Ⅲ类。

松花江区纳入全国重要江河湖泊水功能区划的一级水功能区共 289 个（其中开发利用区 102 个），区划河长 25097km，区划湖库面积 6771km²；二级水功能区 219 个，区划河长 11925km，区划湖库面积 5km²。按照水体使用功能的要求，在一、二级水功能区中，共有 318 个水功能区水质目标确定为Ⅲ类或优于Ⅲ类，占总数的 78.3%。

4.2 辽河区

辽河区位于我国东北地区的南部，由西辽河、东辽河、辽河干流、鸭绿江、浑太河、东北沿黄渤海诸河等河系组成，地跨辽、吉、内蒙古、冀等 4 个省（自治区），区域总面积 31.4 万 km²。流域东西两侧主要为丘陵、山地，东北部为鸭绿江源头区，森林覆盖率达 70% 以上，有部分原始森林，中南部为平原。辽河区是我国的重要工业基地，工业主要集中在辽河干流、辽东沿海诸河地区。辽河流域中西辽河和辽河干流水资源开发利用程度较高，沿海诸河和鸭绿江区域水资源开发利用程度较低。

辽河区水资源总量为 498 亿 m³，水资源可利用量为 240 亿 m³。2010 年，该区水资源供（用）水量为 208.9 亿 m³；有 41.7% 的评价河长水质为Ⅲ类或优于Ⅲ类。

辽河区纳入全国重要江河湖泊水功能区划的一级水功能区共 149 个（其中开发利用区 78 个），区划河长 11294km，区划湖库面积 92km²；二级水功能区 262 个，区划河长 9092km，区划湖库面积 92km²。按照水体使用功能的要求，在一、二级水功能区中，共有 231 个水功能区水质目标确定为Ⅲ类或优于Ⅲ类，占总数的 69.4%。

4.3 海河区

海河区是我国政治经济文化中心，属于经济发达地区，由滦河及冀东沿海诸河、海河北系、海河南系和徒骇马颊河等河系组成，地跨京、津、冀、晋、鲁、豫、辽和内蒙古等8个省（自治区、直辖市），区域总面积32.0万km²。该区的北部和西部为燕山、太行山，东部和南部为平原。海河区水资源严重不足，属资源型严重缺水地区。由于上中游用水增加，中下游平原河流大部分已成为季节性河流。

海河区水资源总量为370亿m³，水资源可利用量为237亿m³。2010年，该区水资源供（用）水量为368.3亿m³；有37.2％的评价河长水质为Ⅲ类或优于Ⅲ类。

海河区纳入全国重要江河湖泊水功能区划的一级水功能区共168个（其中开发利用区85个），区划河长9542km，区划湖库面积1415km²；二级水功能区147个，区划河长5917km，区划湖库面积292km²。按照水体使用功能的要求，在一、二级水功能区中，共有117个水功能区水质目标确定为Ⅲ类或优于Ⅲ类，占总数的50.9％。

4.4 黄河区

黄河区由黄河干流、泾洛渭河、汾河等河系组成，地跨青、川、甘、宁、内蒙古、晋、陕、豫、鲁等9个省（自治区），区域总面积79.5万km²。该区包括青藏高原、黄土高原、宁蒙灌区、汾渭河谷，渭北、汾西旱塬，伏牛山地及下游平原。黄河是我国的第二条大河，也是我国西北和华北地区最大的供水水源。目前，该区水资源总量不足，水沙关系日益恶化，生态用水被大量挤占，水污染形势严峻，水资源供需矛盾十分突出。

黄河区水资源总量为719亿m³，水资源可利用量为396亿m³。2010年，该区水资源供（用）水量为392.3亿m³；有42.5％的评价河长水质为Ⅲ类或优于Ⅲ类。

黄河区纳入全国重要江河湖泊水功能区划的一级水功能区共171个（其中开发利用区59个），区划河长16883km，区划湖库面积456km²；二级水功能区234个，区划河长9836km，区划湖库面积8km²。按照水体使用功能的要求，在一、二级水功能区中，共有219个水功能区水质目标确定为Ⅲ类或优于Ⅲ类，占总数的63.3％。

4.5 淮河区

淮河区地处我国东部，由淮河、沂沭泗河和山东半岛诸河组成，地跨鄂、豫、皖、苏、鲁等5个省，区域总面积33.0万km²。淮河区地势西高东低，西部、南部为桐柏山、大别山，东北为山东丘陵。淮河区地貌类型复杂多样，以平原为主，是我国主要农业生产基地之一。该区南靠长江，北临黄河，具有跨流域调水的区位优势。区内水污染防治虽然取得初步成效，但水污染问题仍很突出。

淮河区水资源总量为911亿m³，水资源可利用量为512亿m³。2010年，该区水资源供（用）水量为639.3亿m³；有38.9％的评价河长水质为Ⅲ类或优于Ⅲ类。

淮河区纳入全国重要江河湖泊水功能区划的一级水功能区共 226 个（其中开发利用区 107 个），区划河长 12036km，区划湖库面积 6434km²；二级水功能区 275 个，区划河长 8331km，区划湖库面积 447km²。按照水体使用功能的要求，在一、二级水功能区中，共有 256 个水功能区水质目标确定为Ⅲ类或优于Ⅲ类，占总数的 65.0%。

4.6　长江区

长江区（含太湖流域）面积为 178.3 万 km²，约占全国总面积的 1/5，涉及青、藏、川、滇、渝、鄂、湘、赣、皖、苏、沪、甘、陕、贵、豫、桂、粤、闽、浙等 19 个省（自治区、直辖市）。长江区由长江干流、金沙江、岷沱江、嘉陵江、乌江、汉江、洞庭湖、鄱阳湖、太湖水系等河系组成，区内包括青藏高原、云贵高原、四川盆地、江南丘陵、江淮丘陵及长江中下游平原。长江区贯穿我国东、中、西部三大经济带，长江经济带的建设和发展，在我国宏观经济战略格局中占有重要地位，同时本区水资源总量较丰沛，是全国水资源配置的重要水源地。

长江区水资源总量为 9958 亿 m³，水资源可利用量为 2827 亿 m³。2010 年，该区水资源供（用）水量为 1983.1 亿 m³；有 67.4% 的评价河长水质为Ⅲ类或优于Ⅲ类。

长江区纳入全国重要江河湖泊水功能区划的一级水功能区共 1181 个（其中开发利用区 416 个），区划河长 52660km，区划湖库面积 13610km²；二级水功能区 978 个，区划河长 11031km，区划湖库面积 1961km²。按照水体使用功能的要求，在一、二级水功能区中，共有 1506 个水功能区水质目标确定为Ⅲ类或优于Ⅲ类，占总数的 86.4%。

长江区中的太湖流域面积 3.7 万 km²，地处长江三角洲南翼，地势平坦，总体呈周边高、中间低的特点，为典型的平原水网水域，是我国经济最发达、大中城市最密集的地区之一。太湖流域纳入全国重要江河湖泊水功能区划的一级水功能区共 254 个❶，区划河长 4472km，区划湖泊面积 2777km²，水库库容 10.6 亿 m³。在 158 个开发利用区中划分出二级水功能区 284 个。按照水体使用功能的要求，在一、二级水功能区中，共有 232 个水功能区水质目标确定为Ⅲ类或优于Ⅲ类，占总数的 61.1%。

4.7　东南诸河区

东南诸河区主要为浙、闽、台独流入海的河流，包括钱塘江、浙东诸河、浙南诸河、闽东诸河、闽江、闽南诸河、台澎金马诸河等，区域总面积 24.5 万 km²。东南诸河区是我国东部沿海经济社会发达地区。该区大部分为丘陵山地，占总面积的 81%；平原很少，只占 19%，主要分布在河流下游的沿海三角洲地区。

东南诸河区水资源总量为 1995 亿 m³，水资源可利用量为 560 亿 m³。2010 年，该区

---

❶ 国务院已于 2010 年以国函〔2010〕39 号文批复《太湖流域水功能区划》，其成果全部纳入全国重要江河湖泊水功能区划中。

水资源供（用）水量为 342.5 亿 m³；有 75.7％的评价河长水质为Ⅲ类或优于Ⅲ类。

东南诸河区纳入全国重要江河湖泊水功能区划的一级水功能区共 126 个（其中开发利用区 71 个），区划总河长 4836km，区划湖库面积 1202km²；二级水功能区 179 个，区划河长 3208km，区划湖库面积 731km²。按照水体使用功能的要求，在一、二级水功能区中，共有 211 个水功能区水质目标确定为Ⅲ类或优于Ⅲ类，占总数的 90.2％。

4.8　珠江区

珠江区是我国水资源最丰富的地区之一，主要包括南北盘江、红柳江、郁江、西江、北江、东江、珠江三角洲、韩江及粤东诸河、粤西桂南沿海诸河、海南岛及南海各岛诸河等，涉及滇、黔、桂、粤、湘、赣、闽、琼等 8 省（自治区），区域总面积为 57.9 万 km²。该区包括云贵高原、两广丘陵和珠江三角洲。该区水资源总量时空分布不均，局部地区缺水严重。珠江三角洲及沿海地区经济发达、水资源相对丰富，但由于水污染、咸潮上溯以及水库富营养化等问题，季节性缺水问题较为突出。

珠江区水资源总量为 4723 亿 m³，水资源可利用量为 1235 亿 m³。2010 年，该区水资源供（用）水量为 883.5 亿 m³；有 70.8％的评价河长水质为Ⅲ类或优于Ⅲ类。

珠江区纳入全国重要江河湖泊水功能区划的一级水功能区共 339 个（其中开发利用区 143 个），区划河长 16607km，区划湖库面积 1213km²；二级水功能区 323 个，区划河长 6608km，区划湖库面积 218km²。按照水体使用功能的要求，在一、二级水功能区中，共有 496 个水功能区水质目标确定为Ⅲ类或优于Ⅲ类，占总数的 95.6％。

4.9　西南诸河区

西南诸河区位于我国西南边陲，包括红河、澜沧江、怒江及伊洛瓦底江、雅鲁藏布江、藏南诸河、藏西诸河等，属国际性河流，区域总面积 84.4 万 km²，大部分为青藏高原及滇南丘陵。该区地广人稀，地区经济社会不发达，以农牧业为主，工业化水平低。

西南诸河区水资源总量为 5775 亿 m³，水资源可利用量为 978 亿 m³。2010 年，该区水资源供（用）水量为 108.0 亿 m³；有 86.9％的评价河长水质为Ⅲ类或优于Ⅲ类。

西南诸河区纳入全国重要江河湖泊水功能区划的一级水功能区共 159 个（其中开发利用区 37 个），区划河长 16876km，区划湖库面积 1482km²；二级水功能区 59 个，区划河长 1012km，区划湖库面积 26km²。按照水体使用功能的要求，在一、二级水功能区中，共有 180 个水功能区水质目标确定为Ⅲ类或优于Ⅲ类，占总数的 99.4％。

4.10　西北诸河区

西北诸河区位于我国西北部，地域广阔，包括塔里木河及准噶尔盆地、柴达木盆地、河西走廊、内蒙古高原、羌塘高原等内陆河以及外流哈萨克斯坦的伊犁河、额尔齐斯河，区域总面积约 336.2 万 km²，地跨新、青、甘、藏、内蒙古、冀等 6 省（自治区）。该区主要是绿洲经济，戈壁沙漠比重大。

西北诸河区水资源总量为 1276 亿 m³，水资源可利用量为 495 亿 m³。2010 年，该区水资源供（用）水量为 639.5 亿 m³；有 95.8％的评价河长水质为Ⅲ类或优于Ⅲ类。

西北诸河区纳入全国重要江河湖泊水功能区划的一级水功能区共 80 个（其中开发利用区 35 个），区划河长 12146km，区划湖库面积 10658km²；二级水功能区 62 个，区划河长 5058km，区划湖库面积 3012km²。按照水体使用功能的要求，在一、二级水功能区中，共有 97 个水功能区水质目标确定为Ⅲ类或优于Ⅲ类，占总数的 90.7％。

5　水功能区保护与监督管理

（1）水功能区划是《水法》确定的一项重要水资源管理和保护制度，是水资源合理开发、有效保护以及水环境综合治理的重要依据之一。各省（自治区、直辖市）人民政府在城市规划、国土资源开发管理、取水许可管理、排水管理、水污染防治、建设项目管理等工作中，要按照水功能区的要求，协调或衔接好国家主体功能区划等相关区划和有关开发利用规划与水功能区划的关系，确保水功能的实现。

对涉及自然保护区、重要湿地、水产种质资源保护区等重要生态敏感区的，在强化水功能区水质保护的基础上，还应严格执行国家有关水生生态系统保护的法律法规。河海交界区域的水功能区划应与批准的海洋功能区区划相互衔接，并采用就高不就低的原则，按较高水质目标执行。

（2）加强水功能区的保护与监督管理

1）水功能区实行分级管理。

2）水行政主管部门和流域管理机构要按照《区划》对水质的要求和水体的自然净化能力，核定水域纳污能力，向环境保护行政主管部门提出限制排污总量意见。

3）各级人民政府应按照《区划》要求，保证各类水功能区水质水量目标的实现；经批准的水功能区，不得擅自更改。水功能区划一经批准，应认真执行。要建立区划实施的监测评估与动态修订机制，当社会经济条件和水资源开发利用条件发生重大变化，以及实施过程中监测评估认为需要对有关水功能区划进行调整时，县级以上人民政府水行政主管部门应会同同级环境保护等有关部门组织科学论证，提出水功能区划调整方案，报原批准机关审查批准。保护区内禁止进行不利于水资源及自然生态保护的开发利用活动；保留区作为今后开发利用预留的水域，原则上应维持现状；在缓冲区内进行开发利用活动，原则上不得影响相邻水功能区的使用功能。如果对相邻水功能区水资源质量产生影响，需履行必要的审批或论证程序，流域管理机构应提出处理意见。

4）有管辖权的水行政主管部门或者流域管理机构对经批准的水功能区设立标志并向社会公告；组织监测水功能区水质水量状况，发现重点污染物排放总量超过控制指标的，或者水功能区的水质未达到水域使用功能对水质的要求的，应及时向有关人民政府和部门通报。

5）在水功能区内设置入河排污口应当经过论证并经有管辖权的水行政主管部门或流域管理机构的同意，由环境保护行政主管部门负责对该建设项目的环境影响报告书进行审批。

第二篇
全国重要江河湖泊水功能区划成果

6 松花江区重要江河湖泊水功能区划

表6.1 一级水功能区划登记表

序号	一级水功能区名称	水系	河流、湖库	范围 起始断面	范围 终止断面	长度（km）	面积（km²）	水质目标	省级行政区
1	克鲁伦河新巴尔虎右旗缓冲区	额尔古纳河	克鲁伦河	克尔伦上游31.6km处	克尔伦	31.6		Ⅱ	内蒙古
2	克鲁伦河新巴尔虎右旗保留区	额尔古纳河	克鲁伦河	克尔伦	杭乌拉苏木	63.9		Ⅱ	内蒙古
3	克鲁伦河新巴尔虎右旗开发利用区	额尔古纳河	克鲁伦河	杭乌拉苏木	西庙	52.0		按二级区划执行	内蒙古
4	克鲁伦河呼伦湖保护区	额尔古纳河	克鲁伦河	西庙	入呼伦湖口	16.3		Ⅱ	内蒙古
5	乌尔逊河新巴尔虎左旗保护区	额尔古纳河	乌尔逊河	巴彦塔拉苏木	入呼伦湖口	155.7		Ⅲ	内蒙古
6	呼伦湖保护区	额尔古纳河	呼伦湖	入呼伦湖口	小河口渔场		2171.5	Ⅲ	内蒙古
7	新开河满洲里市开发利用区	额尔古纳河	新开河	小河口渔场	二卡牧场	23.6		按二级区划执行	内蒙古
8	新开河满洲里市缓冲区	额尔古纳河	新开河	二卡牧场	入额尔古纳河河口	5.6		—	内蒙古
9	伊敏河鄂温克族自治旗源头水保护区	额尔古纳河	伊敏河	源头	红花尔基水库库尾	139.0		Ⅱ	内蒙古
10	伊敏河海拉尔市开发利用区	额尔古纳河	伊敏河	红花尔基水库库尾	入海拉尔河河口	212.5		按二级区划执行	内蒙古
11	库都尔河牙克石市源头水保护区	额尔古纳河	库都尔河	源头	新帐房镇	17.8		Ⅱ	内蒙古
12	库都尔河牙克石市开发利用区	额尔古纳河	库都尔河	新帐房镇	乌尔其汗镇	115.6		按二级区划执行	内蒙古
13	海拉尔河牙克石区开发利用区	额尔古纳河	海拉尔河	乌尔其汗镇	扎罗木得	160.5		按二级区划执行	内蒙古
14	海拉尔河海拉尔区开发利用区	额尔古纳河	海拉尔河	扎罗木得	巴彦库仁镇	139.5		按二级区划执行	内蒙古
15	海拉尔河陈巴尔虎旗开发利用区	额尔古纳河	海拉尔河	巴彦库仁镇（水文站）	嵯岗	222.3		按二级区划执行	内蒙古

序号	一级水功能区名称	水系	河流、湖库	范围		长度(km)	面积(km²)	水质目标	省级行政区
				起始断面	终止断面				
16	海拉尔河新巴尔虎左旗缓冲区	额尔古纳河	海拉尔河	嵯岗(水文站)	入额尔古纳河河口	61.6		/	内蒙古
17	大雁河牙克石市源头水保护区	额尔古纳河	大雁河	源头	乌尔其汗镇	107.1		Ⅱ	内蒙古
18	免渡河牙克石市源头水保护区	额尔古纳河	免渡河	源头	四公里	84.9		Ⅱ	内蒙古
19	免渡河牙克石市开发利用区	额尔古纳河	免渡河	四公里	入海拉尔河河口	85.0		按二级区划执行	内蒙古
20	辉河新巴尔虎左旗源头水保护区	额尔古纳河	辉河	源头	五一牧场	65.9		Ⅱ	内蒙古
21	辉河鄂温克族自治旗保留区	额尔古纳河	辉河	五一牧场	辉道	71.9		Ⅱ	内蒙古
22	辉河自然保护区	额尔古纳河	辉河	辉道	入伊敏河河口	149.2		Ⅱ	内蒙古
23	根河根河市源头水保护区	额尔古纳河	根河	源头	下央格气林场	83.5		按二级区划执行	内蒙古
24	根河根河市开发利用区	额尔古纳河	根河	下央格气林场	加拉嘎农场	137.7		按二级区划执行	内蒙古
25	根河额尔古纳市开发利用区	额尔古纳河	根河	加拉嘎农场	黑山头镇	110.0		按二级区划执行	内蒙古
26	根河额尔古纳市缓冲区	额尔古纳河	根河	黑山头镇	入额尔古纳河河口	21.8		Ⅲ	内蒙古
27	得尔布干河额尔古纳市源头水保护区	额尔古纳河	得尔布干河	源头	得尔布尔镇	159.5		Ⅲ	内蒙古
28	得尔布干河额尔古纳市开发利用区	额尔古纳河	得尔布干河	得尔布尔镇	入额尔古纳河河口	32.0		按二级区划执行	内蒙古
29	哈乌尔河额尔古纳市开发利用区	额尔古纳河	哈乌尔河	源头	恩和民族乡	40.1		Ⅱ	内蒙古
30	哈乌尔河额尔古纳市缓冲区	额尔古纳河	哈乌尔河	恩和民族乡	入得尔布干河河口	90.0		按二级区划执行	内蒙古
31	金河根河市源头水保护区	额尔古纳河	金河	源头	金河镇	64.1		Ⅱ	内蒙古
32	金河根河市开发利用区	额尔古纳河	金河	金河镇	阿龙山镇	40.0		按二级区划执行	内蒙古
33	激流河根河市开发利用区	额尔古纳河	激流河	阿龙山镇	敖鲁古雅狩猎场	60.0		按二级区划执行	内蒙古
34	激流河根河市保留区	额尔古纳河	激流河	敖鲁古雅狩猎场	入额尔古纳河河口	215.3		Ⅱ	内蒙古
35	南瓮河森林湿地自然保护区	嫩江	南瓮河	源头	十二站林场	172.2		Ⅱ	内蒙古
36	嫩江嫩江县源头水保护区	嫩江	嫩江干流	十二站林场	石灰窑水文站	236.1		Ⅳ	黑
37	那都里河鄂伦春自治旗源头水保护区	嫩江	那都里河	源头	入嫩江河口	186.0		Ⅱ	内蒙古

序号	一级水功能区名称	水系	河流、湖库	范围 起始断面	范围 终止断面	长度（km）	面积（km²）	水质目标	省级行政区
38	欧肯河鄂伦春自治旗源头水保护区	嫩江	欧肯河	源头	欧肯河农场	78.5		Ⅱ	内蒙古
39	欧肯河莫力达瓦达斡尔族自治旗保留区	嫩江	欧肯河	欧肯河农场	入嫩江河口	48.2		Ⅱ	内蒙古
40	甘河鄂伦春自治旗源头水保护区	嫩江	甘河	源头	吉文镇	101.1		Ⅱ	内蒙古
41	甘河鄂伦春自治旗开发利用区	嫩江	甘河	吉文镇	齐奇岭	83.5		按二级区划执行	内蒙古
42	甘河蒙黑缓冲区	嫩江	甘河	齐奇岭	加西村	28.6		Ⅲ	内蒙古、黑
43	甘河加格达奇市开发利用区	嫩江	甘河	加西村	白桦乡	48.0		按二级区划执行	黑
44	甘河黑蒙缓冲区	嫩江	甘河	白桦乡	讷尔克气乡	14.5		Ⅲ	黑、内蒙古
45	甘河鄂伦春自治旗、莫力达瓦达斡尔族自治旗保留区	嫩江	甘河	讷尔克气乡	入嫩江河口	170.3		Ⅲ	内蒙古
46	奎勒河鄂伦春自治旗源头水保护区	嫩江	奎勒河	源头	红花尔基	83.0		Ⅱ	内蒙古
47	奎勒河蒙黑缓冲区	嫩江	奎勒河	红花尔基	入甘河河口	105.0		Ⅱ	内蒙古
48	嫩江黑蒙缓冲区 1	嫩江	嫩江干流	石灰窑水文站	尼尔基水库库尾	164.7		Ⅲ	黑、内蒙古
49	嫩江尼尔基水库调水保护区	嫩江	嫩江干流	尼尔基水库库尾	尼尔基水库坝址	137.7		Ⅱ	黑、内蒙古
50	南北河北安市源头水保护区	嫩江	南北河	源头	山河水文站	197.3		Ⅱ	黑
51	讷谟尔河五大连池市保留区	嫩江	讷谟尔河	山河水文站	沿河林业局	118.5		Ⅲ	黑
52	讷谟尔河五大连池市开发利用区	嫩江	讷谟尔河	沿河林业局	永发村	68.2		按二级区划执行	黑
53	讷谟尔河讷河市开发利用区	嫩江	讷谟尔河	永发村	入嫩江河口	185.0		按二级区划执行	黑
54	诺敏河鄂伦春自治旗源头水保护区	嫩江	诺敏河	源头	东风经营所	158.3		Ⅱ	内蒙古
55	诺敏河鄂伦春自治旗开发利用区	嫩江	诺敏河	东风经营所	宜卫	135.0		按二级区划执行	内蒙古
56	诺敏河莫力达瓦达斡尔族自治旗开发利用区	嫩江	诺敏河	宜卫	五家子	83.0		按二级区划执行	内蒙古

序号	一级水功能区名称	水系	河流、湖库	范围 起始断面	范围 终止断面	长度 (km)	面积 (km²)	水质目标	省级行政区
57	诺敏河黑蒙缓冲区	嫩江	诺敏河	五家子	入嫩江河口	84.7		Ⅲ	内蒙古、黑
58	毕拉河鄂伦春自治旗源头水保护区	嫩江	毕拉河	源头	神指峡源电站	185.9		Ⅱ	内蒙古
59	毕拉河鄂伦春自治旗开发利用区	嫩江	毕拉河	神指峡电站	入诺敏旗河口	65.0		按二级区划执行	内蒙古
60	扎文河鄂伦春自治旗源头水保护区	嫩江	扎文河	源头	入毕拉河河口	100.3		Ⅱ	内蒙古
61	嫩江黑蒙缓冲区 2	嫩江	嫩江干流	尼尔基水库坝址	鄂温克族乡	56.5		Ⅲ	黑、内蒙古
62	嫩江甘南县保留区	嫩江	嫩江干流	鄂温克族乡	同盟水文站	21.1		Ⅲ	黑
63	嫩江齐齐哈尔市开发利用区	嫩江	嫩江干流	同盟水文站	莫呼公路桥	190.2		按二级区划执行	黑
64	嫩江黑蒙缓冲区 3	嫩江	嫩江干流	莫呼公路桥	江桥镇	62.1		Ⅲ	黑、内蒙古
65	北部引嫩大庆市开发利用区	嫩江	北部引嫩	嫩江拉哈取水口	东湖水库、大庆水库、红旗泡水库	386.0		按二级区划执行	黑
66	阿伦河荣旗源头水保护区	嫩江	阿伦河	源头	哈尼嘎水库坝址	96.0		Ⅱ	内蒙古
67	阿伦河荣旗开发利用区	嫩江	阿伦河	哈尼嘎水库坝址	章塔尔	102.3		按二级区划执行	内蒙古
68	阿伦河黑蒙缓冲区	嫩江	阿伦河	章塔尔	兴鲜公路桥	20.1		Ⅲ	内蒙古、黑
69	阿伦河齐齐哈尔市保留区	嫩江	阿伦河	兴鲜公路桥	入嫩江河口	92.4		Ⅲ	黑
70	音河扎屯市源头水保护区	嫩江	音河	源头	新建水库入库	39.6		Ⅱ	内蒙古
71	音河扎兰屯市开发利用区	嫩江	音河	新建水库入库	新发屯	68.0		按二级区划执行	内蒙古
72	音河黑蒙缓冲区	嫩江	音河	新发屯	音河水库库尾	11.5		Ⅲ	内蒙古、黑
73	音河甘南县开发利用区	嫩江	音河	音河水库库尾	大八里岗子村	68.1		按二级区划执行	黑
74	音河甘南县保留区	嫩江	音河	大八里岗子村	入嫩江河口	46.8		Ⅲ	黑
75	雅鲁河扎兰屯市源头水保护区	嫩江	雅鲁河	源头	雅鲁	47.5		Ⅱ	内蒙古
76	雅鲁河扎兰屯市开发利用区	嫩江	雅鲁河	雅鲁	红光三队	200.4		按二级区划执行	内蒙古
77	雅鲁河黑蒙缓冲区	嫩江	雅鲁河	红光三队	碾子山水文站	30.9		Ⅲ	内蒙古、黑

序号	一级水功能区名称	水系	河流、湖库	范围		长度(km)	面积(km²)	水质目标	省级行政区
				起始断面	终止断面				
78	雅鲁河齐齐哈尔市哈尔保留区	嫩江	雅鲁河	碾子山水文站	乌鸦头水站	101.8		III	黑
79	雅鲁河黑蒙缓冲区	嫩江	雅鲁河	乌鸦头水站	入嫩江河口	25.1		III	黑、内蒙古
80	济沁河扎兰屯市源头水保护区	嫩江	济沁河	源头	根多河马场	73.4		II	内蒙古
81	济沁河扎兰屯市开发利用区	嫩江	济沁河	根多河马场	东明	51.0		按二级区划执行	内蒙古
82	济沁河黑蒙缓冲区	嫩江	济沁河	东明	安家围子村	14.5		III	内蒙古、黑
83	济沁河龙江县保留区	嫩江	济沁河	安家围子村	入雅鲁河河口	46.1		III	黑
84	绰尔河牙克石市源头水保护区	嫩江	绰尔河	源头	筇源镇	38.0		II	内蒙古
85	绰尔河牙克石市开发利用区	嫩江	绰尔河	筇源镇	塔尔气水文站	47.1		按二级区划执行	内蒙古
86	绰尔河扎兰屯市保留区	嫩江	绰尔河	塔尔气水文站	文得根水库库尾	255.6		III	内蒙古
87	绰尔河扎赉特旗开发利用区1	嫩江	绰尔河	文得根水库库尾	包尔胡硕	125.0		按二级区划执行	内蒙古
88	绰尔河黑蒙缓冲区	嫩江	绰尔河	包尔胡硕	乌兰砖场	47.3		III	黑、内蒙古
89	绰尔河扎赉特旗开发利用区2	嫩江	绰尔河	乌兰砖场	靠山屯	55.0		按二级区划执行	内蒙古
90	绰尔河扎赉特旗蒙缓冲区	嫩江	绰尔河	靠山屯	入嫩江河口	5.0		III	内蒙古
91	中部引嫩大庆市开发利用区	嫩江	中部引嫩	嫩江塔哈取水口	东升水库、龙虎泡水库	268.8		按二级区划执行	黑
92	乌裕尔河北安市源头水保护区	嫩江	乌裕尔河	源头	赵光农场36队	40.0		按二级区划执行	黑
93	乌裕尔河北安市、克东县、富裕县开发利用区	嫩江	乌裕尔河	赵光农场36队	小河东村	445.4		按二级区划执行	黑
94	乌裕尔河富裕县保留区	嫩江	乌裕尔河	小河东村	东升水库库尾	90.6		III	黑
95	双阳河拜泉县开发利用区	嫩江	双阳河	源头	林甸县三合农场	129.1		按二级区划执行	黑
96	嫩江扎龙自然保护区	嫩江	扎龙自然保护区	扎龙自然保护区			2100.0	II	黑
97	洮儿河阿尔山市源头水保护区	嫩江	洮儿河	源头	五叉沟水文站	53.7		II	内蒙古

序号	一级水功能区名称	水系	河流、湖库	范围 起始断面	范围 终止断面	长度 (km)	面积 (km²)	水质目标	省级行政区
98	洮儿河科尔沁右翼前旗保留区	嫩江	洮儿河	五叉沟水文站	紫伦水文站	89.6		II	内蒙古
99	洮儿河科尔沁右翼前旗开发利用区1	嫩江	洮儿河	紫伦水文站	黎尔森水库坝址	66.0		按二级区划执行	内蒙古
100	洮儿河乌兰浩特市开发利用区	嫩江	洮儿河	黎尔森水库坝址	白音哈达	54.0		按二级区划执行	内蒙古
101	洮儿河科尔沁右翼前旗开发利用区2	嫩江	洮儿河	白音哈达	哈达那拉苏木	20.0		按二级区划执行	内蒙古
102	洮儿河蒙苦冲区	嫩江	洮儿河	哈达那拉苏木	林海屯	6.7		III	内蒙古、吉
103	洮儿河白城市开发利用区	嫩江	洮儿河	林海屯	入嫩江河口	278.0		按二级区划执行	吉
104	归流河科尔沁右翼前旗源头水保护区	嫩江	归流河	海勒斯台郭勒、乌兰河之源头	草库伦专业队下游（海勒斯台郭勒、乌兰河汇合口处）	68.8		II	内蒙古
105	归流河科尔沁右翼前旗开发利用区	嫩江	归流河	草库伦专业队下游（海勒斯台郭勒、乌兰河汇合口处）	乌布林水库库尾	26.7		II	内蒙古
106	归流河科尔沁右翼前旗开发利用区	嫩江	归流河	乌布林水库库尾	后双合屯	115.0		按二级区划执行	内蒙古
107	归流河乌兰浩特市开发利用区	嫩江	归流河	后双合屯	入洮儿河河口	16.0		按二级区划执行	内蒙古
108	蛟流河突泉县源头水保护区	嫩江	蛟流河	源头	双城水库库尾	31.5		II	内蒙古
109	蛟流河突泉县开发利用区	嫩江	蛟流河	双城水库库尾	九龙镇大桥	81.5		按二级区划执行	内蒙古
110	蛟流河蒙苦冲区	嫩江	蛟流河	九龙镇大桥	野马镇	17.3		III	内蒙古、吉
111	蛟流河洮南市开发利用区	嫩江	蛟流河	野马镇	入洮儿河河口	117.0		按二级区划执行	吉
112	那金河突泉县源头水保护区	嫩江	那金河	源头	永安公路桥	23.3		III	内蒙古
113	那金河蒙苦冲区	嫩江	那金河	永安公路桥	万宝镇	19.0		II	内蒙古、吉
114	那金河洮南市保留区	嫩江	那金河	万宝镇	入蛟流河河口	45.2		II	吉
115	霍林河霍林郭勒市源头水保护区	嫩江	霍林河	源头	霍林河入水库	25.7		II	内蒙古

序号	二级水功能区名称	水系	河流、湖库	范围 起始断面	范围 终止断面	长度(km)	面积(km²)	水质目标	省级行政区
116	霍林河霍林河市开发利用区	嫩江	霍林河	霍林河水库入库	包尔呼吉村桥	46.4		按二级区划执行	内蒙古
117	霍林河科尔沁右翼中旗保留区	嫩江	霍林河	包尔呼吉村桥	吐列毛都水文站	114.3		Ⅲ	内蒙古
118	霍林河科尔沁右翼中旗开发利用区	嫩江	霍林河	吐列毛都水文站	巴仁太本	130.0		按二级区划执行	内蒙古
119	霍林河科尔沁右翼中旗缓冲区	嫩江	霍林河	巴仁太本	高力板镇	13.0		Ⅲ	内蒙古
120	霍林河科尔沁右翼自然保护区	嫩江	霍林河	高力板镇	张家泡	50.0		Ⅲ	内蒙古、吉
121	霍林河白城市开发利用区	嫩江	霍林河	张家泡	前进屯	144.0		按二级区划执行	吉
122	霍林河查干湖自然保护区	嫩江	霍林河	前进屯	铁路桥	44.0		Ⅲ	吉
123	霍林河前郭县开发利用区	嫩江	霍林河	铁路桥	入嫩江河口	12.0		按二级区划执行	吉
124	向海国家自然保护区	嫩江	向海自然保护区	向海自然保护区			1054.7	Ⅲ	吉
125	嫩江泰来县开发利用区	嫩江	嫩江干流	汇桥镇	光荣村	78.6		按二级区划执行	黑
126	嫩江黑吉缓冲区	嫩江	嫩江干流	光荣村	三岔河	250.8		Ⅲ	黑、吉
127	安肇新河大庆市开发利用区	松花江干流	安肇新河	王花泡	入松花江河口	142.0		按二级区划执行	黑
128	莫莫格国家级自然保护区	嫩江	莫莫格自然保护区	莫莫格自然保护区			1440.0	Ⅱ	吉
129	辉发河辽宁省源头水保护区	第二松花江	辉发河	源头	南山城	11.5		Ⅱ	辽
130	辉发河辽宁辽吉缓冲区	第二松花江	辉发河	南山城	省界	10.1		Ⅱ	辽
131	辉发河通化市、吉林市开发利用区	第二松花江	辉发河	省界	桦甸市	179.6		按二级区划执行	吉
132	辉发河松花江三湖保护区	第二松花江	辉发河	桦甸市	入松花湖河口	42.0		Ⅱ	吉
133	一统河辽宁省源头水保护区	第二松花江	一统河	源头	向阳镇	20.2		按二级区划执行	吉
134	一统河柳河县、梅河口市、辉南县开发利用区	第二松花江	一统河	向阳镇	入辉发河河口	120.2		按二级区划执行	吉
135	三统河柳河县源头水保护区	第二松花江	三统河	源头	和平水库坝址	10.3		Ⅱ	吉
136	三统河柳河县、辉南县开发利用区	第二松花江	三统河	和平水库坝址	入辉发河河口	126.7		按二级区划执行	吉

序号	一级水功能区名称	水系	河流、湖库	范围 起始断面	范围 终止断面	长度（km）	面积（km²）	水质目标	省级行政区
137	莲河东丰县源头水保护区	第二松花江	莲河	源头	杨木林镇	10.6		Ⅱ	吉
138	莲河东丰县开发利用区	第二松花江	莲河	杨木林镇	入辉发河河口	68.8		按二级区划执行	吉
139	二道白河长白山自然保护区	第二松花江	二道白河	源头	二道白河镇	49.2		Ⅰ	吉
140	二道白河安图县保留区	第二松花江	二道白河	二道白河镇	入二道松花江河口	55.7		Ⅱ	吉
141	二道松花江安图县、抚松县、敦化市保留区	第二松花江	二道松花江	二道白河河口	榔场	62.0		Ⅱ	吉
142	二道松花江松花江三湖保护区	第二松花江	二道松花江	榔场	两江口	88.8		Ⅱ	吉
143	第二松花江松花江三湖保护区	第二松花江	第二松花江	两江口	阿什	215.0		Ⅱ～Ⅲ	吉
144	头道松花江长白山自然保护区	第二松花江	头道松花江	源头	漫江镇	47.0		Ⅱ	吉
145	头道松花江抚松县保留区	第二松花江	头道松花江	漫江镇	汤河河口	92.2		Ⅱ	吉
146	头道松花江靖宇县、抚松县开发利用区	第二松花江	头道松花江	汤河河口	松江河河口	23.4		按二级区划执行	吉
147	头道松花江靖宇县、抚松县缓冲区	第二松花江	头道松花江	松江河口	抚生屯	7.3		Ⅱ	吉
148	头道松花江抚松县缓冲区	第二松花江	头道松花江	抚生屯	两江口	73.7		Ⅱ	吉
149	五道白河长白山自然保护区	第二松花江	五道白河	源头	长松屯	77.7		Ⅰ	吉
150	五道白河抚松县保留区	第二松花江	五道白河	长松屯	入二道白河河口	47.8		Ⅱ	吉
151	古洞河和龙市源头水保护区	第二松花江	古洞河	源头	和安屯	53.9		Ⅱ	吉
152	古洞河安图县保留区	第二松花江	古洞河	和安屯	入二道松花江河口	102.7		Ⅱ	吉
153	富尔河敦化市源头水保护区	第二松花江	富尔河	源头	小黄泥河河口	54.9		Ⅱ	吉
154	富尔河敦化市、安图县保留区	第二松花江	富尔河	小黄泥河屯	入古洞河河口	68.1		Ⅱ	吉
155	松江河抚松县源头水保护区	第二松花江	松江河	源头	老松江	67.6		Ⅱ	吉
156	松江河抚松县开发利用区	第二松花江	松江河	老松江	入头道松花江河口	75.4		按二级区划执行	吉

序号	项 目 一级水功能区名称	水系	河流、湖库	范围 起始断面	终止断面	长度 (km)	面积 (km²)	水质目标	省级行政区
157	珠子河靖宇县保留区	第二松花江	珠子河	源头	前双山子	52.8		Ⅱ	吉
158	珠子河松花江三湖保护区	第二松花江	珠子河	前双山子	入头道松花江河口	27.5		Ⅱ	吉
159	蛟河蛟河市源头水保护区	第二松花江	蛟河	源头	民主屯	21.6		Ⅰ	吉
160	蛟河蛟河市开发利用区	第二松花江	蛟河	民主屯	小蛟河河口	53.3		按二级区划执行	吉
161	蛟河蛟河市缓冲区	第二松花江	蛟河	小蛟河河口	入松花湖河口	9.8		Ⅲ	吉
162	伊通河伊通县源头水保护区	第二松花江	伊通河	源头	寿山水库坝址	22.8		Ⅱ	吉
163	伊通河伊通县、东丰县开发利用区	第二松花江	伊通河	寿山水库坝址	新四屯	29.0		按二级区划执行	吉
164	伊通河吉林伊通火山群国家级自然保护区	第二松花江	伊通河	新四屯	长胜屯	50.3		Ⅲ	吉
165	伊通河长春市开发利用区	第二松花江	伊通河	长胜屯	入饮马河河口	240.4		按二级区划执行	吉
166	饮马河磐石市源头水保护区	第二松花江	饮马河	源头	亚吉水库库尾	21.3		Ⅱ	吉
167	饮马河吉林市、长春市开发利用区	第二松花江	饮马河	亚吉水库库尾	伊通河河口	338.6		按二级区划执行	吉
168	饮马河农安县、德惠市缓冲区	第二松花江	饮马河	伊通河河口	入第二松花江河口	26.9		Ⅲ	吉
169	岔路河磐石市源头水保护区	第二松花江	岔路河	源头	聚柴河镇	17.7		Ⅱ	吉
170	岔路河磐石市开发利用区	第二松花江	岔路河	聚柴河镇	入饮马河河口	84.9		按二级区划执行	吉
171	雾开河长春市源头水保护区	第二松花江	雾开河	源头	三道镇	11.2		Ⅱ	吉
172	雾开河长春市开发利用区	第二松花江	雾开河	三道镇	入饮马河河口	120.8		按二级区划执行	吉
173	第二松花江长春市调水水源保护区	第二松花江	第二松花江	阿什	马家	10.2		Ⅱ	吉
174	第二松花江吉林市、长春市开发利用区	第二松花江	第二松花江	马家	乌金屯大桥	176.8		按二级区划执行	吉
175	第二松花江吉林扶余洪泛湿地自然保护区	第二松花江	第二松花江	乌金屯大桥	哈拉毛都镇	84.1		Ⅲ	吉

序号	一级水功能区名称	水系	河流、湖库	范围 起始断面	范围 终止断面	长度（km）	面积（km²）	水质目标	省级行政区
176	第二松花江松原市开发利用区	第二松花江	第二松花江	哈拉毛都镇	石桥	71.0		按二级区划执行	吉
177	沐石河九台市源头水保护区	第二松花江	沐石河	源头	沐石河镇	16.3		Ⅱ	吉
178	沐石河九台市、德惠市开发利用区	第二松花江	沐石河	沐石河镇	入第二松花江河口	96.2		按二级区划执行	吉
179	第二松花江吉黑缓冲区	第二松花江	第二松花江	石桥	入松花江干流河口	13.0		Ⅲ	吉、黑
180	拉林河五常市源头水保护区	松花江干流	拉林河	源头	磨盘山水库库尾	81.0		Ⅱ	黑
181	拉林河磨盘山水库调水水源保护区	松花江干流	拉林河	磨盘山水库库尾	沙河子镇	37.9		Ⅱ	黑
182	拉林河五常市保留区	松花江干流	拉林河	沙河子镇	双龙村	24.4		Ⅲ	黑
183	拉林河吉黑缓冲区 1	松花江干流	拉林河	双龙村	向阳山水电站	17.0			吉、黑
184	拉林河吉黑开发利用区	松花江干流	拉林河	向阳山水电站	五常公路桥	44.8		按二级区划执行	黑
185	拉林河吉黑缓冲区 2	松花江干流	拉林河	五常公路桥	入松花江河口	246.5		Ⅲ	吉、黑
186	细鳞河舒兰市源头水保护区	松花江干流	细鳞河	源头	小城镇	39.8		Ⅱ	吉
187	细鳞河舒兰市开发利用区	松花江干流	细鳞河	小城镇	双河	65.5		按二级区划执行	吉
188	细鳞河（溪浪河）吉黑缓冲区	松花江干流	细鳞河	双河	山河镇公路桥	21.8		Ⅲ	吉、黑
189	溪浪河五常市开发利用区	松花江干流	溪浪河	山河镇公路桥	入松花江河口	6.6		按二级区划执行	黑
190	忙牛河五常市源头水保护区	松花江干流	忙牛河	源头	冲河镇	65.8		Ⅱ	黑
191	忙牛河五常市开发利用区	松花江干流	忙牛河	冲河镇	卫国乡	70.5		按二级区划执行	黑
192	忙牛河五常市保留区	松花江干流	忙牛河	卫国乡	大碾子沟水文站	27.4		Ⅲ	黑
193	忙牛河吉黑缓冲区	松花江干流	忙牛河	大碾子沟水文站	入拉林河河口	17.0			黑、吉
194	松花江干流哈尔滨市开发利用区	松花江干流	松花江干流	三岔河	双城市临江屯	138.6		Ⅲ	黑、吉
195	松花江干流双城市开发利用区	松花江干流	松花江干流	双城市临江屯	木兰县贮木场	220.0		按二级区划执行	黑
196	阿什河阿城市源头水保护区	松花江干流	阿什河	源头	西泉眼水库坝址	60.9		Ⅱ	黑
197	阿什河阿城市保留区	松花江干流	阿什河	西泉眼水库坝址	马鞍山水文站	76.6		Ⅲ	黑
198	阿什河阿城市开发利用区	松花江干流	阿什河	马鞍山水文站	入松花江河口	68.2		按二级区划执行	黑

序号	一级水功能区名称	水系	河流、湖库	范围 起始断面	范围 终止断面	长度（km）	面积（km²）	水质目标	省级行政区
199	呼兰河铁力市源头水保护区	松花江干流	呼兰河	源头	神树镇	125.2		Ⅱ	黑
200	呼兰河绥化市、呼兰区开发利用区	松花江干流	呼兰河	神树镇	入松花江河口	390.5		按二级区划执行	黑
201	通肯河海伦市源头水保护区	松花江干流	通肯河	源头	青石岭水库库尾	31.8		Ⅱ	黑
202	通肯河海伦市开发利用区	松花江干流	通肯河	青石岭水库库尾	连生村	222.4		按二级区划执行	黑
203	通青河望奎县保留区	松花江干流	通青河	连生村	入呼兰河河口	104.8		Ⅲ	黑
204	蚂蚁河尚志市源头水保护区	松花江干流	蚂蚁河	源头	亚布力镇	83.2		Ⅱ	黑
205	蚂蚁河尚志市开发利用区	松花江干流	蚂蚁河	亚布力镇	北兴屯	85.0		按二级区划执行	黑
206	蚂蚁河延寿县保留区	松花江干流	蚂蚁河	北兴屯	延寿县与方正县交界	137.0		Ⅲ	黑
207	蚂蚁河方正县开发利用区	松花江干流	蚂蚁河	延寿县与方正县交界	入松花江河口	35.8		按二级区划执行	黑
208	松花江木兰县开发利用区	松花江干流	松花江干流	木兰县贮木场	宾县临江屯	62.7		按二级区划执行	黑
209	松花江依兰县开发利用区	松花江干流	松花江干流	宾县临江屯	倭青河入松花江河口	154.0		按二级区划执行	黑
210	牡丹江敦化市源头水保护区	松花江干流	牡丹江	源头	江源镇	29.0		Ⅱ	吉
211	牡丹江敦化市开发利用区	松花江干流	牡丹江	江源镇	珠尔多河河口	112.0		按二级区划执行	吉
212	牡丹江吉林雁鸣湖国家级自然保护区	松花江干流	牡丹江	珠尔多河河口	大山嘴子	72.5		Ⅲ	吉
213	牡丹江黑缓冲区	松花江干流	牡丹江	大山嘴子	入镜泊湖湖口	24.2		Ⅲ	吉、黑
214	牡丹江镜泊湖自然保护区	松花江干流	牡丹江	入镜泊湖湖口	镜泊湖电站坝址	60.0		Ⅱ	黑
215	牡丹江宁安市保留区	松花江干流	牡丹江	镜泊湖电站坝址	朱家屯	18.3		Ⅲ	黑
216	牡丹江宁安市开发利用区	松花江干流	牡丹江	朱家屯	渤海镇	2.9		按二级区划执行	黑
217	牡丹江牡丹江市保留区	松花江干流	牡丹江	渤海镇	黑山屯	55.7		Ⅲ	黑
218	牡丹江牡丹江市开发利用区	松花江干流	牡丹江	黑山屯	柴河公路桥	46.1		按二级区划执行	黑
219	牡丹江莲花湖自然保护区	松花江干流	牡丹江	柴河公路桥	莲花水库坝址	82.2		Ⅲ	黑
220	牡丹江依兰县保留区	松花江干流	牡丹江	莲花水库坝址	入松花江河口	258.6		Ⅲ	黑
221	海浪河海林市源头水保护区	松花江干流	海浪河	源头	青坪	72.0		Ⅱ	黑

序号	一级水功能区名称	水系	河流、湖库	范围 起始断面	范围 终止断面	长度（km）	面积（km²）	水质目标	省级行政区
222	海浪河海林市保留区	松花江干流	海浪河	青坪	石河水文站	108.0		Ⅱ	黑
223	海浪河海林市开发利用区	松花江干流	海浪河	石河水文站	入牡丹江河口	29.4		按二级区划执行	黑
224	倭肯河勃利县源头水保护区	松花江干流	倭肯河	源头	桃山水库库尾	143.7		Ⅱ	黑
225	倭肯河七台河市开发利用区	松花江干流	倭肯河	桃山水库库尾	长兴公路桥	47.2		按二级区划执行	黑
226	倭肯河依兰县保留区	松花江干流	倭肯河	长兴公路桥	三道岗镇	164.1		Ⅲ	黑
227	倭肯河依兰县开发利用区	松花江干流	倭肯河	三道岗镇	入松花江河口	95.0		按二级区划执行	黑
228	汤旺河上甘岭区源头水保护区	松花江干流	汤旺河	源头	上甘岭区	206.8		Ⅱ	黑
229	汤旺河伊春市开发利用区	松花江干流	汤旺河	上甘岭区	入松花江河口	298.9		按二级区划执行	黑
230	伊春河翠峦区源头水保护区	松花江干流	伊春河	源头	西山水库库尾	37.6		Ⅱ	黑
231	伊春河伊春市开发利用区	松花江干流	伊春河	西山水库库尾	入汤旺河河口	57.4		按二级区划执行	黑
232	松花江汤原县保留区	松花江干流	松花江干流	倭肯河入松花江河口	汤旺河汇入口上 1km	50.4		Ⅲ	黑
233	松花江佳木斯市开发利用区	松花江干流	松花江干流	汤旺河汇入口上 1km	福合村	237.2		按二级区划执行	黑
234	梧桐河鹤岗市源头水保护区	松花江干流	梧桐河	源头	向阳林场	112.4		Ⅱ	黑
235	梧桐河鹤岗市开发利用区	松花江干流	梧桐河	向阳林场	入松花江河口	55.6		按二级区划执行	黑
236	鹤立河鹤岗市源头水保护区	松花江干流	鹤立河	源头	红旗林场	20.3		Ⅱ	黑
237	鹤立河鹤岗市开发利用区	松花江干流	鹤立河	红旗林场	入梧桐河河口	77.0		按二级区划执行	黑
238	松花江同江市缓冲区	松花江干流	松花江干流	福合村	同江市	63.1		Ⅲ	黑
239	松花江三江口鱼类保护区	松花江干流	松花江干流	同江市	入黑龙江河口	13.1		Ⅲ	黑
240	安邦河双鸭山市源头水保护区	松花江干流	安邦河	源头	寒葱沟水库库尾	28.4		Ⅱ	黑
241	安邦河双鸭山市开发利用区	松花江干流	安邦河	寒葱沟水库库尾	入松花江河口	77.7		按二级区划执行	黑
242	额穆尔河自然保护区	黑龙江干流	额穆尔河	源头	图强镇	145.3		Ⅱ	黑
243	额穆尔河漠河县开发利用区	黑龙江干流	额穆尔河	图强镇	二十五站	293.6		按二级区划执行	黑
244	额穆尔河漠河县保护区	黑龙江干流	额穆尔河	二十五站	入黑龙江河口	30.1		Ⅱ	黑

序号	一级水功能区名称	水系	河流、湖库	范围 起始断面	范围 终止断面	长度（km）	面积（km²）	水质目标	省级行政区
245	呼玛河自然保护区	黑龙江干流	呼玛河	源头	跃进林场	324.0		Ⅱ	黑
246	呼玛河大兴安岭地区开发利用区	黑龙江干流	呼玛河	跃进林场	庆丰屯	170.0		按二级区划执行	黑
247	呼玛河呼玛县缓冲区	黑龙江干流	呼玛河	庆丰屯	入黑龙江河口	30.0		Ⅲ	黑
248	逊别拉河源头水保护区	黑龙江干流	逊别拉河	源头	平山林场	94.0		Ⅱ	黑
249	逊别拉河逊克县、孙吴县开发利用区	黑龙江干流	逊别拉河	平山林场	逊河镇	75.0		按二级区划执行	黑
250	逊别拉河逊克县缓冲区	黑龙江干流	逊别拉河	逊河镇	入黑龙江河口	110.0		Ⅱ	黑
251	库尔滨河源头水保护区	黑龙江干流	库尔滨河	源头	翠北铁矿	15.0		Ⅱ	黑
252	库尔滨河逊克县开发利用区	黑龙江干流	库尔滨河	翠北铁矿	库尔滨村	199.3		按二级区划执行	黑
253	库尔滨河逊克县缓冲区	黑龙江干流	库尔滨河	库尔滨村	入黑龙江河口	6.7		Ⅲ	黑
254	穆棱河穆棱市源头水保护区	乌苏里江	穆棱河	源头	团结水库坝址	90.7		Ⅱ	黑
255	穆棱河穆棱市保留区	乌苏里江	穆棱河	团结水库坝址	三岔屯	153.3		Ⅱ	黑
256	穆棱河鸡西市开发利用区	乌苏里江	穆棱河	三岔屯	凯北站	369.1		按二级区划执行	黑
257	穆棱河虎林市保留区	乌苏里江	穆棱河	凯北站	东仁义屯	198.3		Ⅲ	黑
258	穆棱河虎林市缓冲区	乌苏里江	穆棱河	东仁义屯	入乌苏里江河口	22.6		Ⅲ	黑
259	挠力河七台河市源头水保护区	乌苏里江	挠力河	源头	龙头桥水库库尾	52.2		Ⅱ	黑
260	挠力河宝清县开发利用区	乌苏里江	挠力河	龙头桥水库库尾	大、小挠力河汇合口	110.9		按二级区划执行	黑
261	挠力河宝清县缓冲区	乌苏里江	挠力河	大、小挠力河汇合口	炮台亮子	24.0		Ⅲ	黑
262	挠力河自然保护区	乌苏里江	挠力河	炮台亮子	入乌苏里江河口	408.9		Ⅱ	黑
263	七虎林河虎林市源头水保护区	乌苏里江	七虎林河	源头	云山水库库尾	23.0		Ⅲ	黑
264	七虎林河虎林市开发利用区	乌苏里江	七虎林河	云山水库库尾	云山水库坝址	4.2	4.5	按二级区划执行	黑
265	七虎林河虎林市保留区	乌苏里江	七虎林河	云山水库坝址	新伟村	206.2		Ⅲ	黑
266	七虎林河虎林市缓冲区	乌苏里江	七虎林河	新伟村	入乌苏里江河口	28.6		Ⅱ	黑
267	别拉洪河抚远县源头水保护区	乌苏里江	别拉洪河	源头	小河沿村	90.6		Ⅱ	黑

序号	一级水功能区名称	水系	河流、湖库	范围 起始断面	范围 终止断面	长度 (km)	面积 (km²)	水质目标	省级行政区
268	别拉洪河抚远县保留区	乌苏里江	别拉洪河	小河沿村	别拉洪乡	63.4		Ⅱ	黑
269	别拉洪河抚远县缓冲区	乌苏里江	别拉洪河	别拉洪乡	入乌苏里江河口	16.0		Ⅲ	黑
270	大绥芬河汪清县源头水保护区	绥芬河	大绥芬河	源头	复兴镇	15.0		Ⅰ	吉
271	大绥芬河汪清县保留区	绥芬河	大绥芬河	复兴镇	太平沟	64.4		Ⅱ	吉
272	大绥芬河汪清县开发利用区	绥芬河	大绥芬河	太平沟	西大河河口	15.0		按二级区划执行	吉
273	大绥芬河吉黑缓冲区	绥芬河	大绥芬河	西大河河口	罗家店村	14.8		Ⅲ	吉、黑
274	大绥芬河东宁县开发利用区	绥芬河	大绥芬河	罗家店村	大、小绥芬河汇合口	91.8		按二级区划执行	黑
275	小绥芬河东宁县源头水保护区	绥芬河	小绥芬河	源头	老莱营村	38.8		Ⅱ	黑
276	小绥芬河东宁县开发利用区	绥芬河	小绥芬河	老莱营村	大、小绥芬河汇合口	90.2		按二级区划执行	黑
277	绥芬河东宁县开发利用区	绥芬河	绥芬河	大、小绥芬河汇合口	长征村	59.0		按二级区划执行	黑
278	绥芬河东宁县缓冲区	绥芬河	绥芬河	长征村	长征村下游2km处	2.0		Ⅲ	黑
279	布尔哈通河安图县源头水保护区	图们江	布尔哈通河	源头	亮兵镇	18.9		Ⅱ	吉
280	布尔哈通河延边州开发利用区	图们江	布尔哈通河	亮兵镇	入嘎呀河河口	153.1		按二级区划执行	吉
281	海兰河源头水保护区	图们江	海兰河	源头	松月水库坝址	26.9		Ⅱ	吉
282	海兰河和龙市、龙井市、延吉市开发利用区	图们江	海兰河	松月水库坝址	入布尔哈通河河口	118.1		按二级区划执行	吉
283	嘎呀河汪清县源头水保护区	图们江	嘎呀河	源头	响水	32.4		Ⅱ	吉
284	嘎呀河汪清县、图们市开发利用区	图们江	嘎呀河	响水	入布尔哈通河河口	164.5		按二级区划执行	吉
285	嘎呀河图们市缓冲区	图们江	嘎呀河	布尔哈通河河口	入图们江河口	8.3		Ⅲ	吉
286	珲春河珲春市源头水保护区	图们江	珲春河	源头	春化镇	75.2		Ⅱ	吉
287	珲春河珲春市保留区	图们江	珲春河	春化镇	马滴达镇	48.5		Ⅱ	吉
288	珲春河珲春市开发利用区	图们江	珲春河	马滴达镇	三家子	58.7		按二级区划执行	吉
289	珲春河珲春市缓冲区	图们江	珲春河	三家子	入图们江河口	15.5		Ⅲ	吉

表6.2

二级水功能区划登记表

序号	二级水功能区名称	所在一级水功能区名称	水系	河流、湖库	范围		长度 (km)	面积 (km²)	水质目标	省级行政区
					起始断面	终止断面				
1	克鲁伦河新巴尔虎右旗工业用水区	克鲁伦河新巴尔虎右旗开发利用区	额尔古纳河	克鲁伦河	杭乌拉苏木	大桥水库坝址	40.0		IV	内蒙古
2	克鲁伦河新巴尔虎右旗过渡区	克鲁伦河新巴尔虎右旗开发利用区	额尔古纳河	克鲁伦河	大桥水库坝址	西庙	12.0		III	内蒙古
3	新开河满洲里市饮用水源区	新开河满洲里市开发利用区	额尔古纳河	新开河	小河口渔场	二卡牧场	23.6		III	内蒙古
4	伊敏河红花尔基饮用水源区	伊敏河海拉尔区开发利用区	额尔古纳河	伊敏河	红花尔基水库库尾	盟牧场管理所	185.0		III	内蒙古
5	伊敏河海拉尔市排污控制区	伊敏河海拉尔区开发利用区	额尔古纳河	伊敏河	盟牧场管理所	入海拉尔河河口	27.5			内蒙古
6	库都尔河牙克石市工业用水区	库都尔河牙克石市开发利用区	额尔古纳河	库都尔河	新赊房镇	乌尔其汗镇	115.6		II	内蒙古
7	海拉尔河牙克石市农业用水区	海拉尔河牙克石市开发利用区	额尔古纳河	海拉尔河	乌尔其汗镇	牙克石水文站	113.0		III	内蒙古
8	海拉尔河牙克石市工业用水区	海拉尔河牙克石市开发利用区	额尔古纳河	海拉尔河	牙克石水文站	扎罗木得	47.5		II	内蒙古
9	海拉尔河海拉尔区农业用水区	海拉尔河海拉尔区开发利用区	额尔古纳河	海拉尔河	扎罗木得	蒙古屯	93.0		II	内蒙古
10	海拉尔河海拉尔区排污控制区	海拉尔河海拉尔区开发利用区	额尔古纳河	海拉尔河	蒙古屯	一棵松	24.0		IV	内蒙古
11	海拉尔河海拉尔区过渡区	海拉尔河海拉尔区开发利用区	额尔古纳河	海拉尔河	一棵松	巴彦库仁镇	22.5		IV	内蒙古
12	海拉尔河陈巴尔虎旗工业用水区	海拉尔河陈巴尔虎旗开发利用区	额尔古纳河	海拉尔河	巴彦哈达嘎查	嵯岗（水文站）	167.3		IV	内蒙古
13	海拉尔河陈巴尔虎旗饮用水源区	海拉尔河陈巴尔虎旗开发利用区	额尔古纳河	海拉尔河	巴彦库仁镇	巴彦哈达嘎查	55.0		III	内蒙古
14	免渡河牙克石市农业用水区	免渡河牙克石市开发利用区	额尔古纳河	免渡河	四公里	入海拉尔河河口	85.0		II	内蒙古
15	根河根河市工业用水区	根河根河市开发利用区	额尔古纳河	根河	下央格气林场	加拉嘎农场	137.7		III	内蒙古
16	根河额尔古纳市工业用水区	根河额尔古纳市开发利用区	额尔古纳河	根河	加拉嘎农场	黑山头镇	110.0		III	内蒙古
17	得尔布干河额尔古纳市工业用水区	得尔布干河额尔古纳市开发利用区	额尔古纳河	得尔布干河	得尔布尔镇	入额尔古纳河河口	32.0		III	内蒙古

序号	二级水功能区名称	所在一级功能区名称	水系	河流、湖库	范围 起始断面	范围 终止断面	长度(km)	面积(km²)	水质目标	省级行政区
18	哈乌尔河额尔古纳市农业用水区	哈乌尔河额尔古纳市开发利用区	额尔古纳河	哈乌尔河	恩和民族乡	入得尔布干河河口	90.0		IV	内蒙古
19	金河根河市工业用水区	金河根河市开发利用区	额尔古纳河	金河	金河镇	阿龙山镇	40.0		III	内蒙古
20	激流河根河市工业用水区	激流河根河市开发利用区	额尔古纳河	激流河	阿龙山镇	散鲁古雅鹆猎场	60.0		IV	内蒙古
21	甘河鄂伦春自治旗农业用水区	甘河鄂伦春自治旗开发利用区	嫩江	甘河	吉文镇	阿南防火站	63.0		III	内蒙古
22	甘河鄂伦春自治旗排污控制区	甘河鄂伦春自治旗开发利用区	嫩江	甘河	阿南防火站	阿东	8.0			内蒙古
23	甘河鄂伦春自治旗过渡区	甘河鄂伦春自治旗开发利用区	嫩江	甘河	阿东	齐奇岭	12.5		III	内蒙古
24	甘河加格达奇市饮用、工业用水区	甘河加格达奇市开发利用区	嫩江	甘河	加西村	河南农场	20.0		II	黑
25	甘河加格达奇市排污控制区	甘河加格达奇市开发利用区	嫩江	甘河	河南农场	东风经营所	8.0			黑
26	甘河白桦过渡区	甘河加格达奇市开发利用区	嫩江	甘河	东风经营所	白桦乡	20.0		III	黑
27	讷谟尔河五大连池市农业、工业用水区	讷谟尔河五大连池市开发利用区	嫩江	讷谟尔河	沿河林业局	青山桥上300m	46.8		II～III	黑
28	讷谟尔河五大连池市排污控制区	讷谟尔河五大连池市开发利用区	嫩江	讷谟尔河	青山桥上300m	青山桥下1km	1.3			黑
29	讷谟尔河五大连池市过渡区	讷谟尔河五大连池市开发利用区	嫩江	讷谟尔河	青山桥下1km	永发村	20.1		IV	黑
30	讷谟尔河讷河市农业用水区	讷谟尔河讷河市开发利用区	嫩江	讷谟尔河	永发村	入嫩江河口	185.0		III	黑
31	诺敏河鄂伦春自治旗农业用水区	诺敏河鄂伦春自治旗开发利用区	嫩江	诺敏河	东风经营所	宜卫	135.0		III	内蒙古
32	诺敏河莫力达瓦达斡尔族自治旗农业用水区	诺敏河莫力达瓦达斡尔族自治旗开发利用区	嫩江	诺敏河	宜卫	五家子	83.0		III	内蒙古
33	毕拉河鄂伦春自治旗农业用水区	毕拉河鄂伦春自治旗开发利用区	嫩江	毕拉河	神指峡电站	入诺敏河河口	65.0		III	内蒙古

序号	二级水功能区名称	所在一级水功能区名称	水系	河流、湖库	范围 起始断面	范围 终止断面	长度 (km)	面积 (km²)	水质目标	行政区 省级
34	嫩江富裕县农业用水区	嫩江齐齐哈尔市开发利用区	嫩江	嫩江干流	同盟水文站	东南屯	27.5		Ⅲ	黑
35	嫩江富裕县排污控制区	嫩江齐齐哈尔市开发利用区	嫩江	嫩江干流	东南屯	茶格吐乡	6.3			黑
36	嫩江富裕县过渡区	嫩江齐齐哈尔市开发利用区	嫩江	嫩江干流	茶格吐乡	登科村	15.7		Ⅳ	黑
37	嫩江中部引嫩工业、农业用水区	嫩江齐齐哈尔市开发利用区	嫩江	嫩江干流	登科村	雅尔赛乡	52.8		Ⅲ	黑
38	嫩江中部引嫩过渡区	嫩江齐齐哈尔市开发利用区	嫩江	嫩江干流	雅尔赛乡	新嫩江公路桥	6.2		Ⅱ	黑
39	嫩江浏园饮用、农业用水区	嫩江齐齐哈尔市开发利用区	嫩江	嫩江干流	新嫩江公路桥	明星屯	22.3		Ⅱ～Ⅲ	黑
40	北部引嫩农业、工业用水区	北部引嫩开发利用区	嫩江	北部引嫩	嫩江拉哈取水口	东湖水库、大庆水库、红旗泡水库	386.0		Ⅱ～Ⅲ	黑
41	阿伦河阿荣旗农业用水区	阿伦河阿荣旗开发利用区	嫩江	阿伦河	哈尼嘎水库坝址	东光	94.5		Ⅲ	内蒙古
42	阿伦河阿荣旗排污控制区	阿伦河阿荣旗开发利用区	嫩江	阿伦河	东光	那吉	3.8			内蒙古
43	阿伦河阿荣旗过渡区	阿伦河阿荣旗开发利用区	嫩江	阿伦河	那吉	章塔尔	4.0		Ⅲ	内蒙古
44	音河扎兰屯市农业用水区	音河扎兰屯市开发利用区	嫩江	音河	新建水库入库	新发屯	68.0		Ⅲ	内蒙古
45	音河甘南县农业、工业用水区	音河甘南县开发利用区	嫩江	音河	音河水库库尾	大八里岗子村	68.1		Ⅲ	黑
46	雅鲁河扎兰屯市工业用水区	雅鲁河扎兰屯市开发利用区	嫩江	雅鲁河	雅鲁	大桥头	155.4		Ⅲ	内蒙古
47	雅鲁河扎兰屯市排污控制区	雅鲁河扎兰屯市开发利用区	嫩江	雅鲁河	大桥头	高台子	9.0			内蒙古
48	雅鲁河扎兰屯市过渡区	雅鲁河扎兰屯市开发利用区	嫩江	雅鲁河	高台子	东德胜村	21.0		Ⅳ	内蒙古
49	雅鲁河东光农业用水区	雅鲁河东光市开发利用区	嫩江	雅鲁河	东德胜村	红光三队	15.0		Ⅲ	内蒙古
50	济沁河扎兰屯市农业用水区	济沁河扎兰屯市开发利用区	嫩江	济沁河	根多河马场	东明	51.0		Ⅲ	内蒙古
51	绰尔河牙克石市工业用水区	绰尔河牙克石市开发利用区	嫩江	绰尔河	绰源镇	塔尔气水文站	47.1		Ⅱ	内蒙古
52	绰尔河扎赉特旗农业用水区 1	绰尔河扎赉特旗开发利用区 1	嫩江	绰尔河	文得根水库库尾	包尔胡硕	125.0		Ⅲ	内蒙古
53	绰尔河乌兰浩特市农业用水区 2	绰尔河扎赉特旗乌兰浩特市开发利用区 2	嫩江	绰尔河	乌兰砖场	靠山屯	55.0		Ⅲ	内蒙古

续表

序号	二级水功能区名称	所在一级水功能区名称	水系	河流、湖库	范围 起始断面	范围 终止断面	长度 (km)	面积 (km²)	水质目标	省级行政区
54	嫩江齐齐哈尔市排污控制区	嫩江齐齐哈尔市开发利用区	嫩江	嫩江干流	明星屯	电子房村	13.1			黑
55	嫩江齐齐哈尔市过渡区	嫩江齐齐哈尔市开发利用区	嫩江	嫩江干流	电子房村	富拉尔基铁路桥	16.3		Ⅲ	黑
56	嫩江富拉尔基工业、景观娱乐用水区	嫩江富拉尔基开发利用区	嫩江	嫩江干流	富拉尔基铁路桥	发电总厂取水口下50m	8.9		Ⅲ	黑
57	嫩江富拉尔基电厂排污控制区	嫩江富拉尔基开发利用区	嫩江	嫩江干流	发电总厂取水口下50m	四间房村	8.7		Ⅲ	黑
58	嫩江莫呼过渡区	嫩江莫呼开发利用区	嫩江	嫩江干流	四间房村	莫呼公路桥	12.4		Ⅳ	黑
59	中部引嫩工业、农业用水区	中部引嫩大庆市开发利用区	嫩江	中部引嫩	嫩江塔哈取水口	东升水库、龙虎泡油水库	268.8		Ⅲ~Ⅳ	黑
60	乌裕尔河北安市、克东县、富裕县农业用水区	乌裕尔河北安市、克东县、富裕县开发利用区	嫩江	乌裕尔河	赵光农场36队	小河东村	445.4		Ⅲ	黑
61	双阳河拜泉县农业用水区	双阳河拜泉县开发利用区	嫩江	双阳河	源头	林甸县三合农场	129.1		Ⅲ	黑
62	洮儿河科尔沁右翼前旗农业用水区1	洮儿河科尔沁右翼前旗开发利用区1	嫩江	洮儿河	紫伦水文站	繁尔森水库坝址	66.0		Ⅲ	内蒙古
63	洮儿河乌兰浩特市农业用水区	洮儿河乌兰浩特市开发利用区	嫩江	洮儿河	繁尔森水库坝址	八里八	24.0		Ⅲ	内蒙古
64	洮儿河乌兰浩特市排污控制区	洮儿河乌兰浩特市开发利用区	嫩江	洮儿河	八里八	小靠山屯	14.0		Ⅲ	内蒙古
65	洮儿河乌兰浩特市过渡区	洮儿河乌兰浩特市开发利用区	嫩江	洮儿河	小靠山屯	白音哈达	16.0		Ⅳ	内蒙古
66	洮儿河科尔沁右翼前旗农业用水区2	洮儿河科尔沁右翼前旗开发利用区2	嫩江	洮儿河	白音哈达	哈达那拉苏木	20.0		Ⅲ	内蒙古
67	洮儿河洮北区、洮南市农业用水区	洮儿河白城市开发利用区	嫩江	洮儿河	林海屯	庆有	142.0		Ⅲ	吉

序号	二级水功能区名称	所在一级水功能区名称	水系	河流、湖库	范围 起始断面	终止断面	长度（km）	面积（km²）	水质目标	省级行政区
68	洮儿河镇赉县、大安市农业、渔业用水区	洮儿河白城市开发利用区	嫩江	洮儿河	庆有	月亮泡水库库尾	103.0		Ⅲ	吉
69	洮儿河镇赉县、大安市渔业、农业用水区	洮儿河白城市开发利用区	嫩江	洮儿河	月亮泡水库库尾	入嫩江河口	33.0		Ⅲ	吉
70	归流河科尔沁右翼前旗农业用水区	归流河科尔沁右翼前旗开发利用区	嫩江	归流河	乌布林水库库尾	后双合屯	115.0		Ⅲ	内蒙古
71	归流河乌兰浩特市排污控制区	归流河乌兰浩特市开发利用区	嫩江	归流河	后双合屯	入洮儿河河口	16.0			内蒙古
72	蛟流河突泉县农业用水区	蛟流河突泉县开发利用区	嫩江	蛟流河	双城水库库尾	九龙镇大桥	81.5		Ⅳ	内蒙古
73	蛟流河洮南市农业用水区	蛟流河洮南市开发利用区	嫩江	蛟流河	野马镇	入洮儿河河口	117.0		Ⅲ	吉
74	霍林河霍林河市工业用水区	霍林河霍林河市开发利用区	嫩江	霍林河	霍林河水库入库	包尔呼吉吉村桥	46.4		Ⅳ	内蒙古
75	霍林河科尔沁右翼中旗农业用水区	霍林河科尔沁右翼中旗开发利用区	嫩江	霍林河	吐列毛都水文站	巴仁太本	130.0		Ⅳ	内蒙古
76	霍林河洮南市、通榆县、大安市渔业、农业用水区	霍林河白城市开发利用区	嫩江	霍林河	张家泡	前进屯	144.0		Ⅲ	吉
77	霍林河前郭县渔业用水区	霍林河前郭县开发利用区	嫩江	霍林河	铁路桥	入嫩江河口	12.0		Ⅲ	吉
78	嫩江泰来县农业、渔业用水区	嫩江干流泰来县开发利用区	嫩江	嫩江干流	江桥镇	光荣村	78.6		Ⅲ	黑
79	安肇新河大庆市排污控制区	安肇新河大庆市开发利用区	松花江干流	安肇新河	王花泡	义和公路桥	58.0			黑
80	安肇新河大庆市过渡区	安肇新河大庆市开发利用区	松花江干流	安肇新河	义和公路桥	入松花江河口	84.0		Ⅳ	黑
81	辉发河梅河口市饮用、农业用水区	辉发河梅河口市开发利用区	第二松花江	辉发河	省界	梅河口市	58.5		Ⅱ～Ⅲ	吉
82	辉发河通化市、吉林市饮用水源区	辉发河通化市、吉林市开发利用区	第二松花江	辉发河	梅河口市	桦甸市	121.1		Ⅲ	吉

序号	二级水功能区名称（项目）	所在一级水功能区名称	水系	河流、湖库	范围 起始断面	范围 终止断面	长度（km）	面积（km²）	水质目标	省级行政区
83	一统河柳河县饮用、工业用水区	一统河柳河县、梅河口市、辉南县开发利用区	第二松花江	一统河	向阳镇	柳河镇	40.0		Ⅱ～Ⅲ	吉
84	一统河柳河县、梅河口市、辉南县农业、渔业用水区	一统河柳河县、梅河口市、辉南县开发利用区	第二松花江	一统河	柳河镇	入辉发河河口	80.2		Ⅲ	吉
85	三统河辉南县农业、渔业用水区	三统河柳河县、辉南县开发利用区	第二松花江	三统河	和平水库坝址	河口村	70.2		Ⅲ	吉
86	三统河辉南县饮用、工业用水区	三统河柳河县、辉南县开发利用区	第二松花江	三统河	河口村	入辉发河河口	56.5		Ⅱ～Ⅲ	吉
87	莲河东丰县饮用水源区	莲河东丰县开发利用区	第二松花江	莲河	杨木林镇	长甸屯	14.6		Ⅱ～Ⅲ	吉
88	莲河东丰县农业、渔业用水区	莲河东丰县开发利用区	第二松花江	莲河	长甸屯	入辉发河河口	54.2		Ⅲ	吉
89	头道松花江靖宇县过渡区	头道松花江靖宇县、抚松县开发利用区	第二松花江	头道松花江	汤河口	松江河口	23.4		Ⅲ	吉
90	松江河抚松县饮用、工业用水区	松江河抚松县开发利用区	第二松花江	松江河	老松江	入头道松花江河口	75.4		Ⅱ～Ⅲ	吉
91	蛟河蛟河市饮用、工业用水区	蛟河蛟河市开发利用区	第二松花江	蛟河	民主屯	小蛟河口	53.3		Ⅱ～Ⅲ	吉
92	伊通河伊通县、东丰县农业用水区	伊通河伊通县、东丰县开发利用区	第二松花江	伊通河	寿山水库坝址	新四屯	29.0		Ⅲ	吉
93	伊通河长春市饮用、渔业用水区1	伊通河长春市开发利用区	第二松花江	伊通河	长胜屯	新立城水库库尾	15.0		Ⅲ	吉
94	伊通河长春市饮用、渔业用水区	伊通河长春市开发利用区	第二松花江	伊通河	新立城水库库尾	新立城水库坝址	11.4		Ⅱ～Ⅲ	吉

序号	二级水功能区名称 项 目	所在一级水功能区名称	水系	河流、湖库	范 围 起始断面	围 终止断面	长度（km）	面积（km²）	水质目标	省级行政区
95	伊通河长春市农业、渔业用水区 2	伊通河长春市开发利用区	第二松花江	伊通河	新立城水库坝址	长春市上游绕城高速公路桥	12.8		Ⅲ	吉
96	伊通河长春市景观娱乐用水区	伊通河长春市开发利用区	第二松花江	伊通河	长春市上游绕城高速公路桥	四化桥	19.0		Ⅲ	吉
97	伊通河长春市、农安县、德惠市农业用水区	伊通河长春市开发利用区	第二松花江	伊通河	四化桥	万金塔公路桥	137.2		Ⅴ	吉
98	伊通河农安县、德惠市农业、过渡区	伊通河长春市开发利用区	第二松花江	伊通河	万金塔公路桥	入饮马河河口	45.0		Ⅳ	吉
99	饮马河磐石市、双阳区、永吉县农业、渔业用水区	饮马河吉林市、长春市开发利用区	第二松花江	饮马河	亚吉水库库尾	石头口门水库库尾	131.8		Ⅲ	吉
100	饮马河长春市饮用、渔业用水区	饮马河吉林市、长春市开发利用区	第二松花江	饮马河	石头口门水库库尾	石头口门水库坝址	24.8		Ⅱ～Ⅲ	吉
101	饮马河九台市、德惠市农业用水区	饮马河吉林市、长春市开发利用区	第二松花江	饮马河	石头口门水库坝址	雾开河河口	138.1		Ⅲ	吉
102	饮马河德惠市农业用水区	饮马河吉林市、长春市开发利用区	第二松花江	饮马河	雾开河河口	伊通河河口	43.9		Ⅳ	吉
103	岔路河磐石市、永吉县农业、渔业用水区	岔路河磐石市、永吉县开发利用区	第二松花江	岔路河	取柴河镇	入饮马河河口	84.9		Ⅲ	吉
104	雾开河长春市、九台市景观娱乐、渔业用水区	雾开河长春市开发利用区	第二松花江	雾开河	三道镇	卡伦湖水库坝址	18.3		Ⅲ	吉
105	雾开河九台市、德惠市农业用水区	雾开河长春市开发利用区	第二松花江	雾开河	卡伦湖水库坝址	干雾海河河口	62.5		Ⅲ	吉
106	雾开河德惠市农业用水区	雾开河长春市开发利用区	第二松花江	雾开河	干雾海河河口	入饮马河河口	40.0		Ⅳ	吉

序号	二级水功能区名称	所在一级水功能区名称	水系	河流、湖库	范围 起始断面	范围 终止断面	长度 (km)	面积 (km²)	水质目标	行政区 省级
107	第二松花江吉林市饮用、工业用水区1	第二松花江吉林市、长春市开发利用区	第二松花江	第二松花江	马家	临江门大桥	3.0		Ⅱ~Ⅲ	吉
108	第二松花江吉林市景观娱乐用水区	第二松花江吉林市、长春市开发利用区	第二松花江	第二松花江	临江门大桥	吉林大桥	3.0		Ⅲ	吉
109	第二松花江吉林市饮用、工业用水区2	第二松花江吉林市、长春市开发利用区	第二松花江	第二松花江	吉林大桥	松江大桥	11.5		Ⅱ~Ⅲ	吉
110	第二松花江吉林市工业用水区	第二松花江吉林市、长春市开发利用区	第二松花江	第二松花江	松江大桥	通气河河口	20.0		Ⅳ	吉
111	第二松花江吉林市、德惠市农业用水区	第二松花江吉林市、长春市开发利用区	第二松花江	第二松花江	通气河河口	松沐灌渠渠首	83.3		Ⅲ	吉
112	第二松花江松原市饮用、工业用水区	第二松花江吉林市、长春市开发利用区	第二松花江	第二松花江	松沐灌渠渠首	乌金屯电站	56.0		Ⅱ~Ⅲ	吉
113	第二松花江松原市饮用、工业用水区	第二松花江松原市开发利用区	第二松花江	第二松花江	哈拉毛都镇	松原市松花江大桥	40.8		Ⅱ~Ⅲ	吉
114	第二松花江松原市排污控制区	第二松花江松原市开发利用区	第二松花江	第二松花江	松原市松花江大桥	农林屯	5.0			吉
115	第二松花江松原市过渡区	第二松花江松原市开发利用区	第二松花江	第二松花江	农林屯	石桥	25.2		Ⅳ	吉
116	沐石河九台市、德惠市农业、渔业用水区	沐石河九台市、德惠市开发利用区	第二松花江	沐石河	沐石河河镇	入第二松花江河口	96.2		Ⅲ	吉
117	拉林河五常市农业用水区	拉林河五常市开发利用区	松花江干流	拉林河	向阳山水电站	五常公路桥	44.8		Ⅲ	黑
118	细鳞河舒兰市饮用、农业用水区	细鳞河舒兰市开发利用区	松花江干流	细鳞河	小城镇	舒郊镇	27.0		Ⅲ	吉
119	细鳞河舒兰市工业用水区	细鳞河舒兰市开发利用区	松花江干流	细鳞河	舒郊镇	沙河河口	7.0		Ⅳ	吉

序号	项目 二级水功能区名称	所在一级水功能区名称	水系	河流、湖库	范围 起始断面	范围 终止断面	长度 (km)	面积 (km²)	水质目标	省级行政区
120	细鳞河舒兰市农业、过渡区	细鳞河舒兰市开发利用区	松花江干流	细鳞河	沙河河口	双河	31.5		Ⅲ	吉
121	溪浪河五常市农业用水区	溪浪河五常市开发利用区	松花江干流	溪浪河	山河镇公路桥	入拉林河河口	6.6		Ⅲ	黑
122	牤牛河五常市农业、工业用水区	牤牛河五常市开发利用区	松花江干流	牤牛河	冲河镇	卫国乡	70.5		Ⅲ	黑
123	松花江肇东市、双城市农业、渔业用水区	松花江哈尔滨市开发利用区	松花江干流	松花江干流	双城市临江屯	双城市与哈尔滨市交界	60.0		Ⅲ	黑
124	松花江哈尔滨市太平镇过渡区	松花江哈尔滨市开发利用区	松花江干流	松花江干流	双城市与哈尔滨市交界	东兴龙岗村	27.3		Ⅱ	黑
125	松花江哈尔滨市朱顺屯饮用水源区	松花江哈尔滨市开发利用区	松花江干流	松花江干流	东兴龙岗村	朱顺屯	14.5		Ⅱ	黑
126	松花江哈尔滨市景观娱乐用水区	松花江哈尔滨市开发利用区	松花江干流	松花江干流	朱顺屯	马家沟汇入口上	15.9		Ⅲ	黑
127	松花江哈尔滨市东江桥排污控制区	松花江哈尔滨市开发利用区	松花江干流	松花江干流	马家沟汇入口上	哈尔滨市与阿城市交界	20.4		Ⅲ	黑
128	阿什河阿城市农业用水区	阿什河阿城市开发利用区	松花江干流	阿什河	马鞍山水文站	阿城市与哈尔滨市交界	43.1		Ⅳ	黑
129	阿什河哈尔滨市排污控制区	阿什河阿城市开发利用区	松花江干流	阿什河	阿城市与哈尔滨市交界	汲家村	16.1		Ⅳ	黑
130	阿什河哈尔滨市过渡区	阿什河阿城市开发利用区	松花江干流	阿什河	汲家村	入松花江河口	9.0		Ⅳ	黑
131	呼兰河庆安县、绥化市农业、饮用水源区	呼兰河绥化市开发利用区	松花江干流	呼兰河	神树镇	绥胜排干汇入口	241.1		Ⅲ~Ⅳ	黑
132	呼兰河双榆排污整治区	呼兰河绥化市开发利用区	松花江干流	呼兰河	绥胜排干汇入口	双榆村	8.0			黑
133	呼兰河双榆过渡区	呼兰河绥化市开发利用区	松花江干流	呼兰河	双榆村	金河村	24.1		Ⅳ	黑

序号	二级水功能区名称	所在一级水功能区名称	水系	河流、湖库	范围 起始断面	范围 终止断面	长度(km)	面积(km²)	水质目标	省级行政区
134	呼兰河兰西县、呼兰区农业、渔业用水区	呼兰河绥化市、呼兰区开发利用区	松花江干流	呼兰河	金河村	富强村	95.8		III～IV	黑
135	呼兰河呼兰区排污控制区	呼兰河绥化市、呼兰区开发利用区	松花江干流	呼兰河	富强村	呼兰河铁路桥	9.5			黑
136	呼兰河呼兰区过渡区	呼兰河绥化市、呼兰区开发利用区	松花江干流	呼兰河	呼兰河铁路桥	入松花江河口	12.0		IV	黑
137	通肯河海伦市农业用水区	通肯河海伦市开发利用区	松花江干流	通肯河	青石岭水库库尾	连生村	222.4		III	黑
138	蚂蚁河尚志市饮用、工业用水区	蚂蚁河尚志市开发利用区	松花江干流	蚂蚁河	亚布力镇	一面坡铁路桥	49.5		II～III	黑
139	蚂蚁河尚志市农业用水区	蚂蚁河尚志市开发利用区	松花江干流	蚂蚁河	一面坡铁路桥	尚志镇蚂蚁河大桥	22.0		III	黑
140	蚂蚁河尚志市排污整治区	蚂蚁河尚志市开发利用区	松花江干流	蚂蚁河	尚志镇蚂蚁河大桥	芦沟屯	3.5			黑
141	蚂蚁河尚志市过渡区	蚂蚁河尚志市开发利用区	松花江干流	蚂蚁河	芦沟桥	北兴屯	10.0		IV	黑
142	蚂蚁河方正县开发利用区	蚂蚁河方正县开发利用区	松花江干流	蚂蚁河	延寿县与方正县交界	入松花江河口	35.8		III	黑
143	松花江阿城市过渡区	松花江哈尔滨市开发利用区	松花江干流	松花江干流	哈尔滨市与阿城市交界	大顶子山	18.7		IV	黑
144	松花江宾县、巴彦县农业用水区	松花江哈尔滨市开发利用区	松花江干流	松花江干流	大顶子山	宾县县贮木场	63.2		III	黑
145	松花江木兰县农业用水区	松花江木兰县开发利用区	松花江干流	松花江干流	木兰县贮木场	宾县临江屯	62.7		III	黑
146	松花江通河县农业用水区	松花江通河县开发利用区	松花江干流	松花江干流	宾县临江屯	通河县清河镇	126.7		III	黑
147	牡丹江敦化市饮用、工业用水区	牡丹江敦化市开发利用区	松花江干流	牡丹江	江源镇	东环城路桥	29.0		II～III	吉
148	牡丹江敦化市农业用水区	牡丹江敦化市开发利用区	松花江干流	牡丹江	东环城路桥	黄泥河河口	30.0		V	吉

序号	二级水功能区名称	所在一级水功能区名称	水系	河流、湖库	范围 起始断面	范围 终止断面	长度(km)	面积(km²)	水质目标	省级行政区
149	牡丹江敦化市农业、过渡区	牡丹江敦化市开发利用区	松花江干流	牡丹江	黄泥河河口	珠尔多河河口	53.0		Ⅲ	吉
150	牡丹江勃海镇农业用水区	牡丹江宁安市开发利用区	松花江干流	牡丹江	朱家屯	勃海镇	2.9		Ⅲ	黑
151	牡丹江牡丹江市饮用、工业用水区	牡丹江牡丹江市开发利用区	松花江干流	牡丹江	黑山屯	滨绥铁路桥	20.6		Ⅱ~Ⅲ	黑
152	牡丹江牡丹江市排污控制区	牡丹江牡丹江市开发利用区	松花江干流	牡丹江	滨绥铁路桥	二发电厂排污口下	10.0		Ⅲ	黑
153	牡丹江牡丹江市过渡区	牡丹江牡丹江市开发利用区	松花江干流	牡丹江	二发电厂排污口下	柴河轻化包装厂取水口	13.5		Ⅲ	黑
154	牡丹江柴河工业用水区	牡丹江牡丹江市开发利用区	松花江干流	牡丹江	柴河轻化包装厂取水口	柴河公路桥	2.0		Ⅲ	黑
155	海浪河海林市饮用、工业用水区	海浪河海林市开发利用区	松花江干流	海浪河	石河水文站	入牡丹江河口	29.4		Ⅱ~Ⅲ	黑
156	倭肯河七台河市饮用、工业用水区	倭肯河七台河市开发利用区	松花江干流	倭肯河	桃山水库库尾	万宝河汇入口	24.0		Ⅱ~Ⅲ	黑
157	倭肯河七台河市排污控制区	倭肯河七台河市开发利用区	松花江干流	倭肯河	万宝河汇入口	北山大桥	6.8			黑
158	倭肯河七台河市过渡区	倭肯河七台河市开发利用区	松花江干流	倭肯河	北山大桥	长兴公路桥	16.4		Ⅳ	黑
159	倭肯河依兰县农业用水区	倭肯河依兰县开发利用区	松花江干流	倭肯河	三道岗镇	入松花江河口	95.0		Ⅳ	黑
160	汤旺河友好农业、工业用水区	汤旺河友好区开发利用区	松花江干流	汤旺河	上甘岭区	伊春河汇入口	54.4		Ⅳ	黑
161	汤旺河伊春市排污控制区	汤旺河伊春市开发利用区	松花江干流	汤旺河	伊春河汇入口	101水文站	5.6			黑
162	汤旺河美溪过渡区	汤旺河伊春市开发利用区	松花江干流	汤旺河	101水文站	莒青	43.2		Ⅳ	黑
163	汤旺河西林工业用水区	汤旺河西林市开发利用区	松花江干流	汤旺河	莒青	西林钢厂	16.8		Ⅳ	黑
164	汤旺河西林排污控制区	汤旺河西林市开发利用区	松花江干流	汤旺河	西林钢厂	金山屯造纸厂排污口下	19.4			黑

序号	二级水功能区名称	所在一级水功能区名称	水系	河流、湖库	范围 起始断面	范围 终止断面	长度 (km)	面积 (km²)	水质目标	省级行政区
165	汤旺河金山屯过渡区	汤旺河伊春市开发利用区	松花江干流	汤旺河	金山屯造纸厂排污口下	西南岔河汇入口	49.5		V	黑
166	汤旺河南岔排污控制区	汤旺河伊春市开发利用区	松花江干流	汤旺河	西南岔河汇入口	桦阳村	9.8			黑
167	汤旺河南岔过渡区	汤旺河伊春市开发利用区	松花江干流	汤旺河	桦阳村	浩良河镇	59.4		V	黑
168	汤旺河浩良河排污控制区	汤旺河伊春市开发利用区	松花江干流	汤旺河	浩良河镇	木良镇	2.9			黑
169	汤旺河汤原县过渡区	汤旺河伊春市开发利用区	松花江干流	汤旺河	木良镇	渠首电站	15.5		IV	黑
170	汤旺河汤原县农业用水区	汤旺河伊春市开发利用区	松花江干流	汤旺河	渠首电站	入松花江河口	22.4		IV	黑
171	伊春河伊春市饮用、工业用水区	伊春河伊春市开发利用区	松花江干流	伊春河	西山水库库尾	西山水库坝址	9.4		II~III	黑
172	伊春河伊春市农业、工业用水区	伊春河伊春市开发利用区	松花江干流	伊春河	西山水库坝址	入汤旺河河口	48.0		III	黑
173	松花江依兰县饮用、工业用水区	松花江依兰县开发利用区	松花江干流	松花江干流	通河县清河镇	倭肯河入松花江口	27.3		III	黑
174	松花江佳木斯市排污控制区	松花江佳木斯市开发利用区	松花江干流	松花江干流	汤旺河汇入口上1km	佳木斯港务局	69.0		IV	黑
175	松花江佳木斯市过渡区	松花江佳木斯市开发利用区	松花江干流	松花江干流	佳木斯港务局	宏力村	7.4			黑
176	松花江佳木斯市农业用水区	松花江佳木斯市开发利用区	松花江干流	松花江干流	宏力村	中和村	25.2		IV	黑
177	松花江佳木斯市、桦川县、富锦市农业用水区	松花江佳木斯市开发利用区	松花江干流	松花江干流	中和村	福合村	135.6		III	黑
178	梧桐河鹤岗市农业、渔业用水区	梧桐河鹤岗市开发利用区	松花江干流	梧桐河	向阳林场	入松花江河口	55.6		IV	黑
179	鹤立河鹤岗市饮用、工业用水区	鹤立河鹤岗市开发利用区	松花江干流	鹤立河	红旗林场	前进沟汇入口	5.1		II~III	黑

序号	二级水功能区名称	所在一级水功能区名称	水系	河流、湖库	范围 起始断面	范围 终止断面	长度（km）	面积（km²）	水质目标	省级行政区
180	鹤立河鹤岗市排污控制区	鹤立河鹤岗市开发利用区	松花江干流	鹤立河	前进沟汇入口	201 国道公路桥下	25.0			黑
181	鹤立河鹤岗市过渡区	鹤立河鹤岗市开发利用区	松花江干流	鹤立河	201 国道公路桥下	米乡六村	18.6		IV	黑
182	鹤立河三股流农业用水区	鹤立河鹤岗市开发利用区	松花江干流	鹤立河	米乡六村	入梧桐河河口	28.3		IV	黑
183	安邦河双鸭山市饮用、工业用水区	安邦河双鸭山市开发利用区	松花江干流	安邦河	寒葱沟水库库尾	窑地村	15.2		II～III	黑
184	安邦河双鸭山市排污过渡区	安邦河双鸭山市开发利用区	松花江干流	安邦河	窑地村	福富大桥	16.8			黑
185	安邦河集贤县农业用水区	安邦河双鸭山市开发利用区	松花江干流	安邦河	福富大桥	长富村	19.8		IV	黑
186	安邦河集贤县农业用水区	安邦河双鸭山市开发利用区	松花江干流	安邦河	长富村	入松花江河口	25.9		IV	黑
187	额穆尔河漠河县工业用水区	额穆尔河漠河县开发利用区	黑龙江干流	额穆尔河	图强镇	二十五站	293.6		III	黑
188	呼玛河大兴安岭地区工业用水区	呼玛河大兴安岭地区开发利用区	黑龙江干流	呼玛河	跃进林场	庆丰屯	170.0		III	黑
189	逊别拉河逊克县、孙吴县工业用水区	逊别拉河逊克县、孙吴县开发利用区	黑龙江干流	逊别拉河	平山林场	逊河镇	75.0		III	黑
190	库尔滨河逊克县工业用水源区	库尔滨河逊克县开发利用区	黑龙江干流	库尔滨河	翠北铁矿	库尔滨村	199.3		III	黑
191	穆棱河鸡西市饮用水源区	穆棱河鸡西市开发利用区	乌苏里江	穆棱河	三岔屯	穆棱河西大桥	61.3		II～III	黑
192	穆棱河西大桥排污控制区	穆棱河鸡西市开发利用区	乌苏里江	穆棱河	穆棱河西大桥	穆棱河西大桥下 1km	1.0			黑
193	穆棱河西大桥排污过渡区	穆棱河鸡西市开发利用区	乌苏里江	穆棱河	穆棱河西大桥下 1km	碱场煤矿铁路大桥	17.3		III	黑
194	穆棱河鸡西市饮用、农业用水区	穆棱河鸡西市开发利用区	乌苏里江	穆棱河	碱场煤矿铁路大桥	206 省道公路桥	55.3		II～III	黑
195	穆棱河鸡西市排污控制区	穆棱河鸡西市开发利用区	乌苏里江	穆棱河	206 省道公路桥	东胜村	2.2			黑

序号	二级水功能区名称	所在一级水功能区名称	水系	河流、湖库	范围 起始断面	范围 终止断面	长度 (km)	面积 (km²)	水质目标	省级行政区
196	穆棱河鸡西市过渡区	穆棱河鸡西市开发利用区	乌苏里江	穆棱河	东胜村	鸡古路西100m	14.5		IV	黑
197	穆棱河鸡东县、密山市农业用水区	穆棱河鸡西市开发利用区	乌苏里江	穆棱河	鸡古路西100m	凯北站	217.5		III	黑
198	挠力河宝清县农业用水区	挠力河宝清县开发利用区	乌苏里江	挠力河	龙头桥水库库尾	大、小挠力河汇合口	110.9		III	黑
199	七虎林河虎林市农业、渔业用水区	七虎林河虎林市开发利用区	乌苏里江	七虎林河	云山水库库尾	云山水库坝址	4.2	4.5	IV	黑
200	大绥芬河汪清县农业、工业用水区	大绥芬河汪清县开发利用区	绥芬河	大绥芬河	太平沟	西大河河口	15.0		IV	吉
201	大绥芬河东宁县工业用水区	大绥芬河东宁县开发利用区	绥芬河	大绥芬河	罗家店村	大、小绥芬河汇合口	91.8		III	黑
202	小绥芬河东宁县工业用水区	小绥芬河东宁县开发利用区	绥芬河	小绥芬河	老莱营村	大、小绥芬河汇合口	90.2		III	黑
203	绥芬河东宁县农业、饮用水源区	绥芬河东宁县开发利用区	绥芬河	绥芬河	大、小绥芬河汇合口	东宁小河汇入口	38.0		II～III	黑
204	绥芬河东宁县排污控制区	绥芬河东宁县开发利用区	绥芬河	绥芬河	东宁小河汇入口	东宁小河汇入口下1km	1.0		III	黑
205	绥芬河东宁县过渡区	绥芬河东宁县开发利用区	绥芬河	绥芬河	东宁小河汇入口下1km	长征村	20.0		III	黑
206	布尔哈通河安图县、龙井市农业、饮用水源区	布尔哈通河延边州开发利用区	图们江	布尔哈通河	亮兵镇	朝阳河河口	84.0		II～III	吉
207	布尔哈通河延边市饮用水源区	布尔哈通河延边州开发利用区	图们江	布尔哈通河	朝阳河河口	烟集河河口	11.3		II～III	吉

序号	二级水功能区名称	所在一级水功能区名称	水系	河流、湖库	范围 起始断面	范围 终止断面	长度(km)	面积(km²)	水质目标	省级行政区
208	布尔哈通河延吉市景观娱乐、工业用水区	布尔哈通河延边州开发利用区	图们江	布尔哈通河	烟集河河口	延东铁路桥	9.6		Ⅲ	吉
209	布尔哈通河延吉市排污控制区	布尔哈通河延边州开发利用区	图们江	布尔哈通河	延东铁路桥	海兰河河口	2.5			吉
210	布尔哈通河图们市过渡区	布尔哈通河延边州开发利用区	图们江	布尔哈通河	海兰河河口	入嘎呀河河口	45.7		Ⅲ	吉
211	海兰河和龙市饮用水源区	海兰河和龙市、延吉市开发利用区	图们江	海兰河	松月水库坝址	和林桥	8.5		Ⅱ~Ⅲ	吉
212	海兰河和龙市、龙井市农业、饮用水源区	海兰河和龙市、龙井市、延吉市开发利用区	图们江	海兰河	和林桥	龙井	61.8		Ⅱ~Ⅲ	吉
213	海兰河龙井市、延吉市农业用水区	海兰河和龙市、龙井市、延吉市开发利用区	图们江	海兰河	龙井	入布尔哈通河河口	47.8		Ⅳ	吉
214	嘎呀河汪清县农业、饮用水源区	嘎呀河汪清县、图们市开发利用区	图们江	嘎呀河	响水	汪清河河口	74.6		Ⅱ~Ⅲ	吉
215	嘎呀河汪清县农业用水区	嘎呀河汪清县、图们市开发利用区	图们江	嘎呀河	汪清河河口	石岘造纸厂拦河坝	80.0		Ⅳ	吉
216	嘎呀河图们市排污控制区	嘎呀河图们市开发利用区	图们江	嘎呀河	石岘造纸厂拦河坝	东兴铁路桥	1.4			吉
217	嘎呀河图们市过渡区	嘎呀河图们市开发利用区	图们江	嘎呀河	东兴铁路桥	入布尔哈通河河口	8.5		Ⅳ	吉
218	珲春河珲春市饮用、农业用水区	珲春河珲春市开发利用区	图们江	珲春河	马滴达镇	珲春大桥	48.0		Ⅱ~Ⅲ	吉
219	珲春河珲春市工业、农业用水区	珲春河珲春市开发利用区	图们江	珲春河	珲春大桥	三家子	10.7		Ⅳ	吉

7 辽河区重要江河湖泊一级水功能区划

表 7.1

一级水功能区划登记表

序号	一级水功能区名称	水系	河流、湖库	范围 起始断面	范围 终止断面	长度(km)	面积(km²)	水质目标	省级行政区
1	查干木伦河林西县源头水保护区	西辽河	查干木伦河	源头	朝阳	47.0		Ⅱ	内蒙古
2	查干木伦河林西县开发利用区	西辽河	查干木伦河	朝阳	前进	132.0		按二级区划执行	内蒙古
3	查干木伦河巴林右旗开发利用区	西辽河	查干木伦河	前进	入西拉木伦河河口	60.0		按二级区划执行	内蒙古
4	西拉木伦河克什克腾旗源头水保护区	西辽河	西拉木伦河	源头	石门子水库入库站	32.0		Ⅱ	内蒙古
5	西拉木伦河克什克腾旗开发利用区	西辽河	西拉木伦河	石门子水库入库站	桥头	64.0		按二级区划执行	内蒙古
6	西拉木伦河翁牛特旗、开鲁县开发利用区	西辽河	西拉木伦河	桥头	苏家堡	284.0		按二级区划执行	内蒙古
7	萨岭河克什克腾旗源头水保护区	西辽河	萨岭河	源头	入西拉木伦河河口	64.0		Ⅱ	内蒙古
8	百岔河克什克腾旗源头水保护区	西辽河	百岔河	源头	广义德	62.0		Ⅱ	内蒙古
9	百岔河克什克腾旗开发利用区	西辽河	百岔河	广义德	入西拉木伦河河口	37.5		按二级区划执行	内蒙古
10	少冷河翁牛特旗源头水保护区	西辽河	少冷河	源头	广德公	67.0		Ⅱ	内蒙古
11	少冷河翁牛特旗开发利用区	西辽河	少冷河	广德公	入西拉木伦河河口	140.0		按二级区划执行	内蒙古
12	锡泊河喀喇沁旗源头水保护区	西辽河	锡泊河	源头	旺业甸镇	20.0		Ⅱ	内蒙古
13	锡泊河喀喇沁旗开发利用区	西辽河	锡泊河	旺业甸镇	钓鱼台	107.0		按二级区划执行	内蒙古
14	锡泊河赤峰市开发利用区	西辽河	锡泊河	钓鱼台	西北营子	7.0		按二级区划执行	内蒙古
15	阴河围场县源头水保护区	西辽河	阴河	源头	张家湾	59.0		Ⅱ	冀

序号	一级水功能区名称	水系	河流、湖库	范围 起始断面	范围 终止断面	长度 (km)	面积 (km²)	水质目标	省级行政区
16	阴河冀蒙缓冲区	西辽河	阴河	张家湾	马架子	12.0		Ⅲ	冀、内蒙古
17	阴河赤峰市开发利用区	西辽河	阴河	马架子	入锡泊河河口	105.0		按二级区划执行	内蒙古
18	英金河赤峰市开发利用区	西辽河	英金河	西北营子	入老哈河河口	38.0		按二级区划执行	内蒙古
19	老哈河平泉县源头水保护区	西辽河	老哈河	源头	七家	25.0		Ⅱ	冀
20	老哈河平泉县保留区	西辽河	老哈河	七家	东三家	10.0		Ⅱ	冀
21	老哈河平泉县开发利用区	西辽河	老哈河	东三家	蒙和乌苏	11.0		按二级区划执行	冀
22	老哈河冀蒙缓冲区	西辽河	老哈河	蒙和乌苏	十家	9.0		Ⅲ	冀、内蒙古
23	老哈河宁城县开发利用区	西辽河	老哈河	十家	四家	53.0		按二级区划执行	内蒙古
24	老哈河辽蒙缓冲区	西辽河	老哈河	四家	大北海	111.0		英金河口以上Ⅲ类，以下Ⅳ类	辽、内蒙古
25	老哈河赤峰市开发利用区	西辽河	老哈河	大北海	马家地	78.0		按二级区划执行	内蒙古
26	老哈河翁牛特旗保留区	西辽河	老哈河	马家地	高日罕	58.0		Ⅲ	内蒙古
27	老哈河奈曼旗开发利用区	西辽河	老哈河	高日罕	苏家堡	71.0		按二级区划执行	内蒙古
28	蹦河建平开发利用区	西辽河	蹦河	源头	北二十家子	49.0		按二级区划执行	辽
29	蹦河辽蒙缓冲区	西辽河	蹦河	北二十家子	庄头	12.0		Ⅲ	辽、内蒙古
30	蹦河敖汉旗开发利用区	西辽河	蹦河	庄头营子	入老哈河河口	35.0		按二级区划执行	内蒙古
31	乌力吉木仁河巴林左旗源头水保护区	西辽河	乌力吉木仁河	源头	边墙里	26.0		Ⅱ	内蒙古
32	乌力吉木仁河巴林左旗开发利用区	西辽河	乌力吉木仁河	边墙里	福山地	138.0		按二级区划执行	内蒙古
33	乌力吉木仁河阿鲁科尔沁旗开发利用区	西辽河	乌力吉木仁河	福山地	天合龙	140.0		按二级区划执行	内蒙古
34	乌力吉木仁河扎鲁特旗开发利用区	西辽河	乌力吉木仁河	天合龙	四家子	68.0		按二级区划执行	内蒙古
35	乌力吉木仁河科尔沁左翼中旗保留区	西辽河	乌力吉木仁河	四家子	白音胡硕滞洪区	109.0		Ⅲ	内蒙古
36	哈黑尔河阿鲁科尔沁旗源头水保护区	西辽河	哈黑尔河	源头	哈黑尔护林站	35.0		Ⅱ	内蒙古

序号	一级水功能区名称	水系	河流、湖库	范围 起始断面	范围 终止断面	长度 (km)	面积 (km²)	水质目标	省级行政区
37	哈黑尔河阿鲁科尔沁旗开发利用区	西辽河	哈黑尔河	哈黑尔护林站	散勒吉尔	54.0		按二级区划执行	内蒙古
38	黑木伦河阿鲁科尔沁旗源头水保护区	西辽河	黑木伦河	散勒吉尔	白音他拉	29.0		Ⅱ	内蒙古
39	黑木伦河阿鲁科尔沁旗开发利用区	西辽河	黑木伦河	白音他拉	宝力召	53.0		按二级区划执行	内蒙古
40	黑木伦河阿鲁科尔沁旗保留区	西辽河	黑木伦河	宝力召	入乌力吉木仁河河口	25.0		Ⅲ	内蒙古
41	新开河开鲁县开发利用区	西辽河	新开河	台河口	三合堂	111.3		按二级区划执行	内蒙古
42	新开河科尔沁左翼中旗开发利用区	西辽河	新开河	三合堂	西靠山屯	208.7		按二级区划执行	内蒙古
43	新开河蒙吉缓冲区	西辽河	新开河	西靠山屯	入西辽河河口	25.0		Ⅲ	内蒙古、吉
44	教来河敖汉旗开发利用区	西辽河	教来河	源头	下洼水文站	103.0		按二级区划执行	内蒙古
45	教来河奈曼旗开发利用区	西辽河	教来河	下洼水文站	东明	155.0		按二级区划执行	内蒙古
46	清河通辽市开发利用区	西辽河	清河	东明	入西辽河河口	210.0		按二级区划执行	内蒙古
47	西辽河开鲁县开发利用区	西辽河	西辽河	苏家堡	总办窝堡	85.0		按二级区划执行	内蒙古
48	西辽河通辽市开发利用区	西辽河	西辽河	总办窝堡	巴彦塔拉镇	215.0		按二级区划执行	内蒙古
49	西辽河蒙吉缓冲区	西辽河	西辽河	巴彦塔拉镇	蒙吉省界结束	23.0		Ⅲ	内蒙古、吉
50	西辽河双辽市开发利用区	西辽河	西辽河	蒙吉省界结束	203公路桥	25.0		Ⅲ	吉
51	西辽河吉蒙缓冲区	西辽河	西辽河	203公路桥	巴嘎呼萨	20.0		按二级区划执行	吉、内蒙古
52	西辽河科尔沁左翼后旗开发利用区	西辽河	西辽河	巴嘎呼萨	四合	20.0		按二级区划执行	内蒙古
53	西辽河蒙辽缓冲区	西辽河	西辽河	四合	福德店	15.0		Ⅲ	内蒙古、辽
54	东辽河东辽县源头水保护区	东辽河	东辽河	源头	保安河河口	31.0		Ⅱ	吉
55	东辽河辽源市、四平市开发利用区	东辽河	东辽河	保安河河口	东明镇	265.0		按二级区划执行	吉

序号	一级水功能区名称	水系	河流、湖库	范围 起始断面	范围 终止断面	长度（km）	面积（km²）	水质目标	省级行政区
56	东辽河吉北、蒙辽缓冲区	东辽河	东辽河	东明镇	东、西辽河汇合口	87.0		Ⅲ	吉,辽,内蒙古
57	辽河干流铁岭、沈阳开发利用区	辽河干流	辽河	福德店	柳河入河口	285.0		按二级区划执行	辽
58	招苏台河梨树县开发利用区	辽河干流	招苏台河	源头	三棵树	91.0		按二级区划执行	吉
59	招苏台河吉辽缓冲区	辽河干流	招苏台河	三棵树	黑岗	27.0		Ⅳ	吉、辽
60	招苏台河昌图开发利用区	辽河干流	招苏台河	黑岗	入辽河河口	101.0		按二级区划执行	辽
61	条子河四平开发利用区	辽河干流	条子河	源头	条子河村	40.3		按二级区划执行	吉
62	条子河吉辽缓冲区	辽河干流	条子河	条子河村	林家	25.0		Ⅳ	吉、辽
63	条子河昌图开发利用区	辽河干流	条子河	林家	入招苏台河河口	20.0		按二级区划执行	辽
64	清河清原源头水保护区	辽河干流	清河	源头	大孤家镇	50.0		Ⅱ	辽
65	清河开原开发利用区	辽河干流	清河	大孤家镇	入辽河河口	121.0		按二级区划执行	辽
66	柴河清原源头水保护区	辽河干流	柴河	源头	夏家堡子	37.0		Ⅱ	辽
67	柴河铁岭开发利用区	辽河干流	柴河	夏家堡子	入辽河河口	106.0		按二级区划执行	辽
68	养畜牧河库伦旗源头水保护区	辽河干流	养畜牧河	源头	莫河沟水库入口	20.0		Ⅱ	内蒙古
69	养畜牧河库伦旗开发利用区	辽河干流	养畜牧河	莫河沟水库	三家子	82.0		按二级区划执行	内蒙古
70	养畜牧河蒙辽缓冲区	辽河干流	养畜牧河	三家子	阃德海水库入口	14.0		Ⅲ	内蒙古、辽
71	新开河库伦旗开发利用区	辽河干流	新开河	源头	入蒙辽省界	30.0		Ⅱ	内蒙古
72	新开河库伦源头水保护区	辽河干流	新开河	入蒙辽省界	阃德海水库入口	78.0		Ⅱ	内蒙古、辽
73	柳河库伦旗开发利用区	辽河干流	柳河	阃德海水库入口	入辽河河口	134.0		按二级区划执行	辽
74	秀水河彰武、新民源头水保护区	辽河干流	秀水河	源头	大官窝堡	16.0		Ⅱ	内蒙古
75	秀水河蒙辽缓冲区	辽河干流	秀水河	大官窝堡	张家窑村	15.0		Ⅲ	内蒙古、辽

序号	一级水功能区名称	水系	河流、湖库	范围 起始断面	范围 终止断面	长度（km）	面积（km²）	水质目标	省级行政区
76	秀水河法库开发利用区	辽河干流	秀水河	张家窑水库入口	入辽河河口	153.0		按二级区划执行	辽
77	绕阳河阜新、黑山、新民开发利用区	辽河干流	绕阳河	源头	入双台子河河口	283.0		按二级区划执行	辽
78	东沙河阜新源头水保护区	辽河干流	东沙河	源头	友邻水库入口	32.0		Ⅱ	辽
79	东沙河黑山开发利用区	辽河干流	东沙河	友邻水库入口	入绕阳河河口	95.0		按二级区划执行	辽
80	辽河干流沈阳、鞍山、盘锦开发利用区	辽河干流	辽河	柳河入河口	向阳	220.0		按二级区划执行	辽
81	双台子河河口保护区	辽河干流	双台子河	向阳	入海口	11.0		Ⅲ	辽
82	红河清原源头水保护区	大辽河	红河	源头	湾甸子镇	20.0		Ⅱ	辽
83	浑河抚顺、沈阳、辽阳、鞍山开发利用区	大辽河	浑河	湾甸子镇	三岔河河口	395.0		按二级区划执行	辽
84	苏子河新宾源头水保护区	大辽河	苏子河	源头	红升水库入口	11.0		Ⅱ	辽
85	苏子河新宾开发利用区	大辽河	苏子河	红升水库入口	大伙房水库入口	137.0		按二级区划执行	辽
86	蒲河沈阳源头水保护区	大辽河	蒲河	源头	棋盘山水库入口	24.0		Ⅱ	辽
87	蒲河沈阳开发利用区	大辽河	蒲河	棋盘山水库入口	入浑河河口	181.0		按二级区划执行	辽
88	太子河新宾源头水保护区	大辽河	太子河	源头	观音阁水库入口	62.0		按二级区划执行	辽
89	太子河本溪、辽阳、鞍山开发利用区	大辽河	太子河	观音阁水库入口	三岔河河口	353.0		按二级区划执行	辽
90	细河本溪源头水保护区	大辽河	细河	源头	连山关水库入口	42.0		Ⅱ	辽
91	细河本溪开发利用区	大辽河	细河	连山关水库入口	缢窝水库入口	78.0		按二级区划执行	辽
92	汤河辽阳源头水保护区	大辽河	汤河	源头	二道河水文站	53.0		Ⅱ	辽
93	汤河辽阳开发利用区	大辽河	汤河	二道河水文站	入太子河河口	38.0		按二级区划执行	辽

序号	一级水功能区名称	水系	河流、湖库	范围 起始断面	范围 终止断面	长度（km）	面积（km²）	水质目标	省级行政区
94	汤河西支辽阳源头水保护区	大辽河	汤河西支	源头	郝家店水文站	32.0		II	辽
95	汤河西支辽阳开发利用区	大辽河	汤河西支	郝家店水文站	汤河店水文站	10.0		按二级区划执行	辽
96	北沙河本溪、沈阳、辽阳开发利用区	大辽河	北沙河	源头	入太子河河口	117.0		按二级区划执行	辽
97	柳壕河辽阳开发利用区	大辽河	柳壕河	源头	入太子河河口	52.0		按二级区划执行	辽
98	杨柳河鞍山源头水保护区	大辽河	杨柳河	源头	西果园	8.0		II	辽
99	杨柳河鞍山开发利用区	大辽河	杨柳河	西果园	入太子河河口	42.0		按二级区划执行	辽
100	海城河海城源头水保护区	大辽河	海城河	源头	红土岭水库入口	32.0		II	辽
101	海城河海城开发利用区	大辽河	海城河	红土岭水库入口	入太子河河口	64.0		按二级区划执行	辽
102	大辽河营口开发利用区	大辽河	大辽河	三岔河河口	西部污水处理厂入河口	90.0		按二级区划执行	辽
103	大辽河营口缓冲区	大辽河	大辽河	西部污水处理厂入河口	入海口	6.0		IV	辽
104	浑江白山市、通化市开发利用区	鸭绿江	浑江	源头	东江水轮泵站	204.3		按二级区划执行	吉
105	浑江吉江甸缓冲区	鸭绿江	浑江	东江水轮泵站	桓仁水库省界	22.0		III	吉、辽
106	浑江桓仁、宽甸开发利用区	鸭绿江	浑江	桓仁水库省界	老黑山	266.0		按二级区划执行	吉、辽
107	浑江辽缓冲区	鸭绿江	浑江	老黑山	入鸭绿江口	25.0		III	吉、辽
108	哈泥河柳河县、通化县源头水保护区	鸭绿江	哈泥河	源头	光华镇	92.0		II	吉
109	哈泥河通化县、通化市开发利用区	鸭绿江	哈泥河	光华镇	河口	44.0		按二级区划执行	吉
110	喇蛄河通化县开发利用区	鸭绿江	喇蛄河	源头	河口	73.8		按二级区划执行	吉

序号	一级水功能区名称	水系	河流、湖库	范围 起始断面	范围 终止断面	长度(km)	面积(km²)	水质目标	省级行政区
111	富尔江吉辽缓冲区	鸭绿江	富尔江	源头	旺清门	32.0		Ⅱ	吉、辽
112	富尔江新宾开发利用区	鸭绿江	富尔江	旺清门	桓仁水库入口	103.0		按二级区划执行	辽
113	爱河宽甸源头水保护区	鸭绿江	爱河	源头	双山子	25.0		Ⅱ	辽
114	爱河丹东开发利用区	鸭绿江	爱河	双山子	入鸭绿江口	164.0		按二级区划执行	辽
115	草河本溪源头水保护区	鸭绿江	草河	源头	草河掌镇	10.0		Ⅱ	辽
116	草河凤城开发利用区	鸭绿江	草河	草河掌镇	入爱河口	124.0		按二级区划执行	辽
117	大洋河岫岩源头水保护区	辽东沿海诸河	大洋河	源头	偏岭镇	18.0		Ⅱ	辽
118	大洋河岫岩丹东开发利用区	辽东沿海诸河	大洋河	偏岭镇	入海口	184.0		按二级区划执行	辽
119	英那河庄河引水源保护区	辽东沿海诸河	英那河	源头	英那河水库入口	47.0		Ⅱ	辽
120	英那河庄河开发利用区	辽东沿海诸河	英那河	英那河水库入口	小孤山	32.0	5.4	Ⅲ	辽
121	英那河庄河缓冲区	辽东沿海诸河	英那河	小孤山	入海口	16.0		Ⅱ	辽
122	碧流河盖州源头水保护区	辽东沿海诸河	碧流河	源头	玉石水库入口	25.0		Ⅱ	辽
123	碧流河庄河、普兰店开发利用区	辽东沿海诸河	碧流河	玉石水库入口	吊桥河入河口	126.0	55.5	按二级区划执行	辽
124	碧流河普兰店开发利用区	辽东沿海诸河	碧流河	吊桥河入河口	入海口	8.0		Ⅱ	辽
125	大沙河普兰店源头水保护区	辽东沿海诸河	大沙河	源头	刘大水库入口	23.0		Ⅳ	辽
126	大沙河普兰店开发利用区	辽东沿海诸河	大沙河	刘大水库入口	洼子店闸	69.0	10.0	按二级区划执行	辽
127	大沙河普兰店缓冲区	辽东沿海诸河	大沙河	洼子店闸	入海口	8.0		Ⅳ	辽
128	复州河瓦房店源头水保护区	辽东沿海诸河	复州河	源头	七道房水库入口	13.0		Ⅱ	辽
129	复州河瓦房店开发利用区	辽东沿海诸河	复州河	七道房水库入口	入海口	121.0	21.0	按二级区划执行	辽

序号	一级水功能区名称	水系	河流、湖库	范围 起始断面	范围 终止断面	长度 (km)	面积 (km²)	水质目标	省级行政区
130	大清河盖州源头水保护区	辽东沿海诸河	大清河	源头	石门水库入口	28.0		Ⅱ	辽
131	大清河盖州开发利用区	辽东沿海诸河	大清河	石门水库入口	西海拦河闸	63.0		按二级区划执行	辽
132	大清河盖州缓冲区	辽东沿海诸河	大清河	西海拦河闸	入海口	4.0		Ⅳ	辽
133	大凌河建昌源头水保护区	辽西沿海诸河	大凌河	源头	宫山嘴水库入口	30.0		Ⅱ	辽
134	大凌河葫芦岛、朝阳、阜新、锦州开发利用区	辽西沿海诸河	大凌河	宫山嘴水库入口	东三义	344.0		按二级区划执行	辽
135	大凌河凌海缓冲区	辽西沿海诸河	大凌河	东三义	入海口	24.0		Ⅱ	辽
136	大凌河西支凌源、喀左开发利用区	辽西沿海诸河	大凌河西支	源头	入大凌河河口	86.0		按二级区划执行	辽
137	牤牛河奈曼旗源头开发利用区	辽西沿海诸河	牤牛河	源头	后薛家店	20.0		按二级区划执行	内蒙古
138	牤牛河奈曼旗源头开发利用区	辽西沿海诸河	牤牛河	后薛家店	初家杖子	40.0		Ⅲ	内蒙古
139	牤牛河辽蒙缓冲区	辽西沿海诸河	牤牛河	初家杖子	半砬山子	19.0		按二级区划执行	内蒙古、辽
140	牤牛河北票开发利用区	辽西沿海诸河	牤牛河	半砬山子	白石水库入口	55.0		按二级区划执行	辽
141	细河阜新源头水保护区	辽西沿海诸河	细河	源头	杨家荒桥	14.0		Ⅱ	辽
142	细河阜新开发利用区	辽西沿海诸河	细河	杨家荒桥	入大凌河河口	100.0		按二级区划执行	辽
143	小凌河朝阳源头水保护区	辽西沿海诸河	小凌河	源头	元宝山水库入口	12.0		按二级区划执行	辽
144	小凌河朝阳、锦州开发利用区	辽西沿海诸河	小凌河	元宝山水库入口	入海口	194.0		按二级区划执行	辽
145	女儿河朝阳源头水保护区	辽西沿海诸河	女儿河	源头	汉沟	19.0		按二级区划执行	辽
146	女儿河朝阳、锦州开发利用区	辽西沿海诸河	女儿河	汉沟	入小凌河河口	115.0		按二级区划执行	辽
147	六股河葫芦岛开发利用区	辽西沿海诸河	六股河	源头	王保	143.0		Ⅱ	辽
148	六股河绥中缓冲区	辽西沿海诸河	六股河	王保	入海口	10.0		按二级区划执行	辽
149	五里河葫芦岛开发利用区	辽西沿海诸河	五里河	源头	入海口	30.0		按二级区划执行	辽

表 7.2

二级水功能区划登记表

序号	二级水功能区名称	所在一级水功能区名称	水系	河流、湖库	范围（起始断面）	范围（终止断面）	长度 (km)	面积 (km²)	水质目标	省级行政区
1	查干木伦河林西县农业用水区	查干木伦河林西县开发利用区	西辽河	查干木伦河	朝阳	前进	132.0		IV	内蒙古
2	查干木伦河巴林右旗过渡区	查干木伦河巴林右旗开发利用区	西辽河	查干木伦河	前进	古日古台河入口	18.0		III	内蒙古
3	查干木伦河巴林右旗饮用水源区	查干木伦河巴林右旗开发利用区	西辽河	查干木伦河	古日古台河入口	苇格图	12.0		II	内蒙古
4	查干木伦河巴林右旗工业用水区	查干木伦河巴林右旗开发利用区	西辽河	查干木伦河	苇格图	人西拉木伦河河口	30.0		IV	内蒙古
5	西拉木伦河克什克腾旗工业用水区	西拉木伦河克什克腾旗开发利用区	西辽河	西拉木伦河	石门子水库入库站	桥头	64.0		IV	内蒙古
6	西拉木伦河翁牛特旗、开鲁县农业用水区	西拉木伦河翁牛特旗、开鲁县开发利用区	西辽河	西拉木伦河	桥头	台河口	251.5		III	内蒙古
7	西拉木伦河翁牛特旗、开鲁县工业用水区	西拉木伦河翁牛特旗、开鲁县开发利用区	西辽河	西拉木伦河	台河口	苏家堡	32.5		III	内蒙古
8	百岔河克什克腾旗农业用水区	百岔河克什克腾旗开发利用区	西辽河	百岔河	广义德	人西拉木伦河河口	37.5		IV	内蒙古
9	少冷河翁牛特旗农业用水区	少冷河翁牛特旗开发利用区	西辽河	少冷河	广德公	学校营子	98.0		IV	内蒙古
10	少冷河翁牛特旗排污控制区	少冷河翁牛特旗开发利用区	西辽河	少冷河	学校营子	白音胡交	12.0		IV	内蒙古
11	少冷河翁牛特旗过渡区	少冷河翁牛特旗开发利用区	西辽河	少冷河	白音胡交	人西拉木伦河河口	30.0		IV	内蒙古
12	锡泊河喀喇沁旗饮用水源区	锡泊河喀喇沁旗开发利用区	西辽河	锡泊河	旺业甸镇	大头山水库入库	35.0		II	内蒙古
13	锡泊河喀喇沁旗农业用水区	锡泊河喀喇沁旗开发利用区	西辽河	锡泊河	大头山水库入库	钓鱼台	72.0		IV	内蒙古
14	锡泊河赤峰市排污控制区	锡泊河赤峰市开发利用区	西辽河	锡泊河	钓鱼台	西北营子	7.0		IV	内蒙古
15	阴河赤峰市饮用水源区	阴河赤峰市开发利用区	西辽河	阴河	马架子	三座店水库出口	55.0		III	内蒙古

序号	二级水功能区名称	所在一级水功能区名称	水系	河流、湖库	起始断面	终止断面	长度(km)	面积(km²)	水质目标	行政区
16	阴河赤峰市农业用水区	阴河赤峰市开发利用区	西辽河	阴河	三座店水库出口	入锡泊河河口	50.0		IV	内蒙古
17	英金河赤峰市排污控制区	英金河赤峰市开发利用区	西辽河	英金河	西北营子	老谷庙	13.0			内蒙古
18	英金河赤峰市过渡区	英金河赤峰市开发利用区	西辽河	英金河	老谷庙	元茂隆	10.0		IV	内蒙古
19	英金河赤峰市农业用水区	英金河赤峰市开发利用区	西辽河	英金河	元茂隆	入老哈河河口	15.0		IV	内蒙古
20	老哈河平泉县工业用水区	老哈河平泉县开发利用区	西辽河	老哈河	东三家	蒙和乌苏	11.0		III	冀
21	老哈河宁城县农业用水区	老哈河宁城县开发利用区	西辽河	老哈河	十家	四家	53.0		III	内蒙古
22	老哈河赤峰市农业用水区	老哈河赤峰市开发利用区	西辽河	老哈河	大北海	马家堡	78.0		V	内蒙古
23	老哈河奈曼旗工业用水区	老哈河奈曼旗开发利用区	西辽河	老哈河	高日罕	苏家堡	71.0		IV	内蒙古
24	蹦河建平农业用水区	蹦河建平开发利用区	西辽河	蹦河	源头	北头二十家子	49.0		II	辽
25	蹦河敖汉旗农业用水区	蹦河敖汉旗开发利用区	西辽河	蹦河	庄头营子	入老哈河河口	35.0		IV	内蒙古
26	乌力吉木仁河巴林左旗工业用水区	乌力吉木仁河巴林左旗开发利用区	西辽河	乌力吉木仁河	边墙里	天主堂	84.0		III	内蒙古
27	乌力吉木仁河巴林左旗排污控制区	乌力吉木仁河巴林左旗开发利用区	西辽河	乌力吉木仁河	天主堂	沙坑	32.0			内蒙古
28	乌力吉木仁河巴林左旗过渡区	乌力吉木仁河巴林左旗开发利用区	西辽河	乌力吉木仁河	沙坑	福山地	22.0		III	内蒙古
29	乌力吉木仁河阿鲁科尔沁旗农业用水区	乌力吉木仁河阿鲁科尔沁旗开发利用区	西辽河	乌力吉木仁河	福山地	天合龙	140.0		III	内蒙古
30	乌力吉木仁河扎鲁特旗工业用水区	乌力吉木仁河扎鲁特旗开发利用区	西辽河	乌力吉木仁河	天合龙	四家子	68.0		IV	内蒙古
31	黑木伦河阿鲁科尔沁旗工业用水区	黑木伦河阿鲁科尔沁旗开发利用区	西辽河	黑木伦河	白音他拉	宝力召	53.0		IV	内蒙古

序号	二级水功能区名称	所在一级水功能区名称	水系	河流、湖库	范围 起始断面	范围 终止断面	长度 (km)	面积 (km²)	水质目标	省级行政区
32	哈黑尔河阿鲁科尔沁工业用水区	哈黑尔河阿鲁科尔沁旗开发利用区	西辽河	哈黑尔河	哈黑尔护林站	敖勒吉尔河	54.0		Ⅲ	内蒙古
33	新开河开鲁县农业用水区	新开河开鲁县开发利用区	西辽河	新开河	台河口	三合堂	111.3		Ⅳ	内蒙古
34	新开河科尔沁左翼中旗农业用水区	新开河科尔沁左翼中旗开发利用区	西辽河	新开河	三合堂	西宝龙山	139.2		Ⅳ	内蒙古
35	新开河科尔沁左翼中旗排污控制区	新开河科尔沁左翼中旗开发利用区	西辽河	新开河	西宝龙山	苏林毛都	24.5			内蒙古
36	新开河科尔沁左翼中旗过渡区	新开河科尔沁左翼中旗开发利用区	西辽河	新开河	苏林毛都	西靠山屯	45.0		Ⅳ	内蒙古
37	教来河敖汉旗农业用水区	教来河敖汉旗开发利用区	西辽河	教来河	源头	下洼水文站	103.0		Ⅳ	内蒙古
38	教来河奈曼旗工业用水区	教来河奈曼旗开发利用区	西辽河	教来河	下洼水文站	东明	155.0		Ⅳ	内蒙古
39	清河通辽市农业用水区	清河通辽市开发利用区	西辽河	清河	东明	入西辽河河口	210.0		Ⅳ	内蒙古
40	西辽河开鲁县农业用水区	西辽河开鲁县开发利用区	西辽河	西辽河	苏家堡	总办窝堡	85.0		Ⅳ	内蒙古
41	西辽河通辽市工业用水区	西辽河通辽市开发利用区	西辽河	西辽河	总办窝堡	辽河大桥	89.0		Ⅳ	内蒙古
42	西辽河通辽市景观娱乐用水区	西辽河通辽市开发利用区	西辽河	西辽河	辽河大桥	哲里木大桥	21.0		Ⅴ	内蒙古
43	西辽河通辽市排污控制区	西辽河通辽市开发利用区	西辽河	西辽河	哲里木大桥	亿棵树	18.0			内蒙古
44	西辽河通辽市过渡区	西辽河通辽市开发利用区	西辽河	西辽河	亿棵树	巴彦塔拉镇	87.0		Ⅳ	内蒙古
45	西辽河双辽市农业用水区	西辽河双辽市开发利用区	西辽河	西辽河	蒙吉省界结束	203公路桥	25.0		Ⅲ	吉
46	西辽河科尔沁左翼后旗农业用水区	西辽河科尔沁左翼后旗开发利用区	西辽河	西辽河	巴嘎呼萨	四合	20.0		Ⅳ	内蒙古
47	东辽河东辽县、辽源市饮用、工业用水区	东辽河辽源市、四平市开发利用区	东辽河	东辽河	保安河口	南大桥拦河闸	27.0		Ⅱ~Ⅲ	吉

序号	二级水功能区名称	所在一级水功能区名称	水系	河流、湖库	范围 起始断面	范围 终止断面	长度 (km)	面积 (km²)	水质目标	省级行政区
48	东辽河辽源市景观娱乐用水区	东辽河辽源市、四平市开发利用区	东辽河	东辽河	南大桥拦河闸	辽源市污水处理厂	7.2		Ⅲ	吉
49	东辽河东辽县农业用水区	东辽河辽源市、四平市开发利用区	东辽河	东辽河	辽源市污水处理厂	泉太镇	29.0		Ⅴ	吉
50	东辽河东辽县过渡区	东辽河辽源市、四平市开发利用区	东辽河	东辽河	泉太镇	二龙山水库入口	26.0		Ⅲ	吉
51	东辽河四平市饮用、渔业用水区	东辽河辽源市、四平市开发利用区	东辽河	东辽河	二龙山水库入口	二龙山水库坝址	10.0		Ⅱ~Ⅲ	吉
52	东辽河梨树县、双辽市农业用水区	东辽河辽源市、四平市开发利用区	东辽河	东辽河	二龙山水库坝址	东明镇	165.8		Ⅴ	吉
53	辽河福德店饮用、农业用水区	辽河干流铁岭、沈阳开发利用区	辽河干流	辽河	福德店	柴河入河口	138.0		Ⅲ	辽
54	辽河小连花排污控制区	辽河干流铁岭、沈阳开发利用区	辽河干流	辽河	柴河入河口	小连花	7.0			辽
55	辽河小连花过渡区	辽河干流铁岭、沈阳开发利用区	辽河干流	辽河	小连花	八天地	13.0		Ⅲ	辽
56	辽河八天地农业、饮用水源区	辽河干流铁岭、沈阳开发利用区	辽河干流	辽河	八天地	石佛寺水库入口	11.0		Ⅲ	辽
57	辽河石佛寺水库饮用、农业用水区	辽河干流铁岭、沈阳开发利用区	辽河干流	辽河	石佛寺水库入口	石佛寺水库出口	21.0		Ⅲ	辽
58	招苏台河梨树县饮用、农业用水区	招苏台河梨树县开发利用区	辽河干流	招苏台河	源头	上三台水库坝址	15.0		Ⅱ~Ⅲ	吉

序号	二级水功能区名称	所在一级功能区名称	水系	河流、湖库	起始断面	终止断面	长度 (km)	面积 (km²)	水质目标	省级行政区
59	招苏台河梨树县农业用水区	招苏台河梨树县开发利用区	辽河干流	招苏台河	上三台水库坝址	三棵树	76.0		V	吉
60	招苏台河黑岗农业用水区	招苏台河黑岗开发利用区	辽河干流	招苏台河	黑岗	黄酒馆	66.0		V	辽
61	招苏台河黄酒馆农业、过渡区	招苏台河昌图开发利用区	辽河干流	招苏台河	黄酒馆	入辽河河口	35.0		Ⅲ	辽
62	条子河四平市饮用水源区	条子河四平开发利用区	辽河干流	条子河	源头	长发村	20.0		Ⅱ~Ⅲ	吉
63	条子河四平市排污控制区	条子河四平开发利用区	辽河干流	条子河	长发村	条子河村	20.3		V	吉
64	条子河林家农业用水区	条子河昌图开发利用区	辽河干流	条子河	林家	入招苏台河河口	20.0		V	辽
65	清河开原饮用水源区	清河开原开发利用区	辽河干流	清河	大孤家镇	清河水库入口	52.0		Ⅱ	辽
66	清河清河水库饮用、农业用水区	清河开原开发利用区	辽河干流	清河	清河水库入口	清河水库出口	21.0		Ⅱ	辽
67	清河富强农业用水区	清河开原开发利用区	辽河干流	清河	富强	富强	41.0		Ⅳ	辽
68	清河富强过渡区	清河开原开发利用区	辽河干流	清河	富强	入辽河河口	7.0		Ⅲ	辽
69	柴河柴家堡饮用、农业用水	柴河铁岭开发利用区	辽河干流	柴河	夏家堡子	柴河水库入口	73.0		Ⅱ	辽
70	柴河柴河水库饮用、工业用水区	柴河铁岭开发利用区	辽河干流	柴河	柴河水库入口	柴河水库出口	15.0		Ⅱ	辽
71	柴河柴河水库、饮用水源区	柴河铁岭开发利用区	辽河干流	柴河	柴河水库出口	入辽河河口	18.0		Ⅲ	辽
72	养畜牧河养畜牧库农业用水区	养畜牧河库伦旗开发利用区	辽河干流	养畜牧河	莫河沟水库入口	三家子	82.0		Ⅳ	内蒙古
73	柳河阃德海水库饮用水区 农业用水区	柳河阃德海、新民开发利用区	辽河干流	柳河	阃德海水库入口	阃德海水库出口	12.0		Ⅱ	辽
74	柳河西六农业、饮用水区	柳河彰武、新民开发利用区	辽河干流	柳河	阃德海水库出口	北边	68.0		Ⅲ	辽
75	柳河北边山农业用水区	柳河彰武、新民开发利用区	辽河干流	柳河	北边	入辽河河口	54.0		Ⅲ	辽
76	辽河马虎山农业、饮用水区	辽河干流铁岭、沈阳开发利用区	辽河干流	辽河	石佛寺水库出口	马虎山	32.0		Ⅲ	辽
77	辽河柳河口农业用水区	辽河干流铁岭、沈阳开发利用区	辽河干流	辽河	马虎山	柳河入河口	63.0		Ⅲ	辽
78	秀水河张家窑渔业用水区	秀水河张家窑开发利用区	辽河干流	秀水河	张家窑水库入口	张家窑水库出口	2.0		Ⅲ	辽
79	秀水河张家窑渔业、农业用水区	秀水河法库开发利用区	辽河干流	秀水河	张家窑水库出口	花古台水库入口	13.0		Ⅲ	辽

序号	二级水功能区名称	所在一级水功能区名称	水系	河流、湖库	范围 起始断面	范围 终止断面	长度（km）	面积（km²）	水质目标	省级行政区
80	秀水河花古水库农业、渔业用水区	秀水河花古水库开发利用区	辽河干流	秀水河	花古水库入口	花古水库出口	5.0		Ⅲ	辽
81	秀水河河口农业、饮用水源区	秀水河法库开发利用区	辽河干流	秀水河	花古水库出口	入辽河河口	133.0		Ⅲ	辽
82	绕阳河韩家杖子饮用、农业用水区	绕阳河阜新、黑山、新民开发利用区	辽河干流	绕阳河	源头	牛家岗子	103.0		Ⅱ	辽
83	绕阳河牛家岗子农业、渔业用水区	绕阳河阜新、黑山、新民开发利用区	辽河干流	绕阳河	牛家岗子	马家岗子	49.0		Ⅲ	辽
84	绕阳河马家岗子农业、渔业用水区	绕阳河阜新、黑山、新民开发利用区	辽河干流	绕阳河	马家岗子	金家	34.0		Ⅲ	辽
85	绕阳河金家农业、渔业用水区	绕阳河阜新、黑山、新民开发利用区	辽河干流	绕阳河	金家	王回窝堡	19.0		Ⅲ	辽
86	绕阳河王回窝堡农业、渔业用水区	绕阳河阜新、黑山、新民开发利用区	辽河干流	绕阳河	王回窝堡	入双台子河河口	78.0		Ⅲ	辽
87	东沙河友邻水库农业、渔业用水区	东沙河黑山开发利用区	辽河干流	东沙河	友邻水库入口	友邻水库出口	4.0		Ⅲ	辽
88	东沙河友邻水库出口农业、饮用水源区	东沙河黑山开发利用区	辽河干流	东沙河	友邻水库出口	入绕阳河河口	91.0		Ⅲ	辽
89	辽河小徐家房子农业用水区	辽河干流沈阳、鞍山、盘锦开发利用区	辽河干流	辽河	柳河入河口	小徐家房子	102.0		Ⅲ	辽
90	辽河小徐家房子农业、饮用水源区	辽河干流沈阳、鞍山、盘锦开发利用区	辽河干流	辽河	小徐家房子	西沟稍子	50.0		Ⅲ	辽
91	双台子河西沟稍子农业、饮用水源区	辽河干流沈阳、鞍山、盘锦开发利用区	辽河干流	双台子河	西沟稍子	盘山闸	23.0		Ⅲ	辽

序号	二级水功能区名称	所在一级水功能区名称	水系	河流、湖库	范围 起始断面	范围 终止断面	长度(km)	面积(km²)	水质目标	省级行政区
92	双台子河盘山渔业用水区	辽河干流盘山、盘锦开发利用区	辽河干流	双台子河	盘山闸	向阳	45.0		Ⅲ	辽
93	红河湾甸子镇景观娱乐用水区	浑河抚顺、沈阳、辽阳、鞍山开发利用区	大辽河	红河	湾甸子镇	英额河入河河口	56.0		Ⅱ	辽
94	浑河北口前饮用、农业用水区	浑河抚顺、沈阳、辽阳、鞍山开发利用区	大辽河	浑河	英额河入河河口	大伙房水库入口	55.0		Ⅱ	辽
95	浑河大伙房水库饮用水区	浑河抚顺、沈阳、辽阳、鞍山开发利用区	大辽河	浑河	大伙房水库入口	大伙房水库出口	37.0		Ⅱ	辽
96	苏子河红升水库饮用、农业用水区	苏子河新宾开发利用区	大辽河	苏子河	红升水库入口	红升水库出口	3.0		Ⅱ	辽
97	苏子河双庙子饮用、农业用水区	苏子河新宾开发利用区	大辽河	苏子河	红升水库出口	双庙子	6.0		Ⅱ	辽
98	苏子河双庙子过渡区	苏子河新宾开发利用区	大辽河	苏子河	双庙子	北茶棚	7.0		Ⅲ	辽
99	苏子河北茶棚饮用、农业用水区	苏子河新宾开发利用区	大辽河	苏子河	北茶棚	永陵镇桥	19.0		Ⅱ	辽
100	苏子河永陵镇过渡区	苏子河新宾开发利用区	大辽河	苏子河	永陵镇桥	下元	5.0		Ⅱ	辽
101	苏子河下元饮用、农业用水区	苏子河新宾开发利用区	大辽河	苏子河	下元	木奇	29.0		Ⅱ	辽
102	苏子河木奇饮用、农业用水区	苏子河新宾开发利用区	大辽河	苏子河	木奇	大伙房水库入口	68.0		Ⅱ	辽
103	浑河大伙房水库出口工业用水区	浑河抚顺、沈阳、辽阳、鞍山开发利用区	大辽河	浑河	大伙房水库出口	橡胶坝1	11.0		Ⅲ	辽
104	浑河橡胶坝1景观娱乐、工业用水区	浑河抚顺、沈阳、辽阳、鞍山开发利用区	大辽河	浑河	橡胶坝1	橡胶坝（末）	11.0		Ⅲ	辽

序号	二级水功能区名称	所在一级水功能区名称	水系	河流、湖库	范围 起始断面	范围 终止断面	长度（km）	面积（km²）	水质目标	省级行政区
105	浑河橡胶坝（末）工业用水区	浑河抚顺、沈阳、辽阳、鞍山开发利用区	大辽河	浑河	橡胶坝（末）	三宝屯污水处理厂入河口	12.0		Ⅳ	辽
106	浑河高坎村过渡区	浑河抚顺、沈阳、辽阳、鞍山开发利用区	大辽河	浑河	三宝屯污水处理厂入河口	高坎村	6.0		Ⅲ	辽
107	浑河高坎村农业、饮用水源区	浑河抚顺、沈阳、辽阳、鞍山开发利用区	大辽河	浑河	高坎村	干河子拦河坝	6.0		Ⅲ	辽
108	浑河干河子拦河坝农业、饮用水源区	浑河抚顺、沈阳、辽阳、鞍山开发利用区	大辽河	浑河	干河子拦河坝	浑河桥	19.0		Ⅲ	辽
109	浑河浑河桥景观娱乐用水区	浑河抚顺、沈阳、辽阳、鞍山开发利用区	大辽河	浑河	浑河桥	五里台	1.0		Ⅲ	辽
110	浑河五里台农业用水区	浑河抚顺、沈阳、辽阳、鞍山开发利用区	大辽河	浑河	五里台	龙王庙排污口	7.0		Ⅳ	辽
111	浑河龙王庙排污控制区	浑河抚顺、沈阳、辽阳、鞍山开发利用区	大辽河	浑河	龙王庙排污口	上沙	7.0			辽
112	浑河上沙过渡区	浑河抚顺、沈阳、辽阳、鞍山开发利用区	大辽河	浑河	上沙	金沙	4.0		Ⅴ	辽
113	浑河金沙农业用水区	浑河抚顺、沈阳、辽阳、鞍山开发利用区	大辽河	浑河	金沙	细河河口	53.0		Ⅴ	辽
114	浑河细河河口排污控制区	浑河抚顺、沈阳、辽阳、鞍山开发利用区	大辽河	浑河	细河河口	黄南	4.0		Ⅴ	辽
115	浑河黄南过渡区	浑河抚顺、沈阳、辽阳、鞍山开发利用区	大辽河	浑河	黄南	七台子	8.0		Ⅴ	辽

序号	二级水功能区名称	所在一级水功能区名称	水系	河流、湖库	范围		长度 (km)	面积 (km²)	水质目标	省级行政区
					起始断面	终止断面				
116	浑河七台子农业用水区	浑河抚顺、沈阳、辽阳、鞍山开发利用区	大辽河	浑河	七台子	上顶子	48.0		V	辽
117	浑河上顶子农业用水区	浑河抚顺、沈阳、辽阳、鞍山开发利用区	大辽河	浑河	上顶子	三岔河口	50.0		V	辽
118	蒲河棋盘山水库农业、渔业用水区	蒲河沈阳开发利用区	大辽河	蒲河	棋盘山水库入口	棋盘山水库出口	4.0		III	辽
119	蒲河法哈牛农业用水区	蒲河沈阳开发利用区	大辽河	蒲河	棋盘山水库出口	法哈牛	94.0		V	辽
120	蒲河法哈牛农业用水过渡区	蒲河沈阳开发利用区	大辽河	蒲河	法哈牛	团结牛入口	19.0		III	辽
121	蒲河团结水库农业、渔业用水区	蒲河沈阳开发利用区	大辽河	蒲河	团结水库入口	团结水库出口	13.0		III	辽
122	蒲河辽中农业用水区	蒲河沈阳开发利用区	大辽河	蒲河	团结水库出口	辽中上排污口	30.0		V	辽
123	蒲河老窝棚控制区	蒲河沈阳开发利用区	大辽河	蒲河	辽中上排污口	老窝棚	3.0			辽
124	蒲河老窝棚过渡区	蒲河沈阳开发利用区	大辽河	蒲河	老窝棚	老窝棚下1km	1.0		V	辽
125	蒲河老窝棚农业用水区	蒲河沈阳开发利用区	大辽河	蒲河	老窝棚下1km	入浑河河口	17.0		IV	辽
126	太子河观音阁水库饮用、工业用水区	太子河本溪、辽阳、鞍山开发利用区	大辽河	太子河	观音阁水库入口	观音阁水库出口	36.0		II	辽
127	太子河小市饮用、农业用水区	太子河本溪、辽阳、鞍山开发利用区	大辽河	太子河	观音阁水库出口	小汤河入太子河河口	2.0		II	辽
128	太子河老官砬子饮用水源区	太子河本溪、辽阳、鞍山开发利用区	大辽河	太子河	小汤河入太子河河口	老官砬子	51.0		II	辽
129	太子河老官砬子工业、饮用水区	太子河本溪、辽阳、鞍山开发利用区	大辽河	太子河	老官砬子	合金沟	12.0		II	辽
130	太子河合金沟工业、排污控制区	太子河本溪、辽阳、鞍山开发利用区	大辽河	太子河	合金沟	褡裢水库入口	16.0		IV	辽

序号	二级水功能区名称	所在一级水功能区名称	水系	河流、湖库	范围 起始断面	范围 终止断面	长度 (km)	面积 (km²)	水质目标	省级行政区
131	太子河楼窝水库工业、农业用水区	太子河本溪、辽阳、鞍山开发利用区	大辽河	太子河	楼窝水库入口	楼窝水库出口	23.0		Ⅲ	辽
132	太子河楼窝水库出口工业、农业用水区	太子河本溪、辽阳、鞍山开发利用区	大辽河	太子河	楼窝水库出口	南排入河口	45.0		Ⅲ	辽
133	太子河南排入河口排污控制区	太子河本溪、辽阳、鞍山开发利用区	大辽河	太子河	南排入河口	管桥	2.0			辽
134	太子河管桥过渡区	太子河本溪、辽阳、鞍山开发利用区	大辽河	太子河	管桥	迎水寺	5.0		Ⅲ	辽
135	太子河迎水寺工业用水区	太子河本溪、辽阳、鞍山开发利用区	大辽河	太子河	迎水寺	北沙河河口	17.0		Ⅳ	辽
136	太子河北沙河河口农业用水区	太子河本溪、辽阳、鞍山开发利用区	大辽河	太子河	北沙河河口	柳壕河河口	72.0		Ⅴ	辽
137	太子河柳壕河口农业用水区	太子河本溪、辽阳、鞍山开发利用区	大辽河	太子河	柳壕河河口	二台子	15.0		Ⅴ	辽
138	太子河二台子农业用水区	太子河本溪、辽阳、鞍山开发利用区	大辽河	太子河	二台子	三岔河河口	57.0		Ⅴ	辽
139	细河连山关水库用水源区	细河本溪开发利用区	大辽河	细河	连山关水库入口	连山关水库出口	5.0		Ⅱ	辽
140	细河下马塘饮用水源区	细河本溪开发利用区	大辽河	细河	连山关水库出口	下马塘	10.0		Ⅱ	辽
141	细河下马塘工业、渔业用水区	细河本溪开发利用区	大辽河	细河	下马塘	楼窝水库入口	63.0		Ⅲ	辽
142	汤河二道河水文站饮用水源区	汤河辽阳开发利用区	大辽河	汤河	二道河水文站	汤河水库入口	8.0		Ⅱ	辽
143	汤河汤河水库饮用、农业用水区	汤河辽阳开发利用区	大辽河	汤河	汤河水库入口	汤河水库出口	7.0		Ⅱ	辽

序号	二级水功能区名称	所在一级水功能区名称	水系	河流、湖库	范围 起始断面	范围 终止断面	长度(km)	面积(km²)	水质目标	省级行政区
144	汤河汤河水库出口农业、过渡区	汤河辽阳开发利用区	大辽河	汤河	汤河水库出口	入太子河河口	23.0		II	辽
145	汤河西支郝家店水文站饮用水源区	汤河西支辽阳开发利用区	大辽河	汤河西支	郝家店水文站入口	汤河水库入口	10.0		II	辽
146	北沙河本溪农业用水区	北沙河本溪、沈阳、辽阳开发利用区	大辽河	北沙河	源头	大堡	26.0		III	辽
147	北沙河大堡农业、过渡区	北沙河本溪、沈阳、辽阳开发利用区	大辽河	北沙河	大堡	浪子	57.0		III	辽
148	北沙河浪子农业用水区	北沙河本溪、沈阳、辽阳开发利用区	大辽河	北沙河	浪子	入太子河河口	34.0		IV	辽
149	柳壕河姚家街排污控制区	柳壕河辽阳开发利用区	大辽河	柳壕河	源头	姚家街	21.0		IV	辽
150	柳壕河柳壕大闸过渡区	柳壕河辽阳开发利用区	大辽河	柳壕河	姚家街	柳壕大闸	11.0		V	辽
151	柳壕河柳壕大闸农业用水区	柳壕河辽阳开发利用区	大辽河	柳壕河	柳壕大闸	入太子河河口	20.0		V	辽
152	杨柳河西果园农业用水区	杨柳河鞍山开发利用区	大辽河	杨柳河	西果园	后中所屯	11.0		V	辽
153	杨柳河后中所屯排污控制、过渡区	杨柳河鞍山开发利用区	大辽河	杨柳河	后中所屯	腾鳌镇	16.0		V	辽
154	杨柳河腾鳌镇农业用水区	杨柳河鞍山开发利用区	大辽河	杨柳河	腾鳌镇	入太子河河口	15.0		V	辽
155	海城河红土岭水库饮用水源区	海城河海城开发利用区	大辽河	海城河	红土岭水库入口	红土岭水库出口	2.0		III	辽
156	海城河红土岭水库出口农业用水区	海城河海城开发利用区	大辽河	海城河	红土岭水库出口	东三台	35.0		IV	辽
157	海城河东三台农业用水区	海城河海城开发利用区	大辽河	海城河	东三台	入太子河河口	27.0		IV	辽
158	大辽河三岔河口农业用水区	大辽河营口开发利用区	大辽河	大辽河	三岔河口	上口子	30.0		IV	辽

序号	二级水功能区名称 项目	所在一级水功能区名称	水系	河流、湖库	范围 起始断面	范围 终止断面	长度(km)	面积(km²)	水质目标	省级行政区
159	大辽河上口子工业、农业用水区	大辽河营口开发利用区	大辽河	大辽河	上口子	虎庄河入河口	50.0		Ⅳ	辽
160	大辽河虎庄河入河口排污控制区	大辽河营口开发利用区	大辽河	大辽河	虎庄河入河口	西部污水处理厂入河口	10.0		Ⅳ	辽
161	浑江江源县饮用水源区	浑江白山市、通化市开发利用区	鸭绿江	浑江	源头	三岔子	24.0		Ⅱ～Ⅲ	吉
162	浑江江源县、白山市工业、农业用水区	浑江白山市、通化市开发利用区	鸭绿江	浑江	三岔子	浑江大桥	27.0		Ⅲ	吉
163	浑江白山市景观娱乐用水区	浑江白山市、通化市开发利用区	鸭绿江	浑江	浑江大桥	国安路	9.0		Ⅲ	吉
164	浑江白山市排污控制区	浑江白山市、通化市开发利用区	鸭绿江	浑江	国安路	七道江	5.0		Ⅲ	吉
165	浑江通化县、通化市过渡区	浑江白山市、通化市开发利用区	鸭绿江	浑江	七道江	大罗圈河口	33.0		Ⅲ	吉
166	浑江通化市工业、农业用水区	浑江白山市、通化市开发利用区	鸭绿江	浑江	大罗圈河口	128大桥	27.0		Ⅲ	吉
167	浑江通化市景观娱乐用水区	浑江白山市、通化市开发利用区	鸭绿江	浑江	128大桥	湾湾川电站坝址	18.0		Ⅲ	吉
168	浑江通化县、集安市农业用水区	浑江白山市、集安市利用区	鸭绿江	浑江	湾湾川电站坝址	东江水轮泵站	61.3		Ⅳ	吉
169	浑江桓仁水库饮用、渔业用水区	浑江桓仁、宽甸开发利用区	鸭绿江	浑江	桓仁水库省界	桓仁水库出口	76.0		Ⅱ	辽

序号	二级水功能区名称	所在一级水功能区名称	水系	河流、湖库	范围 起始断面	范围 终止断面	长度 (km)	面积 (km²)	水质目标	省级行政区
170	浑江桓仁水库饮用水源区	浑江桓仁、宽甸开发利用区	鸭绿江	浑江	桓仁水库出口	凤鸣电站	16.0		II	辽
171	浑江凤鸣电站农业、渔业用水区	浑江桓仁、宽甸开发利用区	鸭绿江	浑江	凤鸣电站	回龙山水库出口	35.0		II	辽
172	浑江回龙山水库渔业用水区	浑江桓仁、宽甸开发利用区	鸭绿江	浑江	回龙山水库出口	太平哨水库入口	38.0		II	辽
173	浑江太平哨水库渔业用水区	浑江桓仁、宽甸开发利用区	鸭绿江	浑江	太平哨水库入口	太平哨水库出口	21.0		II	辽
174	浑江太平哨水库饮用、农业用水区	浑江桓仁、宽甸开发利用区	鸭绿江	浑江	太平哨水库出口	老黑山	80.0		II	辽
175	哈泥河河通化市饮用水源区	哈泥河通化县、通化市开发利用区	鸭绿江	哈泥河	光华镇	二密河河口	38.0		II～III	吉
176	哈泥河通化市工业、农业用水区	哈泥河通化县、通化市开发利用区	鸭绿江	哈泥河	二密河河口	河口	6.0		III	吉
177	喇蛄河通化县饮用、农业用水区	喇蛄河通化县开发利用区	鸭绿江	喇蛄河	源头	河东沿	58.8		II～III	吉
178	喇蛄河通化县工业用水区	喇蛄河通化县开发利用区	鸭绿江	喇蛄河	河东沿	河口	15.0		IV	吉
179	富尔江响水饮用水源区	富尔江新宾开发利用区	鸭绿江	富尔江	旺清门	抚顺、本溪市界	36.0		II	辽
180	富尔江江东村饮用水源区	富尔江新宾开发利用区	鸭绿江	富尔江	抚顺、本溪市界	桓仁水库入口	67.0		II	辽
181	爱河双山子渔业用水区	爱河丹东开发利用区	鸭绿江	爱河	双山子	石城镇	66.0		II	辽
182	爱河石城镇饮用、农业用水区	爱河丹东开发利用区	鸭绿江	爱河	石城镇	入鸭绿江	98.0		II	辽
183	草河草河掌镇农业用水区	草河凤城开发利用区	鸭绿江	草河	草河掌	本溪、丹东市界	40.0		II	辽
184	草河弟兄山渔业用水区	草河凤城开发利用区	鸭绿江	草河	本溪、丹东市界	二道坊河入河口	58.0		II	辽
185	草河二道坊河河口工业、饮用水源区	草河凤城开发利用区	鸭绿江	草河	二道坊河入河口	入爱河河口	26.0		II	辽

序号	二级水功能区名称	所在一级水功能区名称	水系	河流、湖库	范围 起始断面	范围 终止断面	长度(km)	面积(km²)	水质目标	省级行政区
186	大洋河岫岩丹东镇饮用水源区	大洋河岫岩丹东开发利用区	辽东沿海诸河	大洋河	偏岭镇	沙里寨水库入口	125.0		II	辽
187	大洋河沙里寨水库饮用、工业用水区	大洋河岫岩丹东开发利用区	辽东沿海诸河	大洋河	沙里寨水库入口	沙里寨水库出口	14.0		II	辽
188	大洋河沙里寨水库农业、渔业用水区	大洋河岫岩丹东开发利用区	辽东沿海诸河	大洋河	沙里寨水库出口	入海口	45.0		II	辽
189	英那河英那河水库饮用、农业用水区	英那河庄河开发利用区	辽东沿海诸河	英那河	英那河水库出口	英那河河口	6.0	5.4	II	辽
190	英那河黑岛农业用水区	英那河庄河开发利用区	辽东沿海诸河	英那河	英那河水库出口	小孤山	26.0		II	辽
191	碧流河玉石水库饮用水源区	碧流河、普兰店开发利用区	辽东沿海诸河	碧流河	玉石水库入口	玉石水库出口	1.0		II	辽
192	碧流河玉石水库出口饮用水源区	碧流河、普兰店开发利用区	辽东沿海诸河	碧流河	玉石水库出口	碧流河水库入口	44.0		II	辽
193	碧流河碧流河水库饮用、农业用水区	碧流河、普兰店开发利用区	辽东沿海诸河	碧流河	碧流河水库入口	碧流河水库出口	32.0	55.5	II	辽
194	碧流河碧流河水库坝下景观娱乐用水区	碧流河、普兰店开发利用区	辽东沿海诸河	碧流河	碧流河水库出口	荷花山公路桥	1.0		III	辽
195	碧流河城山镇农业用水区	碧流河、普兰店开发利用区	辽东沿海诸河	碧流河	荷花山公路桥	吊桥河入河口	48.0		II	辽
196	大沙河刘大水库饮用、农业用水区	大沙河普兰店开发利用区	辽东沿海诸河	大沙河	刘大水库入口	刘大水库出口	7.0	10.0	II	辽
197	大沙河元台饮用、农业用水区	大沙河普兰店开发利用区	辽东沿海诸河	大沙河	刘大水库出口	龙头山	50.0		II	辽
198	大沙河龙头山饮用、农业用水区	大沙河普兰店开发利用区	辽东沿海诸河	大沙河	龙头山	连子店闸	12.0		II	辽

序号	二级水功能区名称	所在一级水功能区名称	水系	河流、湖库	范围起始断面	范围终止断面	长度(km)	面积(km²)	水质目标	省级行政区
199	复州河七道房水库饮用、农业用水区	复州河瓦房店开发利用区	辽东沿海诸河	复州河	七道房水库入口	七道房水库出口	5.0		II	辽
200	复州河同益镇饮用、农业用水源区	复州河瓦房店开发利用区	辽东沿海诸河	复州河	七道房水库出口	松树水库入口	18.0		III	辽
201	复州河松树水库饮用水源区	复州河瓦房店开发利用区	辽东沿海诸河	复州河	松树水库入口	松树水库出口	8.0	9.0	II	辽
202	复州河蔡房身饮用、农业用水区	复州河瓦房店开发利用区	辽东沿海诸河	复州河	松树水库出口	东风水库入口	35.0		III	辽
203	复州河东风水库饮用、农业用水区	复州河瓦房店开发利用区	辽东沿海诸河	复州河	东风水库入口	东风水库出口	8.0	12.0	II	辽
204	复州河复州城农业用水区	复州河瓦房店开发利用区	辽东沿海诸河	复州河	东风水库出口	入海口	47.0		III	辽
205	大清河石门水库饮用、工业用水区	大清河盖州开发利用区	辽东沿海诸河	大清河	石门水库入口	石门水库出口	5.0		II	辽
206	大清河铁路桥饮用、农业	大清河盖州开发利用区	辽东沿海诸河	大清河	石门水库出口	铁路桥	55.0		III	辽
207	大清河铁路桥排污控制区	大清河盖州开发利用区	辽东沿海诸河	大清河	铁路桥	铁路桥下1km	1.0			辽
208	大清河西海兰河闸过渡区	大清河盖州开发利用区	辽东沿海诸河	大清河	铁路桥下1km	西海兰河闸	2.0		IV	辽
209	大清河宫山嘴水库饮用、农业用水区	大凌河朝阳、阜新、锦州开发利用区	辽西沿海诸河	大凌河	宫山嘴水库入口	宫山嘴水库出口	8.0		II	辽
210	大凌河宫山嘴水库下游农业用水区	大凌河朝阳、阜新、锦州开发利用区	辽西沿海诸河	大凌河	宫山嘴水库出口	建凌桥	10.0		IV	辽
211	大凌河建凌桥排污控制区	大凌河朝阳、阜新、锦州开发利用区	辽西沿海诸河	大凌河	建凌桥	梨树沟	2.0			辽
212	大凌河梨树沟过渡区	大凌河朝阳、阜新、锦州开发利用区	辽西沿海诸河	大凌河	梨树沟	王家窝棚	5.0		V	辽
213	大凌河王家窝棚农业用水区	大凌河朝阳、阜新、锦州开发利用区	辽西沿海诸河	大凌河	王家窝棚	南汤	2.0		V	辽

序号	二级水功能区名称	所在一级水功能区名称	水系	河流、湖库	起始断面	终止断面	长度(km)	面积(km²)	水质目标	省级行政区
214	大凌河南汤农业用水区	大凌河胡芦岛、朝阳、阜新、锦州开发利用区	辽西沿海诸河	大凌河	南汤	大凌河西支入河口	39.0		V	辽
215	大凌河上窝堡水库过渡区	大凌河胡芦岛、朝阳、阜新、锦州开发利用区	辽西沿海诸河	大凌河	大凌河西支入河口	阎王鼻子水库入河口	45.0		Ⅲ	辽
216	大凌河阎王鼻子水库饮用、农业用水区	大凌河胡芦岛、朝阳、阜新、锦州开发利用区	辽西沿海诸河	大凌河	阎王鼻子水库入河口	阎王鼻子水库出口	20.0		Ⅱ	辽
217	大凌河阎王鼻子水库下游饮用、农业用水区	大凌河胡芦岛、朝阳、阜新、锦州开发利用区	辽西沿海诸河	大凌河	阎王鼻子水库出口	十家子河入河口	30.0		Ⅲ	辽
218	大凌河东排入河口排污控制区	大凌河胡芦岛、朝阳、阜新、锦州开发利用区	辽西沿海诸河	大凌河	十家子河入河口	下嘎岔	5.0			辽
219	大凌河下嘎岔过渡区	大凌河胡芦岛、朝阳、阜新、锦州开发利用区	辽西沿海诸河	大凌河	下嘎岔	顾洞河河口	7.0		Ⅱ	辽
220	大凌河顾洞河河口农业、饮用水源区	大凌河胡芦岛、朝阳、阜新、锦州开发利用区	辽西沿海诸河	大凌河	顾洞河河口	白石水库入口	12.0		Ⅱ	辽
221	大凌河白石水库饮用、农业用水区	大凌河胡芦岛、朝阳、阜新、锦州开发利用区	辽西沿海诸河	大凌河	白石水库入口	白石水库出口	36.0		Ⅱ	辽
222	大凌河白石水库下游农业、饮用水源区	大凌河胡芦岛、朝阳、阜新、锦州开发利用区	辽西沿海诸河	大凌河	白石水库出口	白石	10.0		Ⅲ	辽
223	大凌河白石农业、饮用水源区	大凌河胡芦岛、朝阳、阜新、锦州开发利用区	辽西沿海诸河	大凌河	白石	市政排污口	24.0		Ⅲ	辽
224	大凌河义县过渡、饮用水源区	大凌河胡芦岛、朝阳、阜新、锦州开发利用区	辽西沿海诸河	大凌河	市政排污口	东关	14.0		Ⅲ	辽

序号	二级水功能区名称	所在一级水功能区名称	水系	河流、湖库	范围 起始断面	范围 终止断面	长度(km)	面积(km²)	水质目标	省级行政区
225	大凌河东关饮用水源区	大凌河葫芦岛、朝阳、阜新、锦州开发利用区	辽西沿海诸河	大凌河	东关	岳家街	46.0		Ⅲ	辽
226	大凌河岳家街排污控制区	大凌河葫芦岛、朝阳、阜新、锦州开发利用区	辽西沿海诸河	大凌河	岳家街	右卫镇	17.0			辽
227	大凌河右卫镇过渡区	大凌河葫芦岛、朝阳、阜新、锦州开发利用区	辽西沿海诸河	大凌河	右卫镇	东三义	12.0		Ⅱ	辽
228	大凌河西支八里堡排污控制区	大凌河西支凌源开发利用区	辽西沿海诸河	大凌河西支	源头	房身	36.0			辽
229	大凌河西支哈巴气过渡区	大凌河西支凌源开发利用区	辽西沿海诸河	大凌河西支	房身	哈巴气	12.0		Ⅲ	辽
230	大凌河西支哈巴气农业、饮用水源区	大凌河西支凌源开发利用区	辽西沿海诸河	大凌河西支	哈巴气	喀左南大桥	36.0		Ⅲ	辽
231	大凌河西支喀左排污控制区	大凌河西支凌源开发利用区	辽西沿海诸河	大凌河西支	喀左南大桥	入大凌河河口	2.0			辽
232	牤牛河奈曼旗工业用水区	牤牛河奈曼旗开发利用区	辽西沿海诸河	牤牛河	后薛家店	初家杖子	40.0		Ⅲ	内蒙古
233	牤牛河北票饮用水源区	牤牛河北票开发利用区	辽西沿海诸河	牤牛河	半砬山子	白石水库入口	55.0		Ⅲ	辽
234	细河阜新景观娱乐用水区	细河阜新开发利用区	辽西沿海诸河	细河	杨家荒桥	城市污水处理厂入河口上	34.0		Ⅲ	辽
235	细河阜新排污控制区	细河阜新开发利用区	辽西沿海诸河	细河	城市污水处理厂入河口上	东梁	5.0			辽
236	细河阜新过渡区	细河阜新开发利用区	辽西沿海诸河	细河	东梁	东高家屯	36.0		Ⅲ	辽

序号	项目 二级水功能区名称	所在一级水功能区名称	水系	河流、湖库	范围 起始断面	范围 终止断面	长度（km）	面积（km²）	水质目标	省级行政区
237	细河东高家屯农业、工业用水区	细河阜新开发利用区	辽西沿海诸河	细河	东高家屯	入大凌河河口	25.0		Ⅲ	辽
238	小凌河元宝山水库饮用、农业用水区	小凌河朝阳、锦州开发利用区	辽西沿海诸河	小凌河	元宝山水库入口	元宝山水库出口	3.0		Ⅱ	辽
239	小凌河元宝山水库下游饮用、农业用水区	小凌河朝阳、锦州开发利用区	辽西沿海诸河	小凌河	元宝山水库出口	龙头水库入口	61.0		Ⅱ	辽
240	小凌河龙头水库饮用、农业用水区	小凌河朝阳、锦州开发利用区	辽西沿海诸河	小凌河	龙头水库入口	龙头水库出口	2.0		Ⅱ	辽
241	小凌河二十家子镇饮用、农业用水区	小凌河朝阳、锦州开发利用区	辽西沿海诸河	小凌河	龙头水库出口	松岭门	22.0		Ⅱ	辽
242	小凌河松岭门饮用、农业用水区	小凌河朝阳、锦州开发利用区	辽西沿海诸河	小凌河	松岭门	锦凌水库入口	37.0		Ⅱ	辽
243	小凌河锦凌水库饮用水源区	小凌河朝阳、锦州开发利用区	辽西沿海诸河	小凌河	锦凌水库入口	锦凌水库出口	3.0		Ⅱ	辽
244	小凌河锦凌水库农业、过渡区	小凌河朝阳、锦州开发利用区	辽西沿海诸河	小凌河	锦凌水库出口	西大桥橡胶坝	21.0		Ⅲ	辽
245	小凌河西大桥橡胶坝景观娱乐用水区	小凌河朝阳、锦州开发利用区	辽西沿海诸河	小凌河	西大桥橡胶坝	南大桥橡胶坝	4.0		Ⅲ	辽
246	小凌河橡胶坝排污控制区	小凌河朝阳、锦州开发利用区	辽西沿海诸河	小凌河	南大桥橡胶坝	凌河北沟	9.0		Ⅲ	辽
247	小凌河凌河北沟过渡区	小凌河朝阳、锦州开发利用区	辽西沿海诸河	小凌河	凌河北沟	南岗子	12.0		Ⅲ	辽
248	小凌河南岗子渔业用水区	小凌河朝阳、锦州开发利用区	辽西沿海诸河	小凌河	南岗子	入海口	20.0		Ⅲ	辽
249	女儿河汉沟农业、饮用水源区	女儿河葫芦岛、锦州开发利用区	辽西沿海诸河	女儿河	汉沟	乌金塘水库入口	44.0		Ⅱ	辽

序号	二级水功能区名称	所在一级水功能区名称	水系	河流、湖库	范围起始断面	范围终止断面	长度(km)	面积(km²)	水质目标	省级行政区
250	女儿河乌金塘水库饮用、农业用水区	女儿河葫芦岛、锦州开发利用区	辽西沿海诸河	女儿河	乌金塘水库入口	乌金塘水库出口	12.0		Ⅱ	辽
251	女儿河乌金塘水库农业用水区	女儿河葫芦岛、锦州开发利用区	辽西沿海诸河	女儿河	乌金塘水库出口	卧佛寺	28.0		Ⅳ	辽
252	女儿河卧佛寺过渡区	女儿河葫芦岛、锦州开发利用区	辽西沿海诸河	女儿河	卧佛寺	金星镇	6.0		Ⅲ	辽
253	女儿河金星镇农业用水区	女儿河葫芦岛、锦州开发利用区	辽西沿海诸河	女儿河	金星镇	入小凌河河口	25.0		Ⅳ	辽
254	六股河谷杖子水库农业、渔业用水区	六股河葫芦岛开发利用区	辽西沿海诸河	六股河	源头	谷杖子水库出口	4.0		Ⅱ	辽
255	六股河青山水库上游饮用水源区	六股河葫芦岛开发利用区	辽西沿海诸河	六股河	谷杖子水库出口	青山水库入口	80.0		Ⅱ	辽
256	六股河青山水库饮用、农业用水区	六股河葫芦岛开发利用区	辽西沿海诸河	六股河	青山水库入口	青山水库出口	3.0		Ⅱ	辽
257	六股河青山水库下游饮用、农业用水区	六股河葫芦岛开发利用区	辽西沿海诸河	六股河	青山水库出口	马圈	44.0		Ⅲ	辽
258	六股河马圈排污控制区	六股河葫芦岛开发利用区	辽西沿海诸河	六股河	马圈	兴隆	4.0		Ⅱ	辽
259	六股河兴隆过渡区	六股河葫芦岛开发利用区	辽西沿海诸河	六股河	兴隆	王保	8.0		Ⅱ	辽
260	五里河西营盘农业用水区	五里河葫芦岛开发利用区	辽西沿海诸河	五里河	源头	西营盘	15.0		Ⅴ	辽
261	五里河西营盘排污控制区	五里河葫芦岛开发利用区	辽西沿海诸河	五里河	西营盘	稻池	10.0		Ⅱ	辽
262	五里河稻池过渡区	五里河葫芦岛开发利用区	辽西沿海诸河	五里河	稻池	入海口	5.0		Ⅳ	辽

8 海河区重要江河湖泊水功能区划

表 8.1 一级水功能区划登记表

序号	一级水功能区名称	水系	河流、湖库	范围 起始断面	范围 终止断面	长度 (km)	面积 (km²)	水质目标	省级行政区
1	滦河内蒙多伦县开发利用区	滦河及冀东沿海诸河	滦河	白城子	羊肠子沟入口	40.0		按二级区划执行	内蒙古
2	滦河蒙冀缓冲区	滦河及冀东沿海诸河	滦河	羊肠子沟入口	外沟门子	40.0		Ⅲ	内蒙古、冀
3	滦河河北承德保留区 1	滦河及冀东沿海诸河	滦河	外沟门子	郭家屯	89.0		Ⅲ	冀
4	滦河河北承德保留区 2	滦河及冀东沿海诸河	滦河	郭家屯	三道河子	100.0		Ⅲ	冀
5	滦河河北承德开发利用区	滦河及冀东沿海诸河	滦河	三道河子	乌龙矶	71.0		按二级区划执行	冀
6	滦河河北承德、唐山缓冲区	滦河及冀东沿海诸河	滦河	乌龙矶	潘家口水库入库口	11.0		Ⅲ	冀
7	潘家口水库水源地保护区	滦河及冀东沿海诸河	潘家口水库	潘家口水库	潘家口水库库区		64.0	Ⅱ	冀
8	大黑汀水库水源地保护区	滦河及冀东沿海诸河	大黑汀水库	大黑汀水库库区			25.0	Ⅱ	冀
9	滦河河北唐山开发利用区	滦河及冀东沿海诸河	滦河	大黑汀水库坝下	滦县	95.5		按二级区划执行	冀

序号	项 目 一级水功能区名称	水系	河流、湖库	范 围 起始断面	范 围 终止断面	长度 (km)	面积 (km²)	水质目标	省级行政区
10	滦河河北唐山、秦皇岛开发利用区	滦河及冀东沿海诸河	滦河	滦县	滦河河口	62.5		按二级区划执行	冀
11	闪电河河北张家口源头水保护区	滦河及冀东沿海诸河	闪电河	源头	闪电河水库坝上	40.0		Ⅱ	冀
12	闪电河冀蒙缓冲区	滦河及冀东沿海诸河	闪电河	闪电河水库坝下	黑城子牧场	40.0		Ⅲ	冀、内蒙古
13	闪电河内蒙正蓝旗保留区	滦河及冀东沿海诸河	闪电河	黑城子牧场	小吐尔基	29.0		Ⅲ	内蒙古
14	闪电河内蒙正蓝旗开发利用区	滦河及冀东沿海诸河	闪电河	小吐尔基	上都分场	50.0		按二级区划执行	内蒙古
15	闪电河内蒙多伦县开发利用区	滦河及冀东沿海诸河	闪电河	上都分场	白城子(闪)水文站	53.2		按二级区划执行	内蒙古
16	柳河河北承德开发利用区	滦河及冀东沿海诸河	柳河	兴隆	李营	33.0		按二级区划执行	冀
17	柳河河北承德缓冲区	滦河及冀东沿海诸河	柳河	李营	潘家口水库入库口	33.0		Ⅲ	冀
18	瀑河河北承德源头水保护区	滦河及冀东沿海诸河	瀑河	源头	平泉	19.0		Ⅱ	冀
19	瀑河河北承德开发利用区	滦河及冀东沿海诸河	瀑河	平泉	宽城	63.0		按二级区划执行	冀
20	瀑河河北承德、唐山缓冲区	滦河及冀东沿海诸河	瀑河	宽城	潘家口水库入库口	15.0		Ⅲ	冀

序号	一级水功能区名称	水系	河流、湖库	范围 起始断面	范围 终止断面	长度 (km)	面积 (km²)	水质目标	省级行政区
21	滦河河北承德、唐山保留区	滦河及冀东沿海诸河	滦河	兴隆	大黑汀水库入库口	60.0		Ⅲ	冀
22	潮河河北承德源头保护区	北三河	潮河	源头	土城子	25.0		Ⅱ	冀
23	潮河河北承德保留区	北三河	潮河	土城子	戴营	127.0		Ⅱ	冀
24	潮河冀京缓冲区	北三河	潮河	戴营	下会	25.0		Ⅱ	冀、京
25	潮河北京保留区	北三河	潮河	下会	密云水库入库口	20.0		Ⅱ	京
26	白河北张家口源头水保护区	北三河	白河	源头	云洲水库入库口	40.0		Ⅱ	冀
27	白河河北张家口保留区	北三河	白河	云洲水库入库口	下堡	65.0		Ⅱ	冀
28	白河冀京缓冲区	北三河	白河	下堡	密云水库入库口	75.0		Ⅱ	冀、京
29	密云水库北京水源地保护区	北三河	密云水库	密云水库库区			179.3	Ⅱ	京
30	潮河北京开发利用区	北三河	潮河	潮河主坝	河槽	25.3		按二级区划执行	京
31	白河北京开发利用区	北三河	白河	白河主坝	河槽	16.3		按二级区划执行	京
32	潮白河北京开发利用区	北三河	潮白河	河槽	苏庄	58.0		按二级区划执行	京、冀
33	潮白河京冀缓冲区	北三河	潮白河	苏庄	牛牧屯	30.0		Ⅳ	京、冀
34	潮白新河冀津缓冲区	北三河	潮白新河	牛牧屯	朱刘庄闸	42.0		Ⅳ	冀、津
35	潮白新河天津开发利用区	北三河	潮白新河	朱刘庄闸	宁车沽闸	76.4		按二级区划执行	津
36	北运河北京开发利用区	北三河	北运河	北关闸	牛牧屯	41.9		按二级区划执行	京
37	北运河京冀津缓冲区	北三河	北运河	牛牧屯	土门楼	12.5		按二级区划执行	京、冀、津
38	北运河天津开发利用区1	北三河	北运河	土门楼	屈家店节制闸	74.3		按二级区划执行	津
39	北运河天津开发利用区2	海河干流	北运河	屈家店节制闸	三岔口	14.1		按二级区划执行	津
40	蓟运河天津开发利用区1	北三河	蓟运河	九王庄	新安镇	21.0		按二级区划执行	津
41	蓟运河冀津缓冲区	北三河	蓟运河	新安镇	江洼口	76.4		Ⅳ	冀、津

序号	一级水功能区名称	水系	河流、湖库	范围 起始断面	范围 终止断面	长度 (km)	面积 (km²)	水质目标	省级行政区
42	蓟运河天津开发利用区2	北三河	蓟运河	江洼口	蓟运河闸	91.6		按二级区划执行	津
43	汤河河北承德保留区	北三河	汤河	源头	三道河	70.0		II	冀
44	汤河河北冀京缓冲区	北三河	汤河	三道河	喇叭沟门	40.0		II	冀、京
45	汤河河北京保留区	北三河	汤河	喇叭沟门	白河	40.0		II	京
46	洳河河冀津京缓冲区	北三河	洳河	源头	海子水库入库口	20.0		III	冀、津、京
47	洳河河北京开发利用区	北三河	洳河	海子水库入库口	英城大桥	42.8	6.3	按二级区划执行	京
48	洳河河冀京缓冲区	北三河	洳河	英城大桥	三河	30.0		III～IV	京、冀
49	洳河河冀津缓冲区	北三河	洳河	三河	辛撞	20.0		III	冀、津
50	洳河河天津开发利用区	北三河	洳河	辛撞	九王庄	54.8		按二级区划执行	津
51	还乡河河北唐山开发利用区	北三河	还乡河	邱庄水库坝下	窝洛沽	99.0		按二级区划执行	冀
52	还乡河冀津缓冲区	北三河	还乡河	窝洛沽	丰北闸	15.0		IV	冀、津
53	还乡河天津开发利用区	北三河	还乡河	丰北闸	蓟运河	8.0		按二级区划执行	津
54	北京港沟河北京开发利用区	北三河	北京港沟河	源头	马头	50.0		按二级区划执行	京
55	北京港沟河（北京排污河）京津缓冲区	北三河	北京港沟河（北京排污河）	马头	里老闸	10.0		IV	京、津
56	北京排污河（北京港沟河）天津开发利用区	北三河	北京排污河（北京港沟河）	里老闸	东堤头闸	73.7		按二级区划执行	津
57	黑河河北张家口源头水保护区	北三河	黑河	源头	三道营	72.0		II	冀
58	黑河河冀京缓冲区	北三河	黑河	三道营	白河	20.0		II	冀、京
59	引滦专线天津水源地保护区1	北三河	黎河	引滦隧洞出口	于桥水库入库口	57.6		II	津、冀
60	淋河河冀津缓冲区	北三河	淋河	龙门口	于桥水库入库口	20.0		II	冀、津

序号	一级水功能区名称	水系	河流、湖库	范围 起始断面	范围 终止断面	长度（km）	面积（km²）	水质目标	省级行政区
61	沙河河北唐山库开发利用区	北三河	沙河	源头	水平口	33.0		按二级区划执行	冀
62	沙河冀津缓冲区	北三河	沙河	水平口	果河桥	33.0		Ⅲ	冀、津
63	于桥水库天津水源地保护区	北三河	于桥水库	于桥水库库区			113.8	Ⅱ	津
64	引滦专线天津水源地保护区2	北三河	引滦入津渠	九王庄	大张庄	64.2		Ⅱ	津
65	官厅水库北京水源保护区	永定河	官厅水库	官厅水库库区			157.0	Ⅱ	京
66	永定河北京开发利用区	永定河	永定河	官厅水库坝下	辛庄	149.6		按二级区划执行	京
67	永定河京冀缓冲区	永定河	永定河	辛庄	东州大桥	66.0		Ⅳ	京、冀
68	永定河天津开发利用区	永定河	永定河	东州大桥	屈家店闸	22.0		按二级区划执行	津
69	永定新河天津开发利用区	永定河	永定新河	屈家店闸	永定新河防潮闸	62.0		按二级区划执行	津
70	桑干河山西开发利用区	永定河	桑干河	东榆林水库入库口	册田水库坝下	162.1		按二级区划执行	晋
71	桑干河晋冀缓冲区	永定河	桑干河	册田水库坝下	阳原	42.0		Ⅲ	晋、冀
72	桑干河河北张家口开发利用区	永定河	桑干河	阳原	入洋河口	130.0		按二级区划执行	冀
73	洋河河北张家口开发利用区	永定河	洋河	怀安	响水堡	78.0		按二级区划执行	冀
74	洋河冀京缓冲区	永定河	洋河	响水堡	八号桥	41.0		Ⅲ	冀、京
75	二道河内蒙兴和县源头水保护区	永定河	二道河	源头	团结水库入库口	30.0		Ⅱ	内蒙古
76	二道河内蒙兴和县开发利用区	永定河	二道河	团结水库入库口	付家天	51.3		Ⅲ	内蒙古
77	二道河（东洋河）蒙冀缓冲区	永定河	二道河	付家天	友谊水库坝下	6.5	7.7	Ⅲ	内蒙古、冀
78	东洋河河北张家口开发利用区	永定河	东洋河	友谊水库坝下	入洋河口	46.0		按二级区划执行	冀
79	南洋河山西高源头水保护区	永定河	南洋河	源头	小白登	35.0		Ⅱ	晋
80	南洋河山西阳高、天镇开发利用区	永定河	南洋河	小白登	宣家塔	45.0		按二级区划执行	晋
81	南洋河晋冀缓冲区	永定河	南洋河	宣家塔	水闸屯	38.0		Ⅲ	晋、冀
82	南洋河河北张家口开发利用区	永定河	南洋河	水闸屯	入洋河口	4.0		按二级区划执行	冀

序号	一级水功能区名称	水系	河流、湖库	范围 起始断面	范围 终止断面	长度(km)	面积(km²)	水质目标	省级行政区
83	饮马河内蒙丰镇市源头水保护区	永定河	饮马河	源头	九龙湾水库入库口	26.2		Ⅱ	内蒙古
84	饮马河内蒙丰镇市开发利用区	永定河	饮马河	九龙湾水库入库口	大庄科河河口	39.1		按二级区划执行	内蒙古
85	饮马河（洋河）蒙晋缓冲区	永定河	饮马河	大庄科河河口	堡子湾	28.7		Ⅲ	内蒙古、晋
86	洋河山西大同市开发利用区	永定河	洋河	堡子湾	入桑干河河口	57.0		按二级区划执行	晋
87	壶流河山西广灵县开发利用区	永定河	壶流河	源头	下河湾水库坝下	46.6		按二级区划执行	晋
88	壶流河晋冀缓冲区	永定河	壶流河	下河湾水库坝下	壶流河水库入库口	20.0		Ⅲ	晋、冀
89	壶流河水库开发利用区	永定河	壶流河	壶流河水库库区			10.8	按二级区划执行	冀
90	壶流河张家口开发利用区	永定河	壶流河	壶流河水库坝下	钱家沙洼	79.0		按二级区划执行	冀
91	大清河保定、廊坊开发利用区	大清河	大清河	新盖房闸	左各庄	100.0		按二级区划执行	冀
92	大清河冀津缓冲区	大清河	大清河	左各庄	台头	15.0		Ⅲ	冀、津
93	大清河天津开发利用区	大清河	大清河	台头	进洪闸	12.6		按二级区划执行	津
94	拒马河保定源头水保护区	大清河	拒马河	源头	紫荆关	67.0		按二级区划执行	冀
95	拒马河冀京缓冲区	大清河	拒马河	紫荆关	落宝滩	117.0		Ⅲ	冀、京
96	南拒马河开发利用区	大清河	南拒马河	落宝滩	新盖房	70.0		按二级区划执行	冀
97	拒马河西洋源、灵丘开发利用区	大清河	拒马河	源头	城头会	73.0		按二级区划执行	晋
98	唐河晋冀缓冲区	大清河	唐河	城头会	倒马关	71.0		Ⅲ	晋、冀
99	唐河保定开发利用区1	大清河	唐河	倒马关	西大洋水库入库口	75.0		按二级区划执行	冀
100	唐河西大洋水库开发利用区2	大清河	唐河	西大洋水库库区			29.0	按二级区划执行	冀
101	唐河保定开发利用区3	大清河	唐河	西大洋水库坝下	温仁	93.0		按二级区划执行	冀
102	唐河保定缓冲区	大清河	唐河	温仁	白洋淀	47.0		Ⅲ	冀
103	白洋淀河北湿地保护区	大清河	白洋淀	白洋淀淀区			360.0	按二级区划执行	冀
104	独流减河天津开发利用区	大清河	独流减河	进洪闸	工农兵闸	70.3		按二级区划执行	津

序号	一级水功能区名称	水系	河流、湖库	范围 起始断面	范围 终止断面	长度 (km)	面积 (km²)	水质目标	省级行政区
105	小清河北京开发利用区	大清河	小清河	大宁水库	马头镇	30.0		按二级区划执行	京
106	小清河京冀缓冲区	大清河	小清河	马头镇	东茨村	16.0		Ⅳ	京、冀
107	白沟河河北保定开发利用区	大清河	白沟河	东茨村	新盖房	54.0		按二级区划执行	冀
108	北大港水库天津开发利用区	大清河	北大港水库		北大港水库区		149.0	按二级区划执行	津
109	子牙河河北沧州、廊坊开发利用区	子牙河	子牙河	献县	南赵扶	72.0		按二级区划执行	冀
110	子牙河冀津缓冲区	子牙河	子牙河	南赵扶	东子牙	21.5		Ⅳ	冀、津
111	子牙河天津开发利用区 1	子牙河	子牙河	东子牙	西河闸	51.6		按二级区划执行	津
112	子牙河天津开发利用区 2	海河干流	子牙河	西河闸	子、北汇流口	17.0		按二级区划执行	津
113	子牙新河河北沧州开发利用区	子牙河	子牙新河	献县	周官屯	90.0		按二级区划执行	冀
114	子牙新河冀津缓冲区	子牙河	子牙新河	周官屯	太平村	30.0		Ⅳ	冀、津
115	子牙新河天津开发利用区	子牙河	子牙新河	太平村	子牙新河主槽闸	21.2		按二级区划执行	津
116	滹沱河山西忻州、阳泉开发利用区	子牙河	滹沱河	源头	鳌头	301.0		Ⅲ	晋
117	滹沱河晋冀缓冲区	子牙河	滹沱河	鳌头	小觉	50.0		Ⅱ	晋、冀
118	岗南水库河北石家庄水源地保护区	子牙河	滹沱河	小觉	岗南水库入库口	30.0		Ⅱ	冀
119	岗南水库河北石家庄水源地保护区	子牙河	岗南水库	岗南水库坝下	岗南水库库区		52.8	按二级区划执行	冀
120	滹沱河河北石家庄开发利用区	子牙河	滹沱河	岗南水库坝下	黄壁庄水库入库口	10.0		按二级区划执行	冀
121	黄壁庄水库河北石家庄水源地保护区	子牙河	黄壁庄水库	黄壁庄水库坝下	黄壁庄水库库区		55.1	Ⅱ	冀
122	滹沱河河北石家庄、衡水、沧州开发利用区	子牙河	滹沱河	黄壁庄水库坝下	献县	190.0		按二级区划执行	冀
123	滏阳河河北邯郸开发利用区 1	子牙河	滏阳河	九号泉	东武仕水库入库口	13.5		按二级区划执行	冀
124	滏阳河河北邯郸开发利用区 2	子牙河	滏阳河	东武仕水库坝下	东武仕水库库区	18.0		按二级区划执行	冀

序号	一级水功能区名称	水系	河流、湖库	范围 起始断面	范围 终止断面	长度 (km)	面积 (km²)	水质目标	省级行政区
125	滏阳河河北邯郸、邢台、衡水开发利用区	子牙河	滏阳河	东武仕水库坝下	零仓口	355.0		按二级区划执行	冀
126	滏阳河河北衡水开发利用区	子牙河	滏阳河	零仓口	大西头闸	10.0		按二级区划执行	冀
127	滏阳河河北衡水、沧州开发利用区	子牙河	滏阳河	大西头闸	献县	67.0		按二级区划执行	冀
128	滏阳新河河北邢台、衡水、沧州开发利用区	子牙河	滏阳新河	艾辛庄	献县	125.0		按二级区划执行	冀
129	千顷洼河北衡水开发利用区	黑龙港及运东地区	千顷洼	千顷洼			75.0	按二级区划执行	冀
130	清凉江河北邢台开发利用区	黑龙港及运东地区	清凉江	威县常庄	郎昌坡	22.0		按二级区划执行	冀
131	清凉江河北衡水、沧州水源地保护区	黑龙港及运东地区	清凉江	郎昌坡	大浪淀水库入库口	250.0		II	冀
132	大浪淀水库河北沧州引黄调水水源地保护区	黑龙港及运东地区	大浪淀水库	大浪淀水库库区			16.7	II	冀
133	北排水河河北沧州开发利用区	黑龙港及运东地区	北排水河	献县	齐家务	76.0		按二级区划执行	冀
134	北排水河冀津缓冲区	黑龙港及运东地区	北排水河	齐家务	翟庄子（西）	9.0		IV	冀、津
135	北排水河天津开发利用区	黑龙港及运东地区	北排水河	翟庄子（西）	北排河防潮闸	20.0		按二级区划执行	津

序号	一级水功能区名称	水系	河流、湖库	范围 起始断面	范围 终止断面	长度（km）	面积（km²）	水质目标	省级行政区
136	沧浪渠河北沧州开发利用区	黑龙港及运东地区	沧浪渠	沧州	孙庄子	60.0		按二级区划执行	冀
137	沧浪渠冀津缓冲区	黑龙港及运东地区	沧浪渠	孙庄子	篓庄子（西）	16.0		Ⅳ	冀、津
138	沧浪渠天津开发利用区	黑龙港及运东地区	沧浪渠	篓庄子（西）	沧浪渠防潮闸	25.4		按二级区划执行	津
139	滏东排河河北邢台开发利用区	黑龙港及运东地区	滏东排河	宁晋孙家口	新河陈海	6.6		按二级区划执行	冀
140	滏东排河河北邢台、衡水、沧州开发利用区	黑龙港及运东地区	滏东排河	新河陈海	献县护持寺闸上	107.0		按二级区划执行	冀
141	青静黄排水渠冀津缓冲区	黑龙港及运东地区	青静黄排水渠	青县	大庄子	30.0		Ⅲ	冀、津
142	清漳河山西左权开发利用区	漳卫河	清漳河	口则	下交漳	3.0		按二级区划执行	晋
143	清漳河晋冀缓冲区	漳卫河	清漳河	下交漳	刘家庄	50.0		Ⅲ	晋、冀
144	清漳河河北邯郸开发利用区	漳卫河	清漳河	刘家庄	匡门口	45.0		Ⅲ	冀
145	清漳河岳城水库豫冀开发利用区	漳卫河	清漳河	匡门口	合漳	15.0		Ⅲ	豫、冀
146	浊漳河山西黎城开发利用区	漳卫河	浊漳河	合河口	实会	50.3		按二级区划执行	晋
147	浊漳河晋冀豫缓冲区	漳卫河	浊漳河	实会	合漳	56.3		Ⅲ	晋、冀、豫
148	漳河岳城水库上游缓冲区	漳卫河	漳河	合漳	岳城水库入库口	75.0		Ⅲ	冀
149	岳城水库水源地保护区	漳卫河	岳城水库	岳城水库库区			51.2	Ⅱ	冀
150	漳河河北邯郸开发利用区	漳卫河	漳河	岳城水库坝下	徐万仓	114.0		按二级区划执行	冀

序号	一级水功能区名称	水系	河流、湖库	范围 起始断面	范围 终止断面	长度（km）	面积（km²）	水质目标	省级行政区
151	卫河南开发利用区	漳卫河	卫河	合河闸	元村水文站	210.0		按二级区划执行	豫
152	卫河豫冀缓冲区	漳卫河	卫河	元村水文站	龙王庙	20.0		Ⅳ～Ⅴ	豫、冀
153	卫河北邯郸开发利用区	漳卫河	卫河	龙王庙	徐万仓	42.0		按二级区划执行	冀
154	卫运河冀鲁缓冲区	漳卫河	卫运河	徐万仓	四女寺	157.0		Ⅲ	冀、鲁
155	漳卫新河鲁冀缓冲区	漳卫河	漳卫新河	四女寺	辛集	165.0		王营盘以上Ⅳ类，王营盘以下Ⅲ类	鲁、冀
156	共渠河南新乡、鹤壁开发利用区	漳卫河	共产主义渠	合河水文站	人卫河河口	100.0		按二级区划执行	豫
157	南运河南水北调东线调水水源地保护区	漳卫河	南运河	四女寺	九宣闸	264.0		Ⅱ	鲁、冀
158	小运河山东调水水源地保护区	漳卫河	小运河	张秋	临清	104.2		Ⅲ	鲁
159	七一河山东调水水源地保护区	漳卫河	七一河	邱屯闸	夏津	30.0		Ⅲ	鲁
160	六五河山东调水水源地保护区	漳卫河	六五河	夏津	大屯水库入库口	58.1		Ⅲ	鲁
161	大屯水库山东调水水源地保护区	漳卫河	大屯水库	大屯水库区			40.0	Ⅲ	鲁
162	海河天津开发利用区1	海河干流	海河	三岔口	二道闸上	33.5		按二级区划执行	津
163	海河天津开发利用区2	海河干流	海河	二道闸下	海河闸	38.5		按二级区划执行	津
164	徒骇河豫鲁缓冲区	徒骇马颊河	徒骇河	文明寨	毕屯	41.9		Ⅳ	豫、鲁
165	徒骇河山东开发利用区	徒骇马颊河	徒骇河	毕屯	入海口	376.1	4.2	按二级区划执行	鲁
166	马颊河南濮阳市开发利用区	徒骇马颊河	马颊河	濮阳金堤闸	南乐水文站	61.2		按二级区划执行	豫
167	马颊河豫冀缓冲区	徒骇马颊河	马颊河	南乐水文站	沙王庄	27.0		Ⅳ	豫、冀
168	马颊河山东开发利用区	徒骇马颊河	马颊河	沙王庄	入海口	338.0		按二级区划执行	鲁

表 8.2

二级水功能区划登记表

序号	二级水功能区名称	所在一级水功能区名称	水系	河流、湖库	范围 起始断面	范围 终止断面	长度（km）	面积（km²）	水质目标	省级行政区
1	滦河内蒙多伦工业用水区	滦河内蒙多伦县开发利用区	滦河及冀东沿海诸河	滦河	白城子	羊肠子沟入口	40.0		Ⅲ	内蒙古
2	滦河河北承德饮用水源区	滦河河北承德开发利用区	滦河及冀东沿海诸河	滦河	三道河子	乌龙矶	71.0		Ⅲ	冀
3	滦河河北唐山工业用水区	滦河河北唐山开发利用区	滦河及冀东沿海诸河	滦河	大黑汀水库坝下	滦县	95.5		Ⅲ	冀
4	滦河河北唐山、秦皇岛工业用水区	滦河河北唐山、秦皇岛开发利用区	滦河及冀东沿海诸河	滦河	滦县	滦河河口	62.5		Ⅲ	冀
5	闪电河内蒙正蓝旗农业用水区	闪电河内蒙正蓝旗开发利用区	滦河及冀东沿海诸河	闪电河	小吐尔基	上都分场	50.0		Ⅲ	内蒙古
6	闪电河内蒙多伦县农业用水区	闪电河内蒙多伦县开发利用区	滦河及冀东沿海诸河	闪电河	上都分场	白城子（内）水文站	53.2		Ⅲ	内蒙古
7	柳河河北承德饮用水源区	柳河河北承德开发利用区	滦河及冀东沿海诸河	柳河	兴隆	李营	33.0		Ⅲ	冀
8	瀑河河北承德饮用水源区	瀑河河北承德开发利用区	滦河及冀东沿海诸河	瀑河	平泉	宽城	63.0		Ⅲ	冀
9	潮河北京饮用水源区	潮河北京开发利用区	北三河	潮河	潮河主坝	河槽	25.3		Ⅲ	京
10	白河北京饮用水源区	白河北京开发利用区	北三河	白河	白河主坝	河槽	16.3		Ⅲ	京
11	潮白河上段北京饮用水源区	潮白河北京开发利用区	北三河	潮白河	河槽	向阳闸	29.0		Ⅲ	京
12	潮白河下段北京景观娱乐用水区	潮白河北京开发利用区	北三河	潮白河	向阳闸	苏庄	29.0		Ⅳ	京
13	潮白新河天津渔业用水区	潮白新河天津开发利用区	北三河	潮白新河	朱刘庄闸	里自沽闸	36.0		Ⅲ	津
14	潮白新河天津工业、农业用水区	潮白新河天津开发利用区	北三河	潮白新河	里自沽闸	宁车沽闸	40.4		Ⅳ	津

序号	项目 二级水功能区名称	所在一级水功能区名称	水系	河流、湖库	范围 起始断面	范围 终止断面	长度(km)	面积(km²)	水质目标	省级行政区
15	北运河北京景观娱乐用水区	北运河北京开发利用区	北三河	北运河	北关闸	牛牧屯	41.9		V	京
16	北运河天津农业用水区	北运河天津开发利用区	北三河	北运河	土门楼	筐儿港节制闸	41.4		IV	津
17	北运河天津工业、农业用水区	北运河天津开发利用区1	北三河	北运河	筐儿港节制闸	屈家店节制闸	32.9		IV	津
18	北运河天津饮用、工业、景观用水区	北运河天津开发利用区2	海河干流	北运河	屈家店节制闸	三岔口	14.1		III	津
19	蓟运河天津农业用水区1	蓟运河天津开发利用区1	北三河	蓟运河	九王庄	新安镇	21.0		IV	津
20	蓟运河天津农业用水区2	蓟运河天津开发利用区2	北三河	蓟运河	江洼口	芦台大桥	47.0		IV	津
21	蓟运河天津工业、农业用水区2	蓟运河天津开发利用区2	北三河	蓟运河	芦台大桥	蓟运河闸	44.6		IV	津
22	海子水库景观娱乐用水区	泃河北京开发利用区	北三河	泃河	海子水库库区			6.3	III	京
23	泃河上段北京工业用水区	泃河北京开发利用区	北三河	泃河	海子水库坝下	平各庄关	30.8		IV	京
24	泃河下段北京农业用水区	泃河北京开发利用区	北三河	泃河	平谷东关	英城大桥	12.0		V	京
25	泃河天津农业、工业用水区	泃河天津开发利用区	北三河	泃河	辛撞	九王庄	54.8		IV	津
26	还乡河北唐山农业用水区	还乡河北唐山开发利用区	北三河	还乡河	邱庄水库坝下	筲箩沽	99.0		IV	冀
27	还乡河天津农业用水区	还乡河天津开发利用区	北三河	还乡河	丰北闸	蓟运河	8.0		IV	津
28	北京排污河北京农业用水区	北京排污河（北京港沟河）北京开发利用区	北三河	北京港沟河	源头	马头	50.0		V	京
29	北京排污河（北京港沟河）天津农业用水区	北京排污河（北京港沟河）天津开发利用区	北三河	北京港沟河	里老闸	东堤头闸	73.7		IV	津
30	沙河北唐山农业用水区	沙河北唐山开发利用区	北三河	沙河	源头	水平口	33.0		IV	冀
31	永定河北京山峡段饮用水源区	永定河北京开发利用区	永定河	永定河	官厅水库坝下	三家店	92.0		II	京
32	永定河北京平原段饮用水源区	永定河北京开发利用区	永定河	永定河	三家店	辛庄	57.6		III	京
33	永定河天津农业用水区	永定河天津开发利用区	永定河	永定河	东州大桥	屈家店闸	22.0		IV	津

序号	项目 二级水功能区名称	所在一级水功能区名称	水系	河流、湖库	范围 起始断面	范围 终止断面	长度 (km)	面积 (km²)	水质目标	省级行政区
34	永定新河天津工业、农业用水区	永定新河天津开发利用区	永定河	永定新河	屈家店闸	大张庄	14.5		Ⅳ	津
35	永定新河天津农业用水区1	永定新河天津开发利用区	永定河	永定新河	大张庄	金钟河闸	28.9		Ⅳ	津
36	永定新河天津农业用水区2	永定新河天津开发利用区	永定河	永定新河	金钟河闸	永定新河防潮闸	18.6		Ⅴ	津
37	桑干河山西阴应县农业用水区	桑干河山西开发利用区	永定河	桑干河	东榆林水库入库口	北张寨	71.1		Ⅳ	晋
38	桑干河山西怀仁过渡区	桑干河山西开发利用区	永定河	桑干河	北张寨	固定桥	59.0		Ⅲ	晋
39	桑干河山西册田水库大同市饮用、工业水源区	桑干河山西开发利用区	永定河	桑干河	固定桥	册田水库坝下	32.0		Ⅱ	晋
40	桑干河河北张家口农业用水区	桑干河河北张家口开发利用区	永定河	桑干河	阳原	入洋河河口	130.0		Ⅳ	冀
41	二道河内蒙兴和农业用水区	二道河内蒙和县开发利用区	永定河	二道河	团结水库入库口	前河入河处	45.0		Ⅳ	内蒙古
42	二道河内蒙兴和排污控制区	二道河内蒙和县开发利用区	永定河	二道河	怀安	南十八台	3.3			内蒙古
43	二道河内蒙兴和过渡区	二道河内蒙和县开发利用区	永定河	二道河	南十八台	付家天	3.0		Ⅳ	内蒙古
44	东洋河河北张家口农业用水区	东洋河河北张家口开发利用区	永定河	东洋河	友谊水库坝下	入洋河河口	46.0		Ⅳ	冀
45	南洋河山西阳高、天镇农业、工业用水区	南洋河山西阳高、天镇开发利用区	永定河	南洋河	小白登	宣家塔	45.0		Ⅳ	晋
46	南洋河河北张家口饮用水源区	南洋河河北张家口开发利用区	永定河	南洋河	水闸屯	入洋河河口	4.0		Ⅲ	冀
47	洋河河北张家口农业用水区	洋河河北张家口开发利用区	永定河	洋河	怀安	响水堡	78.0		Ⅳ	冀
48	饮马河内蒙丰镇农业用水区	饮马河内蒙丰镇市开发利用区	永定河	饮马河	九龙湾水库入库口	丰镇水文站	30.0		Ⅲ	内蒙古
49	饮马河内蒙丰镇排污控制区	饮马河内蒙丰镇市开发利用区	永定河	饮马河	丰镇水文站	新城湾乡	5.8			内蒙古
50	饮马河内蒙丰镇过渡区	饮马河内蒙丰镇市开发利用区	永定河	饮马河	新城湾乡	大庄科河入口	3.3		Ⅳ	内蒙古
51	御河山西大同市农业用水区	御河山西大同市开发利用区	永定河	御河	堡子湾	白马城	26.0		Ⅳ	晋

序号	二级水功能区名称	所在一级水功能区名称	水系	河流、湖库	范围 起始断面	范围 终止断面	长度 (km)	面积 (km²)	水质目标	省级行政区
52	御河山西大同市排污控制区	御河山西大同市开发利用区	永定河	御河	白马城	艾庄	11.0		V	晋
53	御河山西大同市过渡区	御河山西大同市开发利用区	永定河	御河	艾庄	入桑干河河口	20.0		IV	晋
54	壶流河山西广灵县农业用水区	壶流河山西广灵灵县开发利用区	永定河	壶流河	源头	下河湾水库坝下	46.6		III	晋
55	壶流河河北张家口农业用水区1	壶流河河北张家口开发利用区1	永定河	壶流河	壶流河水库坝下	壶流河水库库区		10.8	III	冀
56	壶流河河北张家口农业用水区2	壶流河河北张家口开发利用区2	永定河	壶流河	壶流河水库坝下	钱家沙洼	79.0		III	冀
57	大清河河北保定农业用水区	大清河河北保定、廊坊开发利用区	大清河	大清河	新盖房闸	保定、廊坊交界	40.0		IV	冀
58	大清河河北廊坊农业用水区	大清河河北保定、廊坊开发利用区	大清河	大清河	保定、廊坊交界	左各庄	60.0		IV	冀
59	大清河河北天津农业用水区	大清河河北天津开发利用区	大清河	大清河	台头	进洪闸	12.6		III	津
60	拒马河河北保定饮用水源区	拒马河河北保定开发利用区	大清河	拒马河	源头	紫荆关	67.0		II	冀
61	南拒马河河北保定饮用水源区	南拒马河河北保定开发利用区	大清河	南拒马河	洛宝滩	新盖房	70.0		III	冀
62	唐河山西浑源农业用水区	唐河山西浑源、灵丘开发利用区	大清河	唐河	源头	王庄堡镇	35.0		III	晋
63	唐河山西灵丘工业、农业用水区	唐河山西浑源、灵丘开发利用区	大清河	唐河	王庄堡镇	城头会	38.0		III	晋
64	唐河河北保定饮用水源区1	唐河河北保定开发利用区1	大清河	唐河	倒马关	西大洋水库入库口	75.0		II	冀
65	唐河河北保定饮用水源区2	唐河河北保定开发利用区2	大清河	唐河	西大洋水库坝下	西大洋水库库区		29.0	II	冀
66	唐河河北保定农业用水区	唐河河北保定开发利用区3	大清河	唐河	西大洋水库坝下	温仁	93.0		IV	冀
67	独流减河天津农业用水区1	独流减河天津开发利用区	大清河	独流减河	进洪闸	万家码头	43.5		IV	津
68	独流减河天津饮用水源区	独流减河天津开发利用区	大清河	独流减河	万家码头	十里横河	11.0		III	津
69	独流减河天津农业用水区2	独流减河天津开发利用区	大清河	独流减河	十里横河	南北腰闸	9.7		IV	津
70	独流减河天津工业用水区	独流减河天津开发利用区	大清河	独流减河	南北腰闸	工农兵闸	6.1		V	津

序号	二级水功能区名称 项目名称	所在一级水功能区名称	水系	河流、湖库	范围 起始断面	范围 终止断面	长度 (km)	面积 (km²)	水质目标	省级行政区
71	小清河北京景观娱乐用水区	小清河北京开发利用区	大清河	小清河	大宁水库	马头镇	30.0		IV	京
72	白沟河河北保定饮用水源区	白沟河河北保定开发利用区	大清河	白沟河	东茨村	新盖房	54.0		III	冀
73	北大港水库天津饮用、工业、农业水源区	北大港水库天津开发利用区	大清河	北大港水库		北大港水库区		149.0	III	津
74	子牙河河北沧州工业用水区	子牙河河北沧州开发利用区	子牙河	子牙河	献县	南赵扶	72.0		IV	冀
75	子牙河天津农业用水区	子牙河天津开发利用区 1	子牙河	子牙河	东子牙	八堡节制闸	31.6		IV	津
76	子牙河天津饮用、农业用水区 1	子牙河天津开发利用区 1	子牙河	子牙河	八堡节制闸	西河闸	20.0		III	津
77	子牙河天津饮用、工业、景观用水区 2	子牙河天津开发利用区 2	海河干流	子牙河	西河闸	子、北汇流口	17.0		III	津
78	子牙新河河北沧州农业用水区	子牙新河河北沧州开发利用区	子牙河	子牙新河	献县	周官屯	90.0		IV	冀
79	子牙新河天津农业用水区	子牙新河天津开发利用区	子牙河	子牙新河	太平村	子牙新河主槽闸	21.2		IV	津
80	滹沱河山西繁峙、农业用水区	滹沱河山西忻州、阳泉开发利用区	子牙河	滹沱河	源头	下茹越水库坝上	52.5		II	晋
81	滹沱河山西代县农业用水区	滹沱河山西忻州、阳泉开发利用区	子牙河	滹沱河	下茹越水库坝下	下政化	57.0		IV	晋
82	滹沱河山西原平忻定工业、农业用水区	滹沱河山西忻州、阳泉开发利用区	子牙河	滹沱河	下政化	南庄	146.5		IV	晋
83	滹沱河山西阳泉饮用水源区	滹沱河山西忻州、阳泉开发利用区	子牙河	滹沱河	南庄	鳌头	45.0		III	晋
84	滹沱河河北石家庄饮用水源区	滹沱河河北石家庄开发利用区	子牙河	滹沱河	岗南水库坝下	黄壁庄水库入口	10.0		II	冀
85	滹沱河河北石家庄农业用水区	滹沱河河北石家庄、衡水、沧州开发利用区	子牙河	滹沱河	黄壁庄水库坝下	石家庄、衡水交界	107.0		IV	冀
86	滹沱河河北衡水农业用水区	滹沱河河北石家庄、衡水、沧州开发利用区	子牙河	滹沱河	石家庄、衡水交界	衡水、沧州交界	64.0		IV	冀

序号	项目 二级水功能区名称	所在一级水功能区名称	水系	河流、湖库	范围 起始断面	范围 终止断面	长度 (km)	面积 (km²)	水质目标	省级行政区
87	滹沱河河北沧州农业用水区	滹沱河河北石家庄、衡水、沧州开发利用区	子牙河	滹沱河	衡水、沧州交界	献县	19.0		IV	冀
88	滏阳河河北邯郸饮用水源区1	滏阳河河北邯郸开发利用区1	子牙河	滏阳河	九号泉	东武仕水库入库口	13.5		III	冀
89	滏阳河河北邯郸饮用水源区2	滏阳河河北邯郸开发利用区2	子牙河	滏阳河	东武仕水库区			18.0	III	冀
90	滏阳河河北邯郸农业用水区	滏阳河河北邯郸开发利用区	子牙河	滏阳河	东武仕水库坝下	邯郸、邢台交界	115.0		V	冀
91	滏阳河河北邢台农业用水区	滏阳河河北邯郸、邢台、衡水开发利用区	子牙河	滏阳河	邯郸、邢台交界	邢台、衡水交界	214.0		IV	冀
92	滏阳河河北衡水农业用水区1	滏阳河河北邯郸、邢台、衡水开发利用区	子牙河	滏阳河	邢台、衡水交界	零仓口	26.0		IV	冀
93	滏阳河河北衡水景观娱乐用水区	滏阳河河北衡水开发利用区	子牙河	滏阳河	零仓口	大西头闸	10.0		IV	冀
94	滏阳河河北衡水农业用水区2	滏阳河河北衡水、沧州开发利用区	子牙河	滏阳河	大西头闸	衡水、沧州交界	47.0		IV	冀
95	滏阳河河北沧州农业用水区	滏阳河河北衡水、沧州开发利用区	子牙河	滏阳河	衡水、沧州交界	献县	20.0		IV	冀
96	滏阳新河河北邢台农业用水区	滏阳新河河北邢台、衡水、沧州开发利用区	子牙河	滏阳新河	艾新庄	邢台、衡水交界	22.0		IV	冀
97	滏阳新河河北衡水农业用水区	滏阳新河河北邢台、衡水、沧州开发利用区	子牙河	滏阳新河	邢台、衡水交界	衡水、沧州交界	83.0		IV	冀
98	滏阳新河河北沧州农业用水区	滏阳新河河北邢台、衡水、沧州开发利用区	子牙河	滏阳新河	衡水、沧州交界	献县	20.0		IV	冀

序号	二级功能区名称	所在一级水功能区名称	水系	河流、湖库	范围 起始断面	范围 终止断面	长度 (km)	面积 (km²)	水质目标	省级行政区
99	千顷洼河北衡水饮用水水源区	千顷洼河北衡水开发利用区	黑龙港及运东地区	千顷洼	千顷洼	千顷洼		75.0	Ⅲ	冀
100	北排水河河北沧州工业用水区	北排水河河北沧州开发利用区	黑龙港及运东地区	北排水河	献县	齐家务	76.0		Ⅳ	冀
101	北排水河河北天津农业用水区	北排水河河北天津开发利用区	黑龙港及运东地区	北排水河	翟庄子（西）	北排河防潮闸	20.0		Ⅳ	津
102	沧浪渠河北沧州农业用水区	沧浪渠河北沧州开发利用区	黑龙港及运东地区	沧浪渠	沧州	孙庄子	60.0		Ⅴ	冀
103	沧浪渠天津农业用水区	沧浪渠天津开发利用区	黑龙港及运东地区	沧浪渠	窦庄子（西）	沧浪渠防潮闸	25.4		Ⅳ	津
104	滏东排河河北邢台过渡区	滏东排河河北邢台开发利用区	黑龙港及运东地区	滏东排河	宁晋孙家口	新河陈海	6.6		Ⅲ	冀
105	滏东排河河北邢台饮用水源区	滏东排河河北邢台、衡水、沧州开发利用区	黑龙港及运东地区	滏东排河	新河陈海	邢台、衡水交界	18.0		Ⅲ	冀
106	滏东排河河北衡水饮用水源区	滏东排河河北邢台、衡水、沧州开发利用区	黑龙港及运东地区	滏东排河	邢台、衡水交界	衡水、沧州交界	67.0		Ⅲ	冀
107	滏东排河河北沧州饮用水源区	滏东排河河北邢台、衡水、沧州开发利用区	黑龙港及运东地区	滏东排河	衡水、沧州交界	献县护持寺闸上	22.0		Ⅲ	冀
108	清凉江河北邢台过渡区	清凉江河北邢台开发利用区	黑龙港及运东地区	清凉江	威县常庄	郎吕坡	22.0		Ⅲ	冀
109	清漳河山西左权农业用水区	清漳河山西左权开发利用区	漳卫河	清漳河	口则	下交漳	3.0		Ⅲ	晋
110	清漳河河北邯郸饮用水源区	清漳河河北邯郸开发利用区	漳卫河	清漳河	刘家庄	匡门口	45.0		Ⅲ	冀
111	浊漳河山西黎城工业用水区	浊漳河山西黎城开发利用区	漳卫河	浊漳河	合河口	实会	50.3		Ⅲ	晋
112	漳河河北邯郸农业用水区	漳河河北邯郸开发利用区	漳卫河	漳河	岳城水库坝下	徐万仓	114.0		Ⅳ	冀

続表

序号	一级水功能区名称 二级水功能区名称	所在一级功能区名称	水系	河流、湖库	范围 起始断面	范围 终止断面	长度 (km)	面积 (km²)	水质目标	省级行政区
113	卫河河南新乡市农业用水区	卫河河南开发利用区	漳卫河	卫河	合河闸	西孟人口	12.1		Ⅳ	豫
114	卫河河南新乡市景观娱乐用水区	卫河河南开发利用区	漳卫河	卫河	西孟人口	饮马口	5.0		Ⅳ	豫
115	卫河河南新乡市排污控制区	卫河河南开发利用区	漳卫河	卫河	饮马口	107公路桥	11.6			豫
116	卫河河南卫辉市排污控制区	卫河河南开发利用区	漳卫河	卫河	107公路桥	卫辉市倪湾乡洪庄	17.0			豫
117	卫河河南卫辉市农业用水区	卫河河南开发利用区	漳卫河	卫河	卫辉市倪湾乡洪庄	淇门水文站	25.0		Ⅴ	豫
118	卫河河南浚县农业用水区1	卫河河南开发利用区	漳卫河	卫河	淇门水文站	浚、滑县界	29.5		Ⅴ	豫
119	卫河河南滑县排污控制区	卫河河南开发利用区	漳卫河	卫河	浚、滑县界	滑、浚县界	6.0			豫
120	卫河河南浚县农业用水区2	卫河河南开发利用区	漳卫河	卫河	滑、浚县界	浚县至白寺乡公路桥	11.0		Ⅴ	豫
121	卫河河南浚县排污控制区	卫河河南开发利用区	漳卫河	卫河	浚县至白寺乡公路桥	东王桥	4.8			豫
122	卫河河南浚县农业用水区3	卫河河南开发利用区	漳卫河	卫河	东王桥	五陵水文站	19.0		Ⅴ	豫
123	卫河河南内黄县农业用水区	卫河河南开发利用区	漳卫河	卫河	五陵水文站	清丰阳邵乡兴旺庄	50.0		Ⅴ	豫
124	卫河河南濮阳市农业用水区	卫河河南开发利用区	漳卫河	卫河	清丰阳邵乡兴旺庄	元村水文站	19.0		Ⅴ	豫
125	卫河河北邯郸农业用水区	卫河河北邯郸开发利用区	漳卫河	卫河	龙王庙	徐万仓	42.0		Ⅳ	冀
126	共渠河南新乡市排污控制区	共渠河南新乡、鹤壁开发利用区	漳卫河	共产主义渠	合河水文站	六店村107国道公路桥上	21.0		Ⅴ	豫
127	共渠河南新乡、鹤壁农业用水区	共渠河南新乡、鹤壁开发利用区	漳卫河	共产主义渠	六店村107国道公路桥上	入卫河口	79.0		Ⅴ	豫
128	海河天津饮用、工业、景观用水区	海河天津开发利用区1	海河干流	海河	三岔口	二道闸上	33.5		Ⅲ	津

— 100 —

序号	二级功能区名称	所在一级水功能区名称	水系	河流、湖库	范围		长度（km）	面积（km²）	水质目标	省级行政区
					起始断面	终止断面				
129	海河天津过渡区	海河天津开发利用区	海河干流	海河	二道闸下	海河闸	38.5		V	津
130	徒骇河山东莘县农业用水区	徒骇河山东开发利用区	徒骇马颊河	徒骇河	毕屯	东延营桥	10.6		V	鲁
131	徒骇河山东莘县过渡区	徒骇河山东开发利用区	徒骇马颊河	徒骇河	东延营桥	杨庄闸	8.1		IV	鲁
132	徒骇河山东莘县景观娱乐用水区	徒骇河山东开发利用区	徒骇马颊河	徒骇河	杨庄闸	刘马庄闸	6.6		IV	鲁
133	徒骇河山东阳谷农业用水区	徒骇河山东开发利用区	徒骇马颊河	徒骇河	刘马庄闸	王堤口闸	16.8		V	鲁
134	徒骇河山东昌府过渡区1	徒骇河山东开发利用区	徒骇马颊河	徒骇河	王堤口闸	羊角河入徒骇河处	13.6		IV	鲁
135	徒骇河山东聊城环城湖景观娱乐用水区	徒骇河山东开发利用区	徒骇马颊河	徒骇河	聊城环城湖区			4.2	IV	鲁
136	徒骇河山东聊城景观娱乐用水区	徒骇河山东开发利用区	徒骇马颊河	徒骇河	羊角河入徒骇河处	昌东橡胶坝	11.5		IV	鲁
137	徒骇河山东昌府过渡区2	徒骇河山东开发利用区	徒骇马颊河	徒骇河	昌东橡胶坝	西新河入徒骇河处	9.1		V	鲁
138	徒骇河山东茌平农业用水区	徒骇河山东开发利用区	徒骇马颊河	徒骇河	西新河入徒骇河处	禹城前油坊	51.7		V	鲁
139	徒骇河山东德州农业用水区	徒骇河山东开发利用区	徒骇马颊河	徒骇河	禹城前油坊	临邑夏口	60.0		V	鲁
140	徒骇河山东济南农业用水区	徒骇河山东开发利用区	徒骇马颊河	徒骇河	临邑夏口	淄角镇靠河郑村	59.1		V	鲁
141	徒骇河山东滨州工业用水区	徒骇河山东开发利用区	徒骇马颊河	徒骇河	淄角镇靠河郑村	入海口	129.0		IV	鲁
142	马颊河河南濮阳市景观娱乐用水区	马颊河河南濮阳市开发利用区	徒骇马颊河	马颊河	濮阳金堤闸	清丰县马庄桥	16.5		IV	豫
143	马颊河河南濮阳农业用水区	马颊河河南濮阳市开发利用区	徒骇马颊河	马颊河	清丰县马庄桥	南乐文站	44.7		IV	豫
144	马颊河山东聊城工业用水区	马颊河山东开发利用区	徒骇马颊河	马颊河	沙王庄	薛王刘闸	76.0		IV	鲁
145	马颊河山东高唐农业用水区	马颊河山东开发利用区	徒骇马颊河	马颊河	薛王刘闸	津期店	53.0		IV	鲁
146	马颊河山东德州饮用水源区	马颊河山东开发利用区	徒骇马颊河	马颊河	津期店	车镇乡李辛村	164.0		III	鲁
147	马颊河山东滨州农业用水区	马颊河山东开发利用区	徒骇马颊河	马颊河	车镇乡李辛村	入海口	45.0		IV	鲁

9 黄河区重要江河湖泊水功能区划

表9.1

一级水功能区划登记表

序号	一级水功能区名称	水系	河流、湖库	范围		长度 (km)	面积 (km²)	水质目标	省级行政区
				起始断面	终止断面				
1	黄河玛多源头水保护区	龙羊峡以上	黄河	源头	黄河沿水文站	270.0		Ⅱ	青
2	黄河青甘川保留区	龙羊峡以上	黄河	黄河沿水文站	龙羊峡大坝	1417.2		Ⅱ	青、甘、川
3	黄河青海开发利用区	龙羊峡至兰州	黄河	龙羊峡大坝	清水河入口	228.2		按二级区划执行	青
4	黄河青甘缓冲区	龙羊峡至兰州	黄河	清水河入口	朱家大湾	41.5		按二级区划执行	青、甘
5	黄河甘肃开发利用区	龙羊峡至兰州	黄河	朱家大湾	五佛寺	423.6		Ⅲ	甘
6	黄河甘宁缓冲区	兰州至河口镇	黄河	五佛寺	下河沿	100.6		按二级区划执行	甘、宁
7	黄河宁夏开发利用区	兰州至河口镇	黄河	下河沿	伍东子	269.0		按二级区划执行	宁
8	黄河宁蒙缓冲区	兰州至河口镇	黄河	伍东子	三道坎铁路桥	81.0		按二级区划执行	宁、内蒙古
9	黄河内蒙古开发利用区	兰州至河口镇	黄河	三道坎铁路桥	头道拐水文站	630.2		按二级区划执行	内蒙古
10	黄河托克托缓冲区	兰州至河口镇	黄河	头道拐水文站	喇嘛湾	41.0		Ⅲ	内蒙古
11	黄河万家寨调水源地保护区	河口镇至龙门	黄河	喇嘛湾	万家寨大坝	73.0		Ⅲ	内蒙古、晋
12	黄河晋陕开发利用区	河口镇至龙门	黄河	万家寨大坝	龙门水文站	621.4		按二级区划执行	晋、陕
13	黄河三门峡水库开发利用区	龙门至三门峡	黄河	龙门水文站	三门峡大坝	240.4		按二级区划执行	晋、陕、豫
14	黄河小浪底水库开发利用区	三门峡至花园口	黄河	三门峡大坝	小浪底大坝	130.8		按二级区划执行	晋、豫
15	黄河河南开发利用区	三门峡至花园口	黄河	小浪底大坝	东坝头	246.3		按二级区划执行	豫
16	黄河豫鲁开发利用区	花园口以下	黄河	东坝头	张庄闸	234.3		按二级区划执行	豫、鲁

序号	一级水功能区名称	水系	河流、湖库	范围 起始断面	范围 终止断面	长度 (km)	面积 (km²)	水质目标	省级行政区
17	黄河山东开发利用区	花园口以下	黄河	张庄闸	西河口	374.1		按二级区划执行	鲁
18	黄河河口保留区	花园口以下	黄河	西河口	入海口	41.0		Ⅲ	鲁
19	白河阿坝保留区	龙羊峡以上	白河	源头	入黄河河口	269.9		Ⅲ	川
20	黑河若尔盖保留区	龙羊峡以上	黑河	源头	达扎寺镇	317.9		Ⅲ	川
21	黑河若尔盖自然保护区	龙羊峡以上	黑河	达扎寺镇	入黄口	138.0		Ⅱ	川、甘
22	洮河碌曲源头水保护区	龙羊峡至兰州	洮河	源头	青走道电站	120.0		Ⅱ	甘
23	洮河甘南、定西、临夏保护区	龙羊峡至兰州	洮河	青走道电站	入黄河河口	553.1		按二级区划执行	甘
24	大夏河夏河源头水保护区	龙羊峡至兰州	大夏河	源头	桑科水库出口	51.3		Ⅱ	甘
25	大夏河夏河、临夏开发利用区	龙羊峡至兰州	大夏河	桑科水库出口	入黄河河口	150.6		按二级区划执行	甘
26	湟水海晏源头水保护区	龙羊峡至兰州	湟水	源头	海晏县桥	75.9		Ⅱ	青
27	湟水西宁开发利用区	龙羊峡至兰州	湟水	海晏县桥	民和县桥	223.7		按二级区划执行	青
28	湟水青甘缓冲区	龙羊峡至兰州	湟水	民和县水文站	入黄河河口	74.3		Ⅳ	青、甘
29	大通河吴松他拉源头水保护区	龙羊峡至兰州	大通河	源头	吴松他拉站	185.8		Ⅱ	青
30	大通河门源保护区	龙羊峡至兰州	大通河	吴松他拉站	石头峡	98.8		Ⅱ	青
31	大通河甘青开发利用区	龙羊峡至兰州	大通河	石头峡	甘禅沟入口	160.9		按二级区划执行	青、甘
32	大通河青甘缓冲区	龙羊峡至兰州	大通河	甘禅沟入口	金沙沟入口	43.4		Ⅲ	青、甘
33	大通河红古开发利用区	龙羊峡至兰州	大通河	金沙沟入口	大砂村	57.2		按二级区划执行	甘
34	大通河甘青缓冲区	龙羊峡至兰州	大通河	大砂村	入湟口	14.6		Ⅲ	甘、青
35	祖厉河通渭、会宁开发利用区	兰州至河口镇	祖厉河	源头	会宁	45.0		按二级区划执行	甘
36	祖厉河会宁、靖远保留区	兰州至河口镇	祖厉河	会宁	入黄口	179.0		Ⅳ	甘
37	清水河固原源头水保护区	兰州至河口镇	清水河	源头	二十里铺	16.5		Ⅱ	宁
38	清水河同心开发利用区	兰州至河口镇	清水河	二十里铺	入黄河河口	303.7		按二级区划执行	宁

序号	一级水功能区名称	水系	河流、湖库	范围		长度(km)	面积(km²)	水质目标	省级行政区
				起始断面	终止断面				
39	沙湖平罗开发利用区	兰州至河口镇	沙湖	沙湖湖区	沙湖湖区		8.2	按二级区划执行	宁
40	都思兔河鄂托克旗保留区	兰州至河口镇	都思兔河	源头	敖伦淖牧场	34.4		IV	内蒙古
41	都思兔河鄂托克旗开发利用区	兰州至河口镇	都思兔河	敖伦淖牧场	陶斯图	123.4		按二级区划执行	内蒙古
42	都思兔河蒙宁缓冲区	兰州至河口镇	都思兔河	陶斯图	入黄河河口	8.0		III	内蒙古、宁
43	乌梁素海自然保护区	兰州至河口镇	乌梁素海	乌梁素海			293.0	III	内蒙古
44	昆都仑河固阳县源头保护区	兰州至河口镇	昆都仑河	源头	阿塔山	61.9		III	内蒙古
45	昆都仑河固阳县开发利用区	兰州至河口镇	昆都仑河	阿塔山	五分子	26.1		按二级区划执行	内蒙古
46	昆都仑河包头市开发利用区	兰州至河口镇	昆都仑河	五分子	入黄河河口	54.5		按二级区划执行	内蒙古
47	大黑河卓资县源头保护区	兰州至河口镇	大黑河	源头	福生庄	53.2		III	内蒙古
48	大黑河卓资县开发利用区	兰州至河口镇	大黑河	福生庄	吉庆营沟入口	34.9		按二级区划执行	内蒙古
49	大黑河呼和浩特市开发利用区	兰州至河口镇	大黑河	吉庆营沟入口	三两河水站	95.3		按二级区划执行	内蒙古
50	大黑河托克托县开发利用区	兰州至河口镇	大黑河	三两河水站	入黄河河口(河口镇)	52.7		III	内蒙古
51	浑河右玉源头保护区	河口镇至龙门	浑河	源头	常门铺水库	34.0		III	晋
52	浑河右玉开发利用区	河口镇至龙门	浑河	常门铺水库	右卫镇	47.3		按二级区划执行	晋
53	浑河晋蒙缓冲区	河口镇至龙门	浑河	右卫镇	石门口	34.0		III	晋、内蒙古
54	浑河和林格尔县开发利用区	河口镇至龙门	浑河	石门口(浑河公路桥)	太平窑(浑河公路桥)	68.5		按二级区划执行	内蒙古
55	浑河清水河县开发利用区	河口镇至龙门	浑河	太平窑(浑河公路桥)	清水河河口	21.3		按二级区划执行	内蒙古
56	浑河当阳缓冲区	河口镇至龙门	浑河	清水河入河口	入黄河河口	14.4		III	内蒙古
57	龙王沟准格尔旗缓冲区	河口镇至龙门	龙王沟	陈家沟口	入黄河河口	28.7		IV	内蒙古
58	黑岱沟准格尔旗缓冲区	河口镇至龙门	黑岱沟	李家塔塔	入黄河河口	30.0		IV	内蒙古
59	偏关河偏关缓冲区	河口镇至龙门	偏关河	磨石滩	入黄河河口	6.8		V	晋

序号	一级功能区名称	水系	河流、湖库名称	范围		长度（km）	面积（km²）	水质目标	省级行政区
				起始断面	终止断面				
60	黄甫川准格尔旗源头水保护区	河口镇至龙门	黄甫川	源头	纳林	48.0		III	内蒙古
61	黄甫川准格尔旗开发利用区	河口镇至龙门	黄甫川	纳林	郭家坪	29.0		按二级区划执行	内蒙古
62	黄甫川蒙陕缓冲区	河口镇至龙门	黄甫川	郭家坪	前坪	16.0		III	内蒙古、陕
63	黄甫川府谷保留区	河口镇至龙门	黄甫川	前坪	贾家寨	38.0		III	陕
64	黄甫川府谷缓冲区	河口镇至龙门	黄甫川	贾家寨	入黄河河口	6.0		IV	陕
65	孤山川川蒙源头水保护区	河口镇至龙门	孤山川	源头	庙沟门	31.8		III	内蒙古、陕
66	孤山川府谷保留区	河口镇至龙门	孤山川	庙沟门	孤山	27.0		III	陕
67	孤山川府谷开发利用区	河口镇至龙门	孤山川	孤山	高石崖	16.3		按二级区划执行	陕
68	孤山川府谷缓冲区	河口镇至龙门	孤山川	高石崖	入黄河河口	4.3		III	陕
69	岚漪河兴县缓冲区	河口镇至龙门	岚漪河	魏家滩	入黄河河口	26.9		IV	晋
70	蔚汾河兴县缓冲区	河口镇至龙门	蔚汾河	高家村	入黄河河口	13.8		IV	晋
71	窟野河伊金霍洛旗源头水保护区	河口镇至龙门	窟野河	源头	乌兰木伦水库坝址	39.0		III	内蒙古
72	窟野河伊金霍洛旗开发利用区	河口镇至龙门	窟野河	乌兰木伦水库坝址	乌兰木伦（张家畔）	40.0		按二级区划执行	内蒙古、陕
73	窟野河蒙陕缓冲区	河口镇至龙门	窟野河	乌兰木伦（张家畔）	大柳塔	18.0		III	内蒙古、陕
74	窟野河神木开发利用区	河口镇至龙门	窟野河	大柳塔	贺家川	131.8		按二级区划执行	陕
75	窟野河神木源头水保护区	河口镇至龙门	窟野河	贺家川	入黄河河口	13.0		III	陕
76	牸牛川蒙陕缓冲区	河口镇至龙门	牸牛川	新庙	杨旺塔	15.3		III	内蒙古、陕
77	秃尾河神木保留区	河口镇至龙门	秃尾河	高家堡	入黄河河口	69.4		III	陕
78	湫水河临县缓冲区	河口镇至龙门	湫水河	三交	入黄河河口	25.0		IV	晋
79	三川河方山源头水保护区	河口镇至龙门	三川河	源头	后则沟	35.9		II	晋
80	三川河离石柳林开发利用区	河口镇至龙门	三川河	后则沟	薛村	107.2		按二级区划执行	晋
81	三川河柳林缓冲区	河口镇至龙门	三川河	薛村	入黄河河口	33.3		IV	晋

序号	一级水功能区名称	水系	河流、湖库	范围		长度(km)	面积(km²)	水质目标	省级行政区
				起始断面	终止断面				
82	无定河吴旗源头水保护区	河口镇至龙门	无定河	源头	新桥	55.9		Ⅱ	陕
83	无定河靖边开发利用区	河口镇至龙门	无定河	新桥	金鸡沙	33.0		按二级区划执行	陕
84	无定河陕蒙缓冲区	河口镇至龙门	无定河	金鸡沙	大沟湾	48.4		Ⅲ	陕、内蒙古
85	无定河巴图湾开发利用区	河口镇至龙门	无定河	大沟湾	巴图湾坝址	44.6		按二级区划执行	内蒙古
86	无定河蒙陕缓冲区	河口镇至龙门	无定河	巴图湾坝址	蘑菇台	15.8		Ⅲ	内蒙古、陕
87	无定河乌审旗开发利用区	河口镇至龙门	无定河	蘑菇台	张冯畔	10.0		按二级区划执行	内蒙古
88	无定河蒙陕缓冲区	河口镇至龙门	无定河	张冯畔	雷龙湾	10.0		Ⅲ	内蒙古、陕
89	无定河横山、绥德开发利用区	河口镇至龙门	无定河	雷龙湾	淮宁河入口	158.3		按二级区划执行	陕
90	无定河绥德陕保留区	河口镇至龙门	无定河	淮宁河入口	入黄河河口	115.2		Ⅲ	陕
91	海流兔河陕蒙保留区	河口镇至龙门	海流兔河	源头	中山川口	120.9		Ⅲ	内蒙古、陕
92	清涧河子长源头水保护区	河口镇至龙门	清涧河	源头	郭家河	31.6		Ⅱ	陕
93	清涧河延川开发利用区	河口镇至龙门	清涧河	郭家河	入黄河河口	116.2		按二级区划执行	陕
94	昕水河大宁缓冲区	河口镇至龙门	昕水河	曲峨镇	入黄河河口	20.0		Ⅳ	晋
95	昕水河大宁源头水保护区	河口镇至龙门	昕水河	源头	曲峨镇	25.5		Ⅲ	晋
96	延河安塞源头水保护区	河口镇至龙门	延河	源头	龙安	78.8		Ⅱ	陕
97	延河延安开发利用区	河口镇至龙门	延河	龙安	呼家川	141.5		按二级区划执行	陕
98	延河延长缓冲区	河口镇至龙门	延河	呼家川	入黄河河口	64.0		Ⅲ	陕
99	鄂河乡宁缓冲区	河口镇至龙门	鄂河	张马	入黄河河口	33.5		Ⅳ	晋
100	云岩河宜川缓冲区	河口镇至龙门	云岩河	新市河	入黄河河口	23.4		Ⅲ	陕
101	仕望川宜川缓冲区	河口镇至龙门	仕望川	昝家山	入黄河河口	5.0		Ⅱ	晋
102	汾河静乐源头水保护区	龙门至三门峡	汾河	源头	静乐站	80.4		按二级区划执行	晋
103	汾河静乐、娄烦开发利用区	龙门至三门峡	汾河	静乐站	汾河水库坝址	41.5		Ⅲ	晋
104	汾河古交保留区	龙门至三门峡	汾河	汾河水库坝址	镇城底桥	28.2		按二级区划执行	晋
105	汾河太原、运城开发利用区	龙门至三门峡	汾河	镇城底桥	新店	505.4		按二级区划执行	晋

序号	一级水功能区名称	水系	河流、湖库	范围（起始断面）	范围（终止断面）	长度（km）	面积（km²）	水质目标	省级行政区
106	汾河河津缓冲区	龙门至三门峡	汾河	新店	入黄河河口	38.3		IV	晋
107	徐水河合阳缓冲区	龙门至三门峡	徐水河	百良镇	入黄河河口	5.0		IV	陕
108	金水沟合阳缓冲区	龙门至三门峡	金水沟	范家镇	入黄河河口	7.0		IV	陕
109	涑水河运城开发利用区	龙门至三门峡	涑水河	源头	张华	188.3		按二级区划执行	晋
110	涑水河永济缓冲区	龙门至三门峡	涑水河	张华	入黄河河口	11.5		V	晋
111	宏农涧河灵宝缓冲区	龙门至三门峡	宏农涧	东涧河入口	入黄河河口	17.3		III	豫
112	好阳河宝灵缓冲区	龙门至三门峡	好阳河	西王村	入黄河河口	6.5		IV	豫
113	双桥河陕豫缓冲区	龙门至三门峡	双桥河	源头（大峪）	入黄河河口	24.0		V	陕、豫
114	渭河渭源头水保护区	渭河	渭河	源头	峡口水库上口	6.0		II	甘
115	渭河渭源、天水开发利用区	渭河	渭河	峡口水库上口	太碌	297.0		按二级区划执行	甘
116	渭河甘陕缓冲区	渭河	渭河	太碌	颜家河	83.0		III	甘、陕
117	渭河宝鸡、渭南开发利用区	渭河	渭河	颜家河	罗艾河入口	402.3		按二级区划执行	陕
118	渭河华阴缓冲区	渭河	渭河	罗夫河入口	入黄河河口	29.7		IV	陕
119	葫芦河宁甘缓冲区	渭河	葫芦河	王桥	静宁水文站	11.7		III	宁、甘
120	渝河宁甘缓冲区	渭河	渝河	联财	南坡	11.0		III	宁、甘
121	通关河甘陕缓冲区	渭河	通关河	源头（马鹿乡）	入渭河河口	60.0		III	甘、陕
122	千河甘陕源头水保护区	渭河	千河	源头	固关	41.1		II	甘、陕
123	黑河周至开发利用区	渭河	黑河	源头	陈家河	76.0		II	陕
124	黑河宝鸡开发利用区	渭河	黑河	陈家河	入渭河河口	49.8		按二级区划执行	陕
125	泾河泾源源头水保护区	渭河	泾河	源头	白面镇	22.0		IV	宁
126	泾河宁甘缓冲区	渭河	泾河	白面镇	蛲峒峡	22.5		III	宁、甘
127	泾河甘肃开发利用区	渭河	泾河	蛲峒峡	长庆桥	135.0		按二级区划执行	甘
128	泾河甘陕缓冲区	渭河	泾河	长庆桥	胡家河村	43.1		III	甘、陕

序号	一级水功能区名称	水系	河流、湖库	范围		长度 (km)	面积 (km²)	水质目标	省级行政区
	项目			起始断面	终止断面				
129	泾河陕西开发利用区	渭河	泾河	胡家河村	入渭河河口	232.5		按二级区划执行	陕
130	马莲河定边源头水保护区	渭河	马莲河	源头	洪德站	99.7		Ⅲ	陕、甘
131	洪河宁甘缓冲区	渭河	洪河	红河	惠沟	38.2		Ⅲ	宁、甘
132	蒲河宁甘源头水保护区	渭河	蒲河	源头	三岔	72.9		Ⅱ	宁、甘
133	茹河宁甘缓冲区	渭河	茹河	城阳	王凤沟坝址	29.6		Ⅳ	宁、甘
134	四郎河甘陕缓冲区	渭河	四郎河	罗川	入泾河河口	30.0		Ⅲ	甘、陕
135	黑河甘陕缓冲区	渭河	黑河	梁河	达溪河入口	30.0		Ⅲ	甘、陕
136	北洛河吴旗源头水保护区	渭河	北洛河	源头	吴旗	94.1		Ⅲ	陕
137	北洛河延安保留区	渭河	北洛河	吴旗	富县	224.5		Ⅲ	陕
138	北洛河延安、渭南开发利用区	渭河	北洛河	富县	入渭河河口	361.7		按二级区划执行	陕
139	葫芦河甘陕源头水保护区	渭河	葫芦河	源头	直罗	140.8		Ⅲ	甘、陕
140	曹河平陆缓冲区	三门峡至花园口	曹河	曹川镇	入黄河河口	8.0		Ⅳ	晋
141	板涧河曲曲缓冲区	三门峡至花园口	板涧河	槐平	入黄河河口	9.0		Ⅲ	晋
142	亳清河垣曲缓冲区	三门峡至花园口	亳清河	王茅镇	入黄河河口	16.8		Ⅲ	晋
143	大峪河晋豫保留区	三门峡至花园口	大峪河	源头	入黄河河口	35.0		Ⅱ	晋、豫
144	洛河洛南源头水保护区	三门峡至花园口	洛河	源头	尖角	48.6		Ⅲ	陕
145	洛河洛南开发利用区	三门峡至花园口	洛河	尖角	灵口	42.5		按二级区划执行	陕
146	洛河陕豫缓冲区	三门峡至花园口	洛河	灵口	曲里电站	67.0		Ⅲ	陕、豫
147	洛河卢氏、巩义开发利用区	三门峡至花园口	洛河	曲里电站	入黄河河口	288.8		按二级区划执行	豫
148	伊河栾川源头水保护区	三门峡至花园口	伊河	源头	陶湾镇	19.0		Ⅱ	豫
149	伊河洛阳开发利用区	三门峡至花园口	伊河	陶湾镇	入洛河河口	245.8		按二级区划执行	豫
150	沁河沁源源头水保护区	三门峡至花园口	沁河	源头	孔家坡站	69.3		Ⅱ	晋
151	沁河沁源安泽保留区	三门峡至花园口	沁河	孔家坡站	周家沟	54.7		Ⅱ	晋

序号	一级水功能区名称	水系	河流、湖库	范围		长度 (km)	面积 (km²)	水质目标	省级行政区
				起始断面	终止断面				
152	沁河安泽、阳城开发利用区	三门峡至花园口	沁河	周家沟	曹园村	219.6		按二级区划执行	晋
153	沁河晋城缓冲区	三门峡至花园口	沁河	曹园村	拴驴泉坝址	38.7			晋
154	沁河河南自然保护区	三门峡至花园口	沁河	拴驴泉坝址	五龙口水文站	13.3		Ⅲ	豫
155	沁河济源、焦作开发利用区	三门峡至花园口	沁河	五龙口水文站	入黄河河口	89.5		按二级区划执行	豫
156	丹河高平源头水保护区	三门峡至花园口	丹河	源头	寺庄镇	18.8		Ⅲ	晋
157	丹河晋城开发利用区	三门峡至花园口	丹河	寺庄镇	白洋泉河入口	69.4		按二级区划执行	晋
158	丹河泽州缓冲区	三门峡至花园口	丹河	白洋泉河入口	双槽洼	31.1		Ⅲ	晋
159	丹河晋豫自然保护区	三门峡至花园口	丹河	双槽洼	青天河坝址	7.8		Ⅲ	晋、豫
160	丹河焦作开发利用区	三门峡至花园口	丹河	青天河坝址	入沁河入口	42.0		按二级区划执行	豫
161	漭河晋豫自然保护区	三门峡至花园口	漭河	源头	漭河林场	30.0		Ⅲ	晋、豫
162	漭河济源、焦作开发利用区	三门峡至花园口	漭河	漭河林场	合旦闸	41.5		按二级区划执行	豫
163	漭改河孟州开发利用区	三门峡至花园口	漭河	合旦闸	入漭河入口	17.0		按二级区划执行	豫
164	新漭河焦作开发利用区	三门峡至花园口	新漭河	漭改河入口	入黄河河口	31.1		按二级区划执行	豫
165	天然文岩渠新乡缓冲区	花园口以下	天然文岩渠	大车集	入黄河河口	46.0		Ⅴ	豫
166	金堤河滑县、范县开发利用区	花园口以下	金堤河	道口镇	范县张青营桥	97.6		按二级区划执行	豫
167	金堤河豫鲁缓冲区	花园口以下	金堤河	范县张青营桥	入黄河河口	61.0		Ⅴ	豫、鲁
168	大汶河莱芜、泰安开发利用区	花园口以下	大汶河	源头	戴村坝站	193.0		按二级区划执行	鲁
169	大汶河东平缓冲区	花园口以下	大汶河	戴村坝站	东平湖入口	14.0		Ⅲ	鲁
170	东平湖东平自然保护区	花园口以下	东平湖	东平湖湖区			155.0	Ⅲ	鲁
171	大汶河东平保留区	花园口以下	东平湖	东平湖出口	入黄河河口	10.0		Ⅲ	鲁

表 9.2

二级水功能区划登记表

序号	二级水功能区名称	所在一级水功能区名称	水系	河流、湖库	范围		长度 (km)	面积 (km²)	水质目标	省级行政区
					起始断面	终止断面				
1	黄河李家峡农业用水区	黄河青海农业开发利用区	龙羊峡至兰州	黄河	龙羊峡大坝	李家峡大坝	102.0		II	青
2	黄河尖扎、循化农业用水区	黄河青海开发利用区	龙羊峡至兰州	黄河	李家峡大坝	清水河入口	126.2		II	青
3	黄河刘家峡、饮用渔业用水源区	黄河甘肃开发利用区	龙羊峡至兰州	黄河	朱家大湾	刘家峡大坝	63.3		II	甘
4	黄河刘家峡渔业、工业用水区	黄河甘肃开发利用区	龙羊峡至兰州	黄河	刘家峡大坝	盐锅峡大坝	31.6		II	甘
5	黄河八盘峡渔业、农业用水区	黄河甘肃开发利用区	龙羊峡至兰州	黄河	盐锅峡大坝	八盘峡大坝	17.1		II	甘
6	黄河兰州饮用、工业用水区	黄河甘肃开发利用区	龙羊峡至兰州	黄河	八盘峡大坝	西柳沟	23.1		II	甘
7	黄河兰州工业、景观用水区	黄河甘肃开发利用区	龙羊峡至兰州	黄河	西柳沟	青白石	35.5		III	甘
8	黄河兰州排污控制区	黄河甘肃开发利用区	龙羊峡至兰州	黄河	青白石	包兰桥	5.8			甘
9	黄河兰州过渡区	黄河甘肃开发利用区	龙羊峡至兰州	黄河	包兰桥	什川吊桥	23.6		III	甘
10	黄河榆中农业用水区	黄河甘肃开发利用区	龙羊峡至兰州	黄河	什川吊桥	大峡大坝	27.1		III	甘
11	黄河白银饮用、工业用水区	黄河甘肃开发利用区	龙羊峡至兰州	黄河	大峡大坝	北湾	37.0		III	甘
12	黄河靖远渔业用水区	黄河甘肃开发利用区	龙羊峡至兰州	黄河	北湾	五佛寺	159.5		III	甘
13	黄河青铜峡饮用、农业用水区	黄河宁夏开发利用区	兰州至河口镇	黄河	下河沿	青铜峡水文站	123.4		III	宁
14	黄河吴忠排污控制区	黄河宁夏开发利用区	兰州至河口镇	黄河	青铜峡水文站	叶盛公路桥	30.5		III	宁
15	黄河宁夏宁过渡区	黄河宁夏开发利用区	兰州至河口镇	黄河	叶盛公路桥	银川公路桥	39.0			宁
16	黄河陶乐排污过渡区	黄河宁夏开发利用区	兰州至河口镇	黄河	银川公路桥	伍堆子	76.1		III	宁
17	黄河乌海农业用水区	黄河内蒙古开发利用区	兰州至河口镇	黄河	三道女铁路桥	下海勃湾	25.6		III	内蒙古
18	黄河乌海排污过渡区	黄河内蒙古开发利用区	兰州至河口镇	黄河	下海勃湾	磴口水文站	28.8		III	内蒙古
19	黄河三盛公农业用水区	黄河内蒙古开发利用区	兰州至河口镇	黄河	磴口水文站	三盛公大坝	54.6		III	内蒙古
20	黄河巴彦卓尔盟农业用水区	黄河内蒙古开发利用区	兰州至河口镇	黄河	三盛公大坝	沙圪堵渡口	198.3		III	内蒙古
21	黄河乌拉特前旗排污整制区	黄河内蒙古开发利用区	兰州至河口镇	黄河	沙圪堵渡口	三湖河口	23.2		III	内蒙古
22	黄河乌拉特前旗排污过渡区	黄河内蒙古开发利用区	兰州至河口镇	黄河	三湖河口	三应河头	26.7		III	内蒙古

序号	二级水功能区名称（项目）	所在一级水功能区名称	水系	河流、湖库	起始断面（范围）	终止断面（范围）	长度（km）	面积（km²）	水质目标	省级行政区
23	黄河乌拉特前旗农业用水区	黄河内蒙古开发利用区	兰州至河口镇	黄河	三应河头	黑麻淖渡口	90.3		Ⅲ	内蒙古
24	黄河包头君坝饮用、工业用水区	黄河内蒙古开发利用区	兰州至河口镇	黄河	黑麻淖渡口	西柳沟入口	9.3		Ⅲ	内蒙古
25	黄河包头昆都仑排污控制区	黄河内蒙古开发利用区	兰州至河口镇	黄河	西柳沟入口	红旗渔场	12.1			内蒙古
26	黄河包头昆都仑过渡区	黄河内蒙古开发利用区	兰州至河口镇	黄河	红旗渔场	包神铁路桥	9.2		Ⅲ	内蒙古
27	黄河包头东河饮用、工业用水区	黄河内蒙古开发利用区	兰州至河口镇	黄河	包神铁路桥	东兴火车站	39.0		Ⅲ	内蒙古
28	黄河土默特右旗农业用水区	黄河内蒙古开发利用区	兰州至河口镇	黄河	东兴火车站	头道拐水文站	113.1		Ⅲ	内蒙古
29	黄河天桥农业用水区	黄河晋陕开发利用区	河口镇至龙门	黄河	万家寨大坝	天桥大坝	96.6		Ⅲ	晋、陕
30	黄河府谷、保德排污控制区	黄河晋陕开发利用区	河口镇至龙门	黄河	天桥大坝	孤山川入口	9.7			晋、陕
31	黄河府谷、保德过渡区	黄河晋陕开发利用区	河口镇至龙门	黄河	孤山川入口	石马川入口	19.9		Ⅲ	晋、陕
32	黄河碛口农业用水区	黄河晋陕开发利用区	河口镇至龙门	黄河	石马川入口	回水湾	202.5		Ⅲ	晋、陕
33	黄河吴堡排污控制区	黄河晋陕开发利用区	河口镇至龙门	黄河	回水湾	吴堡水文站	15.8			晋、陕
34	黄河吴堡过渡区	黄河晋陕开发利用区	河口镇至龙门	黄河	吴堡水文站	河底	21.4		Ⅲ	晋、陕
35	黄河古贤农业用水区	黄河晋陕开发利用区	河口镇至龙门	黄河	河底	古贤	186.6		Ⅲ	晋、陕
36	黄河壶口景观娱乐用水区	黄河晋陕开发利用区	河口镇至龙门	黄河	古贤	仕望河入口	15.1		Ⅲ	晋、陕
37	黄河龙门农业用水区	黄河晋陕开发利用区	河口镇至龙门	黄河	仕望河入口	龙门水文站	53.8		Ⅲ	晋、陕
38	黄河渭南、运城渔业、农业用水区	黄河三门峡水库开发利用区	龙门至三门峡	黄河	龙门水文站	潼关水文站	129.7		Ⅲ	晋、陕
39	黄河三门峡运城渔业、农业用水区	黄河三门峡水库开发利用区	龙门至三门峡	黄河	潼关水文站	何家滩（黄淤20断面）	77.1		Ⅲ	晋、陕、豫
40	黄河三门峡饮用、工业用水区	黄河三门峡水库开发利用区	龙门至三门峡	黄河	何家滩（黄淤20断面）	三门峡大坝	33.6		Ⅲ	晋、豫

序号	二级水功能区名称	所在一级水功能区名称	水系	河流、湖库	范围 起始断面	范围 终止断面	长度 (km)	面积 (km²)	水质目标	行政区 省级
41	黄河小浪底饮用、工业用水区	黄河小浪底水库开发利用区	三门峡至花园口	黄河	三门峡大坝	小浪底大坝	130.8		Ⅲ	晋、豫
42	黄河焦作饮用、农业用水区	黄河河南开发利用区	三门峡至花园口	黄河	小浪底大坝	孤柏嘴	78.1		Ⅲ	豫
43	黄河郑州、新乡饮用、工业用水区	黄河河南开发利用区	三门峡至花园口	黄河	孤柏嘴	狼城岗	110.0		Ⅲ	豫
44	黄河开封饮用、工业用水区	黄河河南开发利用区	三门峡至花园口	黄河	狼城岗	东坝头	58.2		Ⅲ	豫
45	黄河濮阳饮用、工业用水区	黄河豫鲁开发利用区	花园口以下	黄河	东坝头	大王庄	134.6		Ⅲ	豫、鲁
46	黄河菏泽工业、农业用水区	黄河豫鲁开发利用区	花园口以下	黄河	大王庄	张庄闸	99.7		Ⅲ	豫、鲁
47	黄河聊城、德州饮用、工业用水区	黄河山东开发利用区	花园口以下	黄河	张庄闸	齐河公路桥	118.0		Ⅲ	鲁
48	黄河淄博、滨州饮用、工业用水区	黄河山东开发利用区	花园口以下	黄河	齐河公路桥	梯子坝	87.3		Ⅲ	鲁
49	黄河滨州饮用、工业用水区	黄河山东开发利用区	花园口以下	黄河	梯子坝	王旺庄	82.2		Ⅲ	鲁
50	黄河东营饮用、工业用水区	黄河山东开发利用区	花园口以下	黄河	王旺庄	西河口	86.6		Ⅲ	鲁
51	洮河碌曲、合作、卓尼、临潭工业、农业用水区	洮河甘南、定西、临夏开发利用区	龙羊峡至兰州	洮河	青走道电站	那端	217.8		Ⅲ	甘
52	洮河卓尼饮用水源区	洮河甘南、定西、临夏开发利用区	龙羊峡至兰州	洮河	那端	卓尼	10.0		Ⅱ	甘
53	洮河卓尼、临潭、岷县工业、农业用水区	洮河甘南、定西、临夏开发利用区	龙羊峡至兰州	洮河	卓尼	岔林湾	61.0		Ⅲ	甘
54	洮河岷县饮用水源区	洮河甘南、定西、临夏开发利用区	龙羊峡至兰州	洮河	岔林湾	岷县	11.0		Ⅱ	甘

序号	二级水功能区名称 项目	所在一级水功能区名称	水系	河流、湖库	范围 起始断面	范围 终止断面	长度（km）	面积（km²）	水质目标	省级行政区
55	洮河岷县、临潭、卓尼、康乐、渭源、临洮工业、农业用水区	洮河甘南、定西、临夏开发利用区	龙羊峡至兰州	洮河	岷县	杨家庄	156.0		Ⅲ	甘
56	洮河临洮饮用水源区	洮河甘南、定西、临夏开发利用区	龙羊峡至兰州	洮河	杨家庄	临洮县城	9.3		Ⅱ	甘
57	洮河临洮、广河、东乡、永靖工业、农业、渔业用水源区	洮河甘南、定西、临夏开发利用区	龙羊峡至兰州	洮河	临洮县城	入黄河河口	88.0		Ⅲ	甘
58	大夏河夏河饮用水源区	大夏河夏河、临夏开发利用区	龙羊峡至兰州	大夏河	桑科水库出口	夏河县城	11.0		Ⅱ	甘
59	大夏河夏河、临夏工业、农业用水区	大夏河夏河、临夏开发利用区	龙羊峡至兰州	大夏河	夏河县城	双城	75.7		Ⅲ	甘
60	大夏河临夏饮用水源区	大夏河夏河、临夏开发利用区	龙羊峡至兰州	大夏河	双城	临夏新桥	18.6		Ⅱ	甘
61	大夏河临夏工业、农业用水区	大夏河夏河、临夏开发利用区	龙羊峡至兰州	大夏河	临夏新桥	入黄河河口	45.3		Ⅲ	甘
62	湟水海晏农业用水区	湟水西宁开发利用区	龙羊峡至兰州	湟水	海晏县桥	湟源县	43.3		Ⅱ	青
63	湟水湟源过渡区	湟水西宁开发利用区	龙羊峡至兰州	湟水	湟源县	扎马隆	21.1		Ⅲ	青
64	湟水西宁饮用水源区	湟水西宁开发利用区	龙羊峡至兰州	湟水	扎马隆	黑咀	10.3		Ⅲ	青
65	湟水西宁城西工业用水区	湟水西宁开发利用区	龙羊峡至兰州	湟水	黑咀	新宁桥	20.3		Ⅳ	青
66	湟水西宁景观娱乐用水区	湟水西宁开发利用区	龙羊峡至兰州	湟水	新宁桥	建国路桥	4.8		Ⅳ	青
67	湟水西宁城东工业用水区	湟水西宁开发利用区	龙羊峡至兰州	湟水	建国路桥	团结桥	6.0		Ⅳ	青
68	湟水西宁排污控制区	湟水西宁开发利用区	龙羊峡至兰州	湟水	团结桥	小峡桥	10.2		Ⅳ	青
69	湟水平安过渡区	湟水西宁开发利用区	龙羊峡至兰州	湟水	小峡桥	平安县	22.0		Ⅳ	青

序号	二级水功能区名称	所在一级水功能区名称	水系	河流、湖库	范围 起始断面	范围 终止断面	长度（km）	面积（km²）	水质目标	省级行政区
70	湟水乐都农业用水区	湟水西宁开发利用区	龙羊峡至兰州	湟水	平安县	乐都水文站	32.3		IV	青
71	湟水民和农业用水区	湟水西宁开发利用区	龙羊峡至兰州	湟水	乐都水文站	民和水文站	53.4		IV	青
72	大通河门源农业用水区	大通河门源开发利用区	龙羊峡至兰州	大通河	石头峡	甘禅沟入口	160.9		III	青
73	大通河红古农业、工业用水区	大通河红古开发利用区	龙羊峡至兰州	大通河	金沙峡	大砂村	57.2		III	甘
74	祖厉河通渭、会宁农业用水区	祖厉河通渭、会宁开发利用区	兰州至河口镇	祖厉河	源头	会宁	45.0		IV	甘
75	清水河固原排污控制区	清水河同心开发利用区	兰州至河口镇	清水河	二十里铺	固原三营	130.0		保持自然状态	宁
76	清水河固原农业用水区	清水河同心开发利用区	兰州至河口镇	清水河	固原三营	入黄河口	173.7		IV	宁
77	沙湖平罗景观娱乐用水区	沙湖平罗开发利用区	兰州至河口镇	沙湖	沙湖			8.2	IV	宁
78	都思兔河鄂托克旗农业用水区	都思兔河鄂托克旗开发利用区	兰州至河口镇	都思兔河	敖伦淖牧场	陶斯图	123.4		IV	内蒙古
79	昆都仑河固阳县饮用水源区	昆都仑河固阳县开发利用区	兰州至河口镇	昆都仑河	阿塔山	五分子	26.1		III	内蒙古
80	昆都仑河包头市饮用水源区	昆都仑河包头市开发利用区	兰州至河口镇	昆都仑河	五分子	自来水公司水源站	27.5		III	内蒙古
81	昆都仑河包头市排污整治区	昆都仑河包头市开发利用区	兰州至河口镇	昆都仑河	自来水公司水源站	入黄河河口	27.0		IV	内蒙古
82	大黑河卓资县农业用水区	大黑河卓资开发利用区	兰州至河口镇	大黑河	福生庄	吉庆营沟入口	34.9		IV	内蒙古
83	大黑河呼和浩特市工业用水区	大黑河呼和浩特市开发利用区	兰州至河口镇	大黑河	吉庆营沟入口	三两水文站	95.3		IV	内蒙古
84	大黑河托克托县农业用水区	大黑河托克托克开发利用区	兰州至河口镇	大黑河	三两水文站	新河村（北村）	34.6		IV	内蒙古

序号	二级水功能区名称	所在一级水功能区名称	水系	河流、湖库	范围 起始断面	范围 终止断面	长度 (km)	面积 (km²)	水质目标	省级行政区
85	大黑河托克托县过渡区	大黑河托克托县开发利用区	兰州至河口镇	大黑河	新河村（北村）	入黄河河口（河口镇南）	18.1		IV	内蒙古
86	浑河常门铺水库农业、工业用水区	浑河右玉开发利用区	河口镇至龙门	浑河	常门铺水库	右卫镇	47.3		IV	晋
87	浑河和林格尔县农业用水区	浑河和林格尔县开发利用区	河口镇至龙门	浑河	石门沟入口	太平窑（浑河公路桥）	68.5		IV	内蒙古
88	浑河清水河县农业用水区	浑河清水河县开发利用区	河口镇至龙门	浑河	太平窑（浑河公路桥）	清水河入口处	21.3		IV	内蒙古
89	黄甫川准格尔旗农业用水区	黄甫川准格尔旗开发利用区	河口镇至龙门	黄甫川	纳林	郭家坪	29.0		IV	内蒙古
90	孤山川府谷饮用、农业用水区	孤山川府谷开发利用区	河口镇至龙门	孤山川	孤山	高石崖	16.3		III	陕
91	窟野河伊金霍洛旗饮用水源区	窟野河伊金霍洛旗开发利用区	河口镇至龙门	窟野河	乌兰木伦水库坝址	桑盖	20.0		IV	内蒙古
92	窟野河伊金霍洛旗过渡区	窟野河伊金霍洛旗开发利用区	河口镇至龙门	窟野河	桑盖	高家塔	10.0		III	内蒙古
93	窟野河伊金霍洛旗饮用水区	窟野河伊金霍洛旗开发利用区	河口镇至龙门	窟野河	高家塔	乌兰木伦（张家畔）	10.0		III	内蒙古
94	窟野河神木农业用水区	窟野河神木开发利用区	河口镇至龙门	窟野河	大柳塔	神木	70.6		III	陕
95	窟野河神木农业用水区	窟野河神木开发利用区	河口镇至龙门	窟野河	神木	贺家川	61.2		IV	陕
96	三川河离石工业、农业用水区	三川河离石柳林开发利用区	河口镇至龙门	三川河	后则沟	石盘	74.5		III	晋
97	三川河柳林农业、工业用水区	三川河离石柳林开发利用区	河口镇至龙门	三川河	石盘	薛村	32.7		III	晋

序号	二级水功能区名称	所在一级水功能区名称	水系	河流、湖库	范围 起始断面	范围 终止断面	长度 (km)	面积 (km²)	水质目标	省级行政区
98	无定河靖边工业、农业用水区	无定河靖边开发利用区	河口镇至龙门	无定河	新桥	金鸡沙	33.0		III	陕
99	无定河乌审旗农业用水区	无定河巴图湾开发利用区	河口镇至龙门	无定河	大沟湾	巴图湾水库入口	28.3		IV	内蒙古
100	无定河乌审旗工业用水区	无定河巴图湾开发利用区	河口镇至龙门	无定河	巴图湾水库入口	巴图湾坝址	16.3		III	内蒙古
101	无定河乌审旗农业用水区	无定河乌审旗开发利用区	河口镇至龙门	无定河	蘑菇台	张沟畔	10.0		III	内蒙古
102	无定河横山饮用、工业用水区	无定河横山、绥德开发利用区	河口镇至龙门	无定河	雷龙湾	榆溪河入口	72.4		III	陕
103	无定河米脂工业、农业用水区	无定河横山、绥德开发利用区	河口镇至龙门	无定河	榆溪河入口	米脂	45.3		III	陕
104	无定河米脂排污控制区	无定河横山、绥德开发利用区	河口镇至龙门	无定河	米脂	十里铺	5.5			陕
105	无定河绥德工业、农业用水区	无定河横山、绥德开发利用区	河口镇至龙门	无定河	十里铺	绥德	27.9		III	陕
106	无定河绥德排污控制区	无定河横山、绥德开发利用区	河口镇至龙门	无定河	绥德	淮宁河入口	7.2		III	陕
107	清涧河子长工业、农业用水区	清涧河延川开发利用区	河口镇至龙门	清涧河	中山川口	马家砭	52.6		III	陕
108	清涧河清涧农业用水区	清涧河延川开发利用区	河口镇至龙门	清涧河	马家砭	营田	35.0		III	陕
109	清涧河延川农业用水区	清涧河延川开发利用区	河口镇至龙门	清涧河	营田	郭家河	28.6		III	陕
110	延河延川饮用、工业用水区	延河延安开发利用区	河口镇至龙门	延河	龙安	西川河入口	48.6		III	陕
111	延河延安景观娱乐用水区	延河延安开发利用区	河口镇至龙门	延河	西川河入口	川口	14.5		III	陕

序号	二级水功能区名称	所在一级水功能区名称	水系	河流、湖库	范围		长度 (km)	面积 (km²)	水质目标	省级行政区
					起始断面	终止断面				
112	延河延安排污整治区	延河延安开发利用区	河口镇至龙门	延河	川口	朱家沟	4.5			陕
113	延河延安工业、农业用水区	延河延安开发利用区	河口镇至龙门	延河	朱家沟	姚店	12.8		Ⅲ	陕
114	延河延安排污整治区	延河延安开发利用区	河口镇至龙门	延河	姚店	房子沟	2.7		Ⅲ	陕
115	延河延安过渡区	延河延安开发利用区	河口镇至龙门	延河	房子沟	甘谷驿	13.5		Ⅲ	陕
116	延河延长工业、农业用水区	延河延安开发利用区	河口镇至龙门	延河	甘谷驿	七里村	36.9		Ⅲ	陕
117	延河延长排污整治区	延河延安开发利用区	河口镇至龙门	延河	七里村	呼家川	8.0			陕
118	汾河水库饮用、工业用水区	汾河静乐、娄烦开发利用区	龙门至三门峡	汾河	静乐站	汾河水库大坝	41.5		Ⅱ	晋
119	汾河古交排污整治区	汾河太原、运城开发利用区	龙门至三门峡	汾河	镇城底桥	河口镇	18.0			晋
120	汾河二库饮用、工业用水区	汾河太原、运城开发利用区	龙门至三门峡	汾河	河口镇	汾河二库	42.7		Ⅲ	晋
121	汾河一坝农业用水区	汾河太原、运城开发利用区	龙门至三门峡	汾河	汾河二库	胜利桥	24.0		Ⅲ	晋
122	汾河太原景观娱乐用水区	汾河太原、运城开发利用区	龙门至三门峡	汾河	胜利桥	南内环桥	6.0		Ⅳ	晋
123	汾河太原排污整治区	汾河太原、运城开发利用区	龙门至三门峡	汾河	南内环桥	小店桥	13.0			晋
124	汾河小店镇过渡区	汾河太原、运城开发利用区	龙门至三门峡	汾河	小店桥	二坝	24.0		Ⅴ	晋
125	汾河太原农业用水区	汾河太原、运城开发利用区	龙门至三门峡	汾河	二坝	市界	23.0		Ⅴ	晋

序号	二级水功能区名称	所在一级水功能区名称	水系	河流、湖库	起始断面	终止断面	长度（km）	面积（km²）	水质目标	省级行政区
126	汾河晋中农业用水区	汾河太原、运城开发利用区	龙门至三门峡	汾河	市界	介休义古	65.4		V	晋
127	汾河介休排污整制区	汾河太原、运城开发利用区	龙门至三门峡	汾河	介休义古	义棠	12.0			晋
128	汾河介休、灵石过渡区	汾河太原、运城开发利用区	龙门至三门峡	汾河	义棠	两渡	10.3		V	晋
129	汾河灵石工业、农业用水区	汾河太原、运城开发利用区	龙门至三门峡	汾河	两渡	市界	36.7		V	晋
130	汾河洪洞农业用水区	汾河太原、运城开发利用区	龙门至三门峡	汾河	市界	南王	58.7		V	晋
131	汾河临汾景观娱乐用水区	汾河太原、运城开发利用区	龙门至三门峡	汾河	南王	北郊（屯里）	30.0		V	晋
132	汾河临汾排污控制区	汾河太原、运城开发利用区	龙门至三门峡	汾河	北郊	外环桥	6.0		V	晋
133	汾河临汾过渡区	汾河太原、运城开发利用区	龙门至三门峡	汾河	外环桥	尧庙	5.0			晋
134	汾河临汾农业用水区	汾河太原、运城开发利用区	龙门至三门峡	汾河	尧庙	金殿	5.0		V	晋
135	汾河临汾农业用水区	汾河太原、运城开发利用区	龙门至三门峡	汾河	金殿	市界	54.9		V	晋
136	汾河稷南农业用水区	汾河太原、运城开发利用区	龙门至三门峡	汾河	市界	稷山	62.7		V	晋

序号	项 目 二级功能区名称	所在一级水功能区名称	水系	河流、湖库	范 围 起始断面	终止断面	长度 (km)	面积 (km²)	水质目标	省级行政区
137	汾河稷山排污控制区	汾河太原、运城开发利用区	龙门至三门峡	汾河	稷山	新店	8.0			晋
138	涑水河绛县、闻喜农业用水区	涑水河运城开发利用区	龙门至三门峡	涑水河	源头	横水铁路桥	42.5		Ⅳ	晋
139	涑水河绛县、闻喜排污控制区	涑水河运城开发利用区	龙门至三门峡	涑水河	横水铁路桥	南宋	15.0		Ⅴ	晋
140	涑水河闻喜过渡区	涑水河运城开发利用区	龙门至三门峡	涑水河	南宋	上马水库	45.5		Ⅴ	晋
141	涑水河上马水库农业用水区	涑水河运城开发利用区	龙门至三门峡	涑水河	上马水库	景清	30.0		Ⅴ	晋
142	涑水河临猗排污整制区	涑水河运城开发利用区	龙门至三门峡	涑水河	景清	庙上	15.0		Ⅴ	晋
143	涑水河临猗过渡区	涑水河运城开发利用区	龙门至三门峡	涑水河	庙上	郭家庄	20.0		Ⅴ	晋
144	涑水河五姓湖农业、渔业用水区	涑水河运城开发利用区	龙门至三门峡	涑水河	郭家庄	四冯	14.2		Ⅳ	晋
145	涑水河永济排污整制区	涑水河运城开发利用区	龙门至三门峡	涑水河	四冯	张华	6.1			晋
146	渭河渭源、陇西农业用水区	渭河定西、天水开发利用区	渭河	渭河	峡口水库上口	秦祁河入口	43.0		Ⅲ	甘
147	渭河陇西、武山工业、农业用水区	渭河定西、天水开发利用区	渭河	渭河	秦祁河入口	榜沙河入口	60.0		Ⅲ	甘
148	渭河武山工业、农业用水区	渭河定西、天水开发利用区	渭河	渭河	榜沙河入口	大南河入口	30.0		Ⅲ	甘
149	渭河武山、甘谷工业、农业用水区	渭河定西、天水开发利用区	渭河	渭河	大南河入口	渭水峪	45.0		Ⅲ	甘
150	渭河甘谷、秦城工业、农业用水区	渭河定西、天水开发利用区	渭河	渭河	渭水峪	精河入口	65.0		Ⅲ	甘
151	渭河甘谷、秦城排污控制区	渭河定西、天水开发利用区	渭河	渭河	精河入口	社棠	10.0			甘

序号	项目 二级水功能区名称	所在一级水功能区名称	水系	河流、湖库	范围 起始断面	终止断面	长度 （km）	面积 （km²）	水质 目标	省级 行政区
152	渭河秦城过渡区	渭河定西、天水开发利用区	渭河	渭河	杜棠	伯阳	14.0		Ⅲ	甘
153	渭河秦城农业用水区	渭河定西、天水开发利用区	渭河	渭河	伯阳	太碌	30.0		Ⅲ	甘
154	渭河宝鸡农业用水区	渭河宝鸡、渭南开发利用区	渭河	渭河	颜家河	林家村	43.9		Ⅲ	陕
155	渭河宝鸡景观娱乐用水区	渭河宝鸡、渭南开发利用区	渭河	渭河	林家村	卧龙寺	20.0		Ⅲ	陕
156	渭河宝鸡排污控制区	渭河宝鸡、渭南开发利用区	渭河	渭河	卧龙寺	虢镇	12.0			陕
157	渭河宝鸡过渡区	渭河宝鸡、渭南开发利用区	渭河	渭河	虢镇	蔡家坡	22.0		Ⅳ	陕
158	渭河宝鸡工业、农业用水区	渭河宝鸡、渭南开发利用区	渭河	渭河	蔡家坡	永安村	44.0		Ⅲ	陕
159	渭河杨陵农业用水区	渭河宝鸡、渭南开发利用区	渭河	渭河	永安村	漆水河入口	16.0		Ⅲ	陕
160	渭河咸阳工业、农业用水区	渭河宝鸡、渭南开发利用区	渭河	渭河	漆水河入口	咸阳公路桥	63.0		Ⅳ	陕
161	渭河咸阳景观娱乐用水区	渭河宝鸡、渭南开发利用区	渭河	渭河	咸阳公路桥	咸阳铁路桥	3.8		Ⅳ	陕
162	渭河咸阳排污控制区	渭河宝鸡、渭南开发利用区	渭河	渭河	咸阳铁路桥	沣河入口	5.4		Ⅳ	陕
163	渭河咸阳过渡区	渭河宝鸡、渭南开发利用区	渭河	渭河	沣河入口	草滩镇	19.0		Ⅳ	陕
164	渭河西安农业用水区	渭河宝鸡、渭南开发利用区	渭河	渭河	草滩镇	零河入口	56.4		Ⅳ	陕

序号	二级水功能区名称	所在一级水功能区名称	水系	河流、湖库	起始断面	终止断面	长度(km)	面积(km²)	水质目标	省级行政区
165	渭河渭南农业用水区	渭河宝鸡、渭南开发利用区	渭河	渭河	零河入口	罗夫河入口	96.8		IV	陕
166	黑河西安周至饮用、农业用水区	黑河周至开发利用区	渭河	黑河	陈家河	金盆水库大坝	11.5		II	陕
167	黑河周至工业、农业用水区	黑河周至开发利用区	渭河	黑河	金盆水库大坝	入渭河河口	38.3		III	陕
168	泾河泾川、泾川工业、农业用水区	泾河甘肃开发利用区	渭河	泾河	峡崤峡	泾川桥	75.5		III	甘
169	泾河泾川、宁县农业用水区	泾河甘肃开发利用区	渭河	泾河	泾川桥	长庆桥	59.5		III	甘
170	泾河彬县工业、农业用水区	泾河陕西开发利用区	渭河	泾河	胡家河村	彬县	36.0		III	陕
171	泾河彬县排污控制区	泾河陕西开发利用区	渭河	泾河	彬县	景村	7.3			陕
172	泾河彬县过渡区	泾河陕西开发利用区	渭河	泾河	景村	三水河河口	27.7		III	陕
173	泾河泾三高工业、农业用水区	泾河陕西开发利用区	渭河	泾河	三水河河口	东庄	74.0		III	陕
174	泾河泾阳农业、工业用水区	泾河陕西开发利用区	渭河	泾河	东庄	入渭河河口	87.5		III	陕
175	北洛河延安农业用水区	北洛河延安、渭南开发利用区	渭河	北洛河	富县	交口河村	72.8		III	陕
176	北洛河延安、渭南农业用水区	北洛河延安、渭南开发利用区	渭河	北洛河	交口河村	状头	158.9		III	陕
177	北洛河大荔农业用水区	北洛河延安、渭南开发利用区	渭河	北洛河	状头	入渭河河口	130.0		III	陕
178	洛河洛南农业用水区	洛河洛南开发利用区	三门峡至花园口	洛河	尖角	灵口	42.5		III	陕
179	洛河卢氏农业用水区	洛河卢氏、巩义开发利用区	三门峡至花园口	洛河	曲里电站	卢氏西赵村	27.0		III	豫
180	洛河卢氏排污控制区	洛河卢氏、巩义开发利用区	三门峡至花园口	洛河	卢氏西赵村	涧西村	6.0			豫

序号	项 目 一级水功能区名称	所在一级水功能区名称	水系	河流、湖库	范 围 起始断面	范 围 终止断面	长度（km）	面积（km²）	水质目标	省级行政区
181	洛河卢氏过渡区	洛河卢氏、巩义开发利用区	三门峡至花园口	洛河	涧西村	范里乡公路桥	16.0		Ⅲ	豫
182	洛河卢氏、洛宁渔业用水区	洛河卢氏、巩义开发利用区	三门峡至花园口	洛河	范里乡公路桥	故县水库大坝	34.0		Ⅲ	豫
183	洛河洛宁农业用水区	洛河卢氏、巩义开发利用区	三门峡至花园口	洛河	故县水库大坝	城西公路桥	43.0		Ⅲ	豫
184	洛河洛宁排污控制区	洛河卢氏、巩义开发利用区	三门峡至花园口	洛河	城西公路桥	涧口	6.0		Ⅲ	豫
185	洛河洛宁过渡区	洛河卢氏、巩义开发利用区	三门峡至花园口	洛河	涧口	韩城镇公路桥	26.0		Ⅲ	豫
186	洛河宜阳农业用水区	洛河卢氏、巩义开发利用区	三门峡至花园口	洛河	韩城镇公路桥	宜阳水文站	19.0		Ⅲ	豫
187	洛河宜阳排污控制区	洛河卢氏、巩义开发利用区	三门峡至花园口	洛河	宜阳水文站	官庄	5.0		Ⅲ	豫
188	洛河宜阳过渡区	洛河卢氏、巩义开发利用区	三门峡至花园口	洛河	官庄	高崖寨	15.0		Ⅲ	豫
189	洛河洛阳景观娱乐用水区	洛河卢氏、巩义开发利用区	三门峡至花园口	洛河	高崖寨	李楼	22.0		Ⅲ	豫
190	洛河洛阳排污控制区	洛河卢氏、巩义开发利用区	三门峡至花园口	洛河	李楼	白马寺	5.0		Ⅲ	豫
191	洛河洛阳过渡区	洛河卢氏、巩义开发利用区	三门峡至花园口	洛河	白马寺	G207公路桥	12.0		Ⅲ	豫

序号	二级水功能区名称	所在一级水功能区名称	水系	河流、湖库	范围 起始断面	范围 终止断面	长度 (km)	面积 (km²)	水质目标	省级行政区
192	洛河偃师农业用水区	洛河卢氏、巩义开发利用区	三门峡至花园口	洛河	G207公路桥	回郭镇火车站	21.3		Ⅲ	豫
193	洛河偃师、巩义农业用水区	洛河卢氏、巩义开发利用区	三门峡至花园口	洛河	回郭镇火车站	高速公路桥	15.5		Ⅳ	豫
194	洛河巩义排污控制区	洛河卢氏、巩义开发利用区	三门峡至花园口	洛河	高速公路桥	石灰雾	6.0			豫
195	洛河巩义过渡区	洛河卢氏、巩义开发利用区	三门峡至花园口	洛河	石灰雾	入黄河河口	10.0		Ⅳ	豫
196	伊河栾川饮用水源区	伊河洛阳开发利用区	三门峡至花园口	伊河	陶湾镇	栾川站	19.4		Ⅲ	豫
197	伊河栾川排污控制区	伊河洛阳开发利用区	三门峡至花园口	伊河	栾川站	栾川镇方村	6.0		Ⅲ	豫
198	伊河栾川过渡区	伊河洛阳开发利用区	三门峡至花园口	伊河	栾川镇方村	大清沟乡	24.6		Ⅲ	豫
199	伊河栾川、嵩县农业用水区	伊河洛阳开发利用区	三门峡至花园口	伊河	大清沟乡	陆浑水库入口	90.0		Ⅲ	豫
200	陆浑水库洛阳市饮用水源区	伊河洛阳开发利用区	三门峡至花园口	伊河	陆浑水库入口	陆浑水库大坝	10.5		Ⅱ	豫
201	伊河嵩县、伊川农业用水区	伊河洛阳开发利用区	三门峡至花园口	伊河	陆浑水库大坝	平等乡公路桥	29.0		Ⅲ	豫
202	伊河伊川排污控制区	伊河洛阳开发利用区	三门峡至花园口	伊河	平等乡公路桥	水寨乡西草店	9.0			豫
203	伊河伊川过渡区	伊河洛阳开发利用区	三门峡至花园口	伊河	水寨乡西草店	彭婆乡西草店	15.0		Ⅲ	豫
204	伊河伊川、洛阳景观娱乐用水区	伊河洛阳开发利用区	三门峡至花园口	伊河	彭婆乡西草店	龙门铁路桥	6.0		Ⅲ	豫
205	伊河洛阳、偃师农业用水区	伊河洛阳开发利用区	三门峡至花园口	伊河	龙门铁路桥	入洛河河口	36.3		Ⅲ	豫
206	沁河安泽县饮用、农业用水区	沁河安泽、阳城开发利用区	三门峡至花园口	沁河	周家沟	市界	58.0		Ⅲ	晋
207	沁河沁水县张峰水库工业、农业用水区	沁河安泽、阳城开发利用区	三门峡至花园口	沁河	市界	郑庄	44.5		Ⅲ	晋

项目 序号 二级水功能区名称	所在一级水功能区名称	水系	河流、湖库	范围 起始断面	范围 终止断面	长度 (km)	面积 (km²)	水质 目标	省级 行政区
208	沁河端氏农业用水区	沁河安泽、阳城开发利用区	三门峡至花园口	沁河	郑庄	曹河村	117.1		Ⅳ	晋
209	沁河济源、沁阳农业用水区	沁河济源、焦作开发利用区	三门峡至花园口	沁河	五龙口站	沁阳县北孔	28.0		Ⅳ	豫
210	沁河沁阳排污控制区	沁河济源、焦作开发利用区	三门峡至花园口	沁河	沁阳县北孔	孝敬	14.0			豫
211	沁河沁阳、武陟过渡区	沁河济源、焦作开发利用区	三门峡至花园口	沁河	孝敬	武陟县王顺	16.0		Ⅳ	豫
212	沁河武陟农业用水区	沁河武陟、焦作开发利用区	三门峡至花园口	沁河	武陟县王顺	武陟县小董	4.7		Ⅳ	豫
213	沁河武陟过渡区	沁河武陟、焦作开发利用区	三门峡至花园口	沁河	武陟县小董	入黄河河口	26.8		Ⅳ	豫
214	丹河高平排污控制区	丹河晋城开发利用区	三门峡至花园口	丹河	寺庄镇	韩庄	17.0		Ⅳ	晋
215	丹河高平过渡区	丹河晋城开发利用区	三门峡至花园口	丹河	韩庄	下城公	17.0		Ⅳ	晋
216	丹河任庄水库农业、工业用水区	丹河晋城开发利用区	三门峡至花园口	丹河	下城公	白洋泉河入口	35.4		Ⅲ	晋
217	丹河博爱饮用水源区	丹河焦作开发利用区	三门峡至花园口	丹河	青天河坝址	焦克公路桥	27.0		Ⅲ	豫
218	丹河博爱、沁阳排污控制区	丹河焦作开发利用区	三门峡至花园口	丹河	焦克公路桥	玉皇庙	8.0		Ⅲ	豫
219	丹河博爱、沁阳过渡区	丹河焦作开发利用区	三门峡至花园口	丹河	玉皇庙	入沁河河口	7.0		Ⅳ	豫
220	漭河济源农业用水区	漭河济源开发利用区	三门峡至花园口	漭河	漭河林场	西石露头	9.5		Ⅲ	豫
221	漭河济源景观娱乐用水区	漭河济源、焦作开发利用区	三门峡至花园口	漭河	西石露头	济源水文站	7.0		Ⅳ	豫

— 124 —

续表

序号	二级水功能区名称	所在一级水功能区名称	水系	河流、湖库	起始断面	终止断面	长度(km)	面积(km²)	水质目标	行政区
222	沁河济源排污控制区	沁河济源、焦作开发利用区	三门峡至花园口	沁河	济源站	G207公路桥	6.8			豫
223	沁河济源过渡区	沁河济源、焦作开发利用区	三门峡至花园口	沁河	G207公路桥	白墙水库入口	11.4		V	豫
224	沁河孟州农业用水区	沁河济源、焦作开发利用区	三门峡至花园口	沁河	白墙水库入口	谷旦闸	6.8		IV	豫
225	沁改河孟州农业用水区	沁改河孟州开发利用区	三门峡至花园口	沁河	谷旦闸	入新沁河	17.0		V	豫
226	新沁河焦作排污控制区	新沁河焦作开发利用区	三门峡至花园口	新沁河	沁改河入口	赵马	5.3			豫
227	新沁河温县过渡区	新沁河焦作开发利用区	三门峡至花园口	新沁河	赵马	入黄河河口	25.8		V	豫
228	金堤河滑县排污控制区	金堤河滑县、范县开发利用区	花园口以下	金堤河	道口镇	枣村乡井庄村	6.0			豫
229	金堤河滑县过渡区	金堤河滑县、范县开发利用区	花园口以下	金堤河	枣村乡井庄村	白道口公路桥	17.5		V	豫
230	金堤河滑县、濮阳农业用水区	金堤河滑县、范县开发利用区	花园口以下	金堤河	白道口公路桥	濮阳县柳屯闸	43.1		IV	豫
231	金堤河濮阳排污控制区	金堤河滑县、范县开发利用区	花园口以下	金堤河	濮阳县柳屯闸	范县张青营桥	31.0			豫
232	大汶河钢城饮用水源区	大汶河莱芜、泰安开发利用区	花园口以下	大汶河	源头	付家桥	13.2		III	鲁
233	大汶河钢城工业用水区	大汶河莱芜、泰安开发利用区	花园口以下	大汶河	付家桥	马小庄	51.8		IV	鲁
234	大汶河泰安工业用水区	大汶河莱芜、泰安开发利用区	花园口以下	大汶河	马小庄	戴村坝	128.0		IV	鲁

10 淮河区重要江河湖泊水功能区划

表 10.1

一级水功能区划登记表

序号	一级水功能区名称	水系	河流、湖库	范围		长度（km）	面积（km²）	水质目标	省级行政区
				起始断面	终止断面				
1	淮河桐柏源头水保护区	淮河	淮河	桐柏县大白顶	桐柏县金庄	25.0		Ⅱ	豫
2	淮河桐柏开发利用区	淮河	淮河	桐柏县金庄	桐柏县月河镇	18.7		按二级区划执行	豫
3	淮河南信阳、湖北随州保留区	淮河	淮河	桐柏县月河镇	息县罗庄公路桥	183.0		Ⅲ	豫、鄂
4	淮河息县、淮滨开发利用区	淮河	淮河	息县罗庄公路桥	淮滨县谷堆	123.7		按二级区划执行	豫
5	淮河豫皖缓冲区	淮河	淮河	淮滨县谷堆	霍邱县陈村	80.0		Ⅲ	豫、皖
6	淮河阜阳、六安、滁州开发利用区	淮河	淮河	霍邱县陈村	明光市黄盆窑	315.0		按二级区划执行	皖
7	淮河皖苏缓冲区	淮河	淮河	明光市黄盆窑	盱眙县河桥林上2.2km	75.0		Ⅲ	皖、苏
8	淮河盱眙开发利用区	淮河	淮河	盱眙县河桥林上2.2km	盱眙淮河公路桥下7km	20.0		按二级区划执行	苏
9	浉河信阳水源地保护区	淮河	浉河	信阳市浉河区南湾水库大坝	信阳市浉河区南湾水库大坝	76.5		Ⅱ	豫
10	浉河信阳平桥区开发利用区	淮河	浉河	信阳市浉河区南湾水库大坝	罗山县人淮河口	65.0		按二级区划执行	豫
11	竹竿河大悟保留区	淮河	竹竿河	湖北大悟县新乡老屋基	湖北大悟县宣化镇店镇赵家畈	46.6		Ⅲ	鄂

| 序号 | 一级水功能区名称 | 水系 | 河流、湖库 | 范围 | | 长度（km） | 面积（km²） | 水质目标 | 行政区 |
				起始断面	终止断面				省级
12	竹竿河鄂豫缓冲区	淮河	竹竿河	湖北大悟县宣化镇店镇赵家畈	河南罗山县定远	27.0		Ⅲ	鄂、豫
13	竹竿河罗山保留区	淮河	竹竿河	河南罗山县定远	息县入淮口	68.0		Ⅲ	豫
14	灰河亳州、蚌埠保留区	淮河	灰河	利辛县源头	怀远县六孔闸	92.7		Ⅱ～Ⅲ	皖
15	东淝河瓦埠湖六安、合肥、淮南调水保护区	淮河	瓦埠湖	瓦埠湖湖区			156.0	Ⅱ～Ⅲ	皖
16	谷河阜南开发利用区	淮河	谷河	临泉县朱庄下	阜南县中岗	88.0		按二级区划执行	皖
17	焦岗湖阜阳、淮南开发利用区	淮河	焦岗湖	焦岗湖湖区			37.5	按二级区划执行	皖
18	西淝河（上段）谯城、利辛开发利用区	淮河	西淝河	亳州涡河集	利辛阚町镇（西淝河至此被茨淮新河隔开）	99.0		按二级区划执行	皖
19	西淝河（下段）亳州、淮南开发利用区	淮河	西淝河	利辛县中元湾（西淝河下段源头）	凤台县西淝河闸	64.0		按二级区划执行	皖
20	济河阜阳、亳州、淮南开发利用区	淮河	济河	阜阳市颍东区伍明沟	凤台县老集东入西淝河口	74.0		按二级区划执行	皖
21	茨淮新河阜阳、亳州、淮南、蚌埠开发利用区	淮河	茨淮新河	阜阳市茨河铺闸	怀远县上桥闸	134.0		按二级区划执行	皖
22	洋河霍邱开发利用区	淮河	洋河	霍邱县龙王庙	入城西湖庙	35.0		按二级区划执行	皖
23	汲河霍邱开发利用区	淮河	汲河	霍邱县沙湾溪	入城东湖口	110.0		按二级区划执行	皖
24	城西湖霍邱自然保护区	淮河	城西湖	城西湖湖区			314.0	Ⅲ	皖
25	城东湖霍邱自然保护区	淮河	城东湖	城东湖湖区			140.0	Ⅱ	皖
26	高塘湖淮南、滁州、合肥开发利用区	淮河	高塘湖	高塘湖湖区			50.0	按二级区划执行	皖

序号	一级水功能区名称	水系	河流、湖库	范围		长度(km)	面积(km²)	水质目标	省级行政区
				起始断面	终止断面				
27	天河湖蚌埠开发利用区	淮河	天河湖	天河湖湖区			22.0	按二级区划执行	皖
28	北淝河(下段)怀远、五河开发利用区	淮河	北淝河(下段)	怀远县曹家贩	五河县沫河口闸	40.0		按二级区划执行	皖
29	池河定远、明光开发利用区	淮河	池河	定远县大金山	明光市女山湖入淮河河口	202.0		按二级区划执行	皖
30	女山湖明光开发利用区	淮河	女山湖	女山湖湖区			103.0	按二级区划执行	皖
31	七里湖明光开发利用区	淮河	七里湖	七里湖湖区			48.0	按二级区划执行	皖
32	洪泽湖调调水保护区(淮安)	洪泽湖	洪泽湖	洪泽湖淮安区			1118.0	Ⅲ	苏
33	洪泽湖调调水保护区(宿迁)	洪泽湖	洪泽湖	洪泽湖宿迁区			1034.0	Ⅲ	苏
34	入江水道淮安调水保护区	入江水道	入江水道三河段	三河闸	戴楼衡阳	18.0		Ⅲ	苏
35	入江水道金湖调水保护区	入江水道	入江水道三河段	戴楼衡阳	漫水公路	17.0		Ⅲ	苏
36	入江水道高邮湖调水保护区(淮安)	入江水道	高邮湖	金湖县塔集镇入高邮湖口	扬州、淮安交界		328.0	Ⅲ	苏
37	入江水道高邮湖调水保护区(扬州)	入江水道	高邮湖	扬州、淮安交界	高邮湖整制线		452.0	Ⅲ	苏
38	入江水道邵伯湖调水保护区	入江水道	邵伯湖	高邮湖控制线	扬州市万福闸		206.0	Ⅱ	苏
39	入江水道扬州调水保护区	入江水道	芒稻河、夹江	江都西闸	江都三江营	21.0		Ⅱ	苏
40	苏北灌溉总渠淮安调水保护区	入海水道	灌溉总渠	高良涧闸	运东闸	35.8		Ⅲ	苏
41	苏北灌溉总渠淮安保留区	入海水道	灌溉总渠	运东闸	楚州区苏咀镇大单村	37.5		Ⅲ	苏
42	苏北灌溉总渠盐城保留区 1	入海水道	灌溉总渠	楚州区苏咀镇大单村	老管大桥	10.3		按二级区划执行	苏
43	苏北灌溉总渠阜宁开发利用区	入海水道	灌溉总渠	老管大桥	阜宁腰闸	11.2		按二级区划执行	苏
44	苏北灌溉总渠阜宁、滨海保留区	入海水道	灌溉总渠	阜宁镇通榆大桥	通榆镇通榆大桥	32.3		Ⅲ	苏
45	苏北灌溉总渠盐城保留区 2	入海水道	灌溉总渠	通榆镇通榆大桥	六垛闸	39.8		Ⅳ	苏

序号	一级水功能区名称	水系	河流、湖库	范围 起始断面	范围 终止断面	长度(km)	面积(km²)	水质目标	省级行政区
46	白塔河天长保留区	入江水道	白塔河	白塔河源头	釜山水库坝前	23.0		Ⅱ~Ⅲ	皖
47	白塔河天长开发利用区	入江水道	白塔河	釜山水库坝下	天长市入高邮湖口	68.5		按二级区划执行	皖
48	老白塔河天长开发利用区	入江水道	老白塔河	石梁集	沂湖闸	42.0		按二级区划执行	皖
49	白马湖淮安调水保护区	入江水道	白马湖	白马湖淮安区			80.1	Ⅲ	苏
50	白马湖宝应调水保护区	入江水道	白马湖	白马湖宝应区			15.5	Ⅲ	苏
51	宝应湖金湖调水保护区	入江水道	宝应湖	宝应湖金湖区			60.0	Ⅲ	苏
52	宝应湖宝应调水保护区	入江水道	宝应湖	宝应湖宝应区			80.0	Ⅲ	苏
53	洪河新蔡开发利用区	洪河	洪河	西平县合水街	新蔡县班台水文站	197.6		按二级区划执行	豫
54	洪河豫皖缓冲区	洪河	洪河	新蔡县班台水文站	阜南县入淮河口	134.5		Ⅲ	豫、皖
55	汝河泌阳水源地保护区	洪河	汝河	泌阳县五峰山河源	泌阳县板桥水库大坝	42.0		Ⅱ	豫
56	汝河遂平开发利用区	洪河	汝河	泌阳县板桥水库大坝	汝南县入宿鸭湖水库	82.5		按二级区划执行	豫
57	汝河宿鸭湖水库湿地自然保护区	洪河	汝河	宿鸭湖水库湿地保护区			113.3	Ⅲ	豫
58	汝河汝南开发利用区	洪河	汝河	汝南县宿鸭湖水库大坝	新蔡县入洪河口	100.7		按二级区划执行	豫
59	梅山水库金寨史河源头自然保护区	史河	梅山水库	梅山水库	梅山水库库区		59.2	Ⅱ	皖
60	史河金寨开发利用区	史河	史河	金寨县梅山水库大坝下	金寨县梅山镇小南京村长江河口	20.0		按二级区划执行	皖
61	史河皖豫缓冲区	史河	史河	金寨县梅山镇小南京村长江河口（安徽叶集下3.3km）	固始县省界（安徽叶集下3.3km）	10.3		Ⅲ	皖、豫
62	史河固始开发利用区	史河	史河	固始县省界（安徽叶集下3.3km）	固始县三河尖	85.0		按二级区划执行	豫

序号	一级水功能区名称	水系	河流、湖库	范围 起始断面	范围 终止断面	长度（km）	面积（km²）	水质目标	行政区 省级
63	史河豫皖缓冲区	史河	史河	固始县三河尖	霍邱县陈村（河口）	13.0		Ⅲ	豫、皖
64	史河灌区总干渠金寨、霍邱开发利用区	史河	史河总干渠	金寨县红石嘴枢纽	霍邱县三元店	42.0		按二级区划执行	皖
65	佛子岭磨子潭水库霍山霍邱源头保护区	淠河	佛子岭水库	佛子岭水库库区			28.8	Ⅱ	皖
66	东淠河霍山、裕安开发利用区	淠河	东淠河	霍山县佛子岭坝下	六安市裕安两河口	46.0		按二级区划执行	皖
67	淠河六安开发利用区	淠河	淠河	六安市横排头坝下	寿县入淮河口	122.0		按二级区划执行	皖
68	淠河灌区总干渠六安、合肥开发利用区	淠河	淠河总干渠	横排头板枢纽	肥西县将军岭闸	111.5		按二级区划执行	皖
69	淠东干渠寿县开发利用区	淠河	淠东干渠	六安县九里沟	寿县城南	94.5		按二级区划执行	皖
70	淠杭干渠金安、舒城开发利用区	淠河	淠杭干渠	淠河总渠引水口	打山渡槽	42.9		按二级区划执行	皖
71	滁河干渠合肥开发利用区	淠河	滁河干渠	肥西县将军岭闸	肥东县袁河西水库	103.0		按二级区划执行	皖
72	西淠河金寨、裕安河流源头保护区	淠河	西淠河		响洪甸水库库区	33.0		Ⅱ	皖
73	响洪甸水库金寨源头保护区	淠河	响洪甸水库	响洪甸水库下	横排头上		63.8	Ⅱ	皖
74	颍河登封源头保护区	颍河	颍河	登封市少石山河源	登封市大金镇	14.0		Ⅲ	豫
75	颍河许昌开发利用区	颍河	颍河	登封市大金店镇	周口市周口闸	227.2		按二级区划执行	豫
76	颍河周口开发利用区	颍河	颍河	周口市周口闸下	沈丘县槐店闸下	56.5		按二级区划执行	豫
77	颍河豫皖缓冲区	颍河	颍河	沈丘县槐店闸下	安徽界首市颍河裕民大桥	28.8		Ⅲ	豫、皖
78	颍河阜阳开发利用区	颍河	颍河	安徽界首市颍河裕民大桥	颍河入淮河口	205.0		按二级区划执行	皖
79	澧河方城源头保护区	颍河	澧河	方城县四里店河源	叶县孤石滩水库大坝	31.0		Ⅱ	豫
80	澧河叶县保留区	颍河	澧河	叶县孤石滩水库大坝	漯河市区三里桥	127.5		Ⅲ	豫
81	澧河漯河市开发利用区	颍河	澧河	漯河市区三里桥	漯河市区橡胶坝	4.5		按二级区划执行	豫

序号	一级水功能区名称	水系	河流、湖库	范围 起始断面	范围 终止断面	长度（km）	面积（km²）	水质目标	省级行政区
82	沙河鲁山源头水保护区	颍河	沙河	鲁山县木达岭河源	鲁山县昭平台水库大坝	65.0		Ⅱ	豫
83	沙河白龟山水库开发利用区	颍河	沙河	鲁山县昭平台水库大坝	平顶山市白龟山水库大坝	66.0		按二级区划执行	豫
84	沙河平顶山开发利用区	颍河	沙河	平顶山市白龟山水库大坝	周口市周口闸	219.0		按二级区划执行	豫
85	清潩河许昌开发利用区	颍河	清潩河	新郑市辛店河源	西华县入颍河	106.0		按二级区划执行	豫
86	贾鲁河郑州开发利用区	颍河	贾鲁河	新密市圣水峪	周口市贾鲁河闸	233.9		按二级区划执行	豫
87	汾泉河南水开发利用区	颍河	汾泉河	漯河市河源	河南省沈丘县李坟闸下	136.8		按二级区划执行	豫
88	汾泉河豫皖缓冲区	颍河	汾泉河	河南省沈丘县李坟闸下	安徽省临泉县流鞍河上	15.0		Ⅲ	豫、皖
89	泉河临泉、额泉开发利用区	颍河	泉河	临泉县流鞍河口下	阜阳市入颍河河口	91.0		按二级区划执行	皖
90	黑茨河周口开发利用区	颍河	黑茨河	大康县逊母口镇老达庙河源	河南省郸城县侯楼闸	90.0		按二级区划执行	豫
91	黑茨河豫皖缓冲区	颍河	黑茨河	河南省郸城县侯楼闸	安徽省太和县倪邱镇阜蒙公路大桥	30.0		Ⅲ	豫、皖
92	黑茨河阜阳开发利用区	颍河	黑茨河	安徽省太和县倪邱镇阜蒙公路大桥	阜阳市茨河铺闸	57.0		按二级区划执行	皖
93	八里湖额上自然保护区	涡河	八里湖	八里湖湖区			13.2	Ⅱ	皖
94	涡河太康开发利用区	涡河	涡河	开封市杏花营镇孙口村	河南省鹿邑县冯桥	174.0		按二级区划执行	豫

序号	一级水功能区名称	水系	河流、湖库	范围 起始断面	范围 终止断面	长度 (km)	面积 (km²)	水质目标	省级行政区
95	涡河豫皖缓冲区	涡河	涡河	河南省鹿邑县冯桥	安徽省亳州市十八里桥	26.5		Ⅲ	豫、皖
96	涡河亳州、蚌埠开发利用区	涡河	涡河	安徽省亳州市十八里桥	怀远县涡河入淮河河口	217.0		按二级区划执行	皖
97	惠济河开封开发利用区	涡河	惠济河	开封市河源	河南省柘城县砖桥闸	149.7		按二级区划执行	豫
98	惠济河豫皖缓冲区	涡河	惠济河	河南省柘城县砖桥闸	安徽省亳州市十八里桥	30.0		Ⅲ	豫、皖
99	大沙河商丘市开发利用区	涡河	大沙河	商丘市睢阳区常宋庄	河南省商丘市睢阳区包公庙闸	24.0		按二级区划执行	豫
100	大沙河（小洪河）豫皖缓冲区	涡河	大沙河（小洪河）	河南省商丘市睢阳区包公庙闸	安徽省亳州市古井镇	15.0		Ⅲ	豫、皖
101	小洪河亳州开发利用区	涡河	小洪河	安徽省亳州市古井镇	小洪河入涡河河口	15.0		按二级区划执行	皖
102	赵王河亳州开发利用区	涡河	赵王河	亳州市十河镇	亳州市百尺河村入涡河河口	28.5		按二级区划执行	皖
103	赵王河豫皖缓冲区	涡河	赵王河	河南省鹿邑县王皮溜公路桥	安徽省亳州市十字河公路桥	20.0		按二级区划执行	豫、皖
104	清水河周口开发利用区	涡河	清水河	柘城县铁关	河南省郸城县袁桥闸	74.0		按二级区划执行	豫
105	清水河（油河）豫皖缓冲区	涡河	清水河（油河）	河南省郸城县袁桥闸	安徽省亳州市至大和公路桥	12.5		Ⅲ	豫、皖

序号	一级水功能区名称	水系	河流、湖库	范围 起始断面	范围 终止断面	长度 (km)	面积 (km²)	水质目标	省级行政区
106	东沙河商丘开发利用区	洪泽湖	东沙河（浍河）	商丘市市辖区废黄河南堤	永城市黄口闸	125.0		按二级区划执行	豫
107	浍河豫皖缓冲区	洪泽湖	浍河	永城市黄口闸	濉溪县岳集	16.0		Ⅲ	豫、皖
108	浍河淮北、蚌埠开发利用区	洪泽湖	浍河	濉溪县岳集	固镇县九湾	110.0		按二级区划执行	皖
109	包河商丘开发利用区	洪泽湖	包河	商丘市市辖区谢集河源	河南省虞城县界沟镇公路桥	80.0		按二级区划执行	豫
110	包河豫皖缓冲区	洪泽湖	包河	河南省虞城县界沟镇公路桥	安徽省涡阳市石弓镇	57.9		Ⅲ	豫、皖
111	沱河虞城开发利用区	洪泽湖	沱河	商丘县响河源头	河南省永城市张桥闸	109.0		按二级区划执行	豫
112	沱河豫皖缓冲区	洪泽湖	沱河	河南省永城市新城桥	安徽省濉溪县徐楼闸	28.0		Ⅲ	豫、皖
113	新沱河淮北、宿州开发利用区	洪泽湖	新沱河	安徽省濉溪县徐楼闸	宿州市沱河进水闸	36.0		按二级区划执行	皖
114	沱河（下段）宿州、蚌埠开发利用区	洪泽湖	沱河（下段）	宿州市沱河进水闸	五河入沱湖口	88.0		按二级区划执行	皖
115	新汴河宿州开发利用区	洪泽湖	新汴河	宿州市北关沱河进水闸	泗县104国道公路大桥	96.0		按二级区划执行	皖
116	新汴河皖苏缓冲区	洪泽湖	新汴河	泗县104国道公路大桥	江苏省泗洪县团结闸	15.0		按二级区划执行	皖、苏
117	怀洪新河怀远、五河保留区	洪泽湖	怀洪新河	怀远县何巷闸	安徽省五河县十字岗	85.0		Ⅲ	皖
118	怀洪新河皖苏缓冲区	洪泽湖	怀洪新河	安徽省五河县十字岗	江苏省泗洪县峰山镇	21.0		Ⅲ	皖、苏

| 序号 | 一级水功能区名称 | 水系 | 河流、湖库 | 范围 | | 长度（km） | 面积（km²） | 水质目标 | 省级行政区 |
				起始断面	终止断面				
119	怀洪新河泗洪保留区	洪泽湖	怀洪新河	江苏省泗洪县峰山镇	泗洪县入洪泽湖口	15.0		Ⅲ	苏
120	徐洪河睢宁调水保护区	洪泽湖	徐洪河	邳州市刘集	泗洪县秦沟站	72.4		Ⅲ	苏
121	徐洪河泗洪调水保护区	洪泽湖	徐洪河	泗洪县秦沟站	泗洪县入洪泽湖口	57.6		Ⅲ	苏
122	沱湖五河自然保护区	洪泽湖	沱湖	沱湖湖区			70.4	Ⅲ	皖
123	四方湖怀远开发利用区	洪泽湖	四方湖	四方湖区			35.0	按二级区划执行	皖
124	天井湖五河开发利用区	洪泽湖	天井湖	天井湖源头	天井湖区		28.1	按二级区划执行	皖
125	萧濉新河淮北、宿州开发利用区	洪泽湖	萧濉新河	砀山县大沙河源头	宿州市符离集闸	112.0		按二级区划执行	皖
126	濉河宿州开发利用区	洪泽湖	濉河	宿州市甬桥区张树闸	安徽省泗县八里桥闸	80.0		按二级区划执行	皖
127	新濉河宿州缓冲区	洪泽湖	新濉河	安徽省泗县八里桥闸	江苏省泗洪县青阳船闸	35.0		Ⅲ	皖、苏
128	老濉河灵璧、泗县开发利用区	洪泽湖	老濉河	灵璧徐塘沟	安徽省泗县刘圩	58.0		按二级区划执行	皖
129	老濉河皖苏缓冲区	洪泽湖	老濉河	安徽省泗县刘圩	江苏省泗洪县青阳翻水站	35.5		Ⅲ	皖、苏
130	奎河徐州开发利用区	洪泽湖	奎河	徐州市市区污水处理厂	江苏省徐州市铁路南沟入口	2.9		按二级区划执行	苏
131	奎河皖苏缓冲区	洪泽湖	奎河	江苏省徐州市铁路南沟入口	安徽省宿州市时村	53.1		Ⅳ	苏、皖
132	潼河泗洪开发利用区	洪泽湖	潼河	省界	入徐洪河河口	4.8		按二级区划执行	苏
133	废黄河皖苏缓冲区	废黄河	废黄河	安徽萧县后常楼	江苏铜山县周庄闸	12.0		Ⅲ	皖、苏
134	商丘黄河故道湿地国家级鸟类自然保护区	废黄河	废黄河	民权县陈庄闸	民权县王庄乡吴屯集	44.0		Ⅲ	豫

序号	一级水功能区名称	水系	河流、湖库	范围 起始断面	范围 终止断面	长度（km）	面积（km²）	水质目标	省级行政区
135	梁济运河济宁调水水源保护区	大运河	梁济运河	梁山黄河南堤口	入南四湖上级湖口	88.0		Ⅲ	鲁
136	南四湖上级湖调调水水源保护区	大运河	南四湖	入南四湖上级湖口	南四湖二级坝		602.0	Ⅲ	鲁
137	南四湖下级湖调水水源保护区	大运河	南四湖	南四湖二级坝	南四湖韩庄闸上		664.0	Ⅲ	鲁
138	韩庄运河调水水源保护区	大运河	中运河	韩庄	苏鲁省界	40.0		Ⅲ	鲁
139	中运河徐州调水水源保护区	大运河	中运河	苏鲁省界	皂河船闸	56.8		Ⅲ	苏
140	中运河宿迁调水保护区	大运河	中运河	皂河船闸	泗阳县竹络坝翻水站	87.0		Ⅲ	苏
141	中运河淮安调水保护区	大运河	中运河	泗阳县竹络坝翻水站	淮阴枢纽	22.2		Ⅲ	苏
142	不牢河徐州调水保护区	大运河	不牢河	铜山县蔺家坝	邳州市入中运河河口	71.7		Ⅲ	苏
143	运河徐州调水保护区	大运河	京杭运河	省界/南四湖二级坝	铜山县蔺家坝	55.0		Ⅲ	苏
144	里运河淮安调水保护区	大运河	里运河	运河西闸	淮阴枢纽	44.9		Ⅲ	苏
145	古运河淮安调水保护区	大运河	里运河	淮安市淮阴船闸	清安河地涵下0.8km	24.3		Ⅲ	苏
146	里运河扬州调水保护区（宝应）	大运河	里运河	刍界	界首	41.0		Ⅲ	苏
147	里运河扬州调水保护区（高邮）	大运河	里运河	界首	江都高邮界	43.0		Ⅲ	苏
148	里运河扬州调水保护区（江都）	大运河	里运河	江都高邮界	邵伯镇	15.0		Ⅲ	苏
149	房亭河徐州、邳州调水保护区	大运河	房亭河	徐州市不牢河河口	邳州市入中运河河口	66.0		Ⅲ	苏
150	洸府河泰安、济宁开发利用区	运河	洸府河	宁阳县泉头村	济宁市任城区入南阳湖口	75.0		按二级区划执行	鲁
151	泗河济宁开发利用区	运河	泗河	新泰市河源	济宁市入上级湖河口	159.0		按二级区划执行	鲁
152	白马河济宁开发利用区	运河	白马河	曲阜市河源匡庄	微山县入上级湖口鲁桥	88.0		按二级区划执行	鲁
153	城河滕州开发利用区	运河	城河	邹城市岩马水库城河入口	微山县入上级湖口沙堤	56.5		按二级区划执行	鲁

序号	一级水功能区名称	水系	河流、湖库	范围 起始断面	范围 终止断面	长度（km）	面积（km²）	水质目标	省级行政区
154	洙赵新河济宁、菏泽开发利用区	运河	洙赵新河	东明高村	入上级湖口	140.7		按二级区划执行	鲁
155	万福河济宁、菏泽开发利用区	运河	万福河	成武县薛庄闸	鱼台县入湖口	77.3		按二级区划执行	鲁
156	东鱼河济宁、菏泽开发利用区	运河	东鱼河	东明县源刘楼	鱼台县入上级湖	165.0		按二级区划执行	鲁
157	复新河丰县开发利用区	运河	复新河	龙雾桥	江苏省丰县沙庄	20.0		按二级区划执行	苏
158	复新河苏鲁缓冲区	运河	复新河	江苏省丰县沙庄	山东省鱼台县复兴河闸	7.7		Ⅲ	苏、鲁
159	大沙河徐州开发利用区	运河	大沙河	丰县来河闸	江苏省沛县龙固	42.1		按二级区划执行	苏
160	大沙河苏鲁缓冲区	运河	大沙河	江苏省沛县龙固	山东省鱼台县入上级湖口	5.5		Ⅲ	苏、鲁
161	沿河沛县开发利用区	运河	沿河	东关闸	江苏省沛县苏北堤河地涵	2.0		按二级区划执行	苏
162	沿河苏鲁缓冲区	运河	沿河	江苏省沛县苏北堤河地涵	山东省微山县入微山湖口	4.5		Ⅲ	苏、鲁
163	邳苍分洪道临沂开发利用区	运河	邳苍分洪道	郯城县江风口闸	苍山县省界上10km	35.0		按二级区划执行	鲁
164	邳苍分洪道鲁苏缓冲区	运河	邳苍分洪道	山东省苍山县省界上10km	江苏省邳州市邳苍公路桥	15.0		Ⅲ	鲁、苏
165	邳苍分洪道邳州开发利用区	运河	邳苍分洪道	江苏省邳州市邳苍公路桥	邳州市入中运河河口	29.0		按二级区划执行	苏
166	西咖河枣庄、临沂开发利用区	运河	西咖河	苍山县会宝岭水库坝下	山东省苍山县横山	30.0		按二级区划执行	鲁

序号	项目 一级水功能区名称	水系	河流、湖库	范围		长度 （km）	面积 （km²）	水质目标	省级 行政区
				起始断面	终止断面				
167	西伽河鲁苏缓冲区	运河	西伽河	山东省苍山县横山	江苏省邳州市入邳苍分洪道河口	24.0		Ⅲ	鲁、苏
168	汶河鲁苏缓冲区	运河	汶河	山东省苍山县南桥乡	江苏省邳州市入西伽河口	23.0		Ⅲ	鲁、苏
169	白家沟鲁苏缓冲区	运河	白家沟	山东省苍山县官桥公路桥	江苏省邳州市夏墩闸河口	20.0		Ⅳ	鲁、苏
170	东伽河苍山开发利用区	运河	东伽河	费县河源	山东省苍山县省界以上5km	67.0		按二级区划执行	鲁
171	东伽河鲁苏缓冲区	运河	东伽河	山东省苍山县省界以上5km	江苏省邳州市入邳苍分洪道口	8.0		Ⅲ	鲁、苏
172	三阳河高邮调水保护区（江都）	里下河	三阳河	江都宜陵镇	东汇	25.3		Ⅲ	苏
173	三阳河高邮调水保护区（高邮）	里下河	三阳河	汉留镇	高邮入潼河口	41.2		Ⅲ	苏
174	通榆河响水海安调水保护区（南通）	里下河	通榆河	海安	东台交界	8.8		Ⅲ	苏
175	通榆河响水海安调水保护区（盐城）	里下河	通榆河	东台交界	响水县	212.2		Ⅲ	苏
176	潼河宝应调水保护区	里下河	潼河	三阳河入口	宝应地龙	15.5		Ⅲ	苏
177	蟒蛇河盐城开发利用区	里下河	蟒蛇河	大纵湖盐都县与兴化市市界	盐城市区登瀛桥	42.5		按二级区划执行	苏
178	蓄薇河建湖开发利用区	沭河	蓄薇河	收成圩	扬州、盐城界	15.0		按二级区划执行	苏
179	蓄薇河海安开发利用区	沭河	蓄薇河	蓄薇地涵	刘顶	37.0		按二级区划执行	苏
180	蓄薇河连云港市海州开发利用区	沭河	蓄薇河	刘顶	临洪闸	22.0		按二级区划执行	苏
181	卤汀河江都开发利用区	里下河	卤汀河	江都西彭	江都武坚	8.5		按二级区划执行	苏

序号	一级水功能区名称	水系	河流、湖库	范围		长度（km）	面积（km²）	水质目标	省级行政区
				起始断面	终止断面				
182	卤汀河泰州开发利用区	里下河	卤汀河	泰州市海陵区泰州船闸	兴化城区	45.4		按二级区划执行	苏
183	泰东河东台开发利用区	里下河	泰东河	新通扬运河	东台通榆河口	64.0		按二级区划执行	苏
184	潼河宝应开发利用区	里下河	潼河	三阳河入口	宝应县郭正湖	13.5		按二级区划执行	苏
185	新通扬运河江都调水保护区	通扬运河	新通扬运河	江都西闸	江都市界河沟	26.5		Ⅱ	苏
186	新通扬运河泰州调水保护区	通扬运河	新通扬运河	界河沟	泰州市泰东河口	10.7		Ⅲ	苏
187	新通扬运河扬泰通开发利用区	通扬运河	新通扬运河	泰州泰东河口	海安县海安镇	46.8		按二级区划执行	苏
188	青口河苏缓冲区	沿海诸河	青口河	山东省莒南县洙边镇下	江苏省赣榆县黑林水文站	8.0		Ⅲ	鲁、苏
189	青口河赣榆开发利用区	沿海诸河	青口河	江苏省赣榆县黑林水文站	赣榆县孙园漫水闸	23.2		按二级区划执行	苏
190	新洋港盐城开发利用区	沿海垦区	新洋港	盐城市城西大桥	射阳县新洋港闸	70.0		按二级区划执行	苏
191	沭河源头水保护区	沭河	沭河	源头	莒县青峰岭水库大坝	70.0		Ⅱ	鲁
192	沭河日照、临沂开发利用区	沭河	沭河	莒县青峰岭水库大坝	临沭县大官庄	118.0		按二级区划执行	鲁
193	老沭河临沂开发利用区	沭河	老沭河	临沭县大官庄闸	郯城县店子乡	44.0		按二级区划执行	鲁
194	老沭河苏缓冲区	沭河	老沭河	山东省郯城县前高峰头（店子乡，至省界11.7km）	江苏省新沂市陇海铁路桥	16.3		Ⅳ	鲁、苏
195	老沭河新沂开发利用区	沭河	老沭河	江苏省新沂市陇海铁路桥	新沂市入新沂河河口	41.8		按二级区划执行	苏
196	老沭河沭阳开发利用区	沭河	老沭河	十字	入沂南小河河口	9.0		按二级区划执行	苏

序号	一级水功能区名称	水系	河流、湖库	范围 起始断面	范围 终止断面	长度（km）	面积（km²）	水质目标	省级行政区
197	新沭河临沂开发利用区	沭河	新沭河	临沭县大官庄泄洪闸	临沭县大兴镇省界上5km	15.0		按二级区划执行	鲁
198	新沭河鲁苏缓冲区	沭河	新沭河	临沭县大兴镇省界上5km	临沭县鲁苏省界	5.0		Ⅲ	鲁、苏
199	新沭河石梁河水库开发利用区	沭河	新沭河	临沭县鲁苏省界	赣榆县墩尚漫水桥	33.0		按二级区划执行	苏
200	新沭河赣榆开发利用区	沭河	新沭河	赣榆县墩尚漫水桥	赣榆县临洪河河口	22.0		按二级区划执行	苏
201	沭新河连云港调水保护区	沭河	沭新河	东海县界（沭阳县）	入蔷薇河河口	35.0		Ⅲ	苏
202	沭新河宿迁调水保护区	沭河	沭新河	沭阳县沭新闸	沭阳县桑墟电站	30.0		Ⅱ	苏
203	石门头河鲁苏缓冲区	沭河	石门头河（穆疃河）	山东临沭县河源	江苏赣榆县石梁河水库口	22.0		Ⅳ	鲁、苏
204	沂河沂源源头水保护区	沂河	沂河	源头	沂源县田庄水库大坝	30.0		Ⅱ	鲁
205	沂河淄博、临沂开发利用区	沂河	沂河	沂源县田庄水库大坝	山东郯城县重坊镇	217.0		按二级区划执行	鲁
206	沂河鲁苏缓冲区	沂河	沂河	山东郯城县重坊镇	江苏新沂市堰上（距省界4.5km）	14.5		Ⅲ	鲁、苏
207	沂河邳州开发利用区	沂河	沂河	新沂市堰上（距省界4.5km）	新沂市入骆马湖口	42.0		按二级区划执行	苏
208	二河调水保护区	沂河	二河	二河闸	淮阴闸	31.0		Ⅲ	苏
209	淮沭河淮安调水保护区	沂河	淮沭河	淮阴闸	六塘河口	34.3		Ⅲ	苏
210	淮沭河宿迁调水保护区	沂河	淮沭河	六塘河口	沭阳南偏泓闸	33.3		Ⅲ	苏
211	骆马湖调水保护区（徐州）	沂河	骆马湖	骆马湖徐州区			98.0	Ⅲ	苏

序号	一级水功能区名称	水系	河流、湖库	范围 起始断面	范围 终止断面	长度（km）	面积（km²）	水质目标	省级行政区
212	骆马湖调水保护区（宿迁）	沂河	骆马湖	骆马湖	宿迁区		277.0	Ⅲ	苏
213	北六塘河宿迁保留区	沂河	北六塘河	淮阴钱集闸	淮安市淮阴区王行	43.2		Ⅲ	苏
214	北六塘河淮阴连云港开发利用区	沂河	北六塘河	淮安市淮阴区王行	灌南县北六塘河闸	14.5		按二级区划执行	苏
215	新沂河灌云、灌南开发利用区	沂河	新沂河（南泓）	宿豫县嶂山闸	入海口	144.0		按二级区划执行	苏
216	白马河郯城开发利用区	沂河	白马河	源头	山东省郯城县捷庄（距省界6.5km）	32.5		按二级区划执行	鲁
217	白马河鲁苏缓冲区	沂河	白马河	山东省郯城县捷庄（距省界6.5km）	江苏省邳州市入沂河口	18.5		Ⅳ	鲁、苏
218	大沽河烟台、青岛开发利用区	沿海诸河	大沽河	烟台招远市河源	入海口	187.5		按二级区划执行	鲁
219	大沽河青岛保留区	沿海诸河	大沽河	产芝水库坝下	攀止头	13.5		Ⅲ	鲁
220	大沽河棘洪滩水库水源地保护区	沿海诸河	大沽河	棘洪滩水库源			14.0	Ⅲ	鲁
221	潍河五莲保留区	沿海诸河	潍河	源头	五莲县墙夼水库坝下	25.0		Ⅲ	鲁
222	潍河潍坊开发利用区	沿海诸河	潍河	五莲县墙夼水库坝下	昌邑市入莱州湾	164.0		按二级区划执行	鲁
223	小清河山东开发利用区	沿海诸河	小清河	济南市小清河睦里闸	寿光市羊口镇	237.1		按二级区划执行	鲁
224	绣针河日照保留区	沿海诸河	绣针河	源头	日照东港区汾水	46.0		Ⅲ	鲁
225	绣针河鲁苏缓冲区	沿海诸河	绣针河	山东省日照东港区入黄海海州湾	江苏省赣榆县入黄海海州湾	16.0		Ⅲ	鲁、苏
226	龙王河鲁苏缓冲区	沿海诸河	龙王河	山东省莒南县省界上5km	江苏省赣榆县石埠	7.0		Ⅳ	鲁、苏

表10.2 二级水功能区划登记表

序号	二级水功能区名称	所在一级水功能区名称	水系	河流、湖库	范围 起始断面	范围 终止断面	长度 (km)	面积 (km²)	水质目标	省级行政区
1	淮河桐柏饮用水源区	淮河桐柏开发利用区	淮河	淮河	桐柏县金庄	桐柏县城东北公路桥	3.0		Ⅲ	豫
2	淮河桐柏排污控制区	淮河桐柏开发利用区	淮河	淮河	桐柏县城东北公路桥	桐柏县尚楼公路桥	3.7			豫
3	淮河桐柏过渡区	淮河桐柏开发利用区	淮河	淮河	桐柏县尚楼公路桥	桐柏县月河镇	12.0		Ⅲ	豫
4	淮河息县农业、渔业用水区	淮河息县、淮滨开发利用区	淮河	淮河	息县罗庄公路桥	息县南关公路桥	12.5		Ⅲ	豫
5	淮河息县排污控制区	淮河息县、淮滨开发利用区	淮河	淮河	息县南关公路桥	息县新铺公路桥	10.0			豫
6	淮河息县、淮滨农业、渔业用水区	淮河息县、淮滨开发利用区	淮河	淮河	息县新铺公路桥	淮滨县淮滨水文站	87.5		Ⅲ	豫
7	淮河淮滨县排污控制区	淮河息县、淮滨开发利用区	淮河	淮河	淮滨县淮滨水文站	淮滨县台堆	13.7		Ⅲ	豫
8	淮河阜阳、六安农业用水区	淮河阜阳、六安、滁州开发利用区	淮河	淮河	霍邱县陈村	凤台县菱角湖电灌站	139.0		Ⅱ~Ⅲ	皖
9	淮河凤台工业用水区	淮河阜阳、六安、滁州开发利用区	淮河	淮河	凤台县菱角湖电灌站	凤台大桥下 1km	5.0			皖
10	淮河凤台八公山公过渡、渔业用水区	淮河阜阳、六安、滁州开发利用区	淮河	淮河	凤台大桥下 1km	淮南市李嘴孜取水口上游 1km	10.0		Ⅲ	皖
11	淮河淮南饮用水源区	淮河阜阳、六安、滁州开发利用区	淮河	淮河	淮南市李嘴孜取水口上游 1km	姚家湾上游饮用水源地保护标牌处	23.0		Ⅱ~Ⅲ	皖
12	淮河淮南排污控制区	淮河阜阳、六安、滁州开发利用区	淮河	淮河	姚家湾上游饮用水源地保护标牌处	大涧沟轮渡码头	5.0			皖
13	淮河淮南、蚌埠过渡区	淮河阜阳、六安、滁州开发利用区	淮河	淮河	大涧沟轮渡码头	怀远县马城镇	26.0		Ⅲ	皖

序号	二级水功能区名称	所在一级水功能区名称	水系	河流、湖库	范围 起始断面	范围 终止断面	长度 (km)	面积 (km²)	水质目标	省级行政区
14	淮河蚌埠饮用水源区	淮河阜阳、六安、滁州开发利用区	淮河	淮河	怀远县马城镇	蚌埠闸上	20.0		Ⅱ～Ⅲ	皖
15	淮河蚌埠景观娱乐、排污控制区	淮河阜阳、六安、滁州开发利用区	淮河	淮河	蚌埠闸下	蚌埠淮河大桥(解放路)	11.0		Ⅳ	皖
16	淮河蚌埠、滁州农业用水区	淮河阜阳、六安、滁州开发利用区	淮河	淮河	蚌埠淮河大桥(解放路)	明光市黄金盆	76.0		Ⅲ	皖
17	淮河盱眙饮用水源、工业用水区	淮河盱眙开发利用区	淮河	淮河	盱眙县荷河林场上2.2km	盱眙县淮河公路桥上3km	10.0		Ⅲ	苏
18	淮河盱眙排污控制区	淮河盱眙开发利用区	淮河	淮河	盱眙县淮河公路桥上3km	盱眙县淮河公路桥	3.0		Ⅲ	苏
19	淮河盱眙过渡区	淮河盱眙开发利用区	淮河	淮河	盱眙县淮河公路桥	盱眙县淮河公路桥下7km	7.0		Ⅲ	苏
20	浉河信阳景观娱乐用水区	浉河信阳市平桥区开发利用区	淮河	浉河	信阳市浉河南湾水库大坝	信阳市平桥滚水坝	17.0		Ⅳ	豫
21	浉河信阳排污控制区	浉河信阳市平桥区开发利用区	淮河	浉河	信阳市平桥滚水坝下5km	信阳市平桥滚水坝下5km	5.0		Ⅳ	豫
22	浉河平桥农业、渔业用水区	浉河信阳市平桥区开发利用区	淮河	浉河	信阳市平桥滚水坝下5km	罗山县入淮河口	43.0		Ⅳ	豫
23	洪河西平农业用水区	洪河新蔡开发利用区	洪河	洪河	西平县合水街	西平县西平107国道	27.0		Ⅳ	豫
24	洪河西平饮用水源区	洪河新蔡开发利用区	洪河	洪河	西平县西平107国道	西平县京广铁路桥	7.0		Ⅳ	豫
25	洪河驻马店农业用水区	洪河新蔡开发利用区	洪河	洪河	西平县京广铁路桥	新蔡县新蔡－野里公路桥	154.6		Ⅳ	豫
26	洪河新蔡景观娱乐用水区	洪河新蔡开发利用区	洪河	洪河	新蔡县新蔡－野里公路桥	新蔡县祖寺庙公路桥	3.0		Ⅳ	豫

序号	项目 二级水功能区名称	所在一级水功能区名称	水系	河流、湖库	范围 起始断面	范围 终止断面	长度(km)	面积(km²)	水质目标	行政区 省级
27	洪河新蔡排污控制区	洪河新蔡开发利用区	洪河	洪河	新蔡县祖寺庙公路桥	新蔡县李庄	3.0			豫
28	洪河新蔡过渡区	洪河新蔡开发利用区	洪河	洪河	新蔡县李庄	新蔡县班台水文站	3.0		Ⅲ	豫
29	汝河遂平渔业、农业用水区	汝河遂平开发利用区	洪河	汝河	泌阳县板桥水库大坝	遂平县连环湖沟口	55.0		Ⅲ	豫
30	汝河遂平县城工业用水区	汝河遂平开发利用区	洪河	汝河	遂平县连环湖沟口	遂平县车站大桥	5.0		Ⅲ	豫
31	汝河遂平县城排污整治区	汝河遂平开发利用区	洪河	汝河	遂平县车站大桥	遂平县徐店村	3.0		Ⅳ	豫
32	汝河遂平过渡区	汝河遂平开发利用区	洪河	汝河	遂平县徐店村	汝南县人宿鸭湖水库	19.5		Ⅲ	豫
33	汝河汝南饮用水源区	汝河汝南开发利用区	洪河	汝河	汝南县宿鸭湖水库大坝	汝南县汝南—驻市公路桥	7.2		Ⅲ	豫
34	汝河汝南县城排污整治区	汝河汝南开发利用区	洪河	汝河	汝南县汝南—驻市公路桥	汝南县汝南—驻市铁路桥下游2km	3.5		Ⅲ	豫
35	汝河新蔡渔业用水区	汝河汝南开发利用区	洪河	汝河	汝南县汝南铁路桥下游2km	新蔡县人洪河口	90.0		Ⅳ	豫
36	史河金寨工业、农业用水区	史河金寨开发利用区	史河	史河	金寨县梅山水库大坝下	金寨县梅山镇小南京村长江河口	20.0		Ⅱ~Ⅲ	皖
37	史河固始上游农业用水区	史河固始开发利用区	史河	史河	固始县省界(安徽叶集下游3.3km)	固始县七一大桥上游10km	25.0		Ⅳ	豫
38	史河固始固始景观娱乐用水区	史河固始开发利用区	史河	史河	固始县七一大桥上游10km	固始县固始七一大桥	10.0		Ⅲ	豫
39	史河固始排污整治区	史河固始开发利用区	史河	史河	固始县固始七一大桥	固始县固始七一大桥下游5km	5.0		Ⅲ	豫
40	史河固始下游农业、渔业用水区	史河固始开发利用区	史河	史河	固始县固始七一大桥下游5km	固始县三河尖	45.0		Ⅲ	豫
41	史河灌区总干渠金寨霍邱农业用水区	史河灌区总干渠金寨、霍邱开发利用区	史河	史河总干渠	金寨县红石嘴板板枢纽	霍邱县三元店	42.0		Ⅱ~Ⅲ	皖

序号	项目 二级水功能区名称	所在一级水功能区名称	水系	河流、湖库	范围 起始断面	范围 终止断面	长度 (km)	面积 (km²)	水质目标	省级行政区
42	沣河霍邱农业用水区	沣河霍邱开发利用区	史河	沣河	霍邱县龙王庙	入城西湖口	35.0		Ⅲ	皖
43	汲河霍邱农业用水区	汲河霍邱开发利用区	史河	汲河	霍邱县沙湾溪	入城东湖口	110.0		Ⅱ～Ⅲ	皖
44	淠河六安农业用水区	淠河六安开发利用区	淠河	淠河	六安市横排头排头下	寿县入淮河河口	122.0		Ⅲ	皖
45	东淠河霍山工业、农业用水区	东淠河霍山、裕安开发利用区	淠河	东淠河	霍山县佛子岭坝下	霍山县新天河口下	24.0		Ⅱ～Ⅲ	皖
46	东淠河霍山、裕安过渡区	东淠河霍山、裕安开发利用区	淠河	东淠河	霍山县新天河口下	六安市裕安区两河口	22.0		Ⅱ	皖
47	淠河灌区总干渠六安、合肥饮用、农业用水区	淠河灌区总干渠六安、合肥开发利用区	淠河	淠河总干渠	横排头枢纽	肥西县将军岭闸	111.5		Ⅱ～Ⅲ	皖
48	淠东干渠金安、寿县农业用水区	淠东干渠金安、寿县开发利用区	淠河	淠东干渠	九里沟	寿县城南	94.5		Ⅱ～Ⅲ	皖
49	淠杭干渠金安、舒城农业用水区	淠杭干渠金安、舒城开发利用区	淠河	淠杭干渠	淠河总干渠引水口	打山渡槽	42.9		Ⅱ～Ⅲ	皖
50	滁河干渠合肥饮用、农业用水区	滁河干渠合肥开发利用区	淠河	滁河干渠	肥西县将军岭闸	长丰县双墩集	40.0		Ⅱ～Ⅲ	皖
51	滁河干渠长丰、肥东农业用水区	滁河干渠合肥开发利用区	淠河	滁河干渠	长丰县双墩集	肥东县袁河西水库	63.0		Ⅱ～Ⅲ	皖
52	颍河登封工业用水区	颍河许昌开发利用区	颍河	颍河	登封市大金店镇	登封市告成乡告成水文站	16.6		Ⅲ	豫
53	颍河登封排污控制区	颍河许昌开发利用区	颍河	颍河	登封市告成乡告成水文站	登封市告成曲河	2.3			豫
54	颍河登封过渡区	颍河许昌开发利用区	颍河	颍河	登封市告成曲河	登封市白沙水库入口	15.7		Ⅲ	豫
55	颍河白沙水库景观娱乐用水区	颍河许昌开发利用区	颍河	颍河	登封市白沙水库入口	禹州市白沙水库大坝	3.8		Ⅱ	豫

序号	二级水功能区名称	所在一级水功能区名称	水系	河流、湖库	范围 起始断面	范围 终止断面	长度(km)	面积(km²)	水质目标	省级行政区
56	颍河禹州农业用水区	颍河许昌开发利用区	颍河	颍河	禹州市白沙水库大坝	禹州市后屯	28.5		Ⅲ	豫
57	颍河禹州饮用水源区	颍河许昌开发利用区	颍河	颍河	禹州市后屯	禹州市橡皮坝	4.5		Ⅱ	豫
58	颍河禹州排污过渡区	颍河许昌开发利用区	颍河	颍河	禹州市橡皮坝	禹州市褚河公路桥	9.1			豫
59	颍河禹州、襄城过渡区	颍河许昌开发利用区	颍河	颍河	禹州市褚河公路桥	襄城县颍阳镇公路桥	24.0		Ⅳ	豫
60	颍河许昌饮用水源区	颍河许昌开发利用区	颍河	颍河	襄城县颍阳镇公路桥	襄城县颍阳县化行水文站	6.0		Ⅲ	豫
61	颍河襄城、许昌渔业用水区	颍河许昌开发利用区	颍河	颍河	襄城县颍阳县化行水文站	许昌漯河交界吴张	13.0		Ⅲ	豫
62	颍河临颍、鄢城农业用水区	颍河许昌开发利用区	颍河	颍河	许昌漯河交界吴张	鄢城县颍河沈张闸	30.0		Ⅲ	豫
63	颍河鄢城排污控制区	颍河许昌开发利用区	颍河	颍河	鄢城县颍河沈张闸	西华逍遥闸	12.7		Ⅲ	豫
64	颍河鄢城、西华过渡区	颍河许昌开发利用区	颍河	颍河	鄢城县颍河沈张闸	西华逍遥闸	19.0		Ⅳ	豫
65	颍河西华农业用水区	颍河许昌开发利用区	颍河	颍河	西华逍遥闸	周口市周口闸	42.0		Ⅲ	豫
66	颍河周口排污控制区	颍河周口开发利用区	颍河	颍河	周口市周口闸	周口市黄滩铁路桥	5.0			豫
67	颍河商水、淮阳农业用水区	颍河周口开发利用区	颍河	颍河	周口市黄滩铁路桥	项城市贾营桥	30.0		Ⅲ	豫
68	颍河项城、沈丘排污控制区	颍河周口开发利用区	颍河	颍河	项城市贾营桥	沈丘县槐店闸下	21.5			豫
69	颍河界首太和、颍东农业渔业用水区	颍河阜阳开发利用区	颍河	颍河	安徽界首市颍裕民大桥	阜阳市北京路桥	78.0		Ⅲ～Ⅳ	皖
70	颍河阜阳排污控制区	颍河阜阳开发利用区	颍河	颍河	阜阳市北京路桥	阜阳市颍东区江店	8.0			皖
71	颍河颍东、颍上农业用水区	颍河阜阳开发利用区	颍河	颍河	阜阳市颍东区江店	颍河入淮河口	119.0		Ⅲ～Ⅳ	皖
72	沙河鲁山农业用水区	沙河白龟山水库开发利用区	沙河	沙河	鲁山县张平台水库大坝	鲁山县张店乡王瓜营村南	31.5		Ⅱ	豫
73	沙河鲁山排污控制区	沙河白龟山水库开发利用区	沙河	沙河	鲁山县张店乡王瓜营村南	平顶山市白龟山水库入口	19.5			豫
74	沙河白龟山水库平顶山饮用水源区	沙河白龟山水库开发利用区	沙河	沙河	平顶山市白龟山水库入口	平顶山市白龟山水库大坝	15.0		Ⅱ	豫

序号	二级水功能区名称	所在一级水功能区名称	水系	河流、湖库	范围		长度（km）	面积（km²）	水质目标	省级行政区
					起始断面	终止断面				
75	沙河叶县农业用水区	沙河平顶山开发利用区	颍河	沙河	平顶山市白龟山水库大坝	叶县邓李乡马湾公路桥	54.5		Ⅲ	豫
76	沙河舞阳、郾城渔业用水区	沙河平顶山开发利用区	颍河	沙河	叶县邓李乡马湾公路桥	郾城县沙河107国道公路桥	74.2		Ⅲ	豫
77	沙河漯河市区景观娱乐用水区	沙河平顶山开发利用区	颍河	沙河	郾城县西河107国道公路桥	漯河市沙河橡胶坝	9.5		Ⅲ	豫
78	沙河郾城排污控制区	沙河平顶山开发利用区	颍河	沙河	漯河市沙河橡胶坝	漯河市郾城县黑龙潭乡黑龙潭村南	9.8			豫
79	沙河郾城、商水西华农业用水区	沙河平顶山开发利用区	颍河	沙河	漯河市郾城县黑龙潭乡黑龙潭村南	商水县邓城镇公路桥南	51.0		Ⅲ	豫
80	沙河周口饮用水源区	沙河平顶山开发利用区	颍河	沙河	商水县邓城镇公路桥南	周口市周口闸	20.0		Ⅲ	豫
81	澧河漯河市饮用水源区	澧河漯河市开发利用区	颍河	澧河	漯河市区三里桥	漯河市橡胶坝	4.5		Ⅱ	豫
82	清潩河新郑、长葛农业用水区	清潩河许昌开发利用区	颍河	清潩河	新郑市辛店河源	长葛市增福庙乡公路桥	27.7		Ⅳ	豫
83	清潩河长葛景观娱乐用水区	清潩河许昌开发利用区	颍河	清潩河	长葛市增福庙乡公路桥	长葛市和尚桥公路桥	8.8		Ⅳ	豫
84	清潩河长葛排污控制区	清潩河许昌开发利用区	颍河	清潩河	长葛市和尚桥公路桥	长葛范庄公路桥	2.0		Ⅳ	豫
85	清潩河长葛、许昌过渡区	清潩河许昌开发利用区	颍河	清潩河	长葛范庄公路桥	长葛市呼沱闸	10.0		Ⅳ	豫
86	清潩河许昌景观娱乐用水区	清潩河许昌开发利用区	颍河	清潩河	长葛市呼沱闸	许昌市半截河乡公路桥	9.0		Ⅳ	豫
87	清潩河许昌排污控制区	清潩河许昌开发利用区	颍河	清潩河	许昌市半截河乡公路桥	许昌市临颍县石桥乡石窝公路桥	12.0		Ⅳ	豫

序号	项目 二级水功能区名称	所在一级水功能区名称	水系	河流、湖库	范围 起始断面	范围 终止断面	长度(km)	面积(km²)	水质目标	行政区
88	清溪河临颍、鄢陵农业用水区	清溪河许昌开发利用区	颍河	清溪河	许昌市临颍县石桥乡石窝公路桥	西华县入颍河	36.5		IV	豫
89	贾鲁河郑州饮用水源区	贾鲁河郑州开发利用区	颍河	贾鲁河	新密市圣水峪	郑州市陈五坝	22.6		III	豫
90	贾鲁河郑州排污控制区	贾鲁河郑州开发利用区	颍河	贾鲁河	郑州市陈五坝	中牟县大吴公路桥	32.8		IV	豫
91	贾鲁河郑州中牟农业用水区	贾鲁河郑州开发利用区	颍河	贾鲁河	中牟县大吴公路桥	中牟县中牟水文站	30.2		IV	豫
92	贾鲁河中牟排污控制区	贾鲁河郑州开发利用区	颍河	贾鲁河	中牟县中牟水文站	中牟县陇海铁路桥	2.5			豫
93	贾鲁河中牟农业用水区	贾鲁河郑州开发利用区	颍河	贾鲁河	中牟县陇海铁路桥	尉氏县庄头乡后曹闸	32.5		IV	豫
94	贾鲁河尉氏农业用水区	贾鲁河郑州开发利用区	颍河	贾鲁河	尉氏县庄头乡后曹闸	扶沟县曹里乡高集闸	35.0		IV	豫
95	贾鲁河扶沟农业用水区1	贾鲁河郑州开发利用区	颍河	贾鲁河	扶沟县曹里乡高集闸	扶沟县扶沟水文站	22.5		IV	豫
96	贾鲁河扶沟农业用水区2	贾鲁河郑州开发利用区	颍河	贾鲁河	扶沟县农牧场手沟村	扶沟县扶沟水牧场乡手沟村	4.5			豫
97	贾鲁河扶沟排污控制区	贾鲁河郑州开发利用区	颍河	贾鲁河	扶沟县城东公路桥	西华县城东公路桥	30.5		IV	豫
98	贾鲁河西华排污控制区	贾鲁河郑州开发利用区	颍河	贾鲁河	西华县皮营乡岗村	西华县皮营乡茅岗村	3.3			豫
99	贾鲁河西华周口市郊农业用水区	贾鲁河郑州开发利用区	颍河	贾鲁河	西华县皮营乡茅岗村	周口市贾鲁河闸	17.5		IV	豫
100	汾泉河漯河排污控制区	汾泉河商水开发利用区	颍河	汾泉河	漯河市河源	漯河—周口公路桥	5.0			豫
101	汾泉河漯河、周口农业用水区	汾泉河商水开发利用区	颍河	汾泉河	漯河—周口公路桥	河南省沈丘县李坟闸	131.8		IV	豫
102	黑茨河周口农业用水区	黑茨河周口开发利用区	淮河	黑茨河	大康县逆母口镇老达庙河源	河南省郸城县候楼闸	90.0		III	豫
103	黑茨河阜阳农业用水区	黑茨河阜阳开发利用区	淮河	黑茨河	大和县倪丘镇阜营公路大桥	阜阳市茨河铺闸	57.0		III	皖

序号	二级水功能区名称	所在一级水功能区名称	水系	河流、湖库	范围 起始断面	范围 终止断面	长度（km）	面积（km²）	水质目标	行政区 省级
104	涡河开封、通许农业用水区	涡河太康开发利用区	涡河	涡河	开封市杏花营镇孙口村	通许邸阁乡西公路桥	57.0		IV	豫
105	涡河开封周口过渡区	涡河太康开发利用区	涡河	涡河	通许邸阁乡西公路桥	太康县芝麻洼乡公路桥	27.0		IV	豫
106	涡河太康农业用水区	涡河太康开发利用区	涡河	涡河	太康县城北公路桥	太康县芝麻洼乡公路桥	22.0		IV	豫
107	涡河太康排污控制区	涡河太康开发利用区	涡河	涡河	太康县魏楼乡公路桥	太康县城北公路桥	7.0		IV	豫
108	涡河太康、鹿邑农业用水区	涡河太康开发利用区	涡河	涡河	太康县魏楼乡公路桥	鹿邑县冯桥	61.0		IV	豫
109	涡河亳州农业用水区	涡河亳州、蚌埠开发利用区	涡河	涡河	亳州市十八里桥	亳州市郑店大桥	17.0		III～IV	皖
110	涡河亳州景观、工业用水区	涡河亳州、蚌埠开发利用区	涡河	涡河	亳州市郑店大桥	亳州市大寺闸上	23.0		III～IV	皖
111	涡河谯城、怀远农业用水区	涡河亳州、蚌埠开发利用区	涡河	涡河	亳州市大寺闸下	怀远县郚许电灌站	117.0		III～IV	皖
112	涡河怀远过渡区	涡河亳州、蚌埠开发利用区	涡河	涡河	怀远县郚许电灌站	怀远县涡河入淮口	60.0		III	皖
113	惠济河开封农业用水区	惠济河开封开发利用区	涡河	惠济河	开封市河源	开封市孙李唐	8.0		III	豫
114	惠济河开封市景观娱乐用水区	惠济河开封开发利用区	涡河	惠济河	开封市孙李唐	开封市东护城河入口泵站	5.2		III	豫
115	惠济河开封排污控制区	惠济河开封开发利用区	涡河	惠济河	开封市东护城河入口泵站	开封市汪屯桥下1km	8.0		III	豫
116	惠济河开封杞县农业用水区	惠济河开封开发利用区	涡河	惠济河	开封市汪屯桥下1km	杞县中枣桥下	38.5		IV	豫

序号	项目 二级水功能区名称	所在一级水功能区名称	水系	河流、湖库	范围 起始断面	范围 终止断面	长度 (km)	面积 (km²)	水质目标	省级行政区
117	惠济河杞县排污控制区	惠济河开封开发利用区	涡河	惠济河	杞县中朱桥下	杞县大王庙水文站	8.0			豫
118	惠济河开封、商丘过渡区	惠济河开封开发利用区	涡河	惠济河	杞县大王庙水文站	睢县榆厢北公路桥	10.0		IV	豫
119	惠济河睢县农业用水区 1	惠济河开封开发利用区	涡河	惠济河	睢县榆厢北公路桥	睢县—太康公路桥	13.5		IV	豫
120	惠济河睢县排污控制区 1	惠济河开封开发利用区	涡河	惠济河	睢县—太康公路桥	睢县白庙乡姜集村	5.5		IV	豫
121	惠济河睢县农业用水区 2	惠济河开封开发利用区	涡河	惠济河	睢县白庙乡姜集村	睢县河堤乡赵家公路桥	12.5		IV	豫
122	惠济河睢县排污控制区 2	惠济河开封开发利用区	涡河	惠济河	睢县河堤乡赵家公路桥	睢县—柘城县界	6.0			豫
123	惠济河柘城农业用水区	惠济河开封开发利用区	涡河	惠济河	睢县—柘城县界	柘城县张桥乡司楼公路桥	27.5		IV	豫
124	惠济河柘城排污控制区	惠济河开封开发利用区	涡河	惠济河	柘城县张桥乡司楼公路桥	河南省柘城县砖桥闸	7.0			豫
125	东沙河（浍河）商丘农业、渔业用水区	东沙河商丘开发利用区	洪泽湖	东沙河	商丘市市辖区废黄河南堤	永城市新桥	119.0		III	豫
126	东沙河（浍河）永城排污控制区	东沙河商丘开发利用区	洪泽湖	东沙河	永城市新桥	永城市黄口闸	6.0			豫
127	包河商丘市农业用水区	包河商丘开发利用区	洪泽湖	包河	商丘市市辖区谢集河源	商丘市金桥闸	19.0		IV	豫
128	包河商丘市景观娱乐用水区	包河商丘开发利用区	洪泽湖	包河	商丘市金桥闸	商丘市宁陈庄闸	10.0		IV	豫
129	包河商丘市排污控制区	包河商丘开发利用区	洪泽湖	包河	商丘市宁陈庄闸	虞城县芒种桥	14.0		IV	豫
130	包河虞城农业用水区	包河商丘开发利用区	洪泽湖	包河	虞城县芒种桥	河南省虞城县沟镇公路桥	37.0		IV	豫

序号	项目 二级水功能区名称	所在一级水功能区名称	水系	河流、湖库	范围 起始断面	范围 终止断面	长度（km）	面积（km²）	水质目标	省级行政区
131	沱河虞城景观用水区	沱河虞城开发利用区	洪泽湖	沱河	商丘县响河源头	虞城县商水公路桥	31.0		IV	豫
132	沱河虞城排污控制区	沱河虞城开发利用区	洪泽湖	沱河	虞城县商水公路桥	虞城县营盘乡张贝楼	7.0			豫
133	沱河虞城夏邑农业用水区	沱河虞城开发利用区	洪泽湖	沱河	虞城县营盘乡张贝楼	夏邑三里庄西公路桥	22.0		IV	豫
134	沱河夏邑排污控制区	沱河虞城开发利用区	洪泽湖	沱河	夏邑三里庄西公路桥	夏邑县明桥乡陈油坊	11.5		III	豫
135	沱河夏邑、永城过渡区	沱河虞城开发利用区	洪泽湖	沱河	夏邑县明桥乡陈油坊	永城市张板桥	11.5		III	豫
136	沱河永城饮用、渔业用水区	沱河虞城开发利用区	洪泽湖	沱河	永城市张板桥	河南省永城市张桥闸	26.0		III	豫
137	谷河阜南农业、渔业用水区	谷河阜南开发利用区	淮河	谷河	临泉县朱庄上下	阜南县中岗	88.0		III	皖
138	泉河临泉、额泉渔业用水区	泉河临泉、额泉渔业开发利用区	额河	泉河	临泉县流鞍河口下	阜阳市入额河河口	91.0		III～IV	皖
139	西淝河（上段）利辛农业用水区	西淝河（上段）利辛开发利用区	淮河	西淝河	亳州淝河集	利辛阚町镇（西淝河至此板、茨淮新河隔开）	99.0		III	皖
140	西淝河（下段）利辛、凤台农业、渔业用水区	西淝河（下段）利辛、凤台淮南开发利用区	淮河	西淝河	利辛县中元湾（西淝河下段源头）	凤台县西淝河闸	64.0		III	皖
141	济河阜阳、额东农业用水区	济河阜阳、淮南开发利用区	淮河	济河	阜阳市额东区伍明沟	凤台县老集东入西淝新河口	74.0		III～IV	皖
142	茨淮新河阜阳农业用水区	茨淮新河阜阳、亳州淮南、蚌埠开发利用区	淮河	茨淮新河	阜阳茨河铺闸	阜阳插花闸	24.0		III	皖
143	茨淮新河阜阳、利辛饮用、渔业用水区	茨淮新河阜阳、亳州淮南、蚌埠开发利用区	淮河	茨淮新河	阜阳插花闸	利辛县阚町闸	27.0		III	皖
144	茨淮新河利辛、怀远农业、渔业用水区	茨淮新河阜阳、亳州淮南、蚌埠开发利用区	淮河	茨淮新河	利辛县阚町闸下	怀远县上桥闸	83.0		III	皖

序号	二级水功能区名称	所在一级水功能区名称	水系	河流、湖库	范围 起始断面	范围 终止断面	长度 (km)	面积 (km²)	水质目标	省级行政区
145	大沙河商丘市农业用水区	大沙河商丘市开发利用区	淮河	大沙河	商丘市睢阳区常来庄	商丘市睢阳区包公庙闸	24.0		IV	豫
146	小洪河亳州农业用水区	小洪河亳州开发利用区	涡河	小洪河	亳州市古井镇	小洪河入涡河口	15.0		III~IV	皖
147	赵王河亳州农业用水区	赵王河亳州开发利用区	涡河	赵王河	亳州市十河镇	亳州市百尺河村入涡河口	28.5		III~IV	皖
148	清水河周口农业用水区	清水河周口开发利用区	涡河	清水河	柘城县铁关	郸城县袁桥闸	74.0		III	豫
149	北淝河（下段）怀远、小蚌埠农业、渔业用水区	北淝河（下段）怀远、五河开发利用区	淮河	北淝河（下段）	怀远县曹家畈	蚌埠市陈郢子	28.0		III~IV	皖
150	北淝河（下段）五河过渡区	北淝河（下段）五河开发利用区	淮河	北淝河（下段）	蚌埠市陈郢子	五河县沫河口闸上	12.0		III	皖
151	浍河濉溪、固镇农业、渔业用水区	浍河濉溪、蚌埠开发利用区	洪泽湖	浍河	濉溪县岳集	固镇县九湾	110.0		III	皖
152	沱河（下段）埇桥固镇农业用水区	沱河（下段）宿州、蚌埠开发利用区	洪泽湖	沱河（下段）	宿州市沱河进水闸	固镇县濠城闸上	67.0		III~IV	皖
153	沱河（下段）固镇五河过渡区	沱河（下段）宿州、蚌埠开发利用区	洪泽湖	沱河（下段）	固镇县濠城闸下	五河入沱湖口	21.0		III	皖
154	新汴河埇桥、泗县农业用水区	新汴河宿州开发利用区	洪泽湖	新汴河	宿州市北关沱河进水闸	泗县104国道公路大桥	96.0		III~IV	皖
155	新沱河濉溪、埇桥农业、渔业用水区	新沱河淮北、宿州开发利用区	洪泽湖	新沱河	濉溪县套楼闸	宿州市沱河进水闸	36.0		III~IV	皖
156	萧濉新河淮北、宿州用水区	萧濉新河淮北、宿州开发利用区	洪泽湖	萧濉新河	砀山县大沙河源头	宿州市符离集闸	112.0		III~IV	皖
157	濉河埇桥、泗县农业用水区	濉河宿州开发利用区	洪泽湖	濉河	宿州市埇桥区张树闸	安徽省泗县八里桥闸	80.0		III~IV	皖

序号	二级水功能区名称	所在一级水功能区名称	水系	河流、湖库	范围 起始断面	范围 终止断面	长度 (km)	面积 (km²)	水质目标	省级行政区
158	老濉河灵璧、泗县农业用水区	老濉河灵璧、泗县开发利用区	洪泽湖	老濉河	灵璧岔滩沟	安徽省泗县刘圩	58.0		Ⅲ～Ⅳ	皖
159	奎河徐州排污控制区	奎河徐州开发利用区	洪泽湖	奎河	徐州市市区污水处理厂	徐州市市区铁路南沟南入口	2.9			苏
160	池河定远、明光农业用水区	池河定远、明光开发利用区	淮河	池河	定远县大金山	明光市造纸厂排污口下 1km	190.0		Ⅲ～Ⅳ	皖
161	池河明光过渡区	池河定远、明光开发利用区	淮河	池河	明光市造纸厂排污口下 1km	池河入女山湖口	9.0		Ⅲ	皖
162	池河南沙河明光饮用水源区	池河南沙河明光开发利用区	淮河	池河	南沙河马场拦河坝上游 3km	南沙河马场拦河坝	3.0		Ⅱ～Ⅲ	皖
163	老白塔河天长农业用水区	老白塔河天长开发利用区	入江水道	老白塔河	石梁集	沂湖闸	42.0		Ⅲ	皖
164	白塔河天长农业用水区	白塔河天长开发利用区	入江水道	白塔河	釜山水库坝下	天长啤酒厂排污沟下游 1km	56.5		Ⅲ～Ⅳ	皖
165	白塔河天长过渡区	白塔河天长开发利用区	入江水道	白塔河	天长啤酒厂排污沟下游 1km	天长市入高邮湖口	12.0		Ⅲ	皖
166	焦岗湖颍上、凤台渔业、农业用水区	焦岗湖阜阳、淮南开发利用区	淮河	焦岗湖	焦岗湖湖区			37.5	Ⅱ～Ⅲ	皖
167	高塘湖淮南、滁州、合肥农业用水区	高塘湖淮南、滁州、合肥开发利用区	淮河	高塘湖	高塘湖湖区			50.0	Ⅱ～Ⅲ	皖
168	天河湖蚌埠饮用、渔业用水区	天河湖蚌埠开发利用区	淮河	天河湖	天河湖湖区			22.0	Ⅱ～Ⅲ	皖
169	四方湖怀远渔业、农业用水区	四方湖怀远开发利用区	洪泽湖	四方湖	四方湖湖区			35.0	Ⅱ～Ⅲ	皖

序号	二级水功能区名称	所在一级水功能区名称	水系	河流、湖库	范围 起始断面	范围 终止断面	长度 (km)	面积 (km²)	水质目标	省级行政区
170	天井湖五河过渡区	天井湖五河开发利用区	洪泽湖	天井湖	天井湖北区			7.0	Ⅱ~Ⅲ	皖
171	天井湖五河渔业、农业用水区	天井湖五河开发利用区	洪泽湖	天井湖	天井湖中南区			21.1	Ⅱ~Ⅲ	皖
172	女山湖明光开发、渔业用水区	女山湖明光开发利用区	淮河	女山湖	女山湖湖区			103.0	Ⅱ~Ⅲ	皖
173	七里湖明光渔业、农业用水区	七里湖明光开发利用区	淮河	七里湖	七里湖湖区			48.0	Ⅱ~Ⅲ	皖
174	沂河沂源工业用水区	沂河淄博、临沂开发利用区	沂沭泗河	沂河	沂源县田庄水库大坝	沂源韩旺	36.0		Ⅳ	鲁
175	沂河沂源饮用水水源区	沂河淄博、临沂开发利用区	沂沭泗河	沂河	沂源韩旺	小沂河入口	30.0		Ⅲ	鲁
176	沂河沂水排污控制区	沂河淄博、临沂开发利用区	沂沭泗河	沂河	小沂河入口	斜午闸	13.0		Ⅳ	鲁
177	沂河沂南工业用水区	沂河淄博、临沂开发利用区	沂沭泗河	沂河	斜午闸	大庄	34.0		Ⅳ	鲁
178	沂河沂南农业用水区	沂河淄博、临沂开发利用区	沂沭泗河	沂河	大庄	车庄	20.0		Ⅳ	鲁
179	沂河临沂工业用水区	沂河淄博、临沂开发利用区	沂沭泗河	沂河	车庄	小埠东坝	30.0		Ⅳ	鲁
180	沂河临沂排污控制区	沂河淄博、临沂开发利用区	沂沭泗河	沂河	小埠东坝	小埠东坝下10km	10.0			鲁
181	沂河临沂农业用水区	沂河淄博、临沂开发利用区	沂沭泗河	沂河	小埠东坝下10km	山东郯城县重坊镇	44.0		Ⅳ	鲁

序号	二级水功能区名称	所在一级水功能区名称	水系	河流、湖库	范围 起始断面	范围 终止断面	长度 (km)	面积 (km²)	水质目标	省级行政区
182	沂河邳州农业用水区1	沂河邳州开发利用区	沂河	沂河	新沂市堰上（距省界4.5km）	华沂闸	27.0		Ⅲ	苏
183	沂河邳州农业用水区2	沂河邳州开发利用区	沂河	沂河	华沂闸	新沂市入骆马湖湖口	15.0		Ⅲ	苏
184	白马河郯城农业用水区	白马河郯城开发利用区	沂河	白马河	源头	山东省郯城县捷庄（距省界6.5km）	32.5		Ⅴ	鲁
185	苏北灌溉总渠阜宁县饮用水源区	苏北灌溉总渠阜宁开发利用区	入海水道	灌溉总渠	老管大桥	阜宁腰闸	11.2		Ⅲ	苏
186	卤汀河江都农业用水区	卤汀河江都开发利用区	里下河	卤汀河	江都西彭	江都武坚	8.5		Ⅲ	苏
187	卤汀河海陵景观娱乐用水区	卤汀河泰州开发利用区	里下河	卤汀河	泰州市海陵区泰州船闸	新通扬运河与卤汀河交汇处	2.3		Ⅳ	苏
188	卤汀河泰州农业、工业、渔业用水区	卤汀河泰州开发利用区	里下河	卤汀河	新通扬运河与卤汀河交汇处	姜堰北桥村	14.1		Ⅲ	苏
189	卤汀河兴化饮用水源区	卤汀河兴化开发利用区	里下河	卤汀河	姜堰北桥村	兴化周庄镇北殷庄村	10.0		Ⅲ	苏
190	卤汀河兴化农业、工业、渔业用水区	卤汀河兴化开发利用区	里下河	卤汀河	兴化周庄镇北殷庄村	兴化城区	19.0		Ⅲ	苏
191	蟒蛇河盐城饮用水源、渔业用水区	蟒蛇河盐城开发利用区	里下河	蟒蛇河	大纵湖盐都县与兴化市界	与新洋港交界处	38.5		Ⅲ	苏
192	蟒蛇河盐城景观娱乐用水区	蟒蛇河盐城开发利用区	里下河	蟒蛇河	与新洋港交界处	盐城市区登瀛桥	4.0		Ⅳ	苏
193	蔷薇河东海农业用水区	蔷薇河东海开发利用区	沭河	蔷薇河	蔷薇地涵	徐连公路桥	31.0		Ⅲ	苏
194	蔷薇河东海过渡用水区	蔷薇河东海开发利用区	沭河	蔷薇河	徐连公路桥	刘顶	6.0		Ⅱ	苏
195	蔷薇河连云港市海州饮用水源区1	蔷薇河连云港市海州开发利用区	沭河	蔷薇河	刘顶	临洪翻水站	17.0		Ⅱ	苏

序号	项目/二级水功能区名称	所在一级水功能区名称	水系	河流、湖库	范围/起始断面	范围/终止断面	长度（km）	面积（km²）	水质目标	省级行政区
196	蓄薇河连云港市海州饮用水源区2	蓄薇河连云港市海州饮用开发利用区	沭河	蓄薇河	鲁兰河口（蓄薇河从鲁兰河口分汊至临洪闸）	临洪闸	5.0		Ⅲ	苏
197	蓄薇河建湖渔业、农业用水区	蓄薇河建湖开发利用区	里下河	蓄薇河	收成庄	扬州、盐城界	15.0		Ⅱ	苏
198	青口河赣榆饮用水源、农业用水区	青口河赣榆开发利用区	滨海诸小河	青口河	赣榆县黑林水文站	赣榆县孙同漫水闸	23.2		Ⅲ	苏
199	泰东河海陵、姜堰渔业用水区	泰东河海台开发利用区	里下河	泰东河	新通扬运河	龙叉港	28.5		Ⅱ	苏
200	泰东河姜堰、溱潼饮业用水区	泰东河海台开发利用区	里下河	泰东河	龙叉港	溱潼镇东	3.5		Ⅱ	苏
201	泰东河海台饮用水源、渔业用水区	泰东河海台开发利用区	里下河	泰东河	溱潼镇东	东台通榆河河口	32.0		Ⅱ	苏
202	潼河宝应农业、工业用水区	潼河宝应开发利用区	里下河	潼河	三阳河入口	宝应县郭正湖	13.5		Ⅲ	苏
203	潼河润洪过渡区	潼河润洪开发利用区	洪泽湖	潼河	省界	入徐洪河河口	4.8		Ⅲ	苏
204	新通扬运河泰州、姜堰农业用水区	新通扬运河扬泰开发利用区	通扬运河	新通扬运河	泰州市泰东河口	姜堰开发区	14.7		Ⅲ	苏
205	新通扬运河泰州、姜堰排污控制区	新通扬运河扬泰通开发利用区	通扬运河	新通扬运河	姜堰开发区	宁盐公路桥	5.0		Ⅲ	苏
206	新通扬运河姜堰白米农业用水区	新通扬运河扬泰通开发利用区	通扬运河	新通扬运河	宁盐公路桥	泰通交界	7.0		Ⅲ	苏
207	新通扬运河海安工业、农业用水区	新通扬运河扬泰通开发利用区	通扬运河	新通扬运河	泰通交界	焦港北闸	7.8		Ⅲ	苏

序号	二级水功能区名称	所在一级水功能区名称	水系	河流、湖库	范围 起始断面	范围 终止断面	长度（km）	面积（km²）	水质目标	省级行政区
208	新通扬运河扬安胡集过渡区	新通扬运河扬安泰通开发利用区	通扬运河	新通扬运河	焦港北闸	胡集套闸	3.5		Ⅲ	苏
209	新通扬运河海安饮用水水源区	新通扬运河扬安泰通开发利用区	通扬运河	新通扬运河	胡集套闸	如海河口	5.5		Ⅲ	苏
210	新通扬运河海安景观娱乐用水区	新通扬运河扬安泰通开发利用区	通扬运河	新通扬运河	如海河口	海安县海安镇	3.3		Ⅲ	苏
211	新洋港盐城射阳工业、农业用水区（盐城市其余河段）	新洋港盐城开发利用区	沿海垦区	新洋港	盐城市其余河段	盐城市其余河段	58.9		Ⅲ	苏
212	新洋港盐城射阳工业、农业用水区1	新洋港盐城开发利用区	沿海垦区	新洋港	黄尖大桥	新洋港闸	7.0		Ⅳ	苏
213	新洋港盐城饮用水水源区	新洋港盐城开发利用区	沿海垦区	新洋港	新洋港与蟒蛇河交汇处	城西大桥	1.1		Ⅱ	苏
214	新洋港盐城射阳工业、农业用水区2	新洋港盐城开发利用区	沿海垦区	新洋港	串场河交汇处	市区东港区	3.0		Ⅳ	苏
215	沭河莒县饮用水源区	沭河日照、临沂开发利用区	沂沭泗河	沭河	莒县青峰岭水库大坝	莒县杨家址坊	40.0		Ⅲ	鲁
216	沭河莒县排污控制区	沭河日照、临沂开发利用区	沂沭泗河	沭河	莒县杨家址坊	柳青河入口	10.0		Ⅳ	鲁
217	沭河莒县农业用水区	沭河日照、临沂开发利用区	沂沭泗河	沭河	柳青河入口	许家孟堰	18.0		Ⅳ	鲁
218	沭河临沂农业用水区	沭河日照、临沂开发利用区	沂沭泗河	沭河	许家孟堰	临沭县大官庄闸	50.0		Ⅳ	鲁
219	老沭河郯城农业用水区	老沭河临沂开发利用区	沂沭泗河	沭河	临沭县大官庄闸	郯城县店子乡	44.0		Ⅳ	鲁

序号	二级水功能区名称	所在一级水功能区名称	水系	河流、湖库	范围 起始断面	范围 终止断面	长度（km）	面积（km²）	水质目标	省级行政区
220	老沭河新沂市景观娱乐用水区	老沭河新沂开发利用区	沭河	老沭河	新沂市陇海铁路桥	新沂市徐淮公路桥	3.3		Ⅲ	苏
221	老沭河新沂市农业用水区1	老沭河新沂开发利用区	沭河	老沭河	新沂市徐淮公路桥	新沂市新墨河入口	9.1		Ⅲ	苏
222	老沭河新沂市排污控制区	老沭河新沂开发利用区	沭河	老沭河	新沂市新墨河入口	新沂市王庄闸	1.3			苏
223	老沭河新沂市农业用水区2	老沭河新沂开发利用区	沭河	老沭河	新沂市王庄闸	新沂市人新沂河河口	28.1		Ⅲ	苏
224	老沭河沭阳农业用水区	老沭河沭阳开发利用区	沭河	老沭河	十字	入沂南小河	9.0		Ⅲ	苏
225	新沂河宿豫农业用水区	新沂河宿豫、灌云、灌南开发利用区	沂河	新沂河	宿豫县嶂山闸	宿豫县朱岭电灌站	18.0		Ⅳ	苏
226	新沂河沭阳农业用水区（南泓）	新沂河灌云、灌南开发利用区	沂河	新沂河（南泓）	宿豫县朱岭电灌站	沭阳县大六塘	56.0		Ⅱ	苏
227	新沂河连云港农业用水区（南泓）	新沂河灌云、灌南开发利用区	沂河	新沂河（南泓）	沭阳县大六塘	入海口	70.0		Ⅱ	苏
228	新沂河临沭农业用水区	新沂河临沭开发利用区	沂沭泗河	新沂河	临沭县大官庄泄洪闸	临沭县大兴镇省界上5km	15.0		Ⅳ	鲁
229	新沭河石梁河水库开发水源区	新沭河石梁河水库开发利用区	沭河	新沭河	临沭县鲁苏省界	赣榆县墩尚漫水桥	33.0		Ⅲ	苏
230	新沭河东海赣榆农业用水区	新沭河赣榆开发利用区	沭河	新沭河	赣榆县墩尚漫水桥	赣榆县临洪闸	22.0		Ⅲ	苏
231	北六塘连云港饮用水源区	北六塘开发利用区	沂河	北六塘河	淮安市淮阴王行	灌南县北六塘河闸	14.5		Ⅲ	苏
232	洙赵新河东明排污控制区	洙赵新河菏泽、济宁开发利用区	大运河	洙赵新河	东明高村	史庄闸	17.7			鲁
233	洙赵新河菏泽农业用水区	洙赵新河菏泽、济宁开发利用区	大运河	洙赵新河	史庄闸	于楼闸	82.0		Ⅳ	鲁

序号	二级水功能区名称	所在一级水功能区名称	水系	河流、湖库	起始断面	终止断面	长度(km)	面积(km²)	水质目标	省级行政区
234	洙赵新河嘉祥农业用水区	洙赵新河菏泽、济宁开发利用区	大运河	洙赵新河	于楼闸	入上级湖口	41.0		Ⅲ	鲁
235	万福河成武农业用水区	万福河菏泽、济宁开发利用区	大运河	万福河	成武县薛庄闸	冯集闸	31.0		Ⅳ	鲁
236	万福河济宁农业用水区	万福河济宁开发利用区	大运河	万福河	冯集闸	鱼台县入湖口	46.3		Ⅲ	鲁
237	东鱼河东明农业用水区	东鱼河菏泽、济宁开发利用区	大运河	东鱼河	东明县河源刘楼	路菜园	57.8		Ⅲ	鲁
238	东鱼河成武工业用水区	东鱼河菏泽、济宁开发利用区	大运河	东鱼河	路菜园	连店	68.2		Ⅳ	鲁
239	东鱼河济宁渔业用水区	东鱼河济宁开发利用区	大运河	东鱼河	连店	鱼台县入上级湖	39.0		Ⅲ	鲁
240	复新河丰县农业用水区	复新河丰县开发利用区	运河	复新河	龙雾桥	江苏省丰县沙庄	20.0		Ⅲ	苏
241	大沙河沛县、丰县农业用水区	大沙河徐州开发利用区	运河	大沙河	丰县夹河闸	江苏省沛县龙固	42.1		Ⅲ	苏
242	沿河沛县过渡区	沿河沛县开发利用区	运河	沿河	东关闸	江苏省沛县苏北堤河地涵	2.0		Ⅲ	苏
243	邳苍分洪道临沂农业用水区	邳苍分洪道临沂开发利用区	运河	邳苍分洪道	郯城县江风口闸	苍山县省界上10km	35.0		Ⅴ	鲁
244	邳苍分洪道邳州市农业用水区	邳苍分洪道邳州开发利用区	运河	邳苍分洪道	邳州市邳苍公路桥	邳州市入中运河口	29.0		Ⅲ	苏
245	西泇河苍山农业用水区	西泇河枣庄、临沂开发利用区	运河	西泇河	苍山县会宝岭水库坝下	山东省苍山县横山	30.0		Ⅲ	鲁

序号	二级水功能区名称	所在一级水功能区名称	水系	河流、湖库	起始断面	终止断面	长度（km）	面积（km²）	水质目标	省级行政区
246	东沭河苍山农业用水区	东沭河苍山开发利用区	运河	东沭河	费县河源	苍山县省界以上5km	67.0		IV	鲁
247	洸府河宁阳农业用水区	洸府河泰安、济宁开发利用区	大运河	洸府河	宁阳县泉头头村	光河闸	20.0		IV	鲁
248	洸府河宁阳过渡区	洸府河泰安、济宁开发利用区	大运河	洸府河	光河闸	尧汶公路桥	10.0		III	鲁
249	洸府河兖州农业用水区	洸府河泰安、济宁开发利用区	大运河	洸府河	尧汶公路桥	侯家店	35.0		IV	鲁
250	洸府河济宁过渡区	洸府河泰安、济宁开发利用区	大运河	洸府河	侯家店	济宁市任城区入南阳湖口	10.0		III	鲁
251	泗河济宁开发利用区	泗河济宁开发利用区	大运河	泗河	新泰市河源	故县坝	33.0		III	鲁
252	泗河泗水排污控制区	泗河济宁开发利用区	大运河	泗河	故县坝	红旗闸	22.0		III	鲁
253	泗河曲阜、兖州农业用水区	泗河济宁开发利用区	大运河	泗河	红旗闸	接庄公路桥	91.5		IV	鲁
254	泗河任城渔业用水区	泗河济宁开发利用区	大运河	泗河	接庄公路桥	济宁市入上级湖口	12.5		III	鲁
255	白马河邹城工业用水区	白马河济宁开发利用区	大运河	白马河	曲阜市河源匡庄	马楼	49.0		IV	鲁
256	白马河邹城排污控制区	白马河济宁开发利用区	大运河	白马河	马楼	黄路屯	24.0		III	鲁
257	白马河微山过渡区	白马河济宁开发利用区	大运河	白马河	黄路屯	微山县入上级湖口鲁桥	15.0		III	鲁
258	岩马水库工业用水区	城河滕州开发利用区	大运河	城河	邹城市岩马水库城河入口	岩马水库坝下	4.5		III	鲁
259	城河荆桥农业用水区	城河滕州开发利用区	大运河	城河	岩马水库坝下	荆桥橡胶坝	28.0		III	鲁
260	城河滕州过渡区	城河滕州开发利用区	大运河	城河	荆桥橡胶坝	微山县入上级湖口沙堤	24.0		III	鲁

序号	二级水功能区名称	所在一级水功能区名称	水系	河流、湖库	范围 起始断面	范围 终止断面	长度 (km)	面积 (km²)	水质目标	省级行政区
261	大沽河招远饮用水源区	大沽河烟台、青岛开发利用区	沿海诸河区	大沽河	烟台招远市河源	道子泊	49.0		Ⅲ	鲁
262	产芝水库青岛饮用水源区	大沽河烟台、青岛开发利用区	沿海诸河区	大沽河	道子泊	产芝水库坝下	25.0		Ⅲ	鲁
263	大沽河莱西饮用水源区	大沽河烟台、青岛开发利用区	沿海诸河区	大沽河	辇止头	韩家汇	38.2		Ⅲ	鲁
264	大沽河青岛饮用水源区	大沽河烟台、青岛开发利用区	沿海诸河区	大沽河	韩家汇	岔河闸	26.5		Ⅲ	鲁
265	大沽河胶州饮用水源区	大沽河烟台、青岛开发利用区	沿海诸河区	大沽河	岔河闸	麻湾闸	31.8		Ⅲ	鲁
266	大沽河排污控制区	大沽河烟台、青岛开发利用区	沿海诸河区	大沽河	麻湾闸	南庄闸	7.0			鲁
267	大沽河青岛排污控制区	大沽河烟台、青岛开发利用区	沿海诸河区	大沽河	南庄闸	入海口	10.0			鲁
268	潍河诸城饮用水源区	潍河潍坊开发利用区	沿海诸河区	潍河	五莲县瑞沂水库坝下	峡山水库入口	82.0		Ⅲ	鲁
269	潍河峡山水库饮用水源区	潍河潍坊开发利用区	沿海诸河区	潍河	峡山水库区			122.9	Ⅲ	鲁
270	潍河潍坊饮用水源区	潍河潍坊开发利用区	沿海诸河区	潍河	峡山水库坝下	金口闸	45.0		Ⅲ	鲁
271	潍河昌邑农业用水区	潍河潍坊开发利用区	沿海诸河区	潍河	金口闸	昌邑市入莱州湾	37.0		Ⅴ	鲁
272	小清河济南饮用水源区	小清河山东开发利用区	沿海诸河区	小清河	济南市小清河睦里闸	柴庄闸	52.0		Ⅲ	鲁
273	小清河济南农业用水区	小清河山东开发利用区	沿海诸河区	小清河	柴庄闸	五龙堂	18.4		Ⅴ	鲁
274	小清河滨州、淄博农业用水区	小清河山东开发利用区	沿海诸河区	小清河	五龙堂	博兴西营	95.5		Ⅴ	鲁
275	小清河东营农业用水区	小清河山东开发利用区	沿海诸河区	小清河	博兴西营	寿光市羊口镇	71.2		Ⅳ	鲁

11 长江区（不含太湖流域）重要江河湖泊水功能区划

表11.1

一级水功能区划登记表

序号	一级水功能区名称	水系	河流、湖库	范围		长度 (km)	面积 (km²)	水质目标	省级行政区
				起始断面	终止断面				
1	长江三江源自然保护区	金沙江石鼓以上	沱沱河、当曲、楚玛尔东、通天河	源头	青川省界	1125.1		Ⅱ	青
2	金沙江川藏滇缓冲区	金沙江石鼓以上	金沙江	青川省界	香格里拉江东	704.0		Ⅱ	川、藏、滇
3	金沙江香格里拉、丽江保留区	金沙江石鼓以上	金沙江	香格里拉江东	丽江石鼓	174.0		Ⅱ	滇
4	赠曲新龙、白玉源头水保护区	金沙江石鼓以上	赠曲	源头	纳塔	40.0		Ⅱ	川
5	赠曲白玉保留区	金沙江石鼓以上	赠曲	纳塔	入金沙江口	188.0		Ⅱ	川
6	硕曲理塘源头水保护区	金沙江石鼓以上	硕曲	源头	喇嘛亚	45.0		Ⅱ	川
7	硕曲理塘、乡城保留区	金沙江石鼓以上	硕曲	喇嘛亚	洞松	159.0		Ⅱ	川
8	硕曲（东旺河）川滇缓冲区	金沙江石鼓以上	硕曲	洞松	珠米	12.0		Ⅱ	川、滇
9	东旺河香格里拉保留区	金沙江石鼓以上	硕曲	珠米	色仓	45.0		Ⅱ	滇
10	硕曲（东旺河）滇川缓冲区	金沙江石鼓以上	硕曲	色仓	毛屋	9.0		Ⅱ	滇、川
11	硕曲河得荣保留区	金沙江石鼓以上	硕曲	毛屋	入定曲河口	20.0		Ⅱ	川
12	宁蒗河源头水保护区	金沙江石鼓以下	宁蒗河	源头	宁蒗挖开桥	32.4		Ⅱ	滇
13	宁蒗河宁蒗开发利用区	金沙江石鼓以下	宁蒗河	宁蒗挖开桥	宁蒗石丫口电站	29.6	按二级区划执行		滇
14	宁蒗河滇川缓冲区	金沙江石鼓以下	宁蒗河	宁蒗石丫口电站	马尔它	6.4		Ⅲ	滇、川

序号	一级水功能区名称	水系	河流、湖库	范围 起始断面	范围 终止断面	长度 (km)	面积 (km²)	水质目标	省级行政区
15	宁蒗河盐源保留区	金沙江石鼓以下	宁蒗河	马尔它	入前所河河口	23.0		Ⅲ	川
16	鳡鱼河华坪保留区	金沙江石鼓以下	鳡鱼河	源头	华坪糖房	38.0		Ⅱ	滇
17	鳡鱼河滇川缓冲区	金沙江石鼓以下	鳡鱼河	华坪糖房	太平	11.0		Ⅱ	滇、川
18	鳡鱼河盐边保留区	金沙江石鼓以下	鳡鱼河	太平	入雅砻江河口	49.0		Ⅱ	川
19	雅砻江称多、石渠源头水保护区	金沙江石鼓以下	雅砻江	源头	宜牛	188.0		Ⅱ	青、川
20	雅砻江石渠、甘孜、西昌保留区	金沙江石鼓以下	雅砻江	宜牛	周家坪	983.0		Ⅱ~Ⅲ	川
21	雅砻江二滩水库保留区	金沙江石鼓以下	雅砻江	周家坪	二滩水库	157.0		Ⅱ~Ⅲ	川
22	雅砻江攀枝花保留区	金沙江石鼓以下	雅砻江	二滩水库	入金沙江河口	42.0		Ⅱ~Ⅲ	川
23	鲜水河达日源头水保护区	金沙江石鼓以下	鲜水河	源头	下红科	120.0		Ⅱ	青
24	鲜水河青川缓冲区	金沙江石鼓以下	鲜水河	下红科	泥朵乡	20.0		Ⅱ	青、川
25	鲜水河炉霍、道孚保留区	金沙江石鼓以下	鲜水河	泥朵乡	入雅砻江口	401.0		Ⅱ	川
26	达曲源头水保护区	金沙江石鼓以下	达曲	源头	大德	90.0		Ⅱ	川
27	达曲甘孜、炉霍保留区	金沙江石鼓以下	达曲	大德	入鲜水河河口	222.0		Ⅱ	川
28	卧罗河源头水保护区	金沙江石鼓以下	卧罗河	源头	卫城镇	28.0		Ⅱ	川
29	卧罗河盐源、木里保留区	金沙江石鼓以下	卧罗河	卫城镇	入理塘河	139.0		Ⅱ	川
30	安宁河冕宁源头水保护区	金沙江石鼓以下	安宁河	源头	大桥	67.0		Ⅱ	川
31	安宁河冕宁保留区	金沙江石鼓以下	安宁河	大桥	漫水湾	43.0		Ⅲ	川
32	安宁河冕宁、西昌开发利用区	金沙江石鼓以下	安宁河	漫水湾	上烂坝	49.0		按二级区划执行	川
33	安宁河西昌、攀枝花保留区	金沙江石鼓以下	安宁河	上烂坝	弯丘火车站	72.0		Ⅱ~Ⅲ	川
34	安宁河米易开发利用区	金沙江石鼓以下	安宁河	弯丘火车站	米易坊田大桥	59.0		按二级区划执行	川
35	安宁河攀枝花保留区	金沙江石鼓以下	安宁河	米易坊田大桥	入雅砻江河口	11.0		Ⅲ	川

序号	一级水功能区名称	水系	河流、湖库	范围 起始断面	范围 终止断面	长度（km）	面积（km²）	水质目标	省级行政区
36	邛海保护区		邛海	邛海	邛海		31.0		川
37	金沙江丽江保留区	金沙江石鼓以下	金沙江	丽江石鼓	丽江龙蟠	34.6		Ⅱ	滇
38	金沙江哈巴、玉龙雪山保护区	金沙江石鼓以下	金沙江	丽江龙蟠	丽江达可	75.0		Ⅱ	滇
39	金沙江滇川1号缓冲区	金沙江石鼓以下	金沙江	丽江达可	丽江泥罗	44.1		Ⅱ	滇、川
40	金沙江丽江、永仁保留区	金沙江石鼓以下	金沙江	丽江泥罗	永仁拉鲊	343.8		Ⅱ	滇
41	金沙江滇川2号缓冲区	金沙江石鼓以下	金沙江	永仁拉鲊	格里坪马坪上街	25.0		Ⅲ	滇、川
42	金沙江攀枝花开发利用区	金沙江石鼓以下	金沙江	格里坪马坪上街	拉鲊	73.1		按二级区划执行	川
43	金沙江攀枝花保留区	金沙江石鼓以下	金沙江	拉鲊	西拉么	21.2		Ⅱ～Ⅲ	川
44	金沙江滇川3号缓冲区	金沙江石鼓以下	金沙江	西拉么	元谋大湾子	21.8		Ⅲ	滇、川
45	金沙江元谋保留区	金沙江石鼓以下	金沙江	元谋大湾子	出滇界5km处	50.7		Ⅱ	滇
46	金沙江滇川4号缓冲区	金沙江石鼓以下	金沙江	出滇界5km处	向家坝水电站坝轴线下1.8km	585.0		Ⅲ	滇、川
47	长江上游珍稀特有鱼类保护区（金沙江干流段）	金沙江石鼓以下	金沙江	向家坝水电站坝轴线下1.8km	岷江口	29.6		Ⅱ	川
48	金沙江宜宾市开发利用区（左岸）	金沙江石鼓以下	金沙江	柏溪镇	岷江口	16.9		按二级区划执行	川
49	水洛河源头水保护区	金沙江石鼓以下	水洛河	源头	麦日	160.0		Ⅱ	川
50	水洛河稻城保留区	金沙江石鼓以下	水洛河	麦日	油米	140.0		Ⅱ	川
51	水洛河川滇缓冲区	金沙江石鼓以下	水洛河	油米	入金沙江口	21.0		Ⅱ	川、滇
52	新庄河源头水保护区	金沙江石鼓以下	新庄河	源头	华坪新庄滚水坝	30.7		Ⅱ	滇
53	新庄河华坪开发利用区	金沙江石鼓以下	新庄河	华坪新庄滚水坝	华坪大村	27.5		按二级区划执行	滇

序号	一级水功能区名称	水系	河流、湖库	范围 起始断面	范围 终止断面	长度（km）	面积（km²）	水质目标	省级行政区
54	新庄河滇川缓冲区	金沙江石鼓以下	新庄河	华坪大村	入金沙江口	8.8		Ⅲ	滇、川
55	盘龙江松华坝饮用水源保护区	金沙江石鼓以下	盘龙江	源头	松华坝水库坝址	34.3		按二级区划执行	滇
56	滇池昆明市开发利用区	金沙江石鼓以下	普渡河	松华坝水库坝址	富民大桥	115.0	294.6	按二级区划执行	滇
57	普渡河富民、禄劝保留区	金沙江石鼓以下	普渡河	富民大桥	入金沙江口	135.0		Ⅳ	滇
58	牛栏江源头水保护区	金沙江石鼓以下	牛栏江	源头	上游水库坝址	21.4		Ⅱ	滇
59	牛栏江嵩明、会泽保留区	金沙江石鼓以下	牛栏江	上游水库坝址	黄梨树水文站	211.0		Ⅱ	滇
60	牛栏江滇黔缓冲区	金沙江石鼓以下	牛栏江	黄梨树水文站	鲁甸江底	118.0		Ⅱ	滇、黔
61	牛栏江鲁甸、巧家保留区	金沙江石鼓以下	牛栏江	鲁甸江底	入金沙江口	110.7		Ⅱ	滇
62	横江威宁草海自然保护区	金沙江石鼓以下	横江	河源	威宁大桥	6.5		Ⅱ	黔
63	横江威宁保留区	金沙江石鼓以下	横江	威宁大桥	威宁羊街	73.5		Ⅱ	黔
64	横江黔滇缓冲区	金沙江石鼓以下	横江	威宁羊街	彝良仓盆	40.0		Ⅱ	黔、滇
65	横江彝良、盐津保留区	金沙江石鼓以下	横江	彝良仓盆	盐津滩头	112.0		Ⅱ	滇
66	横江滇川缓冲区	金沙江石鼓以下	横江	盐津滩头	入金沙江口	50.0		Ⅲ	滇、川
67	大渡河班玛源头水保护区	岷沱江	大渡河	源头	赛来塘	130.0		Ⅱ	青
68	大渡河班玛保留区	岷沱江	大渡河	赛来塘	灯塔	40.0		Ⅱ	青
69	大渡河青川缓冲区	岷沱江	大渡河	灯塔	亚尔囊鄂	30.0		Ⅱ	青、川
70	大渡河甘孜、雅安、乐山保留区	岷沱江	大渡河	亚尔囊鄂	沙湾镇上场口	810.0		Ⅱ～Ⅲ	川
71	大渡河乐山市开发利用区	岷沱江	大渡河	沙湾镇上场口	入岷江口	30.0		按二级区划执行	川
72	阿柯河班玛源头水保护区	岷沱江	阿柯河	源头	安斗	109.0		Ⅱ	青
73	阿柯河阿坝保留区	岷沱江	阿柯河	安斗	入大渡河河口	90.0		Ⅱ	川

序号	一级水功能区名称	水系	河流、湖库	范围 起始断面	范围 终止断面	长度(km)	面积(km²)	水质目标	省级行政区
74	筹斯甲河班玛源头水保护区	岷沱江	筹斯甲河	源头	西劳	187.0		Ⅱ	青、川
75	筹斯甲河壤塘、金川保留区	岷沱江	筹斯甲河	西劳	人大金川口	214.0		Ⅱ	川
76	小金川小金源头水保护区	岷沱江	小金川	源头	两河镇	40.0		Ⅱ	川
77	小金川小金保留区	岷沱江	小金川	两河镇	人大渡河河口	124.0		Ⅱ	川
78	岷江松潘源头水保留区	岷沱江	岷江	源头	山巴	45.0		Ⅱ	川
79	岷江松潘保留区	岷沱江	岷江	山巴	下泥巴	33.0		Ⅱ	川
80	岷江松潘开发利用区	岷沱江	岷江	下泥巴	西宁关	6.5		按二级区划执行	川
81	岷江松潘、茂县保留区	岷沱江	岷江	西宁关	大河坝	77.0		Ⅱ～Ⅲ	川
82	岷江茂县开发利用区	岷沱江	岷江	大河坝	牟拓	27.0		按二级区划执行	川
83	岷江茂县、汶川保留区	岷沱江	岷江	牟拓	映秀湾水库坝址	68.0		Ⅱ～Ⅲ	川
84	岷江紫坪铺水库保留区	岷沱江	岷江	映秀湾水库坝址	紫坪铺水库坝址	41.5	18.2	Ⅱ～Ⅲ	川
85	岷江都江堰市保护区	岷沱江	岷江	紫坪铺水库坝址	鱼嘴	6.0		Ⅱ～Ⅲ	川
86	岷江都江堰保护区	岷沱江	岷江	鱼嘴	人字堤末端	2.0		Ⅱ～Ⅲ	川
87	岷江都江堰、新津保留区	岷沱江	岷江	人字堤末端	梁筏子	66.8		Ⅲ	川
88	岷江新津开发利用区	岷沱江	岷江	梁筏子	董河坝	15.0		按二级区划执行	川
89	岷江新津、彭山保留区	岷沱江	岷江	董河坝	青龙镇	7.2		Ⅲ	川
90	岷江彭山、眉山开发利用区	岷沱江	岷江	青龙镇	汤坝子	41.2		按二级区划执行	川
91	岷江青神保留区	岷沱江	岷江	汤坝子	关帝庙	63.0		Ⅲ	川
92	岷江乐山市开发利用区	岷沱江	岷江	关帝庙	水银坝	37.5		按二级区划执行	川

序号	一级水功能区名称	水系	河流、湖库	范围 起始断面	范围 终止断面	长度 (km)	面积 (km²)	水质目标	省级行政区
93	岷江犍为、宜宾保留区	岷沱江	岷江	水银坝	月波	44.4		Ⅲ	川
94	长江上游珍稀特有鱼类自然保护区（岷江河口段）	岷沱江	岷江	月波	入长江口	90.1		Ⅱ～Ⅲ	川
95	岷江宜宾市开发利用区（右岸）	岷沱江	岷江	喜捷	入长江口	15.0		按二级区划执行	川
96	岷江屏山开发利用区（左右岸）	岷沱江	岷江	水康村	石盘村	9.5		按二级区划执行	川
97	黑水河黑水源头水保护区	岷沱江	黑水河	源头	双流索	156.0		Ⅱ	川
98	黑水河黑水保留区	岷沱江	黑水河	双流索	入金沙江口	51.0		Ⅱ	川
99	杂谷脑河源头水保护区	岷沱江	杂谷脑河	源头	大郎坝	30.0		Ⅱ	川
100	杂谷脑河米亚罗自然保护区	岷沱江	杂谷脑河	大郎坝	米亚罗镇	9.0		Ⅱ	川
101	杂谷脑河理县、汶川保留区	岷沱江	杂谷脑河	米亚罗镇	入岷江河口	117.0		Ⅱ	川
102	府河郫县、成都保留区	岷沱江	府河	石堤堰	马家沱	15.0		Ⅲ	川
103	府河成都市开发利用区	岷沱江	府河	马家沱	华阳	47.0		按二级区划执行	川
104	府河成都双流、彭山保留区	岷沱江	府河	华阳	入岷江河口	55.0		Ⅲ	川
105	南河都江堰、成都保留区	岷沱江	南河	河源	黄田坝	50.0		Ⅲ	川
106	南河成都开发利用区	岷沱江	南河	黄田坝	合江亭	19.8		按二级区划执行	川
107	青衣江宝兴源头水保护区	岷沱江	青衣江	源头	锅巴岩	60.0		Ⅱ	川
108	青衣江蜂桶寨大熊猫保护区	岷沱江	青衣江	锅巴岩	大河坝	30.0		Ⅱ	川
109	青衣江芦山、雅安保留区	岷沱江	青衣江	大河坝	多营坪	60.0		Ⅲ	川
110	青衣江雅安开发利用区	岷沱江	青衣江	多营坪	朱家坝	17.2		按二级区划执行	川

序号	一级水功能区名称	水系	河流、湖库	范围		长度（km）	面积（km²）	水质目标	省级行政区
				起始断面	终止断面				
111	青衣江雅安、乐山保留区	岷沱江	青衣江	朱家坝	鸬鹚城镇千佛岩	84.0		Ⅲ	川
112	青衣江乐山开发利用区	岷沱江	青衣江	鸬鹚城镇千佛岩	草鞋渡	26.0		按二级区划执行	川
113	越溪河威远源头保护区	岷沱江	越溪河	源头	越溪镇	6.0		Ⅱ	川
114	越溪河威远、仁寿、荣县保留区	岷沱江	越溪河	越溪镇	长山镇	55.0		Ⅲ	川
115	越溪河小井沟水库饮用水源保护区	岷沱江	越溪河	长山镇	小井沟水库大坝	20.0		Ⅲ	川
116	越溪河荣县、宜宾保留区	岷沱江	越溪河	小井沟水库大坝	码头上	123.9		Ⅲ	川
117	长江上游珍稀特有鱼类国家级自然保护区（越溪河河段）	岷沱江	越溪河	码头上	谢家岩	32.1		Ⅱ～Ⅲ	川
118	沱江绵竹源头水保护区	岷沱江	沱江	源头	汉旺	47.7		Ⅱ	川
119	沱江绵竹、德阳保留区	岷沱江	沱江	汉旺	曾家山	45.5		Ⅲ	川
120	沱江德阳市开发利用区	岷沱江	沱江	曾家山	青龙庙	22.5		按二级区划执行	川
121	沱江德阳、金堂保留区	岷沱江	沱江	青龙庙	清江乡	21.6		Ⅲ	川
122	沱江金堂开发利用区	岷沱江	沱江	清江乡	悦来	21.0		按二级区划执行	川
123	沱江金堂、简阳保留区	岷沱江	沱江	悦来	石钟滩	65.0		Ⅲ	川
124	沱江简阳市开发利用区	岷沱江	沱江	石钟滩	新市镇	22.6		按二级区划执行	川
125	沱江简阳、资阳保留区	岷沱江	沱江	新市镇	孙家院子	43.3		Ⅲ	川
126	沱江资阳市开发利用区	岷沱江	沱江	孙家院子	麻柳湾	14.8		按二级区划执行	川
127	沱江资阳、资中保留区	岷沱江	沱江	麻柳湾	五里店	68.2		Ⅲ	川
128	沱江资中县开发利用区	岷沱江	沱江	五里店	硫酸厂	18.5		按二级区划执行	川

序号	一级水功能区名称	水系	河流、湖库	范围		长度（km）	面积（km²）	水质目标	省级行政区
				起始断面	终止断面				
129	沱江资中、内江保留区	岷沱江	沱江	硫酸厂	史家镇	21.6		Ⅲ	川
130	沱江内江市开发利用区	岷沱江	沱江	史家镇	石庙村	38.0		按二级区划执行	川
131	沱江内江、富顺保留区	岷沱江	沱江	石庙村	川王庙	67.9		Ⅲ	川
132	沱江富顺开发利用区	岷沱江	沱江	川王庙	丁家渡	22.6		按二级区划执行	川
133	沱江富顺、泸州保留区	岷沱江	沱江	丁家渡	胡市镇	72.7		Ⅲ	川
134	长江上游珍稀、特有鱼类自然保护区（沱江口段）	岷沱江	沱江	胡市镇	入长江口	17.0		Ⅱ～Ⅲ	川
135	釜溪河长胡水库饮用水保护区	岷沱江	釜溪河	河源	葫芦口水库大坝	64.0		Ⅱ～Ⅲ	川
136	釜溪河威远、自贡保留区	岷沱江	釜溪河	葫芦口水库大坝	麻柳湾	49.0		Ⅲ	川
137	釜溪河自贡开发利用区	岷沱江	釜溪河	麻柳湾	唐家坝	26.0		按二级区划执行	川
138	釜溪河自贡保留区	岷沱江	釜溪河	唐家坝	入沱江口	51.0		Ⅳ	川
139	旭水河双溪水库饮用水保护区	岷沱江	旭水河	河源	双溪水库大坝	12.0		Ⅲ	川
140	旭水河自贡保留区	岷沱江	旭水河	双溪水库大坝	桥头堰	71.0		Ⅲ	川
141	旭水河自贡开发利用区	岷沱江	旭水河	桥头堰	双河口	33.0		按二级区划执行	川
142	大清流河资阳、内江保留区	岷沱江	大清流河	河源	内江市石子镇	46.0		Ⅲ	川
143	大清流河川渝缓冲区	岷沱江	大清流河	内江市石子镇	荣昌县吴家镇万古村	3.0		Ⅲ	川、渝
144	大清流河荣昌县吴家镇开发利用区	岷沱江	大清流河	荣昌县吴家镇万古村	吴家镇铜车堰	5.2		按二级区划执行	渝
145	大清流河荣昌县吴家镇、清流镇保留区	岷沱江	大清流河	吴家镇铜车堰	清流镇冯家坪村	7.7		Ⅲ	渝
146	大清流河渝川缓冲区	岷沱江	大清流河	清流镇冯家坪村	内江市平坦镇	3.0		Ⅲ	渝、川

序号	一级水功能区名称	水系	河流、湖库	范围 起始断面	范围 终止断面	长度 (km)	面积 (km²)	水质目标	省级行政区
147	大清流河内江保留区	岷沱江	大清流河	内江市平坦镇	入沱江口	69.0		Ⅲ	川
148	濑溪河大足县中敖镇源头水保护区	岷沱江	濑溪河	源头大足县高平乡巴岩店	中敖镇关圣村新华瓦厂堤	8.0		Ⅱ	渝
149	濑溪河大足县中敖镇保留区	岷沱江	濑溪河	中敖镇关圣村新华瓦厂堤	龙岗镇平顶村斑竹园烂堤	7.0		Ⅲ	渝
150	濑溪河大足县龙岗镇开发利用区	岷沱江	濑溪河	龙岗镇平顶村斑竹园烂堤	弥陀镇登云村跃进引水堤	19.0		按二级区划执行	渝
151	濑溪河大足县弥陀、龙水保留区	岷沱江	濑溪河	弥陀镇登云村跃进引水堤	龙水镇龙东村廻龙桥	9.0		Ⅲ	渝
152	濑溪河大足县龙水镇开发利用区	岷沱江	濑溪河	龙水镇龙东村廻龙桥	珠溪镇小滩村小滩桥	18.5		按二级区划执行	渝
153	濑溪河大足、荣昌缓冲区	岷沱江	濑溪河	珠溪镇小滩村小滩桥	荣昌县路孔镇马鞍沟	7.5		Ⅲ	渝
154	濑溪河荣昌县路孔镇保留区	岷沱江	濑溪河	昌元县路孔镇马鞍沟	昌元镇沙堡村	12.0		Ⅲ	渝
155	濑溪河荣昌县昌元镇开发利用区	岷沱江	濑溪河	昌元镇沙堡村	广顺镇高桥村	21.5		按二级区划执行	渝
156	濑溪河荣昌县广顺镇保留区	岷沱江	濑溪河	广顺镇高桥村	清江镇竹林坝村	12.0		Ⅲ	渝
157	濑溪河渝川缓冲区	岷沱江	濑溪河	清江镇竹林坝村	福集	16.5		Ⅲ	渝、川
158	濑溪河泸县保留区	岷沱江	濑溪河	福集	入沱江口	24.0		Ⅲ	川
159	嘉陵江凤县源头水保护区	嘉陵江	嘉陵江	源头	凤州	60.0		Ⅱ	陕
160	嘉陵江凤县保留区	嘉陵江	嘉陵江	凤州	双石铺	10.0		Ⅱ	陕
161	嘉陵江陕甘缓冲区	嘉陵江	嘉陵江	双石铺	白水江	100.0		Ⅱ	陕、甘
162	嘉陵江略阳（上段）保留区	嘉陵江	嘉陵江	白水江	徐家坪	40.0		Ⅲ	陕
163	嘉陵江略阳开发利用区	嘉陵江	嘉陵江	徐家坪	鲁光坪	18.5		按二级区划执行	陕

| 序号 | 一级水功能区名称 | 水系 | 河流、湖库 | 范围 | | 长度 (km) | 面积 (km²) | 水质目标 | 省级行政区 |
				起始断面	终止断面				
164	嘉陵江略阳(下段)保留区	嘉陵江	嘉陵江	鲁光坪	燕子砭	86.5		Ⅲ	陕
165	嘉陵江陕川缓冲区	嘉陵江	嘉陵江	燕子砭	大滩	15.0		Ⅲ	陕、川
166	嘉陵江广元保留区	嘉陵江	嘉陵江	大滩	冉家河火车站	20.0		Ⅲ	川
167	嘉陵江广元开发利用区	嘉陵江	嘉陵江	冉家河火车站	昭化	30.0		按二级区划执行	川
168	青泥河西和、徽县保留区	嘉陵江	青泥河	源头	麻沿河入口	15.0		Ⅱ	甘
169	青泥河徽县、成县开发利用区	嘉陵江	青泥河	麻沿河入口	南康	85.0		按二级区划执行	甘
170	青泥河甘陕缓冲区	嘉陵江	青泥河	南康	香树坪	18.0		Ⅲ	甘、陕
171	青泥河略阳保留区	嘉陵江	青泥河	香树坪	入嘉陵江口	12.0		Ⅱ	陕
172	西汉水源头水保护区	嘉陵江	西汉水	源头	盐关镇	30.0		Ⅱ	甘
173	西汉水礼县保留区	嘉陵江	西汉水	盐关镇	六巷河入口	109.0		Ⅲ	甘
174	西汉水成县、康县开发利用区	嘉陵江	西汉水	六巷河入口	铜坝	60.0		按二级区划执行	甘
175	西汉水甘陕缓冲区	嘉陵江	西汉水	铜坝	西淮坝	20.6		Ⅱ~Ⅲ	甘、陕
176	西汉水略阳保留区	嘉陵江	西汉水	西淮坝	入嘉陵江口	24.6		Ⅱ	陕
177	白龙江碌曲若尔盖源头水保护区	嘉陵江	白龙江	源头	康多	78.0		Ⅱ	甘、川
178	白龙江铁布自然保留区	嘉陵江	白龙江	康多	达木	23.0		Ⅱ	川
179	白龙江迭部舟曲保留区	嘉陵江	白龙江	达木	立节	149.0		Ⅱ~Ⅲ	甘
180	白龙江舟曲、武都开发利用区	嘉陵江	白龙江	立节	东江	97.0		按二级区划执行	甘
181	白龙江武都广元保留区	嘉陵江	白龙江	东江	昭化	243.0		Ⅲ	甘、川
182	下寺河唐家河自然保护区	嘉陵江	下寺河	河源	清溪	35.0		Ⅱ	川

序号	一级水功能区名称	项目	水系	河流、湖库	范围 起始断面	范围 终止断面	长度 (km)	面积 (km²)	水质目标	省级行政区
183	下寺河青川广元保留区		嘉陵江	下寺河	清溪	入白龙江口	169.0		Ⅲ	川
184	白水江源头水保护区		嘉陵江	白水江	源头	大录乡	59.0		Ⅱ	川
185	白水江九寨沟县保留区		嘉陵江	白水江	大录乡	郭元	130.0		Ⅱ	川
186	白水江川甘缓冲区		嘉陵江	白水江	郭元	朱元坝	15.0		Ⅱ	川、甘
187	白水江文县保留区		嘉陵江	白水江	朱元坝	入白龙江口	90.0		Ⅱ	甘
188	白河九寨沟自然保护区		嘉陵江	九寨沟	河源	沟口	38.0		Ⅰ	川
189	涪江源头水保护区		嘉陵江	涪江	源头	水晶镇	82.0		Ⅱ	川
190	涪江平武、江油保留区		嘉陵江	涪江	水晶镇	老坪坝	173.0		Ⅱ	川
191	涪江江油开发利用区		嘉陵江	涪江	老坪坝	黄瓜园	18.0		按二级区划执行	川
192	涪江江油、绵阳保留区		嘉陵江	涪江	黄瓜园	石马	17.0		Ⅲ	川
193	涪江绵阳开发利用区		嘉陵江	涪江	石马	丰谷镇	27.5		按二级区划执行	川
194	涪江绵阳、三台保留区		嘉陵江	涪江	丰谷镇	新德镇	50.0		Ⅲ	川
195	涪江三台开发利用区		嘉陵江	涪江	新德镇	冉家坝	18.5		按二级区划执行	川
196	涪江三台、射洪保留区		嘉陵江	涪江	冉家坝	广兴场	35.0		Ⅲ	川
197	涪江射洪开发利用区		嘉陵江	涪江	广兴场	紫云宫	23.0		按二级区划执行	川
198	涪江射洪、遂宁保留区		嘉陵江	涪江	紫云宫	桂花镇	40.0		Ⅲ	川
199	涪江遂宁开发利用区		嘉陵江	涪江	桂花镇	遂宁市龙凤场	30.5		按二级区划执行	川
200	涪江川渝缓冲区		嘉陵江	涪江	遂宁市龙凤场	潼南县玉溪镇	30.0		Ⅲ	川、渝

序号	一级水功能区名称	水系	河流、湖库	范围 起始断面	范围 终止断面	长度(km)	面积(km²)	水质目标	省级行政区
201	涪江潼南县玉溪镇、双江镇保留区	嘉陵江	涪江	潼南县玉溪镇	潼南县双江镇三块石	10.0		Ⅲ	渝
202	涪江潼南开发利用区	嘉陵江	涪江	潼南县双江镇三块石	上和镇白塔	31.0		按二级区划执行	渝
203	涪江潼南、合川保留区	嘉陵江	涪江	上和镇白塔	合川区渭沱镇两河口村	70.0		Ⅲ	渝
204	涪江合川开发利用区	嘉陵江	涪江	合川区渭沱镇两河口村	涪江河口	15.0		按二级区划执行	渝
205	琼江乐至、遂宁保留区	嘉陵江	琼江	河源	琜子滩水库进口	35.0		Ⅲ	川
206	琼江遂宁饮用水保护区	嘉陵江	琼江	琜子滩水库进口	琜子滩水库出口	8.0		Ⅲ	川
207	琼江遂宁保留区	嘉陵江	琼江	琜子滩水库出口	遂宁市大安镇	52.0		Ⅲ	川
208	琼江川渝缓冲区	嘉陵江	琼江	遂宁市大安镇	潼南县光辉镇	9.0		Ⅲ	川、渝
209	琼江潼南光辉镇保留区	嘉陵江	琼江	潼南县光辉镇	潼南县柏梓镇	20.0		Ⅲ	渝
210	琼江潼南县柏梓镇开发利用区	嘉陵江	琼江	潼南县柏梓镇	潼南县墩子河水库	29.0		按二级区划执行	渝
211	琼江铜梁、潼南保留区	嘉陵江	琼江	潼南县墩子河水库	铜梁县少云镇	42.0		Ⅲ	渝
212	琼江铜梁县少云镇开发利用区	嘉陵江	琼江	铜梁县少云镇	入涪江口	20.0		按二级区划执行	渝
213	渠江南江保护区	嘉陵江	渠江	源头	南江	50.0		Ⅱ	川
214	渠江南江、巴中保留区	嘉陵江	渠江	南江	浅水湾	70.0		Ⅲ	川
215	渠江巴中开发利用区	嘉陵江	渠江	浅水湾	谢家碥	16.0		按二级区划执行	川
216	渠江巴中、平昌保留区	嘉陵江	渠江	谢家碥	神浪滩	100.0		Ⅲ	川
217	渠江平昌开发利用区	嘉陵江	渠江	神浪滩	泻巴河	9.0		按二级区划执行	川

序号	一级水功能区名称	水系	河流、湖库	范围 起始断面	范围 终止断面	长度 (km)	面积 (km²)	水质目标	行政区
218	渠江平昌、渠县保留区	嘉陵江	渠江	泻巴河	锡溪	188.0		Ⅲ	川
219	渠江渠县渠县开发利用区	嘉陵江	渠江	锡溪	李渡河	17.1		按二级区划执行	川
220	渠江渠县、广安保留区	嘉陵江	渠江	李渡河	欧家溪	80.0		Ⅲ	川
221	渠江广安开发利用区	嘉陵江	渠江	欧家溪	官盛	12.0		按二级区划执行	川
222	渠江广安、岳池保留区	嘉陵江	渠江	官盛	罗渡	45.0		Ⅲ	川
223	渠江合川渝缓冲区	嘉陵江	渠江	罗渡	合川市码头镇青坝	18.0		Ⅲ	川、渝
224	渠江合川码头镇保留区	嘉陵江	渠江	合川市码头镇青坝	官渡镇滩子河村	20.0		Ⅲ	渝
225	渠江合川官渡镇开发利用区	嘉陵江	渠江	官渡镇滩子河村	入嘉陵江口	50.0		按二级区划执行	渝
226	月滩河源头水保护区	嘉陵江	月滩河	源头	仁村	32.0		Ⅱ	陕
227	月滩河陕川缓冲区	嘉陵江	月滩河	仁村	溯波	41.0		Ⅱ	陕、川
228	月滩河通江保留区	嘉陵江	月滩河	溯波	河口	65.0		Ⅲ	川
229	通江通江保留区	嘉陵江	通江	源头	石桥沟	214.9		Ⅱ～Ⅲ	川
230	通江平昌开发利用区	嘉陵江	通江	石桥沟	入巴河口	5.1		按二级区划执行	川
231	小通江南郑源头水保护区	嘉陵江	小通江	源头	福成	21.0		Ⅱ	陕
232	小通江陕川缓冲区	嘉陵江	小通江	福成	诺水河镇	29.0		Ⅱ	陕、川
233	小通江通江保留区	嘉陵江	小通江	诺水河镇	涪阳镇	52.5		Ⅱ～Ⅲ	川
234	小通江通江开发利用区	嘉陵江	小通江	涪阳镇	河口（小江口）	31.5		按二级区划执行	川
235	州河明通自然保护区	嘉陵江	州河	源头	城口县明通镇	62.0		Ⅰ	渝
236	州河渝川缓冲区	嘉陵江	州河	城口县明通镇	宣汉县鸡唱乡	7.0		Ⅱ	渝、川

序号	一级水功能区名称	水系	河流、湖库	范围		长度（km）	面积（km²）	水质目标	省级行政区
				起始断面	终止断面				
237	州河宣双保留区	嘉陵江	州河	宣汉县鸡唱乡	南坝	96.0		Ⅲ	川
238	州河宣双开发利用区	嘉陵江	州河	南坝	王唱岩	56.2		按二级区划执行	川
239	州河宣双达州保留区	嘉陵江	州河	王唱岩	洋烈乡	20.0		Ⅲ	川
240	州河达州开发利用区	嘉陵江	州河	洋烈乡	渡市镇	67.0		按二级区划执行	川
241	州河达州渠县保留区	嘉陵江	州河	渡市镇	三汇镇	19.5		Ⅲ	川
242	嘉陵江广元、阆中保留区	嘉陵江	嘉陵江	昭化	杨家岩	165.0		Ⅲ	川
243	嘉陵江阆中开发利用区	嘉陵江	嘉陵江	杨家岩	双龙大桥	31.5		按二级区划执行	川
244	嘉陵江南部、南部保留区	嘉陵江	嘉陵江	双龙大桥	鸭咀	20.7		Ⅲ	川
245	嘉陵江南部开发利用区	嘉陵江	嘉陵江	鸭咀	青邦灘	16.6		按二级区划执行	川
246	嘉陵江仪陇、仪陇保留区	嘉陵江	嘉陵江	青邦灘	新政水电站	29.0		Ⅲ	川
247	嘉陵江仪陇开发利用区	嘉陵江	嘉陵江	新政水电站	泥槽河出口	12.6		按二级区划执行	川
248	嘉陵江南部、蓬安保留区	嘉陵江	嘉陵江	泥槽河出口	金溪沈家坝	39.7		Ⅲ	川
249	嘉陵江蓬安开发利用区	嘉陵江	嘉陵江	金溪沈家坝	杨家店	9.4		按二级区划执行	川
250	嘉陵江南部、蓬安保留区	嘉陵江	嘉陵江	杨家店	龙门镇	56.0		Ⅲ	川
251	嘉陵江南充开发利用区	嘉陵江	嘉陵江	龙门镇	李渡镇	47.7		按二级区划执行	川
252	嘉陵江武胜保留区	嘉陵江	嘉陵江	李渡镇	武胜县中心镇	113.0		Ⅲ	川
253	嘉陵江川渝缓冲区	嘉陵江	嘉陵江	武胜县中心镇	合川市古楼镇	20.0		Ⅲ	川、渝

序号	一级水功能区名称	水系	河流、湖库	范围（起始断面）	范围（终止断面）	长度（km）	面积（km²）	水质目标	省级行政区
254	嘉陵江合川古楼镇保留区	嘉陵江	嘉陵江	合川市古楼镇	思居村	45.0		Ⅲ	渝
255	嘉陵江合川开发利用区	嘉陵江	嘉陵江	思居村	合川市钓鱼城办事处石山村	19.0		按二级区划执行	渝
256	长江三峡水库嘉陵江合川、北碚保留区	嘉陵江	嘉陵江	合川市钓鱼城办事处石山村	北碚区澄江镇	25.0		Ⅱ	渝
257	长江三峡水库嘉陵江重庆开发利用区	嘉陵江	嘉陵江	北碚区澄江镇	入长江江口（朝天门）	66.0		按二级区划执行	渝
258	东河南江旺苍苍溪阆中保留区	嘉陵江	东河	源头	入嘉陵江口	293.0		Ⅲ	川
259	西河南充保留区	嘉陵江	西河	源头	入嘉陵江口	302.0		Ⅲ	川
260	乌江源头毕节地区源头水保护区	乌江	乌江	源头	东风镇	28.0		Ⅱ	黔
261	乌江六盘水开发利用区	乌江	乌江	东风镇	阳长	90.1		按二级区划执行	黔
262	乌江六盘水、毕节保留区	乌江	乌江	阳长	修文六广	253.9		Ⅱ	黔
263	乌江乌江渡水库保留区	乌江	乌江	修文六广	乌江渡水库坝址	76.5		Ⅱ	黔
264	乌江贵阳、遵义、黔南、铜仁保留区	乌江	乌江	乌江渡水库坝址	思南	230.1		Ⅱ	黔
265	六冲河毕节地区源头水保护区	乌江	六冲河	源头	高家院	25.1		Ⅱ	黔
266	六冲河赫章、纳雍保留区	乌江	六冲河	高家院	纳雍维新万寿桥	90.4		Ⅱ	黔
267	六冲河纳雍、大方开发利用区	乌江	六冲河	纳雍维新万寿桥	伍佐河与六冲河汇口	60.1		按二级区划执行	黔
268	六冲河织金、黔西开发利用区	乌江	六冲河	伍佐河与六冲河汇口	化屋基	92.4		按二级区划执行	黔
269	湘江遵义县红花冈源头水保护区	乌江	湘江	源头	海龙水库坝址	22.6		Ⅱ	黔
270	湘江遵义开发利用区	乌江	湘江	海龙水库坝址	虾子	53.2		按二级区划执行	黔

序号	一级水功能区名称	水系	河流、湖库	范围 起始断面	范围 终止断面	长度（km）	面积（km²）	水质目标	省级行政区
271	湘江正安龙岗、湄潭、遵义、瓮安保留区	乌江	湘江	虾子	入湄江口	79.2		II	黔
272	南明河平坝县、贵阳市源头水保护区	乌江	清水河	源头	花溪水库	38.3		II	黔
273	南明河贵阳市开发利用区	乌江	清水河	花溪水库	乌当定扒桥	56.0		按二级区划执行	黔
274	南明河贵阳市黔南保留区	乌江	清水河	乌当定扒桥	入乌江口	124.7		II	黔
275	乌江铜仁保留区	乌江	乌江	思南	沿河水文站	100.4		II	黔
276	乌江黔渝缓冲区	乌江	乌江	沿河水文站	彭水县砣角	70.0		II	黔、渝
277	乌江彭水保留区	乌江	乌江	彭水县砣角	彭水电站坝址	20.0		II	渝
278	乌江彭水县开发利用区	乌江	乌江	彭水电站坝址	高谷镇共利村	24.0		按二级区划执行	渝
279	乌江武隆、彭水保留区	乌江	乌江	高谷镇共利村	武隆县银盘	25.0		II	渝
280	乌江武隆开发利用区	乌江	乌江	武隆白马镇	武隆白马镇	45.0		按二级区划执行	渝
281	长江三峡水库乌江白马、涪陵保留区	乌江	三峡水库	武隆白马镇	涪陵小溪天生桥	34.8		II	渝
282	芙蓉江绥阳源头水保护区	乌江	芙蓉江	源头	旺草	44.4		II	黔
283	芙蓉江遵义保留区	乌江	芙蓉江	旺草	道真县小河	139.4		II	黔
284	芙蓉江黔渝缓冲区	乌江	芙蓉江	道真县小河	武隆县浩口	11.2		II	黔、渝
285	芙蓉江武隆保留区	乌江	芙蓉江	武隆县浩口	入乌江口	32.0		II	渝
286	甘龙河松桃县保留区	乌江	甘龙河	松桃县永安乡红石板	沿河县甘龙镇	39.3		II	黔
287	甘龙河黔渝缓冲区	乌江	甘龙河	沿河县甘龙镇	酉阳县南腰界乡红岩村	16.0		II	黔、渝
288	甘龙河酉阳保留区	乌江	甘龙河	酉阳县南腰界乡红岩村	西阳县小河镇	35.0		II	渝

序号	一级水功能区名称	水系	河流、湖库	范围 起始断面	范围 终止断面	长度（km）	面积（km²）	水质目标	省级行政区
289	甘龙河渝黔缓冲区	乌江	甘龙河	酉阳县渝小河镇	入乌江河口	18.0		II	渝、黔
290	郁江源头水保护区	乌江	郁江	利川福宝山	利川忠路	37.0		II	鄂
291	郁江利川保留区	乌江	郁江	利川忠路	利川市长顺	46.5		II	鄂
292	郁江鄂渝缓冲区	乌江	郁江	利川市长顺	彭水县莲湖乡	13.0		II	鄂、渝
293	郁江彭水莲湖镇保留区	乌江	郁江	彭水县莲湖乡	彭水县马岩洞电站坝址	37.0		II	渝
294	郁江彭水保家镇开发利用区	乌江	郁江	彭水县马岩洞电站坝址	入乌江河口	42.0		按二级区划执行	渝
295	灌河星斗山自然保护区	乌江	唐岩河（灌河）	咸丰浮塘坪	咸丰唐崖司	93.0		II	鄂
296	灌河咸丰保留区	乌江	唐岩河（灌河）	咸丰唐崖司	朝阳寺电站	19.0		III	鄂
297	灌河鄂渝缓冲区	乌江	阿蓬江（灌河）	朝阳寺电站	黔江区县坝	7.2		II	鄂、渝
298	灌河黔江保留区	乌江	阿蓬江（灌河）	黔江区县坝	河口	120.0		II	渝
299	长江上游珍稀、特有鱼类自然保护区（赤水河云南段）	宜宾至宜昌	洛甸河（赤水河）	源头	镇雄古鱼寨	67.0		II	滇
300	赤水河滇黔川缓冲区	宜宾至宜昌	赤水河	镇雄古鱼寨	仁怀小河口	153.0		II	滇、黔、川
301	长江上游珍稀、特有鱼类自然保护区（赤水河贵州段）	宜宾至宜昌	赤水河	仁怀小河口	芭蕉溪	156.0		II	黔
302	赤水河黔川缓冲区	宜宾至宜昌	赤水河	芭蕉溪	天堂	20.0		III	黔、川
303	长江上游珍稀、特有鱼类自然保护区（赤水河四川段）	宜宾至宜昌	赤水河	天堂	入长江口	40.0		II～III	川
304	习水河习水保护区	宜宾至宜昌	习水河	寨坝	长沙	114.1		III	黔
305	习水河黔川缓冲区	宜宾至宜昌	习水河	长沙	虎头	11.9		II	黔、川
306	习水河合江保留区	宜宾至宜昌	习水河	虎头	入赤水河口	30.0		III	川

序号	一级水功能区名称	水系	河流、湖库	范围 起始断面	范围 终止断面	长度（km）	面积（km²）	水质目标	行政区
307	大同河古蔺、叙永保留区	宜宾至宜昌	大同河	河源	天星桥	54.0		Ⅲ	川
308	大同河川黔缓冲区	宜宾至宜昌	大同河	天星桥	川黔交界处	3.0		Ⅲ	川、黔
309	大同河赤水保留区	宜宾至宜昌	大同河	川黔交界处	河口	19.0		Ⅲ	黔
310	綦江桐梓保留区	宜宾至宜昌	綦江	源头	松坎镇黄家院子	41.0		Ⅲ	黔
311	綦江黔渝缓冲区	宜宾至宜昌	綦江	松坎镇黄家院子	安稳镇石门坎	15.0		Ⅲ	黔、渝
312	綦江綦江县安稳镇开发利用区	宜宾至宜昌	綦江	安稳镇石门坎	东溪镇紫街	26.0		按二级区划执行	渝
313	綦江綦江县安稳保留区	宜宾至宜昌	綦江	东溪镇紫街	篆塘镇朱滩村	25.0		Ⅲ	渝
314	綦江綦江县城开发利用区	宜宾至宜昌	綦江	篆塘镇朱滩村	古南镇北渡村	23.0		按二级区划执行	渝
315	綦江綦江县、江津保留区	宜宾至宜昌	綦江	古南镇北渡村	江津区支坪街道	80.0		Ⅲ	渝
316	綦江江津区河口开发利用区	宜宾至宜昌	綦江	江津区支坪街道	入长江口	5.0		按二级区划执行	渝
317	长江上游珍稀特有鱼类保护区（长江干流四川段）	宜宾至宜昌	长江干流	岷江口	合江县榕山镇	201.0		Ⅱ	川
318	长江宜宾开发利用区（左岸）	宜宾至宜昌	长江干流	岷江口	李庄镇	20.0		按二级区划执行	川
319	长江安开发利用区（左岸）	宜宾至宜昌	长江干流	硐楼头	赵岩	28.0		按二级区划执行	川
320	长江泸州开发利用区（左岸）	宜宾至宜昌	长江干流	华阳	大华田	28.0		按二级区划执行	川
321	长江川渝缓冲区	宜宾至宜昌	长江干流	合江县榕山镇	江津市朱沱镇饭长	20.0		Ⅲ	川、渝
322	长江上游珍稀特有鱼类自然保护区（长江干流重庆段）	宜宾至宜昌	长江干流	江津市朱沱镇饭长	巴南区马桑溪大桥	176.1		Ⅱ	渝

序号	一级水功能区名称	水系	河流、湖库	范围 起始断面	范围 终止断面	长度（km）	面积（km²）	水质目标	省级行政区
323	长江三峡水库重庆城区开发利用区	宜宾至宜昌	三峡水库	左：巴南区马桑溪大桥 右：巴南区马桑溪大桥	左：井池 右：巴南区木洞镇	56.5 68.0		按二级区划执行	渝
324	三峡水库巴南、长寿保留区	宜宾至宜昌	三峡水库	左：井池 右：巴南区木洞河口	左：沙溪河口 右：扇沱乡	32.0 29.0		II	渝
325	长江三峡水库长寿开发利用区	宜宾至宜昌	三峡水库	左：沙溪河口 右：凤城镇黄草峡	左：凤城镇黄草峡 右：石庙村	22.0 10.0		按二级区划执行	渝
326	长江三峡水库长寿、涪陵保留区	宜宾至宜昌	三峡水库	左：凤城镇黄草峡 右：石庙村	左：涪陵区李渡镇 右：龙桥	32.0 38.0		II	渝
327	长江三峡水库涪陵开发利用区	宜宾至宜昌	三峡水库	左：涪陵区李渡镇 右：龙桥	左：江北办事处韩家沱 右：滩嘴	36.0 28.0		按二级区划执行	渝
328	长江三峡水库涪陵、丰都保留区	宜宾至宜昌	三峡水库	乌江：小溪天生桥 右：江北办事处韩家沱	乌江：乌江入江口 左：三合镇汇南页岩砖厂	10.0 50.0		II	渝
329	长江三峡水库丰都开发利用区	宜宾至宜昌	三峡水库	右：丰都自来水公司上游1km 龙河：鱼剑口电站 左：三合镇汇南页岩砖厂	右：三合镇汇南页岩砖厂 龙河：河口 左：白公祠	46.0 8.0 10.0		按二级区划执行	渝
330	长江三峡水库丰都、忠县保留区	宜宾至宜昌	三峡水库	左：三合镇汇南页岩砖厂 右：三合镇汇南页岩砖厂	左：白公祠 右：忠州镇顺溪场	54.0 74.0	．	II	渝

序号	一级水功能区名称	水系	河流、湖库	范围 起始断面	范围 终止断面	长度(km)	面积(km²)	水质目标	省级行政区
331	长江三峡水库忠县开发利用区	宜宾至宜昌	三峡水库	左：白公祠	左：忠州镇顺溪场	20.0		按二级区划执行	渝
332	长江三峡水库忠县、万州保留区	宜宾至宜昌	三峡水库	左：忠州镇顺溪场 右：忠州镇顺溪场	左：万州区高峰镇 右：新田	47.0 47.5		Ⅱ	渝
333	长江三峡水库万州开发利用区	宜宾至宜昌	三峡水库	左：万州区高峰镇 右：万州城区新田	左：大周 右：太龙镇	26.0 27.0		按二级区划执行	渝
334	长江三峡水库开县开发利用区		小江	小江白鹤街道石伞坝 南河：长江三峡水库小江支流南河回水又竹溪镇	小江：开县渠口镇普里河入河口 南河：河口	18.0 15.0		按二级区划执行	渝
335	长江三峡水库万州、云阳保留区	宜宾至宜昌	三峡水库	左：大周 右：太龙镇	左：小江河口上游1km 右：云阳长江大桥下游4km	15.5 26.5		Ⅱ	渝
336	长江三峡水库云阳开发利用区	宜宾至宜昌	三峡水库	左：小江河口上游1km 右：泸蓉高速彭溪河大桥	左：云阳长江大桥下游4km 小江：小河口	11.0 8.5		按二级区划执行	渝
337	长江三峡水库云阳、奉节保留区	宜宾至宜昌	三峡水库	左：云阳长江大桥下游4km 右：云阳长江大桥下游4km	左：奉节县布衣河入江口 右：奉节长江大桥	71.0 75.0		Ⅱ	渝

序号	一级水功能区名称（项目）	水系	河流、湖库	范围 起始断面	范围 终止断面	长度（km）	面积（km²）	水质目标	省级行政区
338	长江三峡水库奉节开发利用区	宜宾至宜昌	三峡水库	左：奉节县布衣河入江口	左：奉节长江大桥	4.0		按二级区划执行	渝
339	长江三峡水库奉节、巫山保留区	宜宾至宜昌	三峡水库	左：奉节长江大桥 右：奉节长江大桥	左：长江左库大宁河口上游2km 右：巫山长江大桥	41.0 45.0		II	渝
340	长江三峡水库巫山开发利用区	宜宾至宜昌	三峡水库	左：长江左库大宁河口上游2km 大宁河：龙门桥	左：巫山长江大桥 大宁河：河口	4.0 3.5		按二级区划执行	渝
341	长江三峡水库巫山保留区	宜宾至宜昌	三峡水库	巫山长江大桥	巫山县曲尺滩	16.0		II	渝
342	长江渝鄂缓冲区	宜宾至宜昌	三峡水库	巫山县曲尺滩	巴东县彭家沱	15.0		II	渝、鄂
343	长江三峡水库巴东、秭归保留区	宜宾至宜昌	三峡水库	巴东县彭家沱	三峡坝址	85.0		II	鄂
344	长江小江开县、云阳保留区	宜宾至宜昌	三峡水库	开县渠口镇普里河入河口	澎溪河大桥	50.0		II	渝
345	罗布河威信源头水保护区	宜宾至宜昌	罗布河	源头	滇川省界	36.8		II	滇
346	南广河滇川缓冲区	宜宾至宜昌	南广河	滇川省界	新田	3.0		III	滇、川
347	南广河珙县、宜宾保留区	宜宾至宜昌	南广河	新田	落角星	152.8		III	川
348	长江上游珍稀特有鱼类国家级自然保护区（南广河段）	宜宾至宜昌	南广河	落角星	南广镇	6.2		II～III	川
349	长江兴文、珙县源头水保护区	宜宾至宜昌	长宁河	源头	底洞	15.0		II	川
350	长宁河珙县保留区	宜宾至宜昌	长宁河	底洞	甑子湾电站	70.0		III	川
351	长宁河长宁县开发利用区	宜宾至宜昌	长宁河	甑子湾电站	古河镇	24.6		按二级区划执行	川
352	长江上游珍稀特有鱼类国家级自然保护区（长宁河段）	宜宾至宜昌	长宁河	古河镇	江安县	13.4		III	川

序号	一级水功能区名称	水系	河流、湖库	范围 起始断面	范围 终止断面	长度 (km)	面积 (km²)	水质目标	省级行政区
353	永宁河滇川缓冲区	嘉陵江	永宁河	河源	两河	23.0		II	滇、川
354	永宁河叙永水保留区	嘉陵江	永宁河	两河	渠坝	120.4		III	川
355	长江上游珍稀特有鱼类国家级自然保护区（永宁河段）	宜宾至宜昌	永宁河	渠坝	河口	20.6		II～III	川
356	御临河大竹邻水保留区	宜宾至宜昌	御临河	河源	邻水县幺滩镇松柏滩	213.0		III	川
357	御临河川渝缓冲区	宜宾至宜昌	御临河	邻水县幺滩镇松柏滩	渝北区黄印乡	13.0		III	川、渝
358	御临河长渝北开发利用区	宜宾至宜昌	御临河	渝北区黄印乡	渝北区石船镇	42.0		按二级区划执行	渝
359	御临河渝北石船镇保留区	宜宾至宜昌	御临河	渝北区石船镇	入长江口	29.0		III	渝
360	塘河合江源头水保护区	宜宾至宜昌	塘河	源头	天堂坝	24.0		II	川
361	塘河合江保留区	宜宾至宜昌	塘河	天堂坝	马庙子	84.0		III	川
362	塘河川渝缓冲区	宜宾至宜昌	塘河	马庙子	江津市塘河镇	14.0		III	川、渝
363	塘河江津保留区	宜宾至宜昌	塘河	江津市塘河镇	长江入江口	25.0		II	渝
364	藻渡河金佛山银杉自然保护区	宜宾至宜昌	藻渡河	源头	南川区头渡镇	10.0		II	渝
365	藻渡河南川金佛山水库开发利用区	宜宾至宜昌	藻渡河	南川区头渡镇	南川市金山镇金狮	10.0		按二级区划执行	渝
366	藻渡河渝黔缓冲区	宜宾至宜昌	藻渡河	南川市金山镇金狮	贵州省桐梓县狮溪镇	8.0		II	渝、黔
367	藻渡河桐梓保留区	宜宾至宜昌	藻渡河（羊硐河）	贵州省桐梓县狮溪镇	铜梓县坡渡镇	47.0		II	黔
368	藻渡河黔渝缓冲区	宜宾至宜昌	藻渡河	铜梓县坡渡镇	綦江入江口	20.0		II	黔、渝
369	大洪河明月乡斗滩村保留区	宜宾至宜昌	大洪河	邻水县长滩镇	渝北区明月乡斗滩村	37.0		III	川、渝
370	大洪河长寿、渝北保留区	宜宾至宜昌	大洪河	渝北区明月乡斗滩村	入御临河口	53.0		II	渝
371	小江开县源头水保护区	宜宾至宜昌	小江	小江源头	百里一级电站取水口	16.0		II	渝
372	小江开县白鹤镇保留区	宜宾至宜昌	小江	百里一级电站取水口	白鹤镇石伞坝	83.0		II	渝

序号	一级水功能区名称	水系	河流、湖库	范围 起始断面	范围 终止断面	长度（km）	面积（km²）	水质目标	省级行政区
373	小江开县渠口保留区	宜宾至宜昌	小江	渠口镇普里河入河口	开县渠口镇兴华	20.0		II	渝
374	小江开县云阳缓冲区	宜宾至宜昌	小江	开县渠口镇兴华	云阳养鹿镇	4.0		II	渝
375	小江云阳县保留区	宜宾至宜昌	小江	云阳养鹿镇	沪蓉高速磨溪河大桥	38.0		II	渝
376	磨刀溪石柱源头水保护区	宜宾至宜昌	磨刀溪	油草河源头	重庆石柱县黄水镇和龙村	36.0		II	渝
377	磨刀溪鄂渝缓冲区	宜宾至宜昌	磨刀溪	重庆石柱县黄水镇和龙村	万州区走马镇四合村	23.0		II	鄂、渝
378	磨刀溪万州饮用水保留区	宜宾至宜昌	磨刀溪	万州区走马镇四合村	谷雨乡	16.0		II	渝
379	磨刀溪万州保留区	宜宾至宜昌	磨刀溪	谷雨乡	云阳县龙角镇	48.0		II	渝
380	磨刀溪云阳开发利用区	宜宾至宜昌	磨刀溪	云阳县龙角镇	云阳县新津乡长江汇入口	43.7		按二级区划执行	渝
381	长滩河鄂渝缓冲区	宜宾至宜昌	长滩河	利川市柏杨镇沿河村	云阳县双河口	8.0		I～II	鄂、渝
382	长滩河云阳保留区	宜宾至宜昌	长滩河	云阳县双河口	长江入江口	44.0		II	渝
383	大宁河巫溪源头水保护区	宜宾至宜昌	大宁河	大宁河源头	巫溪县下堡镇	22.0		II	渝
384	大宁河巫溪保留区	宜宾至宜昌	大宁河	巫溪县下堡镇	巫溪城厢镇剪刀峰	32.0		II	渝
385	大宁河巫溪城厢镇开发利用区	宜宾至宜昌	大宁河	巫溪城厢镇剪刀峰	巫溪城厢镇庙峡	5.0		按二级区划执行	渝
386	大宁河巫溪巫山保留区	宜宾至宜昌	大宁河	巫溪城厢镇庙峡	巫山大昌镇	48.0		II	渝
387	大宁河巫山保护区	宜宾至宜昌	大宁河	巫山大昌镇	巫峡镇龙门村	34.0		II	渝
388	大宁河巫山保留区	宜宾至宜昌	大宁河	巫峡镇龙门村	龙门桥	17.0		II	渝
389	长江葛洲坝水库保留区	宜宾至宜昌	葛洲坝水库	三峡坝址	葛洲坝	36.0		II	鄂
390	香溪河东支源头水保护区	宜宾至宜昌	香溪河	神农架新华乡	兴山县南阳镇响滩	62.4		II	鄂

序号	一级功能区名称	水系	河流、湖库	范围 起始断面	范围 终止断面	长度 (km)	面积 (km²)	水质目标	省级行政区
391	香溪河西支源头水源保护区	宜宾至宜昌	香溪河	神农架木鱼镇	兴山县南阳镇响滩	67.0		II	鄂
392	香溪河保留区	宜宾至宜昌	香溪河	兴山县南阳镇响滩	香溪河河口	36.0		III	鄂
393	澧水北源桑植自然保护区	洞庭湖水系	澧水北源	桑植县杉木界（源头）	桑植县赶塔	79.7		I	湘
394	澧水中源桑植源头水保护区	洞庭湖水系	澧水中源	桑植县八大公山（源头）	桑植县两河口	80.0		I	湘
395	澧水南源桑植源头水保护区	洞庭湖水系	澧水南源	永顺县芏头（源头）	桑植县两河口	59.0		I	湘
396	澧水桑植、张家界保留区	洞庭湖水系	澧水	桑植县两河口	张家界市花岩电站	97.2		II	湘
397	澧水张家界开发利用区	洞庭湖水系	澧水	张家界市花岩电站	张家界市西溪坪	21.2		按二级区划执行	湘
398	澧水张家界、石门保留区	洞庭湖水系	澧水	张家界市西溪坪	石门县竹园塌（三江口水库大坝）	134.0		III	湘
399	澧水石门开发利用区	洞庭湖水系	澧水	石门县竹园塌（三江口水库大坝）	石门县易家渡	15.0		按二级区划执行	湘
400	澧水石门、澧县保留区	洞庭湖水系	澧水	石门县易家渡	澧县澧州电站	27.8		II	湘
401	澧水澧县、津市开发利用区	洞庭湖水系	澧水	澧县澧州电站	津市小渡口（澧水河口）	21.3		按二级区划执行	湘
402	索水武陵源自然保护区	洞庭湖水系	索水	磨子峪	武陵源区索溪峪镇河口村	34.0		II	湘
403	索水张家界、慈利保留区	洞庭湖水系	索水	武陵源区索溪峪镇河口村	慈利县江垭镇（人溇水口）	29.0		II	湘
404	溇水源头鹤峰保护区	洞庭湖水系	溇水	源头	鹤峰县容美镇	44.0		II	鄂
405	溇水鹤峰保留区	洞庭湖水系	溇水	鹤峰县容美镇	鹤峰县走马镇官屋场	63.0		II	鄂

序号	一级水功能区名称	水系	河流、湖库	范围 起始断面	范围 终止断面	长度（km）	面积（km²）	水质目标	省级行政区
406	溇水鄂湘缓冲区	洞庭湖水系	溇水	鹤峰县走马镇官屋场	鹤峰县铁炉乡江口	34.0		II	鄂、湘
407	溇水慈利保留区	洞庭湖水系	溇水	鹤峰县铁炉乡江口	慈利县城对岸（溇水入澧水口）	104.2		II	湘
408	溇水石门壶瓶山自然保护区	洞庭湖水系	溇水	石门县泉坪、门坎岩	石门县壶瓶山镇	60.5		II	湘
409	溇水石门保留区	洞庭湖水系	溇水	石门县壶瓶山镇	石门县三江口（溇水河口）	104.5		II	湘
410	清水江源头水保护区	洞庭湖水系	沅江干流（清水江）	斗蓬山	茶园	19.1		II	黔
411	清水江都匀开发利用区	洞庭湖水系	沅江干流（清水江）	茶园	都匀王司镇下新路	38.8		按二级区划执行	黔
412	清水江都匀、凯里保留区	洞庭湖水系	沅江干流（清水江）	都匀王司镇下新路	下司	52.8		II	黔
413	清水江凯里开发利用区	洞庭湖水系	沅江干流（清水江）	下司	凯里市桐木	33.7		按二级区划执行	黔
414	清水江凯里、瓮洞保留区	洞庭湖水系	沅江干流（清水江）	凯里市桐木	天柱县瓮洞乡关上村	308.6		III	黔
415	沅江（清水江）黔湘缓冲区	洞庭湖水系	沅江	天柱县瓮洞乡关上村	洪江市托口镇	53.0		II	黔、湘
416	沅江洪江保留区	洞庭湖水系	沅江	洪江市托口镇	洪江市黔城岔头	36.5		III	湘
417	沅江洪江开发利用区	洞庭湖水系	沅江	洪江市黔城岔头	洪江市茅洲	32.6		按二级区划执行	湘
418	渠水源头水保护区	洞庭湖水系	渠水	黎平县地转坡	通道县播阳镇	93.0		II	黔、湘
419	渠水通道、洪江保留区	洞庭湖水系	渠水	通道县播阳镇	洪江市托口镇（渠水入沅江口）	192.0		III	湘

序号	一级水功能区名称	水系	河流、湖库	范围 起始断面	范围 终止断面	长度 (km)	面积 (km²)	水质目标	省级行政区
420	舞水源头水保护区	洞庭湖水系	舞水	瓮安县长岭乡	波洞	19.8		II	黔
421	舞水黄平、玉屏保留区	洞庭湖水系	舞水	波洞	玉屏县大古溪	232.5		II~III	黔
422	舞水黔湘缓冲区	洞庭湖水系	舞水	玉屏县大古溪	新晃县鱼市水电站大坝坝址	11.3		II~III	黔、湘
423	舞水新晃、怀化保留区	洞庭湖水系	舞水	新晃县鱼市水电站大坝坝址	怀化市鹤城区红岩电站坝上1km处	112.0		III	湘
424	舞水怀化开发利用区	洞庭湖水系	舞水	怀化市鹤城区红岩电站坝上1km处	怀化市鸭咀岩(三角滩电站大坝坝址)	23.8		按二级区划执行	湘
425	舞水怀化、洪江保留区	洞庭湖水系	舞水	怀化市鸭咀岩(三角滩电站大坝坝址)	洪江市红岩	34.0		III	湘
426	舞水洪江开发利用区	洞庭湖水系	舞水	洪江市红岩	洪江市黔城(舞水河口)	10.0		按二级区划执行	湘
427	辰水梵净山自然保护区	洞庭湖水系	辰水	梵净山	江口县双江镇	81.0		II	黔
428	辰水江口铜仁保留区	洞庭湖水系	辰水	江口县双江镇	铜仁市锡堡	44.1		II	黔
429	辰水铜仁开发利用区	洞庭湖水系	辰水	铜仁市锡堡	官州河汇入锦江口	18.9		按二级区划执行	黔
430	辰水铜仁保留区	洞庭湖水系	辰水	官州河汇入锦江口	铜仁市漾头电站	20.0		II	黔
431	辰水黔湘缓冲区	洞庭湖水系	辰水	铜仁市漾头电站	麻阳县郭公坪米沙村	10.0		II	黔、湘
432	辰水麻阳、辰溪保留区	洞庭湖水系	辰水	麻阳县郭公坪米沙村	辰溪县锦滨镇小路口(辰水河口)	135.0		III	湘
433	酉水源头水保护区	洞庭湖水系	酉水	宣恩县后坝坝址罗针川	宣恩县沙道沟镇	51.0		II	鄂
434	酉水黔凤保留区	洞庭湖水系	酉水	宣恩县沙道沟镇	卯洞水文站	99.0		II	鄂
435	酉水鄂渝缓冲区	洞庭湖水系	酉水	卯洞水文站	西阳县五福乡大河村	18.0		II	鄂、渝

序号	一级水功能区名称	水系	河流、湖库	范围 起始断面	范围 终止断面	长度（km）	面积（km²）	水质目标	省级行政区
436	酉水酉阳开发利用区	洞庭湖水系	酉水	酉阳县五福乡大河村	秀山县石堤	52.0		按二级区划执行	渝
437	酉水渝湘缓冲区	洞庭湖水系	酉水	秀山县石堤	龙山县里耶镇	14.5		Ⅱ～Ⅲ	渝、湘
438	酉水龙山、沅陵保留区	洞庭湖水系	酉水	龙山县里耶镇	沅陵县张飞庙酉水河口	174.5		Ⅲ	湘
439	花垣河（松桃河）源头水保护区	洞庭湖水系	松桃河	源头	冷水溪	13.1		Ⅱ	黔
440	花垣河（松桃河）保留区	洞庭湖水系	松桃河	冷水溪	寨石	25.2		Ⅲ	黔
441	花垣河（松桃河）松桃开发利用区	洞庭湖水系	松桃河	寨石	下寨	21.2		按二级区划执行	黔
442	花垣河（松桃河）黔湘缓冲区	洞庭湖水系	花垣河	下寨	花垣县边城镇边城楼	28.5		Ⅲ	黔、湘
443	花垣河（松桃河）渝湘缓冲区	洞庭湖水系	花垣河	花垣县边城镇边城楼	花垣县边城镇和平村	17.0		Ⅲ	渝、湘
444	花垣河花垣、保靖保留区	洞庭湖水系	花垣河	花垣县边城镇和平村	保靖县江口	44.0		Ⅲ	湘
445	武水花垣、吉首源头水保护区	洞庭湖水系	武水峒河	花垣县老人山	吉首市大兴寨	51.0		Ⅱ	湘
446	武水吉首保留区	洞庭湖水系	武水峒河	吉首市大兴寨	吉首市寨阳	16.5		Ⅱ	湘
447	武水吉首开发利用区	洞庭湖水系	武水峒河	吉首市寨阳	吉首市河溪镇大庄（峒河与万溶江汇合口）	23.0		按二级区划执行	湘
448	万溶江凤凰、吉首保留区	洞庭湖水系	武水万溶江	凤凰县古长坪（源头）	吉首市乾洲镇施金坪	44.0		Ⅱ	湘
449	万溶江吉首开发利用区	洞庭湖水系	武水万溶江	吉首市乾洲镇施金坪	吉首市河溪镇大庄（峒河与万溶江汇合口）	15.0		按二级区划执行	湘
450	武水吉首、泸溪保留区	洞庭湖水系	武水	吉首市河溪镇大庄（峒河与万溶江汇合口）	泸溪县武溪镇（武水入沅江口）	54.5		Ⅲ	湘
451	沅江洪江、桃源保留区	洞庭湖水系	沅江	洪江市茅洲	桃源县尧河	417.1		Ⅲ	湘
452	沅江桃源开发利用区	洞庭湖水系	沅江	桃源县尧河	桃源县邓家湾	7.6		按二级区划执行	湘

序号	项目/一级水功能区名称	水系	河流、湖库	范围 起始断面	范围 终止断面	长度（km）	面积（km²）	水质目标	省级行政区
453	沅江桃源、常德保留区	洞庭湖水系	沅江	桃源县邓家湾	常德市鼎城区河洑镇	17.9		Ⅲ	湘
454	沅江常德开发利用区	洞庭湖水系	沅江	常德市鼎城区德山浓镇	常德市鼎城区德山彭家河	34.8		按二级区划执行	湘
455	沅江常德、汉寿保留区	洞庭湖水系	沅江	常德市鼎城区德山彭家河	汉寿县坡头镇	53.3		Ⅲ	湘
456	资水（夫夷水）资源源头保护区	洞庭湖水系	资水（夫夷水）	源头	资源县中峰乡车田湾村	35.0		Ⅱ	桂
457	资水（夫夷水）资源开发利用区	洞庭湖水系	资水（夫夷水）	资源县中峰乡车田湾村	资源县大合镇沈滩	14.0		按二级区划执行	桂
458	资水（夫夷水）资源保留区	洞庭湖水系	资水（夫夷水）	资源县大合镇沈滩	资源县梅溪乡	30.0		Ⅲ	桂
459	资水（夫夷水）桂湘缓冲区	洞庭湖水系	资水（夫夷水）	资源县梅溪乡	邵阳市新宁县杉木杜塘	22.0		Ⅱ	桂、湘
460	资水（夫夷水）新宁莨山自然保护区	洞庭湖水系	资水（夫夷水）	邵阳市新宁县杉木杜塘	新宁县新星里	10.5		Ⅲ	湘
461	资水（夫夷水）新宁、邵阳保留区	洞庭湖水系	资水（夫夷水）	新宁县新屋里	邵阳县塘渡口镇双江口	128.0		Ⅲ	湘
462	资水邵阳保留区	洞庭湖水系	资水	邵阳县塘渡口镇双江口	邵阳市北塔区何家院子	38.5		Ⅱ	湘
463	资水邵阳开发利用区	洞庭湖水系	资水	邵阳市北塔区何家院子	邵阳市苗儿塘	26.8		按二级区划执行	湘
464	资水邵阳、冷水江保留区	洞庭湖水系	资水	邵阳市苗儿塘	冷水江市新田	52.1		Ⅱ	湘
465	资水冷江、新化开发利用区	洞庭湖水系	资水	冷水江市新田	新化县塔山村	45.1		按二级区划执行	湘
466	资水新化、益阳保留区	洞庭湖水系	资水	新化县塔山村	益阳市史家洲	278.2		Ⅱ	湘
467	资水益阳开发利用区	洞庭湖水系	资水	益阳市史家洲	益阳市沙头镇	29.5		按二级区划执行	湘

序号	一级水功能区名称	项目 水系	河流、湖库	范围 起始断面	范围 终止断面	长度 （km）	面积 （km²）	水质 目标	省级 行政区
468	赧水城步、武冈源头水保护区	洞庭湖水系	赧水	城步县黄马界	武冈市城西	49.1		I	湘
469	赧水武冈、邵阳保留区	洞庭湖水系	赧水	武冈市城西	邵阳县塘渡口镇双江口	137.6		III	湘
470	湘江兴安源头水保护区	洞庭湖水系	湘江	源头	兴安县崔家乡	40.0		II	桂
471	湘江兴安保留区	洞庭湖水系	湘江	兴安县崔家乡	兴安县城湘江北渠入口（大天平）	12.4		III	桂
472	湘江兴安开发利用区	洞庭湖水系	湘江	兴安县城湘江北渠入口（大天平）	兴安县界首镇	25.6		按二级 区划执行	桂
473	湘江兴安、全州保留区	洞庭湖水系	湘江	兴安县界首镇	全州县金屏村	32.0		III	桂
474	湘江全州开发利用区	洞庭湖水系	湘江	全州县金屏村	全州县衰衣渡	25.0		按二级 区划执行	桂
475	湘江全州保留区	洞庭湖水系	湘江	全州县衰衣渡	全州县庙头镇	30.0		III	桂
476	湘江桂湘缓冲区	洞庭湖水系	湘江	全州县庙头镇	永州市东安县大江口	34.6		III	桂、湘
477	湘江东安、永州保留区	洞庭湖水系	湘江	永州市东安县大江口	永州市老埠头	48.4		III	湘
478	湘江永州开发利用区	洞庭湖水系	湘江	永州市老埠头	永州市高溪市镇	34.1		按二级 区划执行	湘
479	湘江永州、衡南保留区	洞庭湖水系	湘江	永州市高溪市镇	衡南县车江镇文昌	219.9		III	湘
480	湘江衡阳开发利用区	洞庭湖水系	湘江	衡南县车江镇文昌	衡阳市站门前	45.5		按二级 区划执行	湘
481	湘江衡阳、株洲保留区	洞庭湖水系	湘江	衡阳市站门前	株洲市曲尺	154.7		III	湘
482	湘江株洲开发利用区	洞庭湖水系	湘江	株洲市曲尺	湘潭市湘江二大桥	27.8		按二级 区划执行	湘
483	湘江湘潭开发利用区	洞庭湖水系	湘江	湘潭市湘江二大桥	长沙市霉云市	35.7		按二级 区划执行	湘

序号	一级水功能区名称	水系	河流、湖库	范围 起始断面	范围 终止断面	长度（km）	面积（km²）	水质目标	省级行政区
484	湘江长沙市开发利用区	洞庭湖水系	湘江	长沙市睾云市	望城县沩水河口	55.6		按二级区划执行	湘
485	湘江望城、湘阴保留区	洞庭湖水系	湘江	望城县沩水河口	湘阴市濠河	28.7		III	湘
486	潇水江华源头水保护区	洞庭湖水系	潇水	江华县九疑山	江华文站	95.0		I	湘
487	潇水江华、永州保留区	洞庭湖水系	潇水	江华文站	永州市芝山区富家桥	224.7		III	湘
488	潇水永州开发利用区	洞庭湖水系	潇水	永州市芝山区富家桥	永州市萍岛（潇水入湘江口）	34.3		按二级区划执行	湘
489	舂陵水蓝山源头水保护区	洞庭湖水系	舂陵水（钟水）	蓝山县南岭山脉西峰岭西北麓	蓝山县岭脚村	102.5		III	湘
490	舂陵水蓝山、常宁保留区	洞庭湖水系	舂陵水	蓝山县岭脚村	常宁县娄河河口（舂陵水入湘江口）	204.5		III	湘
491	耒水桂东、汝城源水保护区	洞庭湖水系	耒水（洭江）	桂东县烟竹堡	资兴市东江水库坝下	172.1		II	湘
492	耒水资兴、苏仙开发利用区	洞庭湖水系	耒水	资兴市东江水库坝下	郴州市苏仙区桥口镇	25.1		按二级区划执行	湘
493	耒水郴州、耒阳保留区	洞庭湖水系	耒水	郴州市苏仙区桥口镇	耒阳市泗门洲镇	107.6		III	湘
494	耒水耒阳开发利用区	洞庭湖水系	耒水	耒阳市泗门洲镇	耒阳市铜锣洲	24.4		按二级区划执行	湘
495	耒水耒阳、衡阳保留区	洞庭湖水系	耒水	耒阳市铜锣洲	衡阳市耒河口	123.8		III	湘
496	洣水炎陵源头水保护区	洞庭湖水系	洣水	炎陵县天障冲	炎陵县大桥头	73.0		II	湘
497	洣水炎陵、衡山保留区	洞庭湖水系	洣水	炎陵县大桥头	衡山县洣河口	223.0		III	湘
498	渌水源头水保护区	洞庭湖水系	渌水	上栗县杨岐山南麓黄上凹起源	上栗县周江边	24.0		II	赣
499	渌水萍乡上保留区	洞庭湖水系	渌水	上栗县周江边	上栗县三田	10.0		III	赣
500	渌水萍乡开发利用区	洞庭湖水系	渌水	上栗县三田	萍乡市南坑河汇入口	11.5		按二级区划执行	赣

序号	一级水功能区名称	水系	河流、湖库	起始断面	终止断面	长度 (km)	面积 (km²)	水质目标	省级行政区
501	渌水萍乡下保留区	洞庭湖水系	渌水	萍乡市南坑河汇入口	萍乡市麻山河汇入口	7.0		Ⅲ	赣
502	渌水湘东开发利用区	洞庭湖水系	渌水	萍乡市麻山河汇入口	萍乡市湘东偷家湾	15.0		按二级区划执行	赣
503	渌水赣湘缓冲区	洞庭湖水系	渌水	萍乡市湘东偷家湾	醴陵市（南川水汇入口）	14.7		Ⅲ	赣、湘
504	渌水醴陵开发利用区	洞庭湖水系	渌水	醴陵市（南川水与渌水汇入口）	醴陵市大西滩水文站	24.5		按二级区划执行	湘
505	渌水醴陵、株洲保留区	洞庭湖水系	渌水	醴陵市大西滩水文站	株洲县渌口镇（渌水入湘江口）	43.0		Ⅲ	湘
506	涟水新邵、涟源冲区	洞庭湖水系	涟水	新邵县观音山西南麓（源头）	涟源市麻如塘（良溪河口）	22.3		Ⅲ	湘
507	涟水涟源开发利用区	洞庭湖水系	涟水	涟源市麻如塘（良溪河口）	涟源市石马山	9.5		按二级区划执行	湘
508	涟水涟源、娄底保留区	洞庭湖水系	涟水	涟源市石马山	娄底市石井	30.2		Ⅲ	湘
509	涟水娄底开发利用区	洞庭湖水系	涟水	娄底市犁头咀	娄底市犁头咀（孙水入涟水口）	21.0		按二级区划执行	湘
510	涟水娄底、湘乡保留区	洞庭湖水系	涟水	娄底市犁头咀（孙水入涟水口）	湘乡市园池塘	79.0		Ⅲ	湘
511	涟水湘乡开发利用区	洞庭湖水系	涟水	湘乡市园池塘	湘乡市铜铜湾渡口	19.1		按二级区划执行	湘
512	涟水湘乡、湘潭保留区	洞庭湖水系	涟水	湘潭县湘潭河渡口	湘潭县湘潭河口（涟水入湘江口）	42.9		Ⅲ	湘
513	浏阳河浏阳源头保护区	洞庭湖水系	浏阳河	浏阳市大围山横山坳（源头）	浏阳市达浒镇	38.1		Ⅱ	湘
514	浏阳河浏阳保留区	洞庭湖水系	浏阳河	浏阳市达浒镇	浏阳市双江口	46.8		Ⅱ	湘

序号	一级水功能区名称	水系	河流、湖库	范围 起始断面	范围 终止断面	长度 (km)	面积 (km²)	水质目标	省级行政区
515	小溪河浏阳源头水保护区	洞庭湖水系	浏阳河、小溪河	浏阳市大围山双溪（小溪河源头）	浏阳市双江口	108.0		Ⅱ	湘
516	浏阳河浏阳开发利用区	洞庭湖水系	浏阳河	浏阳市双江口	浏阳市大粟坪电站大坝	13.0		按二级区划执行	湘
517	浏阳河浏阳、长沙保留区	洞庭湖水系	浏阳河	浏阳市大粟坪电站大坝	长沙市黄兴镇东山	94.7		Ⅱ	湘
518	浏阳河长沙开发利用区	洞庭湖水系	浏阳河	长沙市黄兴镇东山	陈家屋场（浏阳河入湘江河口）	29.4		按二级区划执行	湘
519	汨罗江东源修水、平江源头水保护区	洞庭湖水系	汨罗江东源	江西修水县梨树窝	平江县加义水文站	103.1		Ⅱ	湘
520	汨罗江平江保留区	洞庭湖水系	汨罗江	平江县加义水文站	汨罗市新市	115.0		Ⅲ	湘
521	汨罗江汨罗开发利用区	洞庭湖水系	汨罗江	汨罗市新市	汨罗市白丈口	12.4		按二级区划执行	湘
522	汨罗江汨罗保留区	洞庭湖水系	汨罗江	汨罗市白丈口	汨罗市磊石镇	22.5		Ⅲ	湘
523	湘江洪道东支保留区	洞庭湖水系	湘江洪道东支	湘阴市濠河口	汨罗市荣田	32.3		Ⅲ	湘
524	湘江洪道西支保留区	洞庭湖水系	湘江洪道西支	湘阴市濠河口	湘阴市斗米嘴	31.0		Ⅲ	湘
525	资水洪道沙杨保留区	洞庭湖水系	资水洪道	益阳市沙头镇	益阳市杨柳潭	24.5		Ⅲ	湘
526	资水洪道甘溪港保留区	洞庭湖水系	资水洪道	益阳市甘溪港	沅江市凌云塔	22.0		Ⅲ	湘
527	资水洪道毛角口保留区	洞庭湖水系	资水洪道	益阳市毛角口	湘阴市临资口	35.5		Ⅲ	湘
528	澧水洪道保留区	洞庭湖水系	澧水洪道	津市小渡口	沅江市南嘴	77.8		Ⅲ	湘
529	东洞庭湖自然保护区	洞庭湖水系	东洞庭湖区	东洞庭湖			1328.0	Ⅲ	湘
530	南洞庭湖湿地生态保护区	洞庭湖水系	南洞庭湖区	南洞庭湖			920.0	Ⅲ	湘
531	目平湖湿地保护区	洞庭湖水系	目平湖	目平湖			349.0	Ⅲ	湘
532	松滋东河保留区	洞庭湖水系	松滋东河	松滋县老城镇	公安县孟家溪	85.0		Ⅲ	鄂

序号	一级水功能区名称	水系	河流、湖库	范围		长度（km）	面积（km²）	水质目标	省级行政区
				起始断面	终止断面				
533	松滋东河（东支）鄂湘缓冲区	洞庭湖水系	松滋东河	公安县孟家溪	常德市安乡县焦圻镇永兴	22.1		Ⅲ	鄂、湘
534	松滋河（东支）安乡保留区	洞庭湖水系	松滋河（东支）	常德市安乡县焦圻镇永兴	常德市安乡县安障乡沙湖口	22.0		Ⅲ	湘
535	松滋西河保留区	洞庭湖水系	松滋西河	松滋市陈家店	公安县郑公渡	103.0		Ⅲ	鄂
536	松滋西河鄂湘缓冲区	洞庭湖水系	松滋西河	公安县郑公渡	安乡县焦圻镇青龙窖	15.5		Ⅲ	鄂、湘
537	松滋西河（中支）安乡保留区	洞庭湖水系	松滋西河（中支）	安乡县焦圻镇青龙窖	常德市安乡县城	38.5		Ⅲ	湘
538	松滋西河（西支）安乡保留区	洞庭湖水系	松滋西河（西支）	安乡县焦圻镇青龙窖	安乡县安凝乡蒙口	26.3		Ⅲ	湘
539	虎渡河保留区	洞庭湖水系	虎渡河	公安县太平口	公安县凤斗岗	85.0		Ⅲ	鄂
540	虎渡河鄂湘缓冲区	洞庭湖水系	虎渡河	公安县凤斗岗	安乡县安生乡	15.8		Ⅲ	鄂、湘
541	虎渡河安乡保留区	洞庭湖水系	虎渡河	安乡县安生乡	安乡县安德乡肖家湾	53.0		Ⅲ	湘
542	藕池河（东支）保留区	洞庭湖水系	藕池河（东支）	公安县陈家潭	公安县六合垸	36.0		Ⅲ	鄂
543	藕池河（东支）鄂湘缓冲区	洞庭湖水系	藕池河（东支）	公安县六合垸	华容县梅田湖镇	8.0		Ⅲ	鄂、湘
544	藕池河（东支）华容保留区	洞庭湖水系	藕池河（东支）	华容县梅田湖镇	藕池河（东支）入洞庭湖口	70.5		Ⅲ	湘
545	鲇鱼须河湘鄂缓冲区	洞庭湖水系	鲇鱼须河	湘鄂省界处	岳阳市华容县鲇市	2.5		Ⅲ	湘、鄂
546	鲇鱼须河华容保留区	洞庭湖水系	鲇鱼须河	岳阳市华容县鲇市	益阳市南县九都乡	24.6		Ⅲ	湘
547	藕池河（中支）鄂湘缓冲区	洞庭湖水系	藕池河（中支）	石首市团山寺镇新发街	华容县梅田湖镇浩丰明	20.4		Ⅲ	鄂、湘
548	藕池河（中支）南县保留区	洞庭湖水系	藕池河（中支）	华容县梅田湖镇浩丰明	益阳市南县茅草街	55.8		Ⅲ	湘
549	藕池河（西支）鄂湘缓冲区	洞庭湖水系	藕池河（西支）	公安县藕池镇南口砖瓦厂	安乡县官垱镇	21.7		Ⅲ	鄂、湘
550	藕池河（西支）安乡、南县保留区	洞庭湖水系	藕池河（西支）	安乡县官垱镇	益阳市南县下柴市	47.5		Ⅲ	湘

序号	一级水功能区名称	水系	河流、湖库	范围 起始断面	范围 终止断面	长度（km）	面积（km²）	水质目标	省级行政区
551	汉江宁强源头水保护区	汉江	汉江	源头	金牛驿	34.0		Ⅱ	陕
552	汉江勉县保留区	汉江	汉江	金牛驿	武侯镇	43.0		Ⅱ	陕
553	汉江勉县开发利用区	汉江	汉江	武侯镇	高潮区	15.5		按二级区划执行	陕
554	汉江勉汉保留区	汉江	汉江	高潮区	叶家营	48.0		Ⅱ	陕
555	汉江汉中开发利用区	汉江	汉江	叶家营	圣水镇	25.5		按二级区划执行	陕
556	汉江汉中保留区	汉江	汉江	圣水镇	汉川河口	27.5		Ⅱ	陕
557	汉江城固开发利用区	汉江	汉江	汉川河口	三合	15.0		按二级区划执行	陕
558	汉江洋县保留区	汉江	汉江	三合	党水河口	27.0		Ⅱ	陕
559	汉江洋县开发利用区	汉江	汉江	党水河口	东村	16.0		按二级区划执行	陕
560	汉江石泉、紫阳保留区	汉江	汉江	东村	安康水库大坝	234.0		Ⅱ	陕
561	汉江安康开发利用区	汉江	汉江	安康水库大坝	关庙	19.0		按二级区划执行	陕
562	汉江旬阳、安康保留区	汉江	汉江	关庙	菜湾	48.0		Ⅱ	陕
563	汉江旬阳开发利用区	汉江	汉江	菜湾	庙岭	10.0		按二级区划执行	陕
564	汉江旬阳保留区	汉江	汉江	庙岭	白河县兰滩镇	53.0		Ⅱ	陕
565	汉江陕鄂缓冲区	汉江	汉江	白河县兰滩镇	郧西县羊尾镇	49.0		Ⅱ	陕、鄂
566	汉江丹江口水库调水水源地保护区	汉江	汉江	丹江口水库库区			1050.0	Ⅱ	鄂、豫
567	旬河源头水保护区	汉江	旬河	源头	柴坪水文站	104.0		Ⅱ	陕
568	旬河镇安、旬阳保留区	汉江	旬河	柴坪水文站	白柳	101.0		Ⅱ	陕

序号	一级水功能区名称	水系	河流、湖库	范围		长度（km）	面积（km²）	水质目标	省级行政区
				起始断面	终止断面				
569	旬河旬阳开发利用区	汉江	旬河	白柳	入汉江口	13.5		按二级区划执行	陕
570	乾佑河柞水镇安保护区	汉江	乾佑河	河源	入旬河口	140.0		Ⅱ	陕
571	堵河源头水保护区	汉江	堵河	源头	竹溪县鄂坪乡	95.0		Ⅱ	鄂
572	堵河竹溪、竹山保护区	汉江	堵河	竹溪县鄂坪乡	竹山水文站	111.0		Ⅱ	鄂
573	黄龙滩水库饮用水保护区	汉江	黄龙滩水库	黄龙滩水库坝前	黄龙滩水库坝前	30.0	31.7	Ⅱ	鄂
574	堵河十堰、郧县保护区	汉江	堵河	河源	入汉江口	64.0		Ⅱ	鄂
575	丹江商州保留区	汉江	丹江	二龙山水库	张村	21.5		按二级区划执行	陕
576	丹江商州开发利用区	汉江	丹江	张村	丹凤	51.0		Ⅱ	陕
577	丹江商州、丹凤保留区	汉江	丹江	丹凤	月日	7.0		按二级区划执行	陕
578	丹江丹凤开发利用区	汉江	丹江	月日	耀岭河口	75.0		Ⅱ	陕
579	丹江丹凤、商南保护区	汉江	丹江	耀岭河口	荆紫关	33.0		Ⅱ	陕、豫
580	丹江陕豫缓冲区	汉江	丹江	荆紫关	丹江口水库入口	51.0		Ⅱ	豫
581	丹江淅川自然保护区	汉江	丹江	荆紫关	丹江口水库入口	165.0		Ⅱ	陕
582	夹河（金钱河）山阳保留区	汉江	金钱河	河源	南宽坪水文站	34.0		Ⅱ	陕、鄂
583	夹河（金钱河）陕鄂缓冲区	汉江	夹河	南宽坪水文站	郧西县兵营铺	49.5		Ⅱ	陕
584	夹河郧西保留区	汉江	夹河	郧西县夹河镇吕家坡	西照川	24.8		Ⅱ	陕
585	天河山阳源头水保护区	汉江	天河	源头	西照川	22.7		Ⅱ	陕
586	天河陕鄂缓冲区	汉江	天河	西照川	郧西白岩	59.9		Ⅱ	陕、鄂
587	天河郧西鄂保留区	汉江	天河	郧西白岩	天河口	39.0		Ⅲ	鄂
588	渭河南源南源头水保护区	汉江	渭河	源头	赵川			Ⅱ	陕

序号	一级水功能区名称	水系	河流、湖库	范围 起始断面	范围 终止断面	长度 (km)	面积 (km²)	水质目标	行政区 省级
589	沿河陕鄂缓冲区	汉江	沿河	赵川	郧县南化塘	41.2		II	陕、鄂
590	沿河保留区	汉江	沿河	郧县南化塘	郧县梅家铺	76.5		II	鄂
591	任河城口大巴山自然保护区	汉江	任河	任河源头	棉沙乡	85.8		I	渝
592	任河城口保留区	汉江	任河	棉沙乡	城口县新枞乡	40.2		II	渝
593	任河渝川保留区	汉江	任河	城口县新枞乡	万源县钟亭镇	14.0		II	渝、川
594	任河万源保留区	汉江	任河	万源县钟亭镇	书房咀	29.0		III	川
595	任河川陕缓冲区	汉江	任河	书房咀	毛坝	16.5		III	川、陕
596	任河紫阳保留区	汉江	任河	毛坝	入汉江口	43.2		II	陕
597	白河伏牛山自然保护区	汉江	白河	源头	白土岗水文站	80.0		I	豫
598	白河鸭河口水库保留区	汉江	白河	白土岗水文站	鸭河口水库大坝	83.9		II	豫
599	白河南召保留区	汉江	白河	鸭河口水库大坝	南阳市独山	30.0		III	豫
600	白河南阳开发利用区	汉江	白河	南阳市独山	南阳市上范营	23.8		按二级区划执行	豫
601	白河南阳、新野保留区	汉江	白河	南阳市上范营	湍河入白河口	63.0		III	豫
602	白河新野开发利用区	汉江	白河	湍河入白河口	新甸铺水文站	21.0		按二级区划执行	豫
603	白河豫鄂缓冲区	汉江	白河	新甸铺水文站	襄阳县朱集镇程湾	18.0		III	豫、鄂
604	唐河方城源头水保护区	汉江	唐河	源头	袁店乡省道50	26.8		II	豫
605	唐河方城、社旗保留区	汉江	唐河	袁店乡省道50	泌阳河河口	74.4		III	豫
606	唐河唐县开发利用区	汉江	唐河	泌阳河河口	三夹河河口	17.6		按二级区划执行	豫
607	唐河唐县保留区	汉江	唐河	三夹河河口	郭滩水文站	30.0		III	豫
608	唐河豫鄂缓冲区	汉江	唐河	郭滩水文站	襄阳程河镇	50.6		III	豫、鄂

序号	一级水功能区名称	水系	河流、湖库	范围 起始断面	范围 终止断面	长度（km）	面积（km²）	水质目标	省级行政区
609	唐河襄阳保留区	汉江	唐河	襄阳县程河镇	襄阳县双沟镇	34.0		Ⅲ	鄂
610	唐白河襄阳保留区	汉江	唐白河	襄阳县朱集镇程湾	襄阳县张湾镇	38.6		Ⅲ	鄂
611	湍河内乡源头水保护区	汉江	湍河	源头	七里坪韩家庄	72.0		Ⅱ	豫
612	湍河内乡、邓州保留区	汉江	湍河	七里坪韩家庄	邓州市十里铺	95.0		Ⅱ	豫
613	湍河邓州开发利用区	汉江	湍河	邓州市十里铺	湍河入白河河口	43.0		按二级区划执行	豫
614	汉江丹江口、襄樊保留区	汉江	汉江	丹江口水库坝前	襄阳县竹条镇	107.0		Ⅱ	鄂
615	汉江襄樊开发利用区	汉江	汉江	襄樊市余家湖王营	襄樊市余家湖王营	32.0		按二级区划执行	鄂
616	汉江襄阳、宜城、钟祥保留区	汉江	汉江	襄樊市余家湖王营	汉江俐河河口	107.0		Ⅱ	鄂
617	汉江钟祥开发利用区	汉江	汉江	汉江俐河河口	钟祥市南湖农场	29.0		按二级区划执行	鄂
618	汉江钟祥、潜江保留区	汉江	汉江	钟祥市南湖农场	潜江市王场镇	124.0		Ⅱ	鄂
619	汉江潜江市开发利用区	汉江	汉江	潜江市王场镇	天门市王场镇	16.0		按二级区划执行	鄂
620	汉江天门、仙桃保留区	汉江	汉江	天门市张港	天门市多祥镇	67.0		Ⅱ	鄂
621	汉江仙桃开发利用区	汉江	汉江	天门市多祥镇	汉川市万福闸	24.0		按二级区划执行	鄂
622	汉江仙桃、汉川保留区	汉江	汉江	汉川市万福闸	汉川市马鞍镇	54.0		Ⅲ	鄂
623	汉江汉川开发利用区	汉江	汉江	汉川市马鞍镇	武汉市新沟镇	25.0		按二级区划执行	鄂
624	汉江武汉保留区	汉江	汉江	武汉市新沟镇	蔡甸区张湾镇	8.0		Ⅲ	鄂
625	汉江武汉开发利用区	汉江	汉江	蔡甸区张湾镇	武汉市龙王庙	41.0		按二级区划执行	鄂

序号	一级水功能区名称 项目	水系	河流、湖库	范围 起始断面	范围 终止断面	长度（km）	面积（km²）	水质目标	省级行政区
626	北河保留区	汉江	北河	房县沙河乡黄兴观	谷城北河镇	103.0		Ⅱ	鄂
627	南河神农架自然保护区	汉江	南河	河源	神农架红坪镇高家屋场	10.0		Ⅱ	鄂
628	南河谷城保留区	汉江	南河	神农架红坪镇高家屋场	谷城城关王家咀	243.0		Ⅲ	鄂
629	汉北河源头水保护区	汉江	汉北河	源头	钟祥市长滩镇	23.0		Ⅲ	鄂
630	汉北河长滩、黄潭保留区	汉江	汉北河	钟祥市长滩镇	天门市黄潭镇	84.0		Ⅲ	鄂
631	汉北河天门开发利用区	汉江	汉北河	天门市卢市镇	天门市卢市镇	19.0		按二级区划执行	鄂
632	汉北河天门、汉川保护区	汉江	汉北河	天门市新沟镇	武汉市新沟镇	112.0		Ⅲ	鄂
633	清江源头保留区	宜昌至湖口	清江	利川汪营镇上十庙	利川城关镇	68.0		Ⅱ	鄂
634	清江利川、恩施保留区	宜昌至湖口	清江	利川城关镇	恩施市峡口大桥	105.0		Ⅱ	鄂
635	清江恩施开发利用区	宜昌至湖口	清江	恩施市峡口大桥	恩施市大沙坝（连珠塔）	8.0		按二级区划执行	鄂
636	清江恩施、宜都保留区	宜昌至湖口	清江	恩施市大沙坝（连珠塔）	宜都陆城街办	247.0		Ⅲ	鄂
637	长江宜昌中华鲟保护区	宜昌至湖口	长江干流	葛洲坝	松滋县陈家店五家口	69.0		Ⅱ	鄂
638	长江宜昌开发利用区	宜昌至湖口	长江干流	葛洲坝	虎牙滩	22.0		按二级区划执行	鄂
639	长江宜昌、荆州保留区	宜昌至湖口	长江干流	松滋县陈家店五家口	公安县虎渡河口	62.0		Ⅲ	鄂
640	长江荆州开发利用区	宜昌至湖口	长江干流	公安县虎渡河口	江陵滩桥镇观音寺	23.0		按二级区划执行	鄂
641	长江荆州保留区	宜昌至湖口	长江干流	江陵滩桥镇观音寺	石首人民大垸大垸码头	82.5		Ⅱ	鄂
642	长江石首、监利白鱀豚保护区	宜昌至湖口	长江干流	石首人民大垸大垸码头	湖南塔市五码口	89.0		Ⅱ	鄂

序号	一级水功能区名称	水系	河流、湖库	范围 起始断面	范围 终止断面	长度（km）	面积（km²）	水质目标	省级行政区
643	长江监利、洪湖保留区	宜昌至湖口	长江干流	湖南临湘市五码口	洪湖螺山镇	130.0		II	鄂
644	长江洪湖新螺段白鱀豚保护区	宜昌至湖口	长江干流	洪湖新螺山镇	洪湖新滩口	135.5		II	鄂
645	长江嘉鱼、武汉保护区	宜昌至湖口	长江干流	洪湖新滩口	武汉沌口	58.0		II	鄂
646	沮河源头水保护区	汉江	沮河	保康欧店乡大湾	马良坪水文站	79.0		II	鄂
647	沮河远安、当阳保留区	汉江	沮河	马良坪水文站	当阳河溶镇	151.0		III	鄂
648	巩河水库饮用水保护区	宜昌至湖口	巩河水库	巩河水库库区			9.8	II	鄂
649	漳河源头水保护区	宜昌至湖口	漳河	保康县龙坪乡	打鼓台水文站	45.0		II	鄂
650	漳河南漳保留区	宜昌至湖口	漳河	打鼓台水文站	漳河水库库尾	52.0		II	鄂
651	漳河水库饮用水保护区	宜昌至湖口	漳河水库	漳河水库区			104.0	II	鄂
652	漳河当阳保留区	宜昌至湖口	漳河	漳河水库坝下	当阳河溶镇	87.0		III	鄂
653	沮漳河湘州保留区	宜昌至湖口	沮漳河	当阳河溶镇	沙市市立新乡临江寺	114.0		III	鄂
654	长江黄州开发利用区	宜昌至湖口	长江干流	黄州赤壁山	黄州巴河河口	20.0		按二级区划执行	鄂
655	涢水源头水保护区	宜昌至湖口	涢水	曾都长岗镇双门洞	曾都洪山镇茅茨畈	25.0		II	鄂
656	涢水澴潭保留区	宜昌至湖口	涢水	曾都洪山镇茅茨畈	曾都安居镇	75.0		II	鄂
657	涢水曾都开发利用区	宜昌至湖口	涢水	曾都安居镇	曾都澴河镇	25.0		按二级区划执行	鄂
658	涢水曾都、安陆保留区	宜昌至湖口	涢水	曾都澴河镇	安陆伏水港	66.0		III	鄂
659	涢水安陆解放山开发利用区	宜昌至湖口	涢水	安陆伏水港	安陆红湾	11.0		按二级区划执行	鄂
660	涢水安陆、云梦保留区	宜昌至湖口	涢水	安陆红湾	云梦隔蒲潭小施村	56.0		III	鄂
661	涢水隔蒲潭开发利用区	宜昌至湖口	涢水	云梦隔蒲潭小施村	云梦黄金台	5.0		按二级区划执行	鄂

序号	一级水功能区名称	水系	河流、湖库	范围 起始断面	范围 终止断面	长度 (km)	面积 (km²)	水质目标	省级行政区
662	涢水云梦、武汉保留区	宜昌至湖口	涢水	云梦黄金台	武汉市后湖泵站	75.0		Ⅲ	鄂
663	涢水（朱家河）武汉开发利用区	宜昌至湖口	涢水	武汉市后湖泵站	朱家河口	10.0		按二级区划执行	鄂
664	滠水源头水保护区	宜昌至湖口	滠水	桃花冲林场	英山水文站	71.0		Ⅱ	鄂
665	滠水英山保留区	宜昌至湖口	滠水	英山水文站	入长江口	91.0		Ⅲ	鄂
666	长江岳阳开发利用区	宜昌至湖口	长江干流	岳阳市城陵矶	洪湖螺山镇	32.0		按二级区划执行	湘
667	长江武汉开发利用区	宜昌至湖口	长江干流	武汉沌口	武汉葛店	60.0		按二级区划执行	鄂
668	长江武汉、鄂州、黄州保留区	宜昌至湖口	长江干流	武汉葛店	鄂州临江镇	42.0		Ⅲ	鄂
669	长江鄂州开发利用区	宜昌至湖口	长江干流	鄂州临江镇	鄂州燕矶镇	20.0		按二级区划执行	鄂
670	长江鄂州、黄石保留区	宜昌至湖口	长江干流	鄂州燕矶镇	鄂州市杨叶乡	46.0		Ⅲ	鄂
671	长江黄石开发利用区	宜昌至湖口	长江干流	鄂州市杨叶乡	黄石市河口镇	25.0		按二级区划执行	鄂
672	长江黄石、武穴保留区	宜昌至湖口	长江干流	黄石市河口镇	阳新县富池口	38.0		Ⅲ	鄂
673	长江鄂赣缓冲区	宜昌至湖口	长江	阳新县富池口	瑞昌下田	12.5		Ⅱ～Ⅲ	鄂、赣
674	长江瑞昌、九江保留区	宜昌至湖口	长江	瑞昌下田	九江赛城湖闸上游200m	40.5		Ⅲ	赣
675	长江九江开发利用区	宜昌至湖口	长江	九江赛城湖闸上游200m	九江乌石矶粮库	16.5		按二级区划执行	赣
676	长江九江保留区	宜昌至湖口	长江	九江乌石矶粮库	湖口汇合口	13.8		Ⅱ～Ⅲ	赣
677	陆水源头水保护区	宜昌至湖口	陆水	源头	通城县隽水大桥上1km	38.0		Ⅱ	鄂

序号	一级功能区名称	水系	河流、湖库	范围 起始断面	范围 终止断面	长度 (km)	面积 (km²)	水质目标	省级行政区
678	陆水通城开发利用区	宜昌至湖口	陆水	通城县隽水大桥上 1km	崇阳县肖岭乡	12.0		按二级区划执行	鄂
679	陆水沙坪、石城保留区	宜昌至湖口	陆水	崇阳县肖岭乡	崇阳县 106 大桥	38.5		Ⅲ	鄂
680	陆水崇阳开发利用区	宜昌至湖口	陆水	崇阳县 106 大桥	崇阳县石龟湾	9.0		按二级区划执行	鄂
681	陆水白霓桥保留区	宜昌至湖口	陆水	崇阳县石龟湾	陆水水库库尾	15.0		Ⅲ	鄂
682	陆水赤壁开发利用区	宜昌至湖口	陆水	陆水水库库尾	赤壁市黄龙镇	38.9		按二级区划执行	鄂
683	陆水赤壁车埠保留区	宜昌至湖口	陆水	赤壁市黄龙镇	陆水入江口	33.0		Ⅲ	鄂
684	富水源头水保护区	宜昌至湖口	富水	源头	通山县厦铺镇双河村	34.8		Ⅱ	鄂
685	富水通山保留区	宜昌至湖口	富水	通山县厦铺镇双河村	通山县通羊镇	16.7		Ⅲ	鄂
686	富水阳新开发利用区	宜昌至湖口	富水	通山县通羊镇	阳新县富水镇富水水库坝址		75.6	Ⅲ	鄂
687	富水阳新保留区	宜昌至湖口	富水	阳新县富水镇富水水库坝址	阳新县富池口	87.6		Ⅲ	鄂
688	修水源头水保护区	鄱阳湖水系	修水	铜鼓县高桥乡东津水（修水）起源	铜鼓县港口乡铜鼓修水交接处	58.0		Ⅱ	赣
689	修水修县保留区	鄱阳湖水系	修水	铜鼓县港口乡铜鼓修水交接处	修水县城大桥上游 1km	94.0		Ⅲ	赣
690	修水修水县开发利用区	鄱阳湖水系	修水	修水县城大桥上游 1km	修水县梅山下	9.0		按二级区划执行	赣
691	修水修水县、武宁保留区	鄱阳湖水系	修水	修水县梅山下	武宁县黄塅镇柘林水库沙田河汇入口上游 1.5km	83.0		Ⅲ	赣

序号	一级水功能区名称	水系	河流、湖库	范围 起始断面	范围 终止断面	长度（km）	面积（km²）	水质目标	省级行政区
692	修水柘林水库开发利用区	鄱阳湖水系	修水	武宁县黄坳镇柘林水库沙田河汇入口上游1.5km	永修县柘林水库坝址	55.0	262.2	按二级区划执行	赣
693	修水武宁、永修保留区	鄱阳湖水系	修水	永修县柘林水库坝址	永修县元里	20.0		Ⅲ	赣
694	修水永修开发利用区	鄱阳湖水系	修水	永修县元里	永修县三角乡元嘴坝	30.5		按二级区划执行	赣
695	修水永修保留区	鄱阳湖水系	修水	永修县三角乡元嘴坝	永修县下曲岸永修星子交界处	18.0		Ⅲ	赣
696	修水吴城自然保护区	鄱阳湖水系	修水	永修县下曲岸永修星子交界处	星子县吴城修赣江汇合入湖口	13.5		Ⅱ	赣
697	赣江源头水保护区	鄱阳湖水系	赣江绵水	石城县石磷紫赣江河源	瑞金市叶坪乡	53.0		Ⅱ	赣
698	绵江瑞金开发利用区	鄱阳湖水系	赣江绵水	瑞金市叶坪乡	瑞金市杨梅岗	21.0		按二级区划执行	赣
699	绵江瑞金、会昌保留区	鄱阳湖水系	赣江绵水	瑞金市杨梅岗	会昌县文武坝	43.0		Ⅲ	赣
700	绵江会昌开发利用区	鄱阳湖水系	赣江绵水	会昌县狗背坊	会昌县狗背坊	9.0		按二级区划执行	赣
701	贡水会昌、于都保留区	鄱阳湖水系	赣江贡水	会昌县狗背坊	于都县水厂取水口上4km	70.0		Ⅲ	赣
702	贡水于都开发利用区	鄱阳湖水系	赣江贡水	于都县水厂取水口上4km	于都县兰屋坝	14.2		按二级区划执行	赣
703	贡水于都、赣县保留区	鄱阳湖水系	赣江贡水	于都县兰屋坝	赣县水厂取水口上4km	42.0		Ⅲ	赣
704	贡水赣州开发利用区	鄱阳湖水系	赣江贡水	赣县水厂取水口上4km	赣县储潭乡	26.2		按二级区划执行	赣

序号	一级水功能区名称	水系	河流、湖库	范围 起始断面	范围 终止断面	长度(km)	面积(km²)	水质目标	省级行政区
705	赣江万安水库赣县保留区	鄱阳湖水系	赣江	赣县储潭乡	赣县与万安县交界处	44.5		Ⅲ	赣
706	赣江万安水库万安保留区	鄱阳湖水系	赣江	赣县与万安县交界处	万安水库坝址上游1.2km	33.5		Ⅲ	赣
707	赣江万安开发利用区	鄱阳湖水系	赣江	万安水库坝址上游1.2km	万安县罗塘乡崇文塔遂川江汇入口	11.2		按二级区划执行	赣
708	赣江万安、泰和保留区	鄱阳湖水系	赣江	万安县罗塘乡崇文塔遂川江汇入口	泰和县窑溪泰和水厂取水口上游4km	47.5		Ⅲ	赣
709	赣江泰和开发利用区	鄱阳湖水系	赣江	泰和县窑溪泰和水厂取水口上游4km	泰和县草坪	15.7		按二级区划执行	赣
710	赣江泰和、吉安保留区	鄱阳湖水系	赣江	泰和县草坪	吉安市铁路桥	35.0		Ⅲ	赣
711	赣江吉安开发利用区	鄱阳湖水系	赣江	吉安市铁路桥	吉安市石屋下	14.5		按二级区划执行	赣
712	赣江吉安、吉水保留区	鄱阳湖水系	赣江	吉安市石屋下	吉水县桃花岛城南水厂取水口上游4km	2.0		Ⅲ	赣
713	赣江吉水开发利用区	鄱阳湖水系	赣江	吉水县桃花岛城南水厂取水口上游4km	吉水县金滩镇王巷	16.2		按二级区划执行	赣
714	赣江吉水保留区	鄱阳湖水系	赣江	吉水县金滩镇王巷	吉水峡江交界处峡江县巴邱水厂上游4km	32.5		Ⅲ	赣
715	赣江峡江县开发利用区	鄱阳湖水系	赣江	吉水峡江交界处峡江县巴邱水厂上游4km	峡江县巴邱镇塘下	11.5		按二级区划执行	赣
716	赣江峡江鲥鱼繁殖保护区	鄱阳湖水系	赣江	峡江县巴邱镇塘下	新干县沂江乡新干水厂取水口上游4km	21.0		Ⅱ	赣
717	赣江新干开发利用区	鄱阳湖水系	赣江	新干县沂江乡新干水厂取水口上游4km	新干县凤山	15.5		按二级区划执行	赣

序号	一级水功能区名称	水 系	河流、湖库	范围 起始断面	范围 终止断面	长度（km）	面积（km²）	水质目标	省级行政区
718	赣江新干保留区	鄱阳湖水系	赣江	新干县凤凰山	新干县三湖镇新干樟树交界处	11.5		Ⅲ	赣
719	赣江樟树保留区	鄱阳湖水系	赣江	新干县三湖镇新干樟树交界处	樟树市朱家村水厂取水口上游4km	10.0		Ⅲ	赣
720	赣江樟树开发利用区	鄱阳湖水系	赣江	樟树市朱家村樟树水厂取水口上游4km	樟树市梨园闸	14.5		按二级区划执行	赣
721	赣江樟树、丰城保留区	鄱阳湖水系	赣江	樟树市梨园闸	丰城市东洲	15.0		Ⅲ	赣
722	赣江丰城开发利用区	鄱阳湖水系	赣江	丰城市东洲	丰城市第一水厂取水口下游0.2km	10.5		按二级区划执行	赣
723	赣江丰城保留区	鄱阳湖水系	赣江	丰城市第一水厂取水口下游0.2km	南昌县市汊街丰城南昌交界处	28.5		Ⅲ	赣
724	赣江南昌、新建上保留区	鄱阳湖水系	赣江	南昌县市汊街南昌交界处	南昌县富山大道口南昌县水厂取水口上游4km	15.5		Ⅲ	赣
725	赣江南昌县、新建开发利用区	鄱阳湖水系	赣江	南昌县富山大道口南昌县水厂取水口上游4km	南昌县富山大道口南昌县水厂取水口下游0.2km	4.2		按二级区划执行	赣
726	赣江南昌县、新建下保留区	鄱阳湖水系	赣江	南昌县富山大道口南昌县水厂取水口下游0.2km	南昌青云水厂取水口上游4km	7.8		Ⅲ	赣
727	赣江南昌开发利用区	鄱阳湖水系	赣江	南昌青云水厂取水口上游4km	南昌市赣江南支北支分叉口	11.5		按二级区划执行	赣
728	赣江西支新建南昌开发利用区	鄱阳湖水系	赣江	南昌市赣江南支北支分叉口	新建县西河砖瓦厂	8.5		按二级区划执行	赣
729	赣江西支新建保留区	鄱阳湖水系	赣江	新建县西河砖瓦厂	永修县杨家村新建永修交界处	47.0		Ⅲ	赣

序号	一级水功能区名称	项目 水系	河流、湖库	范围 起始断面	范围 终止断面	长度 (km)	面积 (km²)	水质目标	省级行政区
730	赣江北支吴城自然保护区	鄱阳湖水系	赣江	永修县杨家村新建水修交界处	永修县吴城赣江修河汇合口入鄱阳湖	12.0		Ⅱ	赣
731	赣江北支南昌保留区	鄱阳湖水系	赣江	新建县樵舍镇赣江北支西分叉口	新建县成新农场赣江中支入鄱阳湖	26.0		Ⅲ	赣
732	赣江南支南昌开发利用区	鄱阳湖水系	赣江	南昌市赣江南支北支分叉口	南昌市滁槎	23.0		按二级区划执行	赣
733	赣江南支南昌保留区	鄱阳湖水系	赣江	南昌市赣江南支滁槎	经余干县程家池（后经三江口）入鄱阳湖	45.0		Ⅲ	赣
734	赣江中支南昌保留区	鄱阳湖水系	赣江	南昌市扬子洲乡赣江南支中支分叉口	新建县茬港农场入湖口	46.0		Ⅲ	赣
735	上犹江湘源头水保护区	鄱阳湖水系	赣江上犹江	汝城县暖水林场	汝城县集龙乡	34.0		Ⅱ	湘
736	上犹江崇义、上犹缓冲区	鄱阳湖水系	赣江上犹江	汝城县集龙乡	崇义县丰州乡	3.5		Ⅲ	湘、赣
737	上犹江崇义、上犹保留区	鄱阳湖水系	赣江上犹江	崇义县丰州乡	上犹县南河水库坝址	99.0		Ⅲ	赣
738	上犹江上犹开发利用区	鄱阳湖水系	赣江上犹江	上犹县南河水库坝址	上犹县村里	17.5		按二级区划执行	赣
739	上犹江上犹、南康保留区	鄱阳湖水系	赣江上犹江	上犹县村里	南康市三江乡入章水汇合口	33.5		Ⅲ	赣
740	上犹江横水河崇义上保留区	鄱阳湖水系	赣江上犹江横水河	崇义县关田镇起源	崇义县罗屋坝	30.5		Ⅲ	赣
741	上犹江横水河崇义开发利用区	鄱阳湖水系	赣江上犹江横水河	崇义县罗屋坝	崇义县杨梅潭	10.5		按二级区划执行	赣
742	上犹江横水河崇义下保留区	鄱阳湖水系	赣江上犹江横水河	崇义县杨梅潭	崇义江陆水河入上犹江陆水库处	17.5		Ⅲ	赣
743	上犹江崇义长河坝水库开发利用区	鄱阳湖水系	赣江上犹江横水河	崇义长河坝库区	崇义长河坝水库库区		0.7	按二级区划执行	赣

序号	一级水功能区名称	水系	河流、湖库	范围 起始断面	范围 终止断面	长度（km）	面积（km²）	水质目标	省级行政区
744	上犹江龙华江上犹、南康保留区	鄱阳湖水系	赣江上犹江龙华江	上犹县双溪乡鸡爪山河源	南康市龙华乡入上犹江处	83.5		Ⅲ	赣
745	抚河源头水保护区	鄱阳湖水系	抚河	广昌县驿前镇血木岭起源	广昌县盱江镇广昌县水厂取水口上游4km	39.0		Ⅱ	赣
746	抚河广昌开发利用区	鄱阳湖水系	抚河	广昌县盱江镇广昌县水厂取水口上游4km	广昌县大塘巢	13.0		按二级区划执行	赣
747	抚河广昌、南丰保留区	鄱阳湖水系	抚河	广昌县大塘巢	南丰县金牛坑南丰水厂取水口上游4km	43.0		Ⅲ	赣
748	抚河南丰开发利用区	鄱阳湖水系	抚河	南丰县金牛坑南丰水厂取水口上游4km	南丰县下游军沧浪水汇入口	15.0		按二级区划执行	赣
749	抚河南丰、南城保留区	鄱阳湖水系	抚河	南丰县下游军沧浪水汇入口	南城县麻港河口	34.5		Ⅲ	赣
750	抚河南城开发利用区	鄱阳湖水系	抚河	南城县麻港河口	南城县上湖东	9.0		按二级区划执行	赣
751	抚河南城、抚州保留区	鄱阳湖水系	抚河	南城县上湖东	抚州市缴上孔家抚州钟岭水厂取水口上游4km	57.5		Ⅲ	赣
752	抚河抚州开发利用区	鄱阳湖水系	抚河	抚州市缴上孔家抚州钟岭水厂取水口上游4km	抚州市山下	19.0		按二级区划执行	赣
753	抚河抚州保留区	鄱阳湖水系	抚河	抚州市山下	抚州市桥上李家东乡河汇入口（与进贤交界）	22.0		Ⅲ	赣
754	抚河进贤、南昌县保留区	鄱阳湖水系	抚河	抚州市桥上李家东乡河汇入口（与进贤交界）	进贤县架曾桥镇北岸曾家（入青岚湖处）	53.5		Ⅲ	赣

序号	一级水功能区名称	水系	河流、湖库	范围 起始断面	范围 终止断面	长度 (km)	面积 (km²)	水质目标	省级行政区
755	信江源头源水保护区	鄱阳湖水系	信江	玉山县三清乡平家源起源	玉山县七一水库库尾高桥寺	29.0		Ⅱ	赣
756	信江玉山七一水库开发利用区	鄱阳湖水系	信江	七一水库库区		14.0	7.1	按二级区划执行	赣
757	信江玉山保留区	鄱阳湖水系	信江	玉山县七一水库坝址	玉山县玉虹桥	21.0		Ⅲ	赣
758	信江玉山开发利用区	鄱阳湖水系	信江	玉山县玉虹桥	玉山县文城镇杨宅	7.2		按二级区划执行	赣
759	信江玉山、上饶保留区	鄱阳湖水系	信江	玉山县文城镇杨宅	上饶市丁家洲上饶自来水厂长塘桥取水口上游 4km	31.5		Ⅲ	赣
760	信江上饶开发利用区	鄱阳湖水系	信江	上饶市丁家洲上饶自来水厂长塘桥取水口上游 4km	上饶县应家铁路桥	16.5		按二级区划执行	赣
761	信江上饶、铅山保留区	鄱阳湖水系	信江	上饶县应家铁路桥	铅山县公果庙铅山水厂取水口上 4km	20.5		Ⅲ	赣
762	信江铅山开发利用区	鄱阳湖水系	信江	铅山县公果庙铅山水厂取水口上 4km	铅山县河口铁路大桥下游 1.5km	9.5		按二级区划执行	赣
763	信江铅山、弋阳保留区	鄱阳湖水系	信江	铅山县河口铁路大桥下游 1.5km	弋阳县新星汤家弋阳水厂取水口上游 4km	30.0		Ⅲ	赣
764	信江弋阳开发利用区	鄱阳湖水系	信江	弋阳县新星汤家弋阳水厂取水口上游 4km	弋阳县洋里叶家	12.5		按二级区划执行	赣
765	信江弋阳保留区	鄱阳湖水系	信江	弋阳县洋里叶家	弋阳县戴家弋阳贵溪交界处	16.0		Ⅲ	赣
766	信江贵溪保留区	鄱阳湖水系	信江	弋阳县戴家弋阳贵溪交界处	贵溪市贵冶取水口上游 4km	5.0		Ⅲ	赣

序号	一级水功能区名称	水系	河流、湖库	范围 起始断面	范围 终止断面	长度 (km)	面积 (km²)	水质目标	省级行政区
767	信江贵溪开发利用区	鄱阳湖水系	信江	贵溪市贵冶取水口上游4km	贵溪市红卫坝	19.2		按二级区划执行	赣
768	信江贵溪、鹰潭保留区	鄱阳湖水系	信江	贵溪市红卫坝	鹰潭市梅园童家河汇入口	17.0		Ⅲ	赣
769	信江鹰潭开发利用区	鄱阳湖水系	信江	鹰潭市梅园童家河汇入口	鹰潭市余江县交界处	10.2		按二级区划执行	赣
770	信江余江保留区	鄱阳湖水系	信江	余江县坪上鲁余江交界处	余江县坪上鲁余江交界处	23.5		Ⅲ	赣
771	信江余干保留区	鄱阳湖水系	信江	余干县洲源上信江余干交界处	东西大河分叉口	32.0		Ⅲ	赣
772	乐安河源头水保护区	鄱阳湖水系	饶河乐安河	婺源县段莘乡五龙山起源	婺源县汪口	43.5		Ⅱ	赣
773	乐安河婺源上保留区	鄱阳湖水系	饶河乐安河	婺源县汪口	婺源县武口婺源水厂取水口上游4km	24.0		Ⅲ	赣
774	乐安河婺源开发利用区	鄱阳湖水系	饶河乐安河	婺源县武口婺源水厂取水口上游4km	婺源县紫阳镇激溪河汇入口	10.0		按二级区划执行	赣
775	乐安河婺源下保留区	鄱阳湖水系	饶河乐安河	婺源县紫阳镇激溪河汇入口	德兴市海口镇德兴铜矿水厂取水口上游4km	22.5		Ⅲ	赣
776	乐安河德兴铜矿开发利用区	鄱阳湖水系	饶河乐安河	德兴市海口镇德兴铜矿水厂取水口上游4km	德兴市太白镇新村	18.5		按二级区划执行	赣
777	乐安河德兴保留区	鄱阳湖水系	饶河乐安河	德兴市太白镇新村	德兴市谷沙园德兴乐平交界处	27.5		Ⅲ	赣
778	乐安河乐平上保留区	鄱阳湖水系	饶河乐安河	德兴市谷沙园德兴乐平交界处	乐平市接渡镇公路大桥	52.0		Ⅲ	赣

序号	一级功能区名称	水系	河流、湖库	范围 起始断面	范围 终止断面	长度（km）	面积（km²）	水质目标	省级行政区
779	乐安河乐平开发利用区	鄱阳湖水系	饶河乐安河	乐平市接渡镇乐安公路大桥	乐平市渡头埠家渡公路大桥	19.0		按二级区划执行	赣
780	乐安河乐平下保留区	鄱阳湖水系	饶河乐安河	乐平市渡头埠家渡公路大桥	乐平市镇桥镇乐平鄱阳交界处	13.0		Ⅲ	赣
781	乐安河鄱阳保留区	鄱阳湖水系	饶河乐安河	乐平市镇桥镇乐平鄱阳交界处	鄱阳县黄家墩乐安河昌江汇合口	44.0		Ⅲ	赣
782	饶河鄱阳开发利用区	鄱阳湖水系	饶河	鄱阳县黄家墩乐安河昌江汇合口	鄱阳县乐安河昌江汇合口下游5km	5.0		按二级区划执行	赣
783	饶河鄱阳保留区	鄱阳湖水系	饶河	鄱阳县乐安河昌江汇合口下游5km	鄱阳县莲湖饶河入鄱阳湖处	23.5		Ⅲ	赣
784	昌江祁门河流源头水保护区	鄱阳湖水系	饶河昌江	祁门县燕窝老岭脚	祁门县祁山镇省道慈张线大桥	29.8		Ⅱ	皖
785	昌江祁门保留区	鄱阳湖水系	饶河昌江	祁门县祁山镇省道慈张线大桥	祁门县芦溪乡	40.0		Ⅱ～Ⅲ	皖
786	昌江皖赣缓冲区	鄱阳湖水系	饶河昌江	祁门县芦溪乡	浮梁县兴田乡城门	16.5		Ⅱ～Ⅲ	皖、赣
787	昌江浮梁保留区	鄱阳湖水系	饶河昌江	浮梁县兴田乡城门	浮梁县朝天门	60.0		Ⅲ	赣
788	昌江景德镇开发利用区	鄱阳湖水系	饶河昌江	浮梁县朝天门	景德镇市鲇鱼山镇鲇鱼山山闸	36.0		按二级区划执行	赣
789	昌江景德镇保留区	鄱阳湖水系	饶河昌江	景德镇市鲇鱼山镇鲇鱼山山闸	鄱阳县詹家墩景德镇鄱阳交界处	14.5		Ⅲ	赣
790	昌江鄱阳保留区	鄱阳湖水系	饶河昌江	鄱阳县詹家墩景德镇鄱阳交界处	鄱阳县磨刀石	48.5		Ⅲ	赣
791	昌江鄱阳开发利用区	鄱阳湖水系	饶河昌江	鄱阳县磨刀石	入饶河河口	5.5		按二级区划执行	赣

序号	一级水功能区名称	水系	河流、湖库	范围 起始断面	范围 终止断面	长度（km）	面积（km²）	水质目标	省级行政区
792	鄱阳湖国家级自然保护区	鄱阳湖水系	鄱阳湖	鄱阳湖国家级自然保护区			224.0	Ⅱ	赣
793	青岚湖自然保护区	鄱阳湖水系	鄱阳湖	青岚湖自然保护区			10.0	Ⅱ	赣
794	鄱阳湖南矶湿地国家级自然保护区	鄱阳湖水系	鄱阳湖	鄱阳湖南矶湿地国家级自然保护区			33.0	Ⅱ	赣
795	鄱阳湖都昌候鸟自然保护区	鄱阳湖水系	鄱阳湖	鄱阳湖都昌候鸟自然保护区			411.0	Ⅱ	赣
796	鄱阳湖长江江豚保护区	鄱阳湖水系	鄱阳湖	鄱阳湖长江江豚自然保护区			68.0	Ⅱ	赣
797	鄱阳湖银鱼自然保护区	鄱阳湖水系	鄱阳湖	鄱阳湖银鱼自然保护区			20.0	Ⅱ	赣
798	鄱阳湖鲤鲫鱼产卵场自然保护区	鄱阳湖水系	鄱阳湖	鄱阳湖鲤鲫鱼产卵场自然保护区			306.0	Ⅱ	赣
799	鄱阳湖河蚌自然保护区	鄱阳湖水系	鄱阳湖	鄱阳湖河蚌自然保护区			155.3	Ⅱ	赣
800	鄱阳湖湖区保留区	鄱阳湖水系	鄱阳湖	鄱阳湖其他水域			2020.7	Ⅱ	赣
801	鄱阳湖都昌开发利用区	鄱阳湖水系	鄱阳湖	都昌县水厂取水口1km半径水域			0.9	按二级区划执行	赣
802	鄱阳湖星子开发利用区	鄱阳湖水系	鄱阳湖	星子县水厂取水口1km半径水域			2.6	按二级区划执行	赣
803	鄱阳湖湖口开发利用区	鄱阳湖水系	鄱阳湖	湖口县水厂取水口上游2km，下游0.5km，宽0.5km水域			1.5	按二级区划执行	赣
804	鄱阳湖九江开发利用区	鄱阳湖水系	鄱阳湖	九江化纤厂铁路至蛤蟆石沿岸长5km，宽1km水域			7.4	按二级区划执行	赣
805	鄱阳湖环湖开发利用区	鄱阳湖水系	鄱阳湖	鞋山湖、南/北港湖、新妙湖、内/外珠湖、雪湖、大沙坊湖等			445.6	按二级区划执行	赣
806	长江武穴保留区	湖口以下干流	长江干流	阳新县富池口（北岸）	武穴田镇武穴建材厂（北岸）	10.0		Ⅲ	鄂
807	长江武穴开发利用区	湖口以下干流	长江干流	武穴田镇武穴建材厂（北岸）	武穴刊江街办武穴大闸	27.0		按二级区划执行	鄂

序号	一级水功能区名称	水系	河流、湖库	范围 起始断面	范围 终止断面	长度(km)	面积(km²)	水质目标	省级行政区
808	长江武穴、黄梅保留区	湖口以下干流	长江干流	武穴刊江街办武穴大闸	黄梅分路镇胡家州	33.0		Ⅲ	鄂
809	长江左岸鄂皖缓冲区	湖口以下干流	长江干流	黄梅分路镇胡家州	宿松县汇口镇	31.0		Ⅱ	鄂、皖
810	长江左岸宿松洲头保留区	湖口以下干流	长江干流	宿松县汇口镇	江洲	18.0		Ⅲ	皖
811	长江左岸宿松开发利用区	湖口以下干流	长江干流	江洲	孤山闸	20.0		按二级区划执行	皖
812	长江左岸宿松、望江保留区	湖口以下干流	长江干流	孤山闸	关帝庙闸	23.0		Ⅲ	皖
813	长江左岸望江开发利用区	湖口以下干流	长江干流	关帝庙闸	雷池镇金家敦	22.0		按二级区划执行	皖
814	长江左岸望江、大观保留区	湖口以下干流	长江干流	雷池镇金家敦	海口镇张家大马路	42.0		Ⅲ	皖
815	长江左岸安庆开发利用区	湖口以下干流	长江干流	海口镇张家大马路	长风	32.0		按二级区划执行	皖
816	长江左岸安庆迎江、枞阳保留区	湖口以下干流	长江干流	长风	枞阳江堤13号桩	26.0		Ⅲ	皖
817	长江左岸枞阳开发利用区	湖口以下干流	长江干流	枞阳江堤13号桩	红旗闸	30.0		按二级区划执行	皖
818	长江左岸枞阳保留区	湖口以下干流	长江干流	红旗闸	无为县土桥镇(枞无交界处)	23.0		Ⅲ	皖
819	长江左岸无为凤凰颈调水源保护区	湖口以下干流	长江干流	无为县土桥镇	无为县土桥镇	7.0		Ⅲ	皖
820	长江左岸无为太白洲头	湖口以下干流	长江干流	无为县土桥镇	无为县太白洲头	16.0		Ⅱ	皖
821	长江左岸无为高沟开发利用区	湖口以下干流	长江干流	高沟镇赵家垄村	高沟镇赵家垄村	23.0		按二级区划执行	皖
822	长江左岸无为保留区	湖口以下干流	长江干流	二坝镇永宁新村	二坝镇永宁新村	48.0		Ⅲ	皖
823	长江左岸巢湖开发利用区	湖口以下干流	长江干流	和县白桥镇末唐村	和县白桥镇末唐村	39.0		按二级区划执行	皖

序号	一级水功能区名称	项目 水系	河流、湖库	范围 起始断面	范围 终止断面	长度 (km)	面积 (km²)	水质目标	省级行政区
824	长江左岸和县保留区	湖口以下干流	长江干流	和县白桥镇宋唐村	和县金河口	20.0		Ⅲ	皖
825	长江左岸院苏缓冲区	湖口以下干流	长江干流	和县金河口	骡狗山	20.3		Ⅱ～Ⅲ	皖、苏
826	华阳河保留区	湖口以下干流	华阳河	武穴市横岗张家湾	龙感湖入湖处	85.0		Ⅲ	鄂
827	龙感湖保护区	湖口以下干流	华阳河	龙感湖			89.6	Ⅲ	鄂
828	龙感湖鄂院保护区	湖口以下干流	龙感湖	鄂院省界以西 3km 内湖区	鄂院省界以东 3km 内湖区		42.0	Ⅱ～Ⅲ	鄂、皖
829	华阳河湖群宿松自然保护区	湖口以下干流	华阳河湖群	龙感湖鄂院缓冲区外的华阳河湖区			703.0	Ⅱ～Ⅲ	皖
830	皖河花凉亭水库太湖源头保护区	湖口以下干流	花凉亭水库	长河源头	花凉亭水库坝上	82.0	57.4	Ⅰ～Ⅱ	皖
831	皖河太湖怀宁保留区	湖口以下干流	皖河	花凉亭水库坝下	怀宁县皖河河口	145.0		Ⅱ	皖
832	裕溪河巢湖开发利用区	湖口以下干流	裕溪河	巢湖闸下	裕溪闸下入长江口	61.7		按二级区划执行	皖
833	巢湖调水水源地保护区	湖口以下干流	巢湖	巢湖除开发利用区外的水域			645.0	Ⅲ、中营养	皖
834	巢湖合肥开发利用区	湖口以下干流	巢湖	肥东县陆家畈至肥西派河一线以北湖区			70.0	按二级区划执行	皖
835	巢湖居巢中庙开发利用区	湖口以下干流	巢湖	中庙湖区姥山岛涉及水域			15.0	按二级区划执行	皖
836	巢湖巢湖市开发利用区	湖口以下干流	巢湖	柘皋河口至散兵一线以东的湖区			25.0	按二级区划执行	皖
837	南淝河董铺水库水源保护区	湖口以下干流	董铺水库	肥西将军岭	董铺水库坝下	30.0	16.2	Ⅱ	皖
838	南淝河合肥开发利用区	湖口以下干流	南淝河	董铺水库坝下	施口	39.0		按二级区划执行	皖
839	四里河大房郢水库水源保护区	湖口以下干流	大房郢水库	四里河源头	大房郢大坝	20.0	15.6	Ⅱ	皖
840	滁河合肥、巢湖、滁州开发利用区	湖口以下干流	滁河	肥东县梁园镇	全椒县襄河口闸上（陈浅）	147.5		按二级区划执行	皖

序号	一级水功能区名称	水系	河流、湖库	范围		长度(km)	面积(km²)	水质目标	省级行政区
				起始断面	终止断面				
841	清流河滁州源头水保护区	湖口以下干流	沙河集水库	清流源头	沙河集水库坝下(小沙河源头)	23.0	14.1	Ⅱ	皖
842	清流河滁州开发利用区	湖口以下干流	清流河	沙河集水库坝下(小沙河源头)	来安县毛家渡	66.0		按二级区划执行	皖
843	清流河皖苏缓冲区	湖口以下干流	清流河	来安县毛家渡	汊河集闸上	11.0		Ⅲ~Ⅳ	皖、苏
844	滁河皖苏缓冲区	湖口以下干流	滁河	陈浅	孔湾	57.3		Ⅳ	皖、苏
845	滁河皖龙池保留区	湖口以下干流	滁河	孔湾	龙池乡沿河	16.7		Ⅳ	苏
846	滁河六合龙池保留区	湖口以下干流	滁河	龙池乡沿河	六合大河口	31.0		按二级区划执行	苏
847	长江湖口、彭泽保留区(右岸)	湖口以下干流	长江	长江湖口汇合口	彭泽朝阳水厂上游1km	39.4		Ⅲ	赣
848	长江彭泽开发利用区(右岸)	湖口以下干流	长江	彭泽朝阳水厂上游1km	彭泽小孤伏	5.4		按二级区划执行	赣
849	长江彭泽保留区(右岸)	湖口以下干流	长江	彭泽小孤伏	省界上游10km	12.5		Ⅲ	赣
850	长江赣皖缓冲区(右岸)	湖口以下干流	长江	省界上游10km	东至县东流镇	36.0		Ⅱ~Ⅲ	赣、皖
851	长江右岸东至保留区	湖口以下干流	长江	东至县东流镇	东至县杨墩站	38.0		Ⅲ	皖
852	长江右岸东至大渡口开发利用区	湖口以下干流	长江	东至县杨墩站	北闸大沟	12.0		按二级区划执行	皖
853	长江右岸池州贵池保留区	湖口以下干流	长江	北闸大沟	王家缺	45.0		Ⅲ	皖
854	长江右岸池州开发利用区	湖口以下干流	长江	王家缺	梅龙镇(江坝站)	31.0		按二级区划执行	皖
855	长江右岸铜陵自然保护区	湖口以下干流	长江	梅龙镇(江坝站)	铜陵长江大桥下(铜陵港码头)	15.5		Ⅱ	皖
856	长江右岸铜陵开发利用区	湖口以下干流	长江	铜陵长江大桥下(铜陵港码头)	红旗排涝站	38.5		按二级区划执行	皖

序号	一级水功能区名称	水系	河流、湖库	范围 起始断面	范围 终止断面	长度 (km)	面积 (km²)	水质目标	省级行政区
857	长江右岸铜陵保留区	湖口以下干流	长江	红旗排涝站	铜芜界庆大圩篷墩子	13.0		Ⅲ	皖
858	长江右岸繁昌保留区	湖口以下干流	长江	铜芜界庆大圩篷墩子	板子矶	7.0		Ⅲ	皖
859	长江右岸芜湖开发利用区	湖口以下干流	长江	板子矶	芜马界横埂头	64.0		按二级区划执行	皖
860	长江右岸马鞍山开发利用区	湖口以下干流	长江	芜马界横埂头	马钢港务原料厂	33.4		按二级区划执行	皖
861	长江右岸皖苏缓冲区	湖口以下干流	长江	马钢港务原料厂	铜井河口	7.0		Ⅱ～Ⅲ	皖、苏
862	青弋江黄山宣城源头水保护区	湖口以下干流	陈村水库	黟县拜年山	陈村水库坝下	134.0	98.0	Ⅰ～Ⅱ	皖
863	青弋江宣城、芜湖开发利用区	湖口以下干流	青弋江	陈村水库坝下	入长江口	171.5		按二级区划执行	皖
864	水阳江宁国源头水保护区	湖口以下干流	港口湾水库	天目山北麓	港口湾水库	72.0	32.8	Ⅰ～Ⅱ	皖
865	西津河东津河宁国保留区	湖口以下干流	东津河/西津河/中津河	东津河源头/港口湾水库坝下/中津河源头	东津中津大桥交汇口/西津西津大桥/东津中津交汇口	85.0		Ⅱ～Ⅲ	皖
866	西津河东津河宁国开发利用区	湖口以下干流	东津河/西津河	东津中津河交汇口/西津西津大桥	汪溪/东津西津交汇处	17.0		按二级区划执行	皖
867	水阳江宣城保留区	湖口以下干流	水阳江	宁国汪溪	宣城水文站	41.0		Ⅱ	皖
868	水阳江宣城开发利用区	湖口以下干流	水阳江	宣城水文站	宣城水阳镇	52.0		按二级区划执行	皖
869	水阳江皖苏缓冲区	湖口以下干流	水阳江	宣城水阳镇	当涂乌溪镇	16.0		Ⅲ	皖、苏
870	水阳江当涂保留区	湖口以下干流	水阳江、青山河	当涂乌溪镇	芜湖县清水镇（入青弋江）	28.0		Ⅲ	皖
871	水阳江青山河当涂保留区	湖口以下干流	水阳江、青山河	当涂黄池	当涂渣湾	31.0		Ⅱ～Ⅲ	皖

序号	一级水功能区名称	水系	河流、湖库	范围 起始断面	范围 终止断面	长度 (km)	面积 (km²)	水质目标	省级行政区
872	水阳江青山河当涂开发利用区	湖口以下干流	水阳江	当涂渣湾	当涂三汊河河口	17.0		按二级区划执行	皖
873	长江江宁铜井保留区	湖口以下干流	长江	铜井河口	南京江宁河河口	13.0		Ⅱ	苏
874	长江南京开发利用区（右岸）	湖口以下干流	长江	南京江宁河河口	南京栖霞三江河河口	65.0		按二级区划执行	苏
875	长江南京营防保留区（右岸）	湖口以下干流	长江	南京栖霞三江河河口	与句容交界（大道河河口）	13.8		Ⅲ	苏
876	长江江浦保留区（左岸）	湖口以下干流	长江	骚狗山	江浦与浦口交界（七里河河口）	23.7		Ⅱ	苏
877	长江南京浦口、大厂开发利用区（左岸）	湖口以下干流	长江	江浦与浦口交界（七里河河口）	划子口河河口	44.3		按二级区划执行	苏
878	长江六合保留区（左岸）	湖口以下干流	长江	划子口河口	仪征市小河河口	12.6		Ⅱ	苏
879	长江仪征开发利用区（左岸）	湖口以下干流	长江	仪征市小河河口	仪征市十二圩	18.0		按二级区划执行	苏
880	长江仪征十二圩保留区（左岸）	湖口以下干流	长江	仪征市十二圩	邗江军桥	10.0		Ⅱ	苏
881	长江扬州滨江开发利用区（左岸）	湖口以下干流	长江	扬州市军桥	沙道河河口	18.0		按二级区划执行	苏
882	长江扬州滨江保留区（左岸）	湖口以下干流	长江	沙道河口	三江营上游5km	14.0		Ⅱ	苏
883	秦淮河开发利用区	湖口以下干流	秦淮河	东庐	三汊河河口	81.6		Ⅱ～Ⅲ 按二级区划执行	苏
884	长江江都三江营调水水源保护区（左岸）	湖口以下干流	长江	江都市三江营上游5km	江都市三江营下游2km	7.0		按二级区划执行	苏
885	长江江都开发利用区（左岸）	湖口以下干流	长江	江都市三江营下游2km	泰州引江河河口上游2km	14.0		Ⅱ	苏
886	长江泰州调水水源保护区（左岸）	湖口以下干流	长江	泰州引江河河口上游2km	泰州引江河河口下游1.4km	3.4		Ⅱ	苏

序号	一级水功能区名称	水 系	河流、湖库	范围 起始断面	范围 终止断面	长度 (km)	面积 (km²)	水质目标	省级行政区
887	长江泰州开发利用区（左岸）	湖口以下干流	长江	泰州引江河口下游1.4km	芦坝港	23.8		按二级区划执行	苏
888	长江泰兴天星洲保留区（左岸）	湖口以下干流	长江	芦坝港	七圩港	10.8		Ⅱ	苏
889	长江泰州七圩、夹港开发利用区（左岸）	湖口以下干流	长江	七圩港	夹港口	11.0		按二级区划执行	苏
890	长江靖江六圩保留区（左岸）	湖口以下干流	长江	夹港口	下六圩	10.3		Ⅱ	苏
891	长江靖江开发利用区（左岸）	湖口以下干流	长江	下六圩	夏仕港下游1km	25.3		按二级区划执行	苏
892	长江靖江夏仕港保留区（左岸）	湖口以下干流	长江	夏仕港下游1km	泰通交界四号港	11.0		Ⅲ	苏
893	长江如皋开发利用区（左岸）	湖口以下干流	长江	天生港水道入口上游2km	天生港水道入口下游2.5km	4.5		按二级区划执行	苏
894	长江如皋营防保留区（左岸）	湖口以下干流	长江	泰通交界四号港	南通市新捕渔港	9.3		Ⅱ	苏
895	长江南通开发利用区（左岸）	湖口以下干流	长江	南通市新捕渔港	通州港区	37.8		按二级区划执行	苏
896	长江通州东方红农场保留区（左岸）	湖口以下干流	长江	通州港区	海门市新江海河口	8.8		Ⅱ	苏
897	长江海门开发利用区（左岸）	湖口以下干流	长江	海门市新江海河口	海门市汤家镇	34.5		按二级区划执行	苏
898	长江启东自然保护区	湖口以下干流	长江	海门市汤家镇	入海口	39.5		Ⅲ	苏
899	长江启东兴隆沙自然保护区	湖口以下干流	长江	兴隆沙岛		12.0		Ⅲ	苏
900	长江句容、丹徒开发利用区（右岸）	湖口以下干流	长江	句容大道河口	谏壁站上游2km	38.6		按二级区划执行	苏
901	长江镇江谏壁调水水源保护区（右岸）	湖口以下干流	长江	谏壁站上游2km	谏壁站下游1km	3.0		Ⅱ	苏
902	长江镇江谏壁、大港开发利用区（右岸）	湖口以下干流	长江	镇江谏壁下游1km	丹徒龟山头水闸	12.2		按二级区划执行	苏

序号	一级水功能区名称	水系	河流、湖库	范围		长度(km)	面积(km²)	水质目标	省级行政区
				起始断面	终止断面				
903	长江丹徒大路保留区（右岸）	湖口以下干流	长江	丹徒县龟头山闸	与丹阳交界（团结河河口）	25.1		Ⅱ	苏
904	长江丹阳开发利用区（右岸）	湖口以下干流	长江	与丹阳交界（团结河河口）	丹阳市新桥	4.7		按二级区划执行	苏
905	长江丹阳新桥保留区（右岸）	湖口以下干流	长江	丹阳市新桥	武进市七大圩	10.0		Ⅱ	苏
906	长江扬中（夹江）保留区	湖口以下干流	长江	扬中市西沙嘴	扬中市西来桥	47.0		Ⅱ	苏
907	长江扬中（干流）开发利用区	湖口以下干流	长江	扬中市西沙嘴	扬中市西来桥	50.0		按二级区划执行	苏
908	长江武进小河开发利用区（右岸）	湖口以下干流	长江（夹江）	武进市七大圩	武进市剩银河河口	6.0		按二级区划执行	苏
909	长江武进魏村调水水源保护区（右岸）	湖口以下干流	长江	武进市剩银河河口	武进省庄河闸	5.2		Ⅱ	苏
910	长江武进、常州、江阴开发利用区（右岸）	湖口以下干流	长江	武进省庄河闸	江阴市黄山港口	34.9		按二级区划执行	苏
911	长江江阴白屈港调水水源保护区（右岸）	湖口以下干流	长江	江阴市黄山港口	江阴大河港口	3.7		Ⅱ	苏
912	长江江阴、张家港开发利用区（右岸）	湖口以下干流	长江	江阴大河港口	常熟市崔浦塘	69.2		按二级区划执行	苏
913	长江常熟望虞河调水水源保护区（右岸）	湖口以下干流	长江	常熟市崔浦塘	常熟耿泾塘	3.9		Ⅱ	苏
914	长江常熟开发利用区（右岸）	湖口以下干流	长江	常熟耿泾塘	常熟市白茆口	25.2		按二级区划执行	苏
915	长江太仓鹿河保留区（右岸）	湖口以下干流	长江	常熟市白茆口	太仓新泾闸	5.5		Ⅲ	苏
916	长江太仓开发利用区（右岸）	湖口以下干流	长江	太仓新泾闸	太仓市浏河河口	29.6		按二级区划执行	苏

序号	一级水功能区名称	水系	河流、湖库	范围 起始断面	范围 终止断面	长度（km）	面积（km²）	水质目标	省级行政区
917	长江苏护缓冲区（右岸）	湖口以下干流	长江	太仓市浏河河口	浏河口下游 3km（近宝钢水库）	3.0		Ⅲ	苏、沪
918	泰州引江河泰州大型区域调水水源保护区	湖口以下干流	泰州引江河	长江边	新通扬运河河口	24.0		Ⅱ	苏
919	长江上海开发利用区	湖口以下干流	长江口	浏河口下游 3km（近宝钢水库）	长江口口门南汇嘴（芦潮港镇）	129.4		按二级区划执行	沪
920	长江崇明岛保留区	湖口以下干流	长江口	夏家港	八滧港	129.0		Ⅱ	沪
921	长江崇明东滩保护区	湖口以下干流	长江口	南起夏家港、北至八滧港，东至吴淞标高 0m 线为界	西以一线海塘，西以 0m 线外侧 3000m 水线为界		241.6	Ⅱ	沪
922	长江青草沙水源保护区	湖口以下干流	长江口	西侧边界为取水口上游 3800m，北侧边界为长江大桥附近，南侧创建水闸，东侧至崇明岛南岸线，南侧向长江纵深 1km	东侧吴淞标高 4600m，东侧边界为长兴岛北侧至北港航道		134.5	Ⅱ	沪
923	长江东风西沙水源保护区	湖口以下干流	长江口	西侧边界为取水口上游 3800m，东侧至水库		24.4	Ⅱ	沪
924	长江九段沙湿地自然保护区	湖口以下干流	长江口	上沙、中沙、下沙、江亚南沙及附近浅水水域			420.2	Ⅱ	沪
925	长江长兴岛保留区	湖口以下干流	长江口	长江大桥	创建水闸	31.3		Ⅱ	沪
926	长江横沙岛保留区	湖口以下干流	长江口	红星港出江口	深水航道北导堤	18.9		Ⅱ	沪
927	长江崇明岛环岛河开发利用区	湖口以下干流	长江口	崇明岛环岛河		179.2		Ⅲ	沪

二级水功能区划登记表

表11.2

序号	二级水功能区名称	所在一级水功能区名称	水系	河流、湖库	范围 起始断面	范围 终止断面	长度（km）	面积（km²）	水质目标	省级行政区
1	宁蒗河宁蒗农业用水区	宁蒗河宁蒗开发利用区	金沙江石鼓以下	宁蒗河	宁蒗城开军桥	宁蒗石丫口电站	29.6		Ⅲ	滇
2	安宁河西昌漫水湾农业、工业用水区	安宁河冕宁、西昌开发利用区	金沙江石鼓以下	安宁河	漫水滩	易家河坝	44.0		Ⅲ	川
3	安宁河西昌马道排污整治区	安宁河冕宁、西昌开发利用区	金沙江石鼓以下	安宁河	易家河坝	周家堡子	1.0			川
4	安宁河西昌马道过渡区	安宁河冕宁、西昌开发利用区	金沙江石鼓以下	安宁河	周家堡子	上烂坝	4.0		Ⅱ～Ⅲ	川
5	安宁河米易县白马工业、农业用水区	安宁河米易开发利用区	金沙江石鼓以下	安宁河	弯丘火车站	挂榜镇小街	11.0		Ⅲ	川
6	安宁河米易县饮用、工业用水区	安宁河米易开发利用区	金沙江石鼓以下	安宁河	挂榜镇小街	丙谷镇黑湾子	27.0		Ⅲ	川
7	安宁河米易县一枝山工业、农业用水区	安宁河米易开发利用区	金沙江石鼓以下	安宁河	丙谷镇黑湾子	米易坊田大桥	21.0		Ⅲ	川
8	新庄河华坪工业、农业用水区	新庄河开发利用区	金沙江石鼓以下	新庄河	华坪新庄滚水坝	华坪大村	27.5		Ⅲ	滇
9	盘龙江昆明景观、农业用水区	滇池昆明开发利用区	金沙江石鼓以下	盘龙江	松华坝水库坝址	入滇池口	35.0		Ⅲ	滇
10	滇池昆明草海景观	滇池昆明开发利用区	金沙江石鼓以下	滇池草海	大观公园	草海船闸		7.5	Ⅲ	滇
11	滇池北部西部农业、景观用水区	滇池昆明开发利用区	金沙江石鼓以下	滇池外海	回龙村	有余		120.1	Ⅲ	滇
12	滇池东北部农业、农业用水区	滇池昆明开发利用区	金沙江石鼓以下	滇池外海	回龙村	斗南		12.0	Ⅲ	滇
13	滇池东部农业、渔业用水区	滇池昆明开发利用区	金沙江石鼓以下	滇池外海	斗南	海晏		85.0	Ⅲ	滇
14	滇池南部工业、农业用水区	滇池昆明开发利用区	金沙江石鼓以下	滇池外海	海晏	有余		70.0	Ⅲ	滇
15	螳螂川昆明安宁工业、农业用水区	螳螂川昆明安宁、富民开发利用区	金沙江石鼓以下	螳螂川	海口	安宁温青闸	33.0		Ⅳ	滇
16	螳螂川安宁、富民过渡区	螳螂川昆明安宁、富民开发利用区	金沙江石鼓以下	螳螂川	安宁温青闸	富民大桥	47.0		Ⅳ	滇
17	金沙江攀枝花格里坪饮用水源区	金沙江攀枝花开发利用区	金沙江石鼓以下	金沙江	格里坪马上街	格里坪水厂取水口下游100m	1.2		Ⅲ	川
18	金沙江攀枝花西工业用水区	金沙江攀枝花开发利用区	金沙江石鼓以下	金沙江	格里坪水厂取水口下游100m	水泥厂	4.0		Ⅲ	川

序号	项目 二级水功能区名称	所在一级水功能区名称	水系	河流、湖库	范围 起始断面	终止断面	长度 (km)	面积 (km²)	水质 目标	省级 行政区
19	金沙江攀枝花陶家渡、河门口饮用水源区	金沙江攀枝花开发利用区	金沙江	金沙江	水泥厂	河门口水厂取水口下游100m	3.6		Ⅲ	川
20	金沙江攀枝花石家坪工业用水区	金沙江攀枝花开发利用区	金沙江	金沙江	河门口水厂取水口下游100m	李家湾	8.2		Ⅲ	川
21	金沙江攀枝花荷花池饮用水源区	金沙江攀枝花开发利用区	金沙江	金沙江	李家湾	荷花池取水口下游100m	1.1		Ⅲ	川
22	金沙江攀枝花东区渡口大桥工业用水区	金沙江攀枝花开发利用区	金沙江	金沙江	荷花池取水口下游100m	渡口大桥	3.4		Ⅲ	川
23	金沙江攀枝花金大渡口、炳草岗饮用水源区	金沙江攀枝花开发利用区	金沙江	金沙江	渡口大桥	炳草岗取水口下游100m	2.5		Ⅲ	川
24	金沙江攀枝花东区密地工业用水区	金沙江攀枝花开发利用区	金沙江	金沙江	炳草岗取水口下游100m	密地村	2.5		Ⅲ	川
25	金沙江攀枝花金沙密地饮用水源区	金沙江攀枝花开发利用区	金沙江	金沙江	密地村	密地取水口下游100m	1.1		Ⅲ	川
26	金沙江攀枝花东区小沙坝工业用水区	金沙江攀枝花开发利用区	金沙江	金沙江	密地取水口下游100m	小沙坝	5.9		Ⅲ	川
27	金沙江攀枝花倮果排污控制区	金沙江攀枝花开发利用区	金沙江	金沙江	小沙坝	倮果	3.0		Ⅲ	川
28	金沙江攀枝花金江过渡区	金沙江攀枝花开发利用区	金沙江	金沙江	倮果	三堆子大桥	5.6		Ⅲ	川
29	金沙江攀枝花金江拉鲊饮用、工业用水区	金沙江攀枝花开发利用区	金沙江	金沙江	三堆子大桥	拉鲊	31.0		Ⅲ	川
30	金沙江宜宾市渔业、饮用水源区	金沙江宜宾市开发利用区（左岸）	金沙江	金沙江	柏溪镇	岷江口	16.9		Ⅱ~Ⅲ	川
31	大渡河乐山市饮用、景观、工业用水区	大渡河乐山市开发利用区	大渡河	大渡河	沙湾镇上场口	入岷江口	30.0		Ⅲ	川
32	岷江松潘工业用水区	岷江松潘开发利用区	岷沱江	岷江	下泥巴	西宁关	6.5		Ⅱ~Ⅲ	川

序号	二级水功能区名称	所在一级水功能区名称	水系	河流、湖库	范围		长度(km)	面积(km²)	水质目标	省级行政区
					起始断面	终止断面				
33	岷江茂县工业用水区	岷江茂县工业开发利用区	岷沱江	岷江	大河坝	牟拓	27.0		II～III	川
34	岷江新津景观、工业用水区	岷江新津开发利用区	岷沱江	岷江	梁筏子	董河坝	15.0		III	川
35	岷江彭山眉山青龙镇工业、景观用水区	岷江彭山、眉山开发利用区	岷沱江	岷江	青龙镇	袁河坝	2.2		IV	川
36	岷江彭山眉山袁河坝过渡区	岷江彭山、眉山开发利用区	岷沱江	岷江	袁河坝	吴河坝	4.0		III	川
37	岷江彭山眉山武阳观音工业用水区	岷江彭山、眉山开发利用区	岷沱江	岷江	吴河坝	刘曲房	6.5		III	川
38	岷江彭山眉山灵石工业用水区	岷江彭山、眉山开发利用区	岷沱江	岷江	刘曲房	青筏滩	7.8		III	川
39	岷江彭山眉山镇江排污控制区	岷江彭山、眉山开发利用区	岷沱江	岷江	青筏滩	下夏坝子	1.2			川
40	岷江彭山眉山下夏坝子过渡区	岷江彭山、眉山开发利用区	岷沱江	岷江	下夏坝子	太和镇	3.0		III	川
41	岷江彭山眉山太和镇饮用、景观用水区	岷江彭山、眉山开发利用区	岷沱江	岷江	太和镇	高坝子	12.0		III	川
42	岷江彭山眉山高坝子排污控制区	岷江彭山、眉山开发利用区	岷沱江	岷江	高坝子	眉山糖厂	1.5			川
43	岷江彭山眉山汤坝子过渡区	岷江彭山、眉山开发利用区	岷沱江	岷江	眉山糖厂	汤坝子	3.0		III	川
44	岷江乐山通江区工业、景观用水区	岷江乐山市开发利用区	岷沱江	岷江	关帝庙	马鞍山	17.0		III	川
45	岷江乐山马鞍山排污控制区	岷江乐山市开发利用区	岷沱江	岷江	马鞍山	老江坝	1.0			川
46	岷江乐山老江坝过渡区	岷江乐山市开发利用区	岷沱江	岷江	老江坝	黄水坝	3.5		III	川
47	岷江乐山五通桥饮用、工业用水区	岷江乐山市开发利用区	岷沱江	岷江	黄水坝	老坝子	12.0		III	川

序号	二级水功能区名称	所在一级水功能区名称	水系	河流、湖库	范围 起始断面	范围 终止断面	长度（km）	面积（km²）	水质目标	省级行政区
48	岷江乐山老坝子排污控制区	岷江乐山市开发利用区	岷沱江	岷江	老坝子	中坝子	1.0		Ⅲ	川
49	岷江乐山中坝子过渡区	岷江乐山市开发利用区	岷沱江	岷江	中坝子	水银坝	3.0		Ⅲ	川
50	岷江屏山工业、景观、渔业用水区	岷江屏山开发利用区（左右岸）	岷沱江	岷江	永康村	石盘村	9.5		Ⅱ～Ⅲ	川
51	岷江宜宾翠屏区渔业、饮用水源区	岷江宜宾市开发利用区（右岸）	岷沱江	岷江	菖捷	入长江口	15.0		Ⅱ～Ⅲ	川
52	府河成都洞子口饮用水源区	府河成都市开发利用区	岷沱江	府河	马家沱	孙家院子	5.5		Ⅲ	川
53	府河成都金牛区农业、工业用水区	府河成都市开发利用区	岷沱江	府河	孙家院子	九里堤	3.0		Ⅲ	川
54	府河成都锦江区景观娱乐用水区	府河成都市开发利用区	岷沱江	府河	九里堤	三瓦窑	17.0		Ⅲ	川
55	府河成都三瓦窑排污控制区	府河成都市开发利用区	岷沱江	府河	三瓦窑	吴家沱	1.5		Ⅲ	川
56	府河成都中和、华阳过渡区	府河成都市开发利用区	岷沱江	府河	吴家沱	华阳	20.0		Ⅲ	川
57	南河成都黄田坝农业、工业用水区	南河成都市开发利用区	岷沱江	南河	黄田坝	龙爪堰	11.5		Ⅲ	川
58	南河成都武候景观娱乐用水区	南河成都市开发利用区	岷沱江	南河	龙爪堰	合江亭	8.3		Ⅲ	川
59	青衣江雅安多营坪饮用、工业用水区	青衣江雅安开发利用区	岷沱江	青衣江	多营坪	西门口大桥	3.5		Ⅱ	川
60	青衣江雅安桐子林景观、渔业用水区	青衣江雅安开发利用区	岷沱江	青衣江	西门口大桥	桐子林	6.2		Ⅱ～Ⅲ	川
61	青衣江雅安徐家浩工业、渔业用水区	青衣江雅安开发利用区	岷沱江	青衣江	桐子林	山谷庙	2.5		Ⅲ	川
62	青衣江雅安朱家坝饮用水区	青衣江雅安开发利用区	岷沱江	青衣江	山谷庙	朱家坝	5.0		Ⅲ	川
63	青衣江德阳武青衣饮用、工业用水区	青衣江德阳市开发利用区	岷沱江	青衣江	鸿城镇千佛岩	草鞋渡	26.0		Ⅲ	川
64	沱江德阳曾家山工业、景观用水区	沱江德阳市开发利用区	岷沱江	沱江	曾家山	青衣江路大桥	7.0		Ⅲ	川
65	沱江德阳雁南景观娱乐用水区	沱江德阳市开发利用区	岷沱江	沱江	青衣江路大桥	柳梢堰水闸	7.9		Ⅲ	川
66	沱江德阳高碑景观、工业用水区	沱江德阳市开发利用区	岷沱江	沱江	柳梢堰	高碑水闸	2.9		Ⅲ	川
67	沱江德阳高碑排污控制区	沱江德阳市开发利用区	岷沱江	沱江	高碑桥	谭家油房	1.4		Ⅲ	川

序号	二级水功能区名称	所在一级水功能区名称	水系	河流、湖库	范围起始断面	终止断面	长度(km)	面积(km²)	水质目标	省级行政区
68	沱江德阳过渡区	沱江德阳市开发利用区	岷沱江	沱江	谭家油房	青龙庙	3.3		Ⅲ	川
69	沱江金堂清江乡饮用、景观用水区	沱江金堂开发利用区	岷沱江	沱江	清江乡	瓦店子	6.5		Ⅲ	川
70	沱江金堂南家店景观娱乐用水区	沱江金堂开发利用区	岷沱江	沱江	瓦店子	南家店	3.9		Ⅲ	川
71	沱江金堂三星庙排污控制区	沱江金堂开发利用区	岷沱江	沱江	南家店	三星庙	1.8			川
72	沱江金堂悦来过渡区	沱江金堂开发利用区	岷沱江	沱江	三星庙	悦来	8.8		Ⅲ	川
73	沱江简阳石桥饮用水源区	沱江简阳市开发利用区	岷沱江	沱江	石钟滩	糖厂	8.5		Ⅲ	川
74	沱江简阳简城工业、景观用水区	沱江简阳市开发利用区	岷沱江	沱江	糖厂	林家河	7.6		Ⅲ	川
75	沱江简阳林家河排污控制区	沱江简阳市开发利用区	岷沱江	沱江	林家河	转湾子	1.0			川
76	沱江简阳新市过渡区	沱江简阳市开发利用区	岷沱江	沱江	转湾子	新市镇	5.5		Ⅲ	川
77	沱江资阳长寿桥景观娱乐用水区	沱江资阳市开发利用区	岷沱江	沱江	孙家院子	长寿桥	7.3		Ⅲ	川
78	沱江资阳高岩排污控制区	沱江资阳市开发利用区	岷沱江	沱江	长寿桥	高岩	0.6			川
79	沱江资阳糖厂过渡区	沱江资阳市开发利用区	岷沱江	沱江	高岩	资阳糖厂	3.8		Ⅲ	川
80	沱江资中侯家坪工业用水区	沱江资中县开发利用区	岷沱江	沱江	资阳糖厂	麻柳湾	3.1		Ⅲ	川
81	沱江资中石青乡饮用水源区	沱江资中县开发利用区	岷沱江	沱江	五里店	石青乡	6.3		Ⅲ	川
82	沱江资中魏家祠堂工业用水区	沱江资中县开发利用区	岷沱江	沱江	石青乡	魏家祠堂	4.7		Ⅲ	川
83	沱江资中泥巴湾排污控制区	沱江资中县开发利用区	岷沱江	沱江	魏家祠堂	泥巴湾	1.0			川
84	沱江资中大中坝过渡区	沱江资中县开发利用区	岷沱江	沱江	泥巴湾	大中坝	5.5		Ⅲ	川
85	沱江资中硫酸厂工业用水区	沱江资中县开发利用区	岷沱江	沱江	大中坝	硫酸厂	1.0		Ⅲ	川
86	沱江内江天官堂饮用、工业、景观用水区	沱江内江市开发利用区	岷沱江	沱江	史家镇	天官堂电站大坝	17.5		Ⅲ	川
87	沱江内江牌坊饮用、景观、工业用水区	沱江内江市开发利用区	岷沱江	沱江	天官堂电站大坝	光华村	14.0		Ⅲ	川
88	沱江内江丁家村排污控制区	沱江内江市开发利用区	岷沱江	沱江	光华村	丁家村	1.0		Ⅲ	川
89	沱江内江石庙村过渡区	沱江内江市开发利用区	岷沱江	沱江	丁家村	石庙村	5.5		Ⅲ	川

序号	项目 二级水功能区名称	所在一级水功能区名称	水系	河流、湖库	范围 起始断面	范围 终止断面	长度 (km)	面积 (km²)	水质目标	省级行政区
90	沱江富顺川王庙景观、工业用水区	沱江富顺开发利用区	岷沱江	沱江	川王庙	晨光大桥	9.4		III	川
91	沱江富顺双堰塘工业用水区	沱江富顺开发利用区	岷沱江	沱江	晨光大桥	双堰塘	4.4		III	川
92	沱江富顺平澜排污控制区	沱江富顺开发利用区	岷沱江	沱江	双堰塘	平澜	1.0		III	川
93	沱江富顺丁家渡过渡区	沱江富顺开发利用区	岷沱江	沱江	平澜	丁家渡	7.8		III	川
94	釜溪河自贡麻柳湾景观、工业用水区	釜溪河自贡开发利用区	岷沱江	釜溪河	麻柳湾	双河渡	8.5		III	川
95	釜溪河自贡自流井区景观、工业用水区	釜溪河自贡开发利用区	岷沱江	釜溪河	双河口	金子凼	9.0		III	川
96	釜溪河自贡双塘排污控制区	釜溪河自贡开发利用区	岷沱江	釜溪河	金子凼	鸿鹤化工总厂	3.5		III	川
97	釜溪河自贡唐家坝过渡区	釜溪河自贡开发利用区	岷沱江	釜溪河	鸿鹤化工总厂	唐家坝	5.0		IV	川
98	旭水河自贡重滩堰饮用水源区	旭水河自贡开发利用区	岷沱江	旭水河	桥头堰	重滩堰	16.0		III	川
99	旭水河自贡贡井景观、工业用水区	旭水河自贡开发利用区	岷沱江	旭水河	重滩堰	双河口	17.0		III	川
100	大清流河荣昌吴家镇农业用水区	大清流河荣昌吴家镇开发利用区	岷沱江	清流河	荣昌县吴家镇万古村	张家上坝	1.9		III	渝
101	大清流河荣昌吴家镇排污控制区	大清流河荣昌吴家镇开发利用区	岷沱江	清流河	张家上坝	马鞍	1.3			渝
102	大清流河荣昌吴家镇过渡区	大清流河荣昌吴家镇开发利用区	岷沱江	清流河	马鞍	吴家镇锅车堰	2.1		III	渝
103	濑溪河大足县龙岗镇饮用水源区	濑溪河大足县龙岗镇开发利用区	岷沱江	濑溪河	龙岗镇平顶村斑竹园拦水堰	三万吨车间拦水堰	4.4		II～III	渝
104	濑溪河大足县龙岗镇景观娱乐用水区	濑溪河大足县龙岗镇开发利用区	岷沱江	濑溪河	三万吨车间拦水堰	龙岗新堤	3.3		III	渝
105	濑溪河大足县龙岗镇工业用水区	濑溪河大足县龙岗镇开发利用区	岷沱江	濑溪河	龙岗新堤	红星村老堤	2.4		III	渝
106	濑溪河大足县龙岗镇排污控制区	濑溪河大足县龙岗镇开发利用区	岷沱江	濑溪河	红星村老堤	同心村簸箕滩堤	1.4			渝

序号	二级水功能区名称	所在一级水功能区名称	水系	河流、湖库	范围 起始断面	范围 终止断面	长度 (km)	面积 (km²)	水质目标	省级行政区
107	濑溪河龙岗镇过渡区	濑溪河大足县龙岗镇开发利用区	岷沱江	濑溪河	同心村簸箕滩堤	弥陀镇田坝村湾桥	3.0		Ⅲ	渝
108	濑溪河弥陀镇农业用水区	濑溪河大足县龙岗镇开发利用区	岷沱江	濑溪河	弥陀镇田坝村湾桥	弥陀镇磴云桥跃进引水堤	4.6		Ⅲ	渝
109	濑溪河龙水镇饮用水源区	濑溪河大足县龙水镇开发利用区	岷沱江	濑溪河	龙水镇龙东村廻龙桥	辛光村马滩堤	3.4		Ⅲ	渝
110	濑溪河龙水镇工业用水区	濑溪河大足县龙水镇开发利用区	岷沱江	濑溪河	辛光村马滩堤	龙水镇鱼剑村鱼剑桥	4.6		Ⅲ	渝
111	濑溪河玉滩水库饮用水源区	濑溪河大足县龙水镇开发利用区	岷沱江	濑溪河	龙水镇鱼剑村鱼剑堤	珠溪镇小滩村小滩桥	10.5		Ⅲ	渝
112	濑溪河荣昌县城饮用水源区	濑溪河荣昌县昌元镇开发利用区	岷沱江	濑溪河	昌元镇沙堡村	弯店村	3.8		Ⅲ	渝
113	濑溪河荣昌景观娱乐用水区	濑溪河荣昌县昌元镇开发利用区	岷沱江	濑溪河	弯店村	小滩桥村	5.1			渝
114	濑溪河荣昌排污控制区	濑溪河荣昌县昌元镇开发利用区	岷沱江	濑溪河	小滩桥村	七宝岩村	2.0		Ⅲ	渝
115	濑溪河荣昌过渡区	濑溪河荣昌县昌元镇开发利用区	岷沱江	濑溪河	七宝岩村	汪家坝	5.3		Ⅲ	渝
116	濑溪河荣昌工业用水区	濑溪河荣昌县昌元镇开发利用区	岷沱江	濑溪河	汪家坝	广顺镇高桥村	5.4		Ⅲ	渝
117	嘉陵江广元饮用水源区	嘉陵江广元开发利用区	嘉陵江	嘉陵江	冉家河火车站	皇泽寺	8.2		Ⅲ	川
118	嘉陵江广元工业、景观用水区	嘉陵江广元开发利用区	嘉陵江	嘉陵江	皇泽寺	两江口	0.8		Ⅲ	川
119	嘉陵江广元三号桥排污控制区	嘉陵江广元开发利用区	嘉陵江	嘉陵江	两江口	三号桥	4.4		Ⅲ	川
120	嘉陵江广元篆子岩过渡区	嘉陵江广元开发利用区	嘉陵江	嘉陵江	三号桥	篆子岩	1.5		Ⅲ	川
121	嘉陵江广元工业用水区	嘉陵江广元开发利用区	嘉陵江	嘉陵江	篆子岩	火焰滩	7.5		Ⅲ	川
122	嘉陵江广元牛塞坝排污控制区	嘉陵江广元开发利用区	嘉陵江	嘉陵江	火焰滩	牛塞坝	2.8		Ⅲ	川

序号	二级水功能区名称	所在一级水功能区名称	水系	河流、湖库	范围 起始断面	范围 终止断面	长度（km）	面积（km²）	水质目标	省级行政区
123	嘉陵江广元昭化过渡区	嘉陵江广元昭化开发利用区	嘉陵江	嘉陵江	牛塞坝	昭化	4.8		Ⅲ	川
124	嘉陵江略阳饮用水源区	嘉陵江略阳开发利用区	嘉陵江	嘉陵江	徐家坪	石家子	11.3		Ⅱ	陕
125	嘉陵江略阳城关工业、农业用水区	嘉陵江略阳开发利用区	嘉陵江	嘉陵江	石碑子	鲁光坪	7.2		Ⅲ	陕
126	青泥河徽县、成县工业、农业用水区	青泥河徽县、成县开发利用区	嘉陵江	青泥河	嘛沿河入口	南康	85.0		Ⅲ	甘
127	西汉水成县、康县工业、农业用水区	西汉水成县、康县开发利用区	嘉陵江	西汉水	六巷河入口	镡坝	60.0		Ⅲ	甘
128	白龙江舟曲、宕昌、武都饮用、农业用水区	白龙江舟曲、武都开发利用区	嘉陵江	白龙江	立节	两水镇	83.0		Ⅲ	甘
129	白龙江舟曲、武都饮用、农业用水区	白龙江舟曲、武都开发利用区	嘉陵江	白龙江	两水镇	灰崖子	9.5		Ⅲ	甘
130	白龙江武都工业、农业用水区	白龙江舟曲、武都开发利用区	嘉陵江	白龙江	灰崖子	东江	4.5		Ⅲ	甘
131	涪江江油饮用、工业用水区	涪江江油开发利用区	嘉陵江	涪江	老坪坝	小河坝	11.5		Ⅲ	川
132	涪江江油排污控制区	涪江江油开发利用区	嘉陵江	涪江	小河坝	独木桥	2.5		Ⅲ	川
133	涪江江油过渡区	涪江江油开发利用区	嘉陵江	涪江	独木桥	黄瓜园	4.0		Ⅲ	川
134	涪江绵阳饮用、工业用水区	涪江绵阳开发利用区	嘉陵江	涪江	石马	三江汇口	12.5		Ⅲ	川
135	涪江绵阳景观娱乐用水区	涪江绵阳开发利用区	嘉陵江	涪江	三江汇口	三江电站坝下	7.5		Ⅲ	川
136	涪江绵阳排污控制区	涪江绵阳开发利用区	嘉陵江	涪江	三江电站坝下	左家岩	1.5		Ⅲ	川
137	涪江绵阳过渡区	涪江绵阳开发利用区	嘉陵江	涪江	左家岩	丰谷镇	6.0		Ⅲ	川
138	涪江三台饮用、工业用水区	涪江三台开发利用区	嘉陵江	涪江	新德镇	清东坝	12.0		Ⅲ	川
139	涪江三台工业用水区	涪江三台开发利用区	嘉陵江	涪江	清东坝	冉家坝	6.5		Ⅲ	川
140	涪江射洪工业、饮用水源区	涪江射洪开发利用区	嘉陵江	涪江	广兴场	螺丝池	5.0		Ⅲ	川

序号	二级水功能区名称	所在一级水功能区名称	水系	河流、湖库	范围 起始断面	范围 终止断面	长度 (km)	面积 (km²)	水质目标	省级行政区
141	沱江射洪景观娱乐用水区	沱江射洪开发利用区	嘉陵江	沱江	螺丝池	罗家坝	10.0		Ⅲ	川
142	沱江射洪工业用水区	沱江射洪开发利用区	嘉陵江	沱江	罗家坝	檠云宫	8.0		Ⅲ	川
143	沱江遂宁工业、饮用水源区	沱江遂宁开发利用区	嘉陵江	沱江	桂花镇	段家坝	8.0		Ⅲ	川
144	沱江遂宁景观用水区	沱江遂宁开发利用区	嘉陵江	沱江	段家坝	中坝子	3.5		Ⅲ	川
145	沱江遂宁景观娱乐用水区	沱江遂宁开发利用区	嘉陵江	沱江	中坝子	马家林	13.0		Ⅲ	川
146	沱江遂宁排污控制区	沱江遂宁开发利用区	嘉陵江	沱江	马家林	王家中包	1.5			川
147	沱江遂宁过渡区	沱江遂宁开发利用区	嘉陵江	沱江	王家中包	遂宁市龙凤场名胜区	4.5		Ⅲ	川
148	沱江潼南景观娱乐用水区	沱江潼南开发利用区	嘉陵江	沱江	潼南县双江镇三块石	大佛寺风景名胜区	12.0		Ⅲ	渝
149	沱江潼南双江饮用水源区	沱江潼南开发利用区	嘉陵江	沱江	大佛寺风景名胜区	县城丝一厂取水口	5.0		Ⅲ	渝
150	沱江潼南县城饮用水源区	沱江潼南开发利用区	嘉陵江	沱江	县城丝一厂取水口	自来水公司	7.0		Ⅲ	渝
151	沱江潼南工业用水区	沱江潼南开发利用区	嘉陵江	沱江	自来水公司	上和镇白塔	7.0		Ⅲ	渝
152	沱江合川景观娱乐用水区	沱江合川开发利用区	嘉陵江	沱江	合川区渭沱镇两河口村	涪江河口	15.0		Ⅲ	渝
153	琼江铜梁县柏梓镇工业、饮用水源区	琼江潼南县柏梓镇开发利用区	嘉陵江	琼江	潼南县柏梓镇	潼南县墩子河水库	29.0		Ⅲ	渝
154	琼江铜梁县少云镇饮用水源区	琼江铜梁县少云镇开发利用区	嘉陵江	琼江	铜梁县少云镇	入涪江口	20.0		Ⅲ	渝
155	渠江巴中饮用水源区	渠江巴中开发利用区	嘉陵江	渠江	浅水湾	宋家坝	6.5		Ⅲ	川
156	渠江巴中景观娱乐用水区	渠江巴中开发利用区	嘉陵江	渠江	宋家坝	巴河大桥	2.5		Ⅲ	川
157	渠江巴中工业用水区	渠江巴中开发利用区	嘉陵江	渠江	巴河大桥	杨家坝	4.0		Ⅲ	川
158	渠江巴中排污控制区	渠江巴中开发利用区	嘉陵江	渠江	杨家坝	南店垭	1.0			川
159	渠江巴中过渡区	渠江巴中开发利用区	嘉陵江	渠江	南店垭	谢家编	2.0		Ⅲ	川

序号	二级水功能区名称	所在一级水功能区名称	水系	河流、湖库	范围 起始断面	范围 终止断面	长度 (km)	面积 (km²)	水质目标	省级行政区
160	渠江平昌工业、景观用水区	渠江平昌开发利用区	嘉陵江	渠江	神浪滩	泻巴河	9.0		Ⅲ	川
161	渠江渠县饮用水源区	渠江渠县开发利用区	嘉陵江	渠江	锡溪	风洞子	9.5		Ⅲ	川
162	渠江渠县工业、景观用水区	渠江渠县开发利用区	嘉陵江	渠江	风洞子	李渡河	7.6		Ⅲ	川
163	渠江广安饮用水源区	渠江广安开发利用区	嘉陵江	渠江	欧家溪	老花园	2.0		Ⅲ	川
164	渠江广安工业、景观用水区	渠江广安开发利用区	嘉陵江	渠江	老花园	白塔园	5.5		Ⅲ	川
165	渠江广安排污控制区	渠江广安开发利用区	嘉陵江	渠江	白塔村	何家嘴	1.0			川
166	渠江广安过渡区	渠江广安开发利用区	嘉陵江	渠江	何家嘴	管盛	3.5		Ⅲ	川
167	渠江合川官渡镇景观、渔业用水区	渠江合川官渡镇开发利用区	嘉陵江	渠江	官渡镇滩子河村	官渡镇邓家院子村	10.0		Ⅲ	渝
168	渠江合川官渡镇饮用水源区	渠江合川官渡镇开发利用区	嘉陵江	渠江	官渡镇邓家院子村	河口	40.0		Ⅲ	渝
169	通江平昌饮用水源区	通江平昌开发利用区	嘉陵江	通江	石桥沟	通河桥	4.3		Ⅱ	川
170	通江平昌景观娱乐用水区	通江平昌开发利用区	嘉陵江	通江	通河桥	入巴河河口	0.8		Ⅲ	川
171	小通江通江饮用水源区	小通江通江开发利用区	嘉陵江	小通江	涪阳镇	周家坝	20.0		Ⅱ	川
172	小通江通江景观娱乐用水区	小通江通江开发利用区	嘉陵江	小通江	周家坝	苟家湾	10.0		Ⅲ	川
173	小通江通江排污控制区	小通江通江开发利用区	嘉陵江	小通江	苟家湾	河口(小江口)	1.5		Ⅲ	川
174	州河宣汉饮用、工业用水区	州河宣汉开发利用区	嘉陵江	州河	南坝	江口大坝	46.5		Ⅲ	川
175	州河宣汉工业用水区	州河宣汉开发利用区	嘉陵江	州河	江口大坝	王咀岩	9.7		Ⅲ	川
176	州河达州饮用水源区	州河达州开发利用区	嘉陵江	州河	洋烈乡	罗江口电站	15.0		Ⅱ	川
177	州河达州工业、景观用水区	州河达州开发利用区	嘉陵江	州河	罗江口电站	河市镇	26.0		Ⅲ	川
178	州河达州排污控制区	州河达州开发利用区	嘉陵江	州河	河市镇	罩家坝	14.0		Ⅲ	川
179	州河达州过渡区	州河达州开发利用区	嘉陵江	州河	罩家坝	渡市坝	12.0		Ⅲ	川

序号	二级水功能区名称	所在一级水功能区名称	水系	河流、湖库	范围（起始断面）	范围（终止断面）	长度（km）	面积（km²）	水质目标	省级行政区
180	嘉陵江阆中饮用水源区	嘉陵江阆中开发利用区	嘉陵江	嘉陵江	杨家岩	马啸溪	10.5		Ⅲ	川
181	嘉陵江阆中工业、景观用水区	嘉陵江阆中开发利用区	嘉陵江	嘉陵江	马啸溪	马家河口	15.8		Ⅲ	川
182	嘉陵江阆中排污控制区	嘉陵江阆中开发利用区	嘉陵江	嘉陵江	马家河口	新渡口码头	1.7		Ⅲ	川
183	嘉陵江阆中过渡区	嘉陵江阆中开发利用区	嘉陵江	嘉陵江	新渡口码头	双龙大桥	3.5		Ⅲ	川
184	嘉陵江南部饮用水源区	嘉陵江南部开发利用区	嘉陵江	嘉陵江	鸭咀	燕子窝	8.6		Ⅲ	川
185	嘉陵江南部工业、景观用水区	嘉陵江南部开发利用区	嘉陵江	嘉陵江	燕子窝	南部县污水处理厂	3.0		Ⅲ	川
186	嘉陵江南部排污控制区	嘉陵江南部开发利用区	嘉陵江	嘉陵江	南部县污水处理厂	涌泉河坝	1.0		Ⅲ	川
187	嘉陵江南部过渡区	嘉陵江南部开发利用区	嘉陵江	嘉陵江	涌泉河坝	青邦灌	4.0		Ⅲ	川
188	嘉陵江仪陇饮用水源区	嘉陵江仪陇开发利用区	嘉陵江	嘉陵江	新政水电站	林家桥	1.0		Ⅲ	川
189	嘉陵江仪陇工业、景观用水区	嘉陵江仪陇开发利用区	嘉陵江	嘉陵江	林家桥	乌木咆	5.8		Ⅲ	川
190	嘉陵江仪陇排污控制区	嘉陵江仪陇开发利用区	嘉陵江	嘉陵江	乌木咆	陈家坝	2.0		Ⅲ	川
191	嘉陵江仪陇过渡区	嘉陵江仪陇开发利用区	嘉陵江	嘉陵江	陈家坝	泥槽河出口	3.8		Ⅲ	川
192	嘉陵江蓬安饮用水源区	嘉陵江蓬安开发利用区	嘉陵江	嘉陵江	金溪沈家坝	财神楼	6.3		Ⅲ	川
193	嘉陵江蓬安工业、景观用水区	嘉陵江蓬安开发利用区	嘉陵江	嘉陵江	财神楼	杨家店	3.1		Ⅲ	川
194	嘉陵江高坪区饮用、工业、景观用水区（左岸）	嘉陵江南充开发利用区	嘉陵江	嘉陵江	龙门镇	高坪污水处理厂上	16.8		Ⅲ	川
195	嘉陵江高坪排污控制区（左岸）	嘉陵江南充开发利用区	嘉陵江	嘉陵江	高坪污水处理厂上	南广高速公路大桥	0.8			川
196	嘉陵江高坪过渡区（左岸）	嘉陵江南充开发利用区	嘉陵江	嘉陵江	南广高速公路大桥	青居电站大坝	12.6		Ⅲ	川
197	嘉陵江顺庆饮用、景观、工业用水区（右岸）	嘉陵江南充开发利用区	嘉陵江	嘉陵江	龙门镇	南充市污水处理厂	20.7		Ⅲ	川
198	嘉陵江顺庆排污控制区（右岸）	嘉陵江南充开发利用区	嘉陵江	嘉陵江	南充市污水处理厂上	文峰镇	1.8		Ⅲ	川

序号	二级水功能区名称	所在一级水功能区名称	水系	河流、湖库	范围		长度（km）	面积（km²）	水质目标	省级行政区
					起始断面	终止断面				
199	嘉陵江顺庆过渡区（右岸）	嘉陵江南充开发利用区	嘉陵江	嘉陵江	文峰镇	青居电站大坝	7.9		Ⅲ	川
200	嘉陵江南充工业用水区（右岸）	嘉陵江南充开发利用区	嘉陵江	嘉陵江	青居电站大坝	李渡镇	17.3		Ⅲ	川
201	嘉陵江合川饮用、农业用水区	嘉陵江合川开发利用区	嘉陵江	嘉陵江	思居村	自来水公司	11.0		Ⅲ	渝
202	嘉陵江合川景观、工业用水区	嘉陵江合川开发利用区	嘉陵江	嘉陵江	自来水公司	合川市的钓鱼城办事处石山村	8.0		Ⅲ	渝
203	长江三峡水库嘉陵江澄江镇景观、渔业用水区	长江三峡水库重庆开发利用区	嘉陵江	嘉陵江	北碚区澄江镇	大沱口	5.0		Ⅲ	渝
204	长江三峡水库嘉陵江大沱口饮用、工业用水区	长江三峡水库重庆开发利用区	嘉陵江	嘉陵江	大沱口	干洞子	6.0		Ⅲ	渝
205	长江三峡水库嘉陵江干洞子饮用、工业用水区	长江三峡水库重庆开发利用区	嘉陵江	嘉陵江	干洞子	干洞子	9.0		Ⅲ	渝
206	长江三峡水库嘉陵江渝北区饮用水源区	长江三峡水库重庆开发利用区	嘉陵江	嘉陵江	渝北区合力村	大竹林镇	23.0		Ⅲ	渝
207	长江三峡水库嘉陵江江北饮用、工业用水区	长江三峡水库重庆开发利用区	嘉陵江	嘉陵江	大竹林镇	河口（江北嘴）	23.0		Ⅲ	渝
208	长江三峡水库嘉陵江干洞子景观、工业用水区	长江三峡水库重庆开发利用区	嘉陵江	嘉陵江	干洞子	井口	25.0		Ⅲ	渝
209	长江三峡水库嘉陵江砂坪坝饮用、工业用水区	长江三峡水库重庆开发利用区	嘉陵江	嘉陵江	井口	红岩村	13.0		Ⅲ	渝
210	长江三峡水库嘉陵江渝中区饮用、工业用水区	长江三峡水库重庆开发利用区	嘉陵江	嘉陵江	红岩村	入长江口（朝天门）	10.0		Ⅲ	渝
211	磨刀溪云阳龙角镇工业用水区	磨刀溪云阳开发利用区	宜宾至宜昌	磨刀溪	云阳县龙角镇	云阳县新津乡长江入口	43.7		Ⅲ	渝
212	大宁河巫溪城厢镇饮用水源区	大宁河巫溪城厢镇开发利用区	宜宾至宜昌	大宁河	巫溪城厢镇剪刀峰	巫溪城厢镇庙峡	5.0		Ⅱ	渝

序号	二级水功能区名称	所在一级水功能区名称	水系	河流、湖库	范围 起始断面	范围 终止断面	长度（km）	面积（km²）	水质目标	省级行政区
213	乌江六盘水市大湾工业用水区	乌江六盘水开发利用区	乌江	乌江	东风镇	二塘	15.5		Ⅲ	黔
214	乌江六盘水市猴场农业用水区	乌江六盘水开发利用区	乌江	乌江	二塘	猴场	9.0		Ⅲ	黔
215	乌江六盘水市下扒瓦工业用水区	乌江六盘水开发利用区	乌江	乌江	猴场	下扒瓦（水钢取水口下游100m）	33.3		Ⅲ	黔
216	乌江六盘水市响水河排污控制区	乌江六盘水开发利用区	乌江	乌江	下扒瓦（水钢取水口下游100m）	阿勒河汇口	3.5			黔
217	乌江六盘水市立火过渡区	乌江六盘水开发利用区	乌江	乌江	阿勒河汇口	阳长	28.8		Ⅱ	黔
218	六冲河纳雍、大方景观娱乐用水区	六冲河纳雍、大方开发利用区	乌江	六冲河	纳雍维新万寿桥	梯子岩	13.9		Ⅲ	黔
219	六冲河纳雍、大方工业用水区	六冲河纳雍、大方开发利用区	乌江	六冲河	梯子岩	伍佐河与六冲河汇口	46.2		Ⅲ	黔
220	六冲河织金、黔西工业、农业用水区	六冲河织金、黔西开发利用区	乌江	六冲河	伍佐河与六冲河汇口	卷洞门	76.4		Ⅲ	黔
221	六冲河织金、黔西过渡区	六冲河织金、黔西开发利用区	乌江	六冲河	卷洞门	化屋基	16.0		Ⅱ	黔
222	湘江遵义市北郊饮用水源区	湘江遵义开发利用区	乌江	湘江	海龙水库坝址	北郊水库坝址	3.6		Ⅱ	黔
223	湘江遵义市田家沟农业、景观用水区	湘江遵义开发利用区	乌江	湘江	北郊水库坝址	高坪河汇口	2.0		Ⅱ	黔
224	湘江遵义市城区景观、工业用水区	湘江遵义开发利用区	乌江	湘江	高坪河汇口	万福桥下游1km	7.2		Ⅲ	黔
225	湘江遵义市万福桥排污控制区	湘江遵义开发利用区	乌江	湘江	万福桥下游1km	湘江水文站	0.4			黔
226	湘江遵义市湘江大桥过渡区	湘江遵义开发利用区	乌江	湘江	湘江水文站	虾子	40.0		Ⅲ	黔
227	清水河贵阳花溪饮用、景观用水区	南明河贵阳市开发利用区	乌江	清水河	花溪水库坝	三江口	14.0		Ⅱ	黔
228	清水河贵阳电厂工业、景观用水区	南明河贵阳市开发利用区	乌江	清水河	三江口	贵阳电厂	5.7		Ⅱ	黔
229	清水河贵阳城区景观、工业用水区	南明河贵阳市开发利用区	乌江	清水河	贵阳电厂	排洪洞出口	10.1		Ⅲ	黔

序号	二级水功能区名称	所在一级水功能区名称	水系	河流、湖库	范围 起始断面	范围 终止断面	长度(km)	面积(km²)	水质目标	省级行政区
230	清水河贵阳乌当景观、农业用水区	南明河贵阳乌当开发利用区	乌江	清水河	排洪洞出口	乌当云锦小河汇口	14.9		Ⅲ	黔
231	清水河贵阳乌当排污控制区	南明河贵阳乌当开发利用区	乌江	清水河	乌当云锦小河汇口	南门河汇口	3.6		Ⅲ	黔
232	清水河贵阳乌当过渡区	南明河贵阳乌当开发利用区	乌江	清水河	南门河汇口	乌当定扒桥	7.7		Ⅲ	黔
233	长江宜宾渔业、工业用水区	长江宜宾开发利用区（左岸）	宜宾至宜昌	长江	岷江口	李庄镇	20.0		Ⅱ	川
234	长江江安工业、渔业用水区	长江江安开发利用区（左岸）	宜宾至宜昌	长江	碉楼头	赵岩	28.0		Ⅱ～Ⅲ	川
235	长江江阳龙马潭饮用、工业用水区	长江泸州开发利用区（左岸）	宜宾至宜昌	长江	华阳	白塔	16.0		Ⅲ	川
236	长江泸州龙马潭工业、饮用水源区	长江泸州开发利用区（左岸）	宜宾至宜昌	长江	白塔	泸化排污口	6.0		Ⅲ	川
237	长江龙马潭过渡区	长江泸州开发利用区（左岸）	宜宾至宜昌	长江	泸化排污口	大华田	6.0		Ⅱ	川
238	长宁河长宁三里半饮用、工业用水区	长宁河长宁县开发利用区	宜宾至宜昌	长宁河	瓶子湾电站	三里半	6.1		Ⅲ	川
239	长宁河段井山景观娱乐用水区	长宁河长宁县开发利用区	宜宾至宜昌	长宁河	三里半	段井山	7.5		Ⅲ	川
240	长宁河长宁古河工业用水区	长宁河长宁县开发利用区	宜宾至宜昌	长宁河	段井山	古河镇	11.0		Ⅲ	川
241	长江三峡水库大渡口饮用、工业用水区	长江三峡水库开发利用区	宜宾至宜昌	长江	巴南区马桑溪大桥	九龙坡区桃花溪	5.0		Ⅲ	渝
242	长江三峡水库九龙饮用、工业用水区	长江三峡水库重庆城区开发利用区	宜宾至宜昌	长江	九龙坡区桃花溪	渝中区黄沙溪	10.0		Ⅲ	渝
243	长江三峡水库渝中饮用、景观用水区	长江三峡水库重庆城区开发利用区	宜宾至宜昌	长江	渝中区黄沙溪	江北嘴（朝天门）	10.0		Ⅲ	渝
244	长江三峡水库江北饮用、工业用水区	长江三峡水库重庆城区开发利用区	宜宾至宜昌	长江	江北嘴（朝天门）	唐家沱	13.0		Ⅲ	渝

序号	二级水功能区名称	所在一级水功能区名称	水系	河流、湖库	范围 起始断面	范围 终止断面	长度 (km)	面积 (km²)	水质目标	省级行政区
245	长江三峡水库江北排污控制区	长江三峡水库重庆城区开发利用区	宜宾至宜昌	长江	唐家沱	铜锣峡入口	1.5			渝
246	长江三峡水库江北过渡区	长江三峡水库重庆城区开发利用区	宜宾至宜昌	长江	铜锣峡入口	鱼嘴	12.0		Ⅲ	渝
247	长江三峡水库鱼嘴饮用、工业用水区	长江三峡水库重庆城区开发利用区	宜宾至宜昌	长江	鱼嘴	井池	5.0		Ⅲ	渝
248	长江三峡水库巴南饮用、工业用水区	长江三峡水库重庆城区开发利用区	宜宾至宜昌	长江	巴南区马桑溪大桥	南岸区麒龙村	8.0		Ⅲ	渝
249	长江三峡水库南岸饮用、景观用水区	长江三峡水库重庆城区开发利用区	宜宾至宜昌	长江	南岸区麒龙村	鸡冠石	34.0		Ⅲ	渝
250	长江三峡水库南岸排污控制区	长江三峡水库重庆城区开发利用区	宜宾至宜昌	长江	鸡冠石	纳溪沟	4.0			渝
251	长江三峡水库南岸过渡区	长江三峡水库重庆城区开发利用区	宜宾至宜昌	长江	纳溪沟	巴南区木洞镇	22.0		Ⅲ	渝
252	长江三峡水库长寿工业、景观用水区	长江三峡水库长寿开发利用区	宜宾至宜昌	长江	沙溪河口	凤城镇黄草峡	22.0		Ⅲ	渝
253	长江三峡水库长寿饮用、工业用水区	长江三峡水库长寿开发利用区	宜宾至宜昌	长江	扇沱乡	石庙村	10.0		Ⅲ	渝
254	长江三峡水库涪陵李渡饮用、工业用水区	长江三峡水库涪陵开发利用区	宜宾至宜昌	长江	涪陵区李渡镇	黄旗	15.0		Ⅲ	渝
255	长江三峡水库涪陵景观娱乐用水区	长江三峡水库涪陵开发利用区	宜宾至宜昌	长江	黄旗	江北办事处韩家沱	21.0		Ⅲ	渝
256	长江三峡水库涪陵饮用、工业用水区	长江三峡水库涪陵开发利用区	宜宾至宜昌	长江	龙桥	乌江入江口	15.0		Ⅲ	渝
257	长江三峡水库涪陵饮用、景观用水区	长江三峡水库涪陵开发利用区	宜宾至宜昌	长江（乌江回水段）	荔枝镇梨子	滩垴	13.0		Ⅲ	渝

序号	二级水功能区名称	所在一级水功能区名称	水系	河流、湖库	范围 起始断面	范围 终止断面	长度 (km)	面积 (km²)	水质目标	省级行政区
258	长江三峡水库涪陵工业、景观用水区	长江三峡水库涪陵开发利用区	宜宾至宜昌	长江(乌江回水段)	小溪天生桥	乌江入江口	10.0		Ⅲ	渝
259	长江三峡水库龙宝饮用、工业用水区	长江三峡水库万州开发利用区	宜宾至宜昌	长江	高峰镇	苎溪河	12.0		Ⅲ	渝
260	长江三峡水库天城工业、景观用水区	长江三峡水库万州开发利用区	宜宾至宜昌	长江	苎溪河	大同	14.0		Ⅲ	渝
261	长江三峡水库五桥饮用水源区	长江三峡水库万州开发利用区	宜宾至宜昌	长江	万州城区新田	陈家坝规划水厂	8.0		Ⅲ	渝
262	长江三峡水库五桥工业用水区	长江三峡水库万州开发利用区	宜宾至宜昌	长江	陈家坝规划水厂	大龙镇	19.0		Ⅲ	渝
263	长江三峡水库开县饮用水源区	长江三峡水库开县开发利用区	宜宾至宜昌	小江	长江支流南河南河又竹溪镇	新城区生活取水口	8.0		Ⅲ	渝
264	长江三峡水库开县工业、景观用水区	长江三峡水库开县开发利用区	宜宾至宜昌	小江	新城区生活取水口	河口	7.0		Ⅲ	渝
265	长江三峡水库开县丰乐工业用水区	长江三峡水库开县开发利用区	宜宾至宜昌	小江	开县白鹤街道石扑坝	开县渠口镇普里河入河口	18.0		Ⅲ	渝
266	长江三峡水库巫山工业、景观用水区	长江三峡水库巫山开发利用区	宜宾至宜昌	大宁河	龙门桥	大宁河河口	3.5		Ⅲ	渝
267	长江三峡水库巫山饮用水源区	长江三峡水库巫山开发利用区	宜宾至宜昌	长江	大宁河河口上游2km	巫山长江大桥	4.0		Ⅲ	渝
268	长江三峡水库云阳小江饮用、工业用水区	长江三峡水库云阳开发利用区	宜宾至宜昌	小江	澎溪河大桥	小江河口	8.5		Ⅲ	渝
269	长江三峡水库云阳饮用、工业用水区	长江三峡水库云阳开发利用区	宜宾至宜昌	长江	小江河口上游1km	云阳长江大桥下游4km	11.0		Ⅱ	渝

序号	二级水功能区名称	所在一级水功能区名称	水系	河流、湖库	范围 起始断面	范围 终止断面	长度(km)	面积(km²)	水质目标	省级行政区
270	长江三峡水库丰都饮用水源区	长江三峡水库丰都开发利用区	宜宾至宜昌	长江	丰都自来水公司取水点上游1km	三合镇汇南贡岩砖厂	8.0		Ⅲ	渝
271	长江三峡水库丰都龙河工业、景观娱乐用水区	长江三峡水库丰都开发利用区	宜宾至宜昌	龙河	鱼剑口电站	河口	10.0		Ⅲ	渝
272	长江三峡水库忠县饮用水源区	长江三峡水库忠县开发利用区	宜宾至宜昌	长江	白公祠	罗家桥	8.0		Ⅲ	渝
273	长江三峡水库忠县工业、景观用水区	长江三峡水库忠县开发利用区	宜宾至宜昌	长江	罗家桥	左：忠州镇顺溪场	12.0		Ⅲ	渝
274	长江三峡水库奉节工业、景观娱乐用水区	长江三峡水库奉节开发利用区	宜宾至宜昌	长江	奉节县布衣河入江口	奉节长江大桥	4.0		Ⅲ	渝
275	乌江彭水县景观娱乐、工业用水区	乌江彭水县开发利用区	乌江	乌江	彭水电站坝址	高谷镇共和村	24.0		Ⅱ	渝
276	乌江武隆县景观娱乐、渔业用水区	乌江武隆县开发利用区	乌江	乌江	武隆县银盘	武隆白马镇	45.0		Ⅱ	渝
277	郁江彭水保家景观娱乐、饮用水源区	郁江彭水保家镇开发利用区	乌江	郁江	彭水县马岩洞电站坝址	入乌江口	42.0		Ⅱ	渝
278	綦江綦江县饮用水源区	綦江綦江县城开发利用区	宜宾至宜昌	綦江	篆塘镇朱滩村	县城水厂	1.5		Ⅲ	渝
279	綦江綦江县工业用水区	綦江綦江县城开发利用区	宜宾至宜昌	綦江	县城水厂	冶炼集团排污口	2.0		Ⅲ	渝
280	綦江綦江县排污控制区	綦江綦江县城开发利用区	宜宾至宜昌	綦江	冶炼集团排污口	三江石溪口闸坝	1.5			渝
281	綦江綦江县过渡区	綦江綦江县城开发利用区	宜宾至宜昌	綦江	三江石溪口闸坝	化肥厂取水口上游1km	7.0		Ⅲ	渝
282	綦江綦江县景观、工业用水区	綦江綦江县城开发利用区	宜宾至宜昌	綦江	化肥厂取水口上游1km	独石沱	3.5		Ⅲ	渝
283	綦江綦江县北渡镇工业用水区	綦江綦江县城开发利用区	宜宾至宜昌	綦江	独石沱	古南镇北渡村	7.5		Ⅲ	渝
284	綦江安稳镇工业用水区	綦江安稳镇开发利用区	宜宾至宜昌	綦江	安稳镇石门坎	安稳镇谷山沟	10.0		Ⅲ	渝

序号	二级水功能区名称	所在一级水功能区名称	水系	河流、湖库	范围 起始断面	范围 终止断面	长度 (km)	面积 (km²)	水质目标	省级行政区
285	綦江东溪镇娱乐用水区	綦江綦江县安稳镇乐利用区	宜宾至宜昌	綦江	安稳镇谷山沟	东溪镇紫街	16.0		Ⅲ	渝
286	綦江江津河口工业用水区	綦江江津区河口开发利用区	宜宾至宜昌	綦江	江津区支坪街道	入长江口	5.0		Ⅲ	渝
287	御临河江津长寿渝北饮用水源区	御临河长寿渝北开发利用区	宜宾至宜昌	御临河	渝北区黄印乡	渝北区石船镇	42.0		Ⅲ	渝
288	藻渡河南川饮用水源区	藻渡河南川金佛山水库开发利用区	宜宾至宜昌	藻渡河	南川市头渡镇	南川市金山镇金狮	10.0		Ⅱ	渝
289	长江宜昌饮用水源、工业用水区	长江宜昌开发利用区	宜昌至湖口	长江	葛洲坝	虎牙滩	22.0		Ⅱ	鄂
290	长江荆州城南饮用水源、工业用水区	长江荆州开发利用区	宜昌至湖口	长江	公安县虎渡河口	临江路	10.3		Ⅱ	鄂
291	长江荆州柳林洲工业用水、饮用水源区	长江荆州开发利用区	宜昌至湖口	长江	临江路	东郊热电厂	3.0		Ⅱ	鄂
292	长江荆州五七码头排污控制区	长江荆州开发利用区	宜昌至湖口	长江	东郊热电厂	虾子沟	1.7		Ⅱ	鄂
293	长江荆州观音寺过渡区	长江荆州开发利用区	宜昌至湖口	长江	虾子沟	江陵滩大桥镇观音寺	8.0		Ⅱ	鄂
294	长江岳阳工业、农业用水区	长江岳阳开发利用区	宜昌至湖口	长江	岳阳市城陵矶	临湘市儒溪镇	24.0		Ⅲ	湘
295	长江岳阳过渡区	长江岳阳开发利用区	宜昌至湖口	长江	临湘市儒溪镇	洪湖螺山镇	8.0		Ⅲ	湘
296	长江武汉汉阳饮用水源、工业用水区	长江武汉开发利用区	宜昌至湖口	长江	沌口	长江大桥上游1km	13.0		Ⅱ	鄂
297	长江武汉汉江大桥景观	长江武汉开发利用区	宜昌至湖口	长江	长江大桥上游1km	长江二桥	8.0		Ⅲ	鄂
298	长江武汉江岸饮用水源、工业用水区	长江武汉开发利用区	宜昌至湖口	长江	长江二桥	朱家河河口上游1km	5.0		Ⅲ	鄂
299	长江武汉朱家河排污控制区	长江武汉朱家河开发利用区	宜昌至湖口	长江	朱家河河口上游1km	朱家河河口下游1km	2.0		Ⅲ	鄂
300	长江武汉朱家河过渡区	长江武汉开发利用区	宜昌至湖口	长江	朱家河河口下游1km	武湖农场	7.0		Ⅲ	鄂

序号	二级水功能区名称	所在一级水功能区名称	水系	河流、湖库	起始断面	终止断面	长度(km)	面积(km²)	水质目标	省级行政区
301	长江武汉武城区及新洲区工业、农业用水区	长江武汉开发利用区	宜昌至湖口	长江	武湖农场	双柳镇	25.0		Ⅲ	鄂
302	长江武汉城区饮用水源、工业用水区	长江武汉开发利用区	宜昌至湖口	长江	陈家闸	长江大桥	14.0		Ⅱ	鄂
303	长江武汉武昌景观娱乐用水区	长江武汉开发利用区	宜昌至湖口	长江	长江大桥	大堤口	3.0		Ⅲ	鄂
304	长江武汉武昌排污控制区	长江武汉开发利用区	宜昌至湖口	长江	大堤口	徐家棚	6.0			鄂
305	长江武汉武昌过渡区	长江武汉开发利用区	宜昌至湖口	长江	徐家棚	余家头水厂上游1km	2.0		Ⅲ	鄂
306	长江武汉青山工业用水区	长江武汉开发利用区	宜昌至湖口	长江	余家头水厂上游1km	工业港	10.0		Ⅲ	鄂
307	长江武汉武钢排污控制区	长江武汉开发利用区	宜昌至湖口	长江	工业港	工业港下游1km	1.0		Ⅲ	鄂
308	长江武汉王家洲工业用水区	长江武汉开发利用区	宜昌至湖口	长江	工业港下游1km	王家洲	5.0		Ⅲ	鄂
309	长江武汉王家洲工业用水区	长江武汉开发利用区	宜昌至湖口	长江	王家洲	北湖闸	6.5		Ⅲ	鄂
310	长江武汉北湖闸排污控制区	长江武汉开发利用区	宜昌至湖口	长江	北湖闸排污口上游1km	北湖闸排污口下游1km	1.0			鄂
311	长江武汉北湖闸过渡区	长江武汉开发利用区	宜昌至湖口	长江	北湖闸排污口下游1km	西港村	5.0		Ⅲ	鄂
312	长江武汉葛店饮用水源、工业、景观娱乐用水区	长江武汉开发利用区	宜昌至湖口	长江	西港村	武汉葛店	6.5		Ⅲ	鄂
313	长江黄州饮用水源、工业用水区	长江黄州开发利用区	宜昌至湖口	长江	黄州赤壁山	江北船厂	14.5		Ⅱ	鄂
314	长江黄州工业用水区	长江黄州开发利用区	宜昌至湖口	长江	江北船厂	黄州巴河河口	5.5		Ⅲ	鄂
315	长江鄂州饮用水源、工业用水区	长江鄂州开发利用区	宜昌至湖口	长江	鄂州临江镇	洋澜湖泵站	13.0		Ⅱ	鄂
316	长江鄂州工业用水区	长江鄂州开发利用区	宜昌至湖口	长江	洋澜湖泵站	胜利闸	4.0		Ⅲ	鄂
317	长江鄂州过渡区	长江鄂州开发利用区	宜昌至湖口	长江	胜利闸	鄂州熊矶镇	3.0		Ⅲ	鄂
318	长江黄石大冶城关饮用水源、工业用水区	长江黄石开发利用区	宜昌至湖口	长江	鄂州市杨叶乡	冶钢取水口	8.7		Ⅲ	鄂

序号	二级功能区名称	所在一级水功能区名称	水系	河流、湖库	范围 起始断面	范围 终止断面	长度(km)	面积(km²)	水质目标	省级行政区
319	长江黄石冶钢排污控制区	长江黄石冶钢开发利用区	宜昌至湖口	长江	冶钢取水口	西塞山上游800m	2.8			鄂
320	长江黄石冶钢过渡区	长江黄石开发利用区	宜昌至湖口	长江	西塞山上游800m	西塞山下游700m	1.5		Ⅲ	鄂
321	长江黄石西塞山饮用水源、工业用水区	长江黄石开发利用区	宜昌至湖口	长江	西塞山下游700m	黄石市河口镇	12.0		Ⅲ	鄂
322	长江赛城湖闸排污控制区	长江九江开发利用区	宜昌至湖口	长江	九江赛城湖闸上游200m	九江赛城湖闸下游300m	0.5			赣
323	长江钢铁公司过渡区	长江九江开发利用区	宜昌至湖口	长江	九江赛城湖闸下游300m	河西水厂上游1km	1.8		Ⅱ	赣
324	长江春里饮用水源区	长江九江开发利用区	宜昌至湖口	长江	河西水厂上游1km	河东水厂取水口下游150m	4.5		Ⅱ	赣
325	长江九江油化厂工业用水区	长江九江开发利用区	宜昌至湖口	长江	河东水厂取水口下游150m	九江乌石矶粮库	9.7		Ⅲ～Ⅳ	赣
326	涢水曾都饮用水源、工业、景观娱乐用水区	涢水曾都开发利用区	宜昌至湖口	涢水	曾都安居镇	白云湖	15.0		Ⅲ	鄂
327	涢水曾都排污控制区	涢水曾都开发利用区	宜昌至湖口	涢水	白云湖	望城岗	2.0			鄂
328	涢水曾都过渡区	涢水曾都开发利用区	宜昌至湖口	涢水	望城岗	曾都淅河镇	8.0		Ⅲ	鄂
329	涢水安陆饮用水源、工业用水区	涢水安陆解放山开发利用区	宜昌至湖口	涢水	安陆伏水港	解放山电站	8.0		Ⅲ	鄂
330	涢水安陆工业用水区	涢水安陆解放山开发利用区	宜昌至湖口	涢水	解放山电站	安陆红湾	3.0		Ⅲ	鄂
331	涢水隔蒲潭排污控制区	涢水隔蒲潭开发利用区	宜昌至湖口	涢水	云梦隔蒲潭小施村	隔蒲潭水文站	2.0			鄂
332	涢水隔蒲潭过渡区	涢水隔蒲潭开发利用区	宜昌至湖口	涢水	隔蒲潭水文站	云梦黄金台	3.0		Ⅳ	鄂
333	涢水（朱家河）武汉排污控制区	涢水（朱家河）武汉开发利用区	宜昌至湖口	涢水	武汉市后湖泵站	朱家河口	10.0		Ⅲ	鄂
334	陆水通城隽水大桥饮用水源区	陆水通城开发利用区	宜昌至湖口	陆水	通城县隽水大桥上1km	隽水大桥	1.0		Ⅱ	鄂

序号	二级水功能区名称	所在一级水功能区名称	水系	河流、湖库	范围 起始断面	范围 终止断面	长度(km)	面积(km²)	水质目标	省级行政区
335	陆水通城昌蒲饮用水源区	陆水通城开发利用区	宜昌至湖口	陆水	通城县自来水二厂取水口	昌蒲大桥	1.0		Ⅱ	鄂
336	陆水通城工业用水区	陆水通城开发利用区	宜昌至湖口	陆水	隽水大桥	毛公渡	4.5		Ⅳ	鄂
337	陆水通城排污控制区	陆水通城开发利用区	宜昌至湖口	陆水	毛公渡	铁柱港汇合处	3.0			鄂
338	陆水通城过渡区	陆水通城开发利用区	宜昌至湖口	陆水	铁柱港汇合处	崇阳县肖岭乡	2.5		Ⅲ	鄂
339	陆水崇阳工业用水区	陆水崇阳开发利用区	宜昌至湖口	陆水	崇阳县106大桥	崇阳造纸厂排污口上500m	3.0		Ⅲ	鄂
340	陆水崇阳排污控制区	陆水崇阳开发利用区	宜昌至湖口	陆水	崇阳造纸厂排污口上500m	浮溪桥	2.0			鄂
341	陆水崇阳过渡区	陆水崇阳开发利用区	宜昌至湖口	陆水	浮溪桥	崇阳县石龟湾	4.0		Ⅲ	鄂
342	陆水水库饮用水源、工业、景观娱乐用水区	陆水赤壁开发利用区	宜昌至湖口	陆水	陆水水库库尾	陆水水库坝下	27.2		Ⅲ	鄂
343	陆水赤壁工业用水区	陆水赤壁开发利用区	宜昌至湖口	陆水	陆水水库坝下	赤壁造纸总厂	6.0		Ⅲ	鄂
344	陆水赤壁排污控制区	陆水赤壁开发利用区	宜昌至湖口	陆水	赤壁造纸总厂	三姓湾	3.2			鄂
345	陆水赤壁过渡区	陆水赤壁开发利用区	宜昌至湖口	陆水	三姓湾	赤壁市黄龙镇	2.5		Ⅲ	鄂
346	富水水库工业、农业用水区	富水水库开发利用区	宜昌至湖口	富水	通山县通羊镇	阳新县富水镇富水水库坝址		75.6	Ⅲ	鄂
347	清江恩施饮用水源、工业用水区	清江恩施开发利用区	宜昌至湖口	清江	恩施市峡口大桥	柿子坝	6.5		Ⅱ	鄂
348	清江恩施排污控制区	清江恩施开发利用区	宜昌至湖口	清江	柿子坝	柿子坝下游500m	0.5			鄂
349	清江恩施过渡区	清江恩施开发利用区	宜昌至湖口	清江	柿子坝下游500m	恩施市大沙坝（连珠塔）	1.0		Ⅲ	鄂
350	湘江兴安饮用水源区	湘江兴安开发利用区	洞庭湖水系	湘江	兴安县湘江北渠入口（大天平）	兴安县湘江北渠出口	3.1		Ⅲ	桂
351	湘江兴安工业用水区	湘江兴安开发利用区	洞庭湖水系	湘江	兴安县湘江北渠出口	兴安县湖首镇	22.5		Ⅲ	桂

序号	二级水功能区名称	所在一级水功能区名称	水系	河流、湖库	范围		长度（km）	面积（km²）	水质目标	省级行政区
					起始断面	终止断面				
352	湘江全州饮用、工业水源区	湘江全州开发利用区	洞庭湖水系	湘江	全州县金屏村	全州县袁衣渡	25.0		Ⅲ	桂
353	湘江永州宋家洲饮用水源区	湘江永州开发利用区	洞庭湖水系	湘江	永州市老埠头	永州市宋家洲水库坝上	18.7		Ⅲ	湘
354	湘江永州冷水滩工业用水区	湘江永州开发利用区	洞庭湖水系	湘江	永州市宋家洲水库坝下	永州市高溪市镇	15.4		Ⅲ	湘
355	湘江衡阳城南区饮用水源区	湘江衡阳开发利用区	洞庭湖水系	湘江	衡阳市车江镇文昌	衡阳市蒸水入湘江口	22.5		Ⅲ	湘
356	湘江衡阳合江套排污控制区	湘江衡阳开发利用区	洞庭湖水系	湘江	衡阳市蒸水入湘江口	湘江耒河口	2.6			湘
357	湘江衡阳耒河口—站门前过渡区	湘江衡阳开发利用区	洞庭湖水系	湘江	湘江耒河口	衡阳市站门前	20.4		Ⅲ	湘
358	湘江株洲市区饮用、工业用水区	湘江株洲开发利用区	洞庭湖水系	湘江	株洲市曲尺	株洲市铜塘港	11.5		Ⅲ	湘
359	湘江株洲霞湾港排污控制区	湘江株洲开发利用区	洞庭湖水系	湘江	株洲市铜塘港	霞湾港下游1km	4.1		Ⅲ	湘
360	湘江株洲马家河过渡区	湘江株洲开发利用区	洞庭湖水系	湘江	株洲市霞湾港下游1km	湘潭市湘江二大桥	12.2		Ⅲ	湘
361	湘江湘潭城区饮用、工业用水区	湘江湘潭开发利用区	洞庭湖水系	湘江	湘潭市湘江二大桥	湘潭市文昌阁	19.0		Ⅲ	湘
362	湘江湘潭昭山工业、农业用水区	湘江湘潭开发利用区	洞庭湖水系	湘江	湘潭市文昌阁	湘潭市昭山	12.5		Ⅳ	湘
363	湘江湘潭昭山、暮云过渡区	湘江湘潭开发利用区	洞庭湖水系	湘江	湘潭市昭山	长沙市暮云市	4.2		Ⅲ	湘
364	湘江长沙暮云、傅家洲饮用、水源区	湘江长沙开发利用区	洞庭湖水系	湘江	长沙市暮云市	长沙市傅家洲尾	29.1		Ⅲ	湘
365	湘江长沙三叉矶工业用水区	湘江长沙开发利用区	洞庭湖水系	湘江	长沙市傅家洲尾	长沙市霞凝港	14.3		Ⅲ	湘
366	湘江长沙开福区工业用水区	湘江长沙开发利用区	洞庭湖水系	湘江	长沙市霞凝港	长沙市浏渭河口	2.8		Ⅲ	湘
367	湘江长沙浏渭河口、捞刀河口过渡区	湘江长沙开发利用区	洞庭湖水系	湘江	长沙市浏渭河口	长沙市捞刀河口	1.0		Ⅲ	湘
368	湘江长沙捞霞工业用水区	湘江长沙开发利用区	洞庭湖水系	湘江	长沙市捞刀河口	长沙市霞凝港	10.5		Ⅲ	湘
369	湘江长沙霞凝过渡区	湘江长沙开发利用区	洞庭湖水系	湘江	长沙市霞凝镇	望城县丁字镇	6.0		Ⅲ	湘

序号	二级水功能区名称	所在一级水功能区名称	水系	河流、湖库	范围 起始断面	范围 终止断面	长度(km)	面积(km²)	水质目标	省级行政区
370	湘江长沙望城饮用水源区	湘江长沙开发利用区	洞庭湖水系	湘江	望城县丁字镇	望城县沩水河口	6.2		III	湘
371	潇水永州芝山饮用水源区	潇水永州开发利用区	洞庭湖水系	潇水	永州市芝山区富家桥	永州市芝山区东风大桥	30.5		II	湘
372	潇水永州芝山工业、农业用水区	潇水永州开发利用区	洞庭湖水系	潇水	永州市芝山区东风大桥	永州市萍岛（潇水入湘江口）	3.8		III	湘
373	耒水资兴凉树湾饮用、景观用水区	耒水资兴、苏仙开发利用区	洞庭湖水系	耒水	资兴市东江水库坝下	资兴市凉树湾大桥下1km	11.6		II	湘
374	耒水资兴、苏仙工业用水区	耒水资兴、苏仙开发利用区	洞庭湖水系	耒水	资兴市凉树湾大桥下1km	郴州市苏仙区桥口镇	13.5		III	湘
375	耒水耒阳涧门洲饮用水源区	耒水耒阳开发利用区	洞庭湖水系	耒水	耒阳市涧门洲镇	耒阳市电厂大桥	16.5		III	湘
376	耒水耒阳城区工业用水区	耒水耒阳开发利用区	洞庭湖水系	耒水	耒阳市电厂大桥	耒阳市铜锣洲	7.9		III	湘
377	渌水萍乡工业用水区	渌水萍乡开发利用区	洞庭湖水系	渌水	上栗县三田	萍乡市南坑河汇入口	11.5		IV	赣
378	渌水湘东饮用水源区	渌水湘东开发利用区	洞庭湖水系	渌水	萍乡市萍电拦河坝汇入口	萍乡市萍电拦水坝	8.5		II～III	赣
379	渌水湘东工业用水区	渌水湘东开发利用区	洞庭湖水系	渌水	萍乡市萍电拦河坝汇入口	萍乡市湘东输家湾	6.5		IV	赣
380	渌水醴陵市工业用水区	渌水醴陵开发利用区	洞庭湖水系	渌水	醴陵市（南川水与渌水汇合口）	醴陵市大西滩水文站	24.5		III	湘
381	涟水涟源工业用水区	涟水涟源开发利用区	洞庭湖水系	涟水	涟源市麻如塘（良溪河口）	涟源市石马山	9.5		II	湘
382	涟水娄底涟钢饮用水源区	涟水娄底开发利用区	洞庭湖水系	涟水	娄底市娄底水文站	娄底市石井	6.2		II	湘
383	涟水娄底娄星工业用水区	涟水娄底开发利用区	洞庭湖水系	涟水	娄底市娄底水文站	娄底市犁头嘴（孙水入涟水口）	14.8		III	湘
384	涟水湘乡朱津渡饮用水源区	涟水湘乡开发利用区	洞庭湖水系	涟水	湘乡市园池塘	湘乡市朱津渡桥	5.0		III	湘

序号	二级水功能区名称	所在一级水功能区名称	水系	河流、湖库	范围 起始断面	范围 终止断面	长度(km)	面积(km²)	水质目标	省级行政区
385	涟水湘乡城区工业用水区	涟水湘乡开发利用区	洞庭湖水系	涟水	湘乡市朱津渡桥	湘乡市铜铜湾渡口	14.1		Ⅲ	湘
386	浏阳河河浏阳双江口饮用水源区	浏阳河河浏阳开发利用区	洞庭湖水系	浏阳河	浏阳市双江口	浏阳市水厂取水口下游100m	3.6		Ⅱ	湘
387	浏阳河浏阳城关工业用水区	浏阳河浏阳开发利用区	洞庭湖水系	浏阳河	浏阳市水厂取水口下游100m	浏阳市大栗坪电站大坝	9.4		Ⅲ	湘
388	浏阳河黄兴镇—奎塘河工业、农业用水区	浏阳河长沙开发利用区	洞庭湖水系	浏阳河	长沙市黄兴镇东山	奎塘河入浏阳河口	14.3		Ⅳ	湘
389	浏阳河奎塘河—三角洲排污控制区	浏阳河长沙开发利用区	洞庭湖水系	浏阳河	奎塘河入浏阳河口	豚家屋场(浏阳河入湘江河口)	15.1		Ⅲ	湘
390	资水邵阳北塔区饮用水源区	资水邵阳开发利用区	洞庭湖水系	资水	邵阳市北塔区何家院子	邵阳市邵阳纸厂	20.5		Ⅲ	湘
391	资水邵阳邵阳工业用水区	资水邵阳开发利用区	洞庭湖水系	资水	邵阳市邵阳纸厂	邵阳市苗儿塘	6.3		Ⅲ	湘
392	资水冷水江新田饮用水源区	资水冷水江、新化开发利用区	洞庭湖水系	资水	冷水江市新田	冷水江市自来水厂取水口下游100m	12.5		Ⅱ	湘
393	资水冷水江工业用水区	资水冷水江、新化开发利用区	洞庭湖水系	资水	冷水江市自来水厂取水口下游100m	冷水江市化溪	9.2		Ⅲ	湘
394	资水冷水江—满竹过渡区	资水冷水江、新化开发利用区	洞庭湖水系	资水	冷水江市化溪	新化县满竹	6.8		Ⅲ	湘
395	资水新化月光潭饮用、工业用水区	资水冷水江、新化开发利用区	洞庭湖水系	资水	新化县满竹	新化县月光潭水厂取水口下游100m	9.8		Ⅲ	湘
396	资水新化城关工业用水区	资水冷水江、新化开发利用区	洞庭湖水系	资水	新化县月光潭水厂取水口下游100m	新化县塔山村	6.8		Ⅳ	湘
397	资水益阳西流湾饮用水源区	资水益阳开发利用区	洞庭湖水系	资水	益阳市史家洲	益阳市二水厂下游100m	18.3		Ⅱ	湘
398	资水益阳赫山工业、农业用水区	资水益阳开发利用区	洞庭湖水系	资水	益阳市二水厂下游100m	益阳市沙头镇	11.2		Ⅲ	湘

序号	二级水功能区名称	所在一级水功能区名称	水系	河流、湖库	范围 起始断面	范围 终止断面	长度（km）	面积（km²）	水质目标	省级行政区
399	资水资源工业用水区	资水（夫夷水）资源开发利用区	洞庭湖水系	资水	资源县中峰乡车田湾村	城关电站	10.0		Ⅲ	桂
400	资水资源饮用水源区	资水（夫夷水）资源开发利用区	洞庭湖水系	资水	城关电站	资源县大合镇沈滩	4.0		Ⅲ	桂
401	沅江（清水江）都匀清平饮用、工业用水区	沅江（清水江）都匀开发利用区	洞庭湖水系	沅江干流（清水江）	茶园	渡船堡大桥	14.6		Ⅱ	黔
402	沅江（清水江）都匀城区段景观、工业用水区	沅江（清水江）都匀开发利用区	洞庭湖水系	沅江干流（清水江）	渡船堡大桥	小闹寨	6.9		Ⅲ	黔
403	沅江（清水江）都匀小闹寨排污控制区	沅江（清水江）都匀开发利用区	洞庭湖水系	沅江干流（清水江）	小闹寨	小闹寨下游1km	1.0			黔
404	沅江（清水江）都匀小闹寨下游过渡区	沅江（清水江）都匀开发利用区	洞庭湖水系	沅江干流（清水江）	小闹寨下游1km	都匀王司镇下㳇路	16.3		Ⅲ	黔
405	沅江（清水江）凯里饮用水源区	沅江（清水江）凯里开发利用区	洞庭湖水系	沅江干流（清水江）	下司	普合寨	16.8		Ⅲ	黔
406	沅江（清水江）凯里城区段工业、景观用水区	沅江（清水江）凯里开发利用区	洞庭湖水系	沅江干流（清水江）	普合寨	湾溪	6.7		Ⅲ	黔
407	沅江（清水江）凯里城区下游过渡区	沅江（清水江）凯里开发利用区	洞庭湖水系	沅江干流（清水江）	湾溪	凯里市桐木	10.2		Ⅱ	黔
408	沅江洪江工业、农业用水区	沅江洪江开发利用区	洞庭湖水系	沅江	洪江市黔城窑头	洪江市芊洲	32.6		Ⅲ	湘
409	沅江桃源双洲头饮用水源区	沅江桃源开发利用区	洞庭湖水系	沅江	桃源县尧河	桃源沅水大桥（双洲头）	2.2		Ⅱ	湘
410	沅江桃源城关工业、景观用水区	沅江桃源开发利用区	洞庭湖水系	沅江	桃源县沅水大桥（双洲头）	桃源县邓家湾	5.4		Ⅱ	湘
411	沅江常德洛路口饮用水源区	沅江常德开发利用区	洞庭湖水系	沅江	常德市鼎城区河洑镇	常德市沅水大桥	24.8		Ⅱ	湘

序号	二级水功能区名称	所在一级水功能区名称	水系	河流、湖库	范围 起始断面	范围 终止断面	长度(km)	面积(km²)	水质目标	省级行政区
412	沅江常德山工业、农业用水区	沅江常德开发利用区	洞庭湖水系	沅江	常德市沅水大桥	常德市鼎城区彭家河	10.0		Ⅲ	湘
413	舞水怀化红岩工业、农业用水区	舞水怀化开发利用区	洞庭湖水系	舞水	怀化市鹤城区红岩电站坝上1km处	怀化市舞水大桥	12.1		Ⅱ	湘
414	舞水怀化鹤城区工业、农业用水区	舞水怀化鹤城区开发利用区	洞庭湖水系	舞水	怀化市舞水大桥	怀化市鸭咀岩(三角滩电站大坝坝址)	11.7		Ⅲ	湘
415	舞水洪江饮用水源区	舞水洪江开发利用区	洞庭湖水系	舞水	洪江红岩	洪江市黔城(舞水河口)	10.0		Ⅱ	湘
416	辰水锦江谢桥河饮用、工业用水区	辰水铜仁开发利用区	洞庭湖水系	辰水	铜仁市锡堡	谢桥河汇口	8.3		Ⅱ	黔
417	辰水锦江铜仁城区工业、景观用水区	辰水铜仁开发利用区	洞庭湖水系	辰水	谢桥河汇口	水晶阁下游800m	4.1		Ⅱ	黔
418	辰水锦江龙田冲排污控制区	辰水铜仁开发利用区	洞庭湖水系	辰水	水晶阁下游800m	龙田冲冲沟汇口	0.5		Ⅱ	黔
419	辰水锦江芦家洞过渡区	辰水铜仁开发利用区	洞庭湖水系	辰水	龙田冲冲沟汇口	官州河汇入锦江口	6.0		Ⅱ	黔
420	西水酉阳景观娱乐、工业用水区	西水酉阳开发利用区	洞庭湖水系	西水	酉阳县老寨乡	秀山县石堤	52.0		Ⅱ	渝
421	花垣河(松桃河)农业、景观用水区	花垣河(松桃河)松桃开发利用区	洞庭湖水系	花垣河	寨石	下寨	21.2		Ⅱ	黔
422	武水吉首狮子庵饮用水源区	武水吉首开发利用区	洞庭湖水系	武水峒河	吉首市寨阳	吉首市区铁路桥	7.6		Ⅱ	湘
423	武水吉首河溪工业、农业用水区	武水吉首开发利用区	洞庭湖水系	武水峒河	吉首市区铁路桥	吉首市河溪镇大庄(峒河与万溶江汇合口)	15.4		Ⅳ	湘
424	澧水张家界永定用水源区	澧水张家界市开发利用区	洞庭湖水系	澧水	张家界市花岩电站	张家界市西溪坪	21.2		Ⅱ	湘
425	澧水石门三江饮用水源区	澧水石门开发利用区	洞庭湖水系	澧水	石门县三江口(三江口大坝)	石门县宝峰路大桥	5.5		Ⅱ	湘
426	澧水石门城关工业、农业用水区	澧水石门开发利用区	洞庭湖水系	澧水	石门县宝峰路大桥	石门县易家渡	9.5		Ⅲ	湘

序号	项 目 二级功能区名称	所在一级水功能区名称	水系	河流、湖库	范 围 起始断面	范 围 终止断面	长度（km）	面积（km²）	水质目标	省级行政区
427	澧水澧县城关工业、农业用水区	澧水澧县、津市开发利用区	洞庭湖水系	澧水	澧县澎洲电站	澧县宋家渡	11.4		Ⅲ	湘
428	澧水澧县宋家渡—津市过渡区	澧水澧县、津市开发利用区	洞庭湖水系	澧水	澧县宋家渡	津市大石桥	3.2		Ⅲ	湘
429	澧水澧县津市金鱼岭饮用水源区	澧水澧县、津市开发利用区	洞庭湖水系	澧水	津市大石桥	津市金鱼岭水厂下游100m	4.0		Ⅱ	湘
430	澧水津市城关工业、农业用水区	澧水澧县、津市开发利用区	洞庭湖水系	澧水	津市金鱼岭水厂下游100m	津市小渡口（澧水河口）	2.7		Ⅲ	湘
431	汨罗江汨罗市饮用水源区	汨罗江汨罗市开发利用区	洞庭湖水系	汨罗江	汨罗市新市	汨罗市白寺口	12.4		Ⅲ	湘
432	万溶江吉首乾州工业、农业用水区	万溶江吉首开发利用区	洞庭湖水系	武水万溶江	吉首市河溪镇施金坪	吉首市河溪镇大庄（峒河与万溶江汇合口）	15.0		Ⅲ	湘
433	汉江勉县武侯镇工业、农业用水区	汉江勉县武侯镇开发利用区	汉江	汉江	武侯镇	高潮区	15.5		Ⅲ	陕
434	汉江汉中汉台区工业、景观用水区	汉江汉中开发利用区	汉江	汉江	叶家营	冷水河口	20.5		Ⅲ	陕
435	汉江汉中汉台区过渡区	汉江汉中开发利用区	汉江	汉江	冷水河口	圣水镇	5.0		Ⅲ	陕
436	汉江城固工业、农业用水区	汉江城固开发利用区	汉江	汉江	汉川河口	三合	15.0		Ⅲ	陕
437	汉江洋县城关工业、农业用水区	汉江洋县开发利用区	汉江	汉江	党水河口	王家台	6.0		Ⅲ	陕
438	汉江洋县渔业用水区	汉江洋县开发利用区	汉江	汉江	王家台	东村	10.0		Ⅲ	陕
439	汉江安康城关工业、农业用水区	汉江安康开发利用区	汉江	汉江	安康水库大坝	关庙	19.0		Ⅲ	陕
440	旬河旬阳城关工业、农业用水区	旬河旬阳开发利用区	汉江	旬河	菜湾	庙岭	10.0		Ⅲ	陕
441	旬河旬阳工业、农业用水区	旬河旬阳开发利用区	汉江	旬河	白柳	入汉江口	13.5		Ⅲ	陕
442	丹江商州城关工业、农业用水区	丹江商州开发利用区	汉江	丹江	二龙山水库	张村	21.5		Ⅲ	陕
443	丹江丹凤工业、农业用水区	丹江丹凤开发利用区	汉江	丹江	丹凤	月日	7.0		Ⅲ	陕
444	汉江襄樊城饮用水源、工业用水区1	汉江襄樊开发利用区	汉江	汉江	襄阳县竹条镇	闸口	14.0		Ⅱ	鄂

序号	二级水功能区名称	所在一级水功能区名称	水系	河流、湖库	范围起始断面	范围终止断面	长度（km）	面积（km²）	水质目标	省级行政区
445	汉江襄樊襄城饮用水源、工业用水区2	汉江襄樊襄城开发利用区	汉江	汉江	闸口	钱家营	8.2		Ⅲ	鄂
446	汉江襄樊襄城排污控制区	汉江襄樊开发利用区	汉江	汉江	钱家营	湖北制药厂排污口	1.5			鄂
447	汉江襄樊钱家营过渡区	汉江襄樊开发利用区	汉江	汉江	湖北制药厂排污口下游2km	湖北制药厂排污口下游2km	2.0		Ⅲ	鄂
448	汉江襄樊余家湖工业用水、饮用水源区	汉江襄樊开发利用区	汉江	汉江	湖北制药厂排污口下游2km	襄樊市余家湖王营	6.3		Ⅲ	鄂
449	汉江钟祥磷矿工业用水区	汉江钟祥开发利用区	汉江	汉江	汉江利河河口	钟祥中山	5.5		Ⅲ	鄂
450	汉江钟祥过渡区	汉江钟祥开发利用区	汉江	汉江	钟祥中山	钟祥市陈家台	10.5		Ⅱ	鄂
451	汉江钟祥皇庄饮用水源区	汉江钟祥开发利用区	汉江	汉江	钟祥市陈家台	皇庄	3.0		Ⅱ	鄂
452	汉江钟祥皇庄农业、工业用水区	汉江钟祥开发利用区	汉江	汉江	皇庄	钟祥市南湖农场	10.0		Ⅲ	鄂
453	汉江潜江市红旗码头工业用水区	汉江潜江市开发利用区	汉江	汉江	潜江市王场镇	三叉口	5.0		Ⅱ	鄂
454	汉江潜江市湖家湾农业用水、饮用水源区	汉江潜江市开发利用区	汉江	汉江	三叉口	泽口	2.4		Ⅱ	鄂
455	汉江潜江泽口工业用水区	汉江潜江市开发利用区	汉江	汉江	泽口	周家台	1.0		Ⅱ	鄂
456	汉江潜江王拐农业用水区	汉江潜江市开发利用区	汉江	汉江	周家台	天门市张港	7.6		Ⅱ	鄂
457	汉江仙桃饮用水源区	汉江仙桃开发利用区	汉江	汉江	天门市多祥镇	沔城	9.5		Ⅱ	鄂
458	汉江仙桃排污控制区	汉江仙桃开发利用区	汉江	汉江	沔城	何家台	6.0			鄂
459	汉江仙桃过渡区	汉江仙桃开发利用区	汉江	汉江	何家台	汉川市万福闸	8.5		Ⅲ	鄂
460	汉江汉川饮用水源、工业用水区	汉江汉川开发利用区	汉江	汉江	汉川市马鞍镇	熊家湾	5.0		Ⅲ	鄂
461	汉江汉川工业用水、饮用水源区	汉江汉川开发利用区	汉江	汉江	熊家湾	武汉市新沟镇	20.0		Ⅲ	鄂
462	汉江武汉蔡甸、东西湖农业、工业用水区	汉江武汉开发利用区	汉江	汉江	蔡甸区自来水公司上游1km	蔡甸区自来水公司上游1km	15.4		Ⅲ	鄂
463	汉江武汉城区蔡甸、东西湖饮用水源、工业用水区	汉江武汉开发利用区	汉江	汉江	蔡甸自来水公司上游1km	武汉市龙王庙	25.6		Ⅲ	鄂

序号	二级水功能区名称	所在一级水功能区名称	水系	河流、湖库	起始断面	终止断面	长度(km)	面积(km²)	水质目标	省级行政区
464	汉北河雷家台饮用水源区	汉北河天门开发利用区	汉江	汉北河	天门市黄潭镇	天门二桥	5.5		Ⅱ	鄂
465	汉北河卢市农业用水区	汉北河天门开发利用区	汉江	汉北河	天门二桥	天门市卢市镇	13.5		Ⅲ	鄂
466	白河南阳市饮用水源、工业用水区	白河南阳开发利用区	汉江	白河	南阳市独山	解放广场	12.5		Ⅲ	豫
467	白河南阳市景观用水区	白河南阳开发利用区	汉江	白河	解放广场	四坝	6.3		Ⅲ	豫
468	白河南阳市排污控制区	白河南阳开发利用区	汉江	白河	四坝	十二里河口	2.5			豫
469	白河南阳市过渡区	白河南阳开发利用区	汉江	白河	十二里河口	南阳市上范营	2.5		Ⅲ	豫
470	白河新野饮用水源、工业用水区	白河新野开发利用区	汉江	白河	湍河入白河口	上港公路桥	6.0		Ⅲ	豫
471	白河新野排污控制区	白河新野开发利用区	汉江	白河	上港公路桥	杜岗公路桥	7.0			豫
472	白河新野过渡区	白河新野开发利用区	汉江	白河	杜岗公路桥	新甸铺水文站	8.0		Ⅳ	豫
473	唐河唐河县饮用水源区	唐河唐河县开发利用区	汉江	唐河	泌阳河口	五里河渡口	8.0		Ⅲ	豫
474	唐河唐河县工业、景观用水区	唐河唐河县开发利用区	汉江	唐河	五里河渡口	唐河县312新公路桥	4.6		Ⅲ	豫
475	唐河唐河县排污控制区	唐河唐河县开发利用区	汉江	唐河	唐河县312新公路桥	唐河县城郊谢岗	3.0			豫
476	唐河唐河县过渡区	唐河唐河县开发利用区	汉江	唐河	唐河县城郊谢岗	三夹河口	2.0		Ⅲ	豫
477	湍河邓州市饮用水源区	湍河邓州开发利用区	汉江	湍河	邓州市十里铺	裴营桥	3.5		Ⅲ	豫
478	湍河邓州市景观用水区	湍河邓州开发利用区	汉江	湍河	裴营桥	邓州市湍河207国道大桥	3.0		Ⅲ	豫
479	湍河邓州市排污控制区	湍河邓州开发利用区	汉江	湍河	邓州市湍河207国道大桥	急滩水文站	17.8			豫
480	湍河邓州市过渡区	湍河邓州开发利用区	汉江	湍河	急滩水文站	湍河入白河口	18.7		Ⅲ	豫
481	绵江瑞金工业用水区	绵江瑞金开发利用区	鄱阳湖水系	赣江绵水	瑞金市叶坪乡	瑞金市杨梅岗	21.0		Ⅳ	赣
482	绵江会昌工业用水区	绵江会昌开发利用区	鄱阳湖水系	赣江绵水	会昌县文武坝	会昌县狗肯坊	9.0		Ⅳ	赣

序号	项目 二级水功能区名称	所在一级水功能区名称	水系	河流、湖库	范围 起始断面	范围 终止断面	长度（km）	面积（km²）	水质目标	省级行政区
483	贡水于都饮用水源区	贡水于都开发利用区	鄱阳湖水系	赣江贡水	于都县水厂取水口上4km	取水口下游0.2km	4.2		II～III	赣
484	贡水于都工业用水区	贡水于都开发利用区	鄱阳湖水系	赣江贡水	取水口下游0.2km	于都县兰屋坝	10.0		IV	赣
485	贡水赣州饮用水源区	贡水赣州开发利用区	鄱阳湖水系	赣江贡水	赣县水厂取水口上4km	取水口下游0.2km	4.2		II～III	赣
486	贡水赣州工业用水区	贡水赣州开发利用区	鄱阳湖水系	赣江贡水	取水口下游0.2km	赣县储潭乡	22.0		IV	赣
487	赣江万安万安水库饮用水源区	赣江万安开发利用区	鄱阳湖水系	赣江	万安水库坝址上游1.2km	万安水库坝址	1.2		II～III	赣
488	赣江万安工业用水区	赣江万安开发利用区	鄱阳湖水系	赣江	万安水库坝址	万安县罗塘乡崇文塔遂川江汇入口	10.0		IV	赣
489	赣江泰和饮用水源区	赣江泰和开发利用区	鄱阳湖水系	赣江	泰和县窑溪泰和水厂取水口上4km	取水口下游0.2km	4.2		II～III	赣
490	赣江泰和工业用水区	赣江泰和开发利用区	鄱阳湖水系	赣江	取水口下游0.2km	泰和县草坪	11.5		IV	赣
491	赣江吉安饮用水源区	赣江吉安开发利用区	鄱阳湖水系	赣江	吉安市井冈山大桥下0.6km	吉安市铁路桥	8.5		II～III	赣
492	赣江吉安工业用水区	赣江吉安开发利用区	鄱阳湖水系	赣江	吉安市井冈山大桥下0.6km	吉安市石屋下	6.0		IV	赣
493	赣江吉水上饮用水源区	赣江吉水开发利用区	鄱阳湖水系	赣江	吉水县桃花岛城南水厂取水口上游4km	吉水县文石取水口下游0.2km	4.2		II～III	赣
494	赣江吉水过渡区	赣江吉水开发利用区	鄱阳湖水系	赣江	吉水县文石取水口下游0.2km	吉水县龙王庙	4.0		III	赣
495	赣江吉水下饮用水源区	赣江吉水开发利用区	鄱阳湖水系	赣江	吉水县龙王庙	吉水县第三水厂取水口下游0.2km	3.0		II～III	赣
496	赣江吉水工业用水区	赣江吉水开发利用区	鄱阳湖水系	赣江	吉水县第三水厂取水口下游0.2km	吉水县金滩镇王巷	5.0		IV	赣

序号	二级水功能区名称	所在一级水功能区名称	水系	河流、湖库	范围 起始断面	范围 终止断面	长度(km)	面积(km²)	水质目标	省级行政区
497	赣江峡江县饮用水源区	赣江峡江县开发利用区	鄱阳湖水系	赣江	吉水峡江交界处峡江县巴邱水厂取水口上游4km	峡江县巴邱水厂取水口下0.2km	4.2		Ⅱ~Ⅲ	赣
498	赣江峡江县工业用水区	赣江峡江县开发利用区	鄱阳湖水系	赣江	峡江县巴邱水厂取水口下0.2km	峡江县巴邱镇塘下	7.3		Ⅲ	赣
499	赣江新干饮用水源区	赣江新干开发利用区	鄱阳湖水系	赣江	新干县沂江乡新干水厂取水口上游4km	取水口下游0.2km	4.2		Ⅱ~Ⅲ	赣
500	赣江新干工业用水区	赣江新干开发利用区	鄱阳湖水系	赣江	取水口下游0.2km	新干县凤山	11.3		Ⅳ	赣
501	赣江樟树饮用水源区	赣江樟树开发利用区	鄱阳湖水系	赣江	樟树市朱家村樟树水厂取水口上游4km	取水口下游0.2km	4.2		Ⅱ~Ⅲ	赣
502	赣江樟树工业用水区	赣江樟树开发利用区	鄱阳湖水系	赣江	取水口下游0.2km	樟树市梨园闸	10.3		Ⅳ	赣
503	赣江丰城工业用水区	赣江丰城开发利用区	鄱阳湖水系	赣江	丰城市东洲	丰城市吴塘边丰城市第二水厂取水口上游4km	5.5		Ⅳ	赣
504	赣江丰城饮用水源区	赣江丰城开发利用区	鄱阳湖水系	赣江	丰城市吴塘边丰城市第二水厂取水口上游4km	丰城市第一水厂取水口下游0.2km	5.0		Ⅱ~Ⅲ	赣
505	赣江南昌县、新建饮用水源区	赣江南昌县、新建开发利用区	鄱阳湖水系	赣江	南昌县富山大道口南昌县富山水厂取水口上游4km	南昌县富山大道口南昌县富山水厂取水口下游0.2km	4.2		Ⅱ~Ⅲ	赣
506	赣江南昌饮用水源区	赣江南昌开发利用区	鄱阳湖水系	赣江	南昌市青云水厂取水口上游4km	南昌县赣江南支北支分叉口	11.5		Ⅱ~Ⅲ	赣
507	赣江西支南昌饮用水源区	赣江西支南昌开发利用区	鄱阳湖水系	赣江	南昌市赣江南支北支分叉口	南昌市赣江北支铁路桥下1km	3.0		Ⅱ~Ⅲ	赣

序号	二级水功能区名称	所在一级水功能区名称	水系	河流、湖库	范围 起始断面	范围 终止断面	长度（km）	面积（km²）	水质目标	省级行政区
508	赣江西支南昌工业用水区	赣江西南昌工业开发利用区	鄱阳湖水系	赣江	南昌市赣江北支铁路桥下1km	新建县西河砖瓦厂	5.5		IV	赣
509	赣江南支南昌饮用水源区	赣江南支南昌开发利用区	鄱阳湖水系	赣江	南昌市赣江南支北支分叉口	南昌市赣江南支铁路桥上游0.8km	1.5		II～III	赣
510	赣江南支南昌工业用水区	赣江南支南昌开发利用区	鄱阳湖水系	赣江	南昌市赣江南支铁路桥上游0.8km	南昌县澄碧	21.5		IV	赣
511	上犹江上犹饮用水源区	上犹江上犹开发利用区	鄱阳湖水系	赣江上犹江	上犹县南河水库坝址	上犹县城仙人陂	6.5		II～III	赣
512	上犹江上犹工业用水区	上犹江上犹开发利用区	鄱阳湖水系	赣江上犹江	上犹县城仙人陂	上犹县村里	11.0		III	赣
513	上犹江横水河崇义工业用水区	上犹江横水河崇义开发利用区	鄱阳湖水系	赣江上犹江横水河	崇义县罗星坝	崇义县杨梅潭	10.5		IV	赣
514	上犹江崇义长河坝水库饮用水源区	上犹江崇义长河坝水库开发利用区	鄱阳湖水系	赣江上犹江横水河	崇义长河坝水库库区			0.7	II～III	赣
515	抚河广昌饮用水区	抚河广昌开发利用区	鄱阳湖水系	抚河	广昌县盱江镇 广昌县水厂取水口上游4km	取水口下游0.2km	4.2		II～III	赣
516	抚河广昌工业用水区	抚河广昌开发利用区	鄱阳湖水系	抚河	取水口下游0.2km	广昌县大塘巢	8.8		IV	赣
517	抚河南丰饮用水源区	抚河南丰开发利用区	鄱阳湖水系	抚河	南丰县金牛坑南丰水厂取水口上游4km	取水口下游0.2km	4.2		II～III	赣
518	抚河南丰工业用水区	抚河南丰开发利用区	鄱阳湖水系	抚河	取水口下游0.2km	南丰县下游军沧浪水汇入口	10.8		IV	赣
519	抚河南城工业用水区	抚河南城开发利用区	鄱阳湖水系	抚河	南城县麻港河口	南城县上湖东	9.0		IV	赣

序号	二级水功能区名称	所在一级水功能区名称	水系	河流、湖库	范围 起始断面	范围 终止断面	长度(km)	面积(km²)	水质目标	行政区
520	抚河抚州饮用水源区	抚河抚州开发利用区	鄱阳湖水系	抚河	抚州市钟岭水厂取水口上游4km	抚州市文昌桥	11.0		II～III	赣
521	抚河抚州工业用水区	抚河抚州开发利用区	鄱阳湖水系	抚河	抚州市文昌桥	抚州市山下	8.0		IV	赣
522	信江玉山七一水库饮用水源区	信江玉山七一水库开发利用区	鄱阳湖水系	信江	七一水库库区	七一水库库区	14.0	7.1	II～III	赣
523	信江玉山工业用水区	信江玉山开发利用区	鄱阳湖水系	信江	玉山县玉虹桥	玉山县文城镇杨宅	7.2		IV	赣
524	信江上饶饮用水源区	信江上饶开发利用区	鄱阳湖水系	信江	上饶市丁家洲上饶自来水厂长塘取水口上游4km	上饶自来水厂万寿宫取水口下游0.2km	5.5		II～III	赣
525	信江上饶工业用水区	信江上饶开发利用区	鄱阳湖水系	信江	上饶自来水厂万寿宫取水口下游0.2km	上饶市丰溪河入信江汇合口	1.3		III	赣
526	信江上饶过渡区	信江上饶开发利用区	鄱阳湖水系	信江	上饶市丰溪河入信江汇合口	上饶市信江水利枢纽坝址	3.0		III	赣
527	信江上饶县饮用水源区	信江上饶开发利用区	鄱阳湖水系	信江	上饶市信江水利枢纽坝址	上饶县水厂取水口下游0.2km	1.2		II～III	赣
528	信江上饶县工业用水区	信江上饶开发利用区	鄱阳湖水系	信江	上饶县水厂取水口下游0.2km	上饶县应家铁路桥	5.5		IV	赣
529	信江铅山饮用水源区	信江铅山开发利用区	鄱阳湖水系	信江	铅山县公果庙铅山水厂取水口上游4km	取水口下游0.2km	4.2		II～III	赣
530	信江铅山工业用水区	信江铅山开发利用区	鄱阳湖水系	信江	取水口下游0.2km	铅山县河口铁路大桥下游1.5km	5.3		IV	赣
531	信江弋阳饮用水源区	信江弋阳开发利用区	鄱阳湖水系	信江	弋阳县新屋汤家弋阳水厂取水口上游4km	取水口下游0.2km	4.2		II～III	赣

序号	二级水功能区名称	所在一级水功能区名称	水系	河流、湖库	范围 起始断面	范围 终止断面	长度 (km)	面积 (km²)	水质目标	省级行政区
532	信江弋阳工业用水区	信江弋阳工业开发利用区	鄱阳湖水系	信江	取水口下游0.2km	弋阳县洋里叶家	8.3		Ⅳ	赣
533	信江贵溪饮用水源区	信江贵溪开发利用区	鄱阳湖水系	信江	贵溪市贵冶取水口上游4km	贵溪市新水厂取水口下游0.2km	5.2		Ⅱ～Ⅲ	赣
534	信江贵溪工业用水区	信江贵溪开发利用区	鄱阳湖水系	信江	贵溪市新水厂取水口下游0.2km	贵溪市红卫坝	14.0		Ⅳ	赣
535	信江鹰潭饮用水源区	信江鹰潭开发利用区	鄱阳湖水系	信江	鹰潭市梅园童家河汇入口	鹰潭水厂取水口下游0.2km	5.2		Ⅱ～Ⅲ	赣
536	信江鹰潭工业用水区	信江鹰潭开发利用区	鄱阳湖水系	信江	鹰潭市鹰潭水厂取水口下游0.2km	鹰潭市余江县交界处	5.0		Ⅳ	赣
537	乐安河婺源饮用水源区	乐安河婺源开发利用区	鄱阳湖水系	饶河乐安河	婺源县武口婺源水厂取水口上游4km	取水口下游0.2km	4.2		Ⅱ～Ⅲ	赣
538	乐安河婺源工业用水区	乐安河婺源开发利用区	鄱阳湖水系	饶河乐安河	取水口下游0.2km	婺源县紫阳镇激溪河汇入口	5.8		Ⅳ	赣
539	乐安河德兴铜矿饮用水源区	乐安河德兴铜矿开发利用区	鄱阳湖水系	饶河乐安河	德兴市海口镇德兴铜矿水口上游4km	取水口下游0.2km	4.2		Ⅱ～Ⅲ	赣
540	乐安河德兴铜矿工业用水区	乐安河德兴铜矿开发利用区	鄱阳湖水系	饶河乐安河	取水口下游0.2km	德兴市太白镇新村	14.3		Ⅳ	赣
541	乐安河乐平工业用水区	乐安河乐平开发利用区	鄱阳湖水系	饶河乐安河	乐平市接渡镇公路大桥	乐平市渡头韩家渡公路大桥	19.0		Ⅳ	赣
542	饶河鄱阳工业用水区	饶河鄱阳开发利用区	鄱阳湖水系	饶河	鄱阳县黄家墩乐安河昌江汇合口	鄱阳县乐河安河昌江汇合口下游5km	5.0		Ⅳ	赣
543	昌江景德镇饮用水源区	昌江景德镇开发利用区	鄱阳湖水系	饶河昌江	浮梁县朝天门	景德镇市西河入昌江汇入口上游0.5km	17.0		Ⅱ～Ⅲ	赣

序号	二级功能区名称	所在一级水功能区名称	水系	河流、湖库	范围		长度 (km)	面积 (km²)	水质目标	省级行政区
					起始断面	终止断面				
544	昌江景德镇工业用水区	昌江景德镇开发利用区	饶河昌江	景德镇市西河入昌江入口上游0.5km	景德镇市鲇鱼山镇鲇鱼山山闸	19.0		IV	赣
545	昌江鄱阳饮用水源区	昌江鄱阳开发利用区	饶河昌江	鄱阳县磻刀石	鄱阳县鄱阳水厂下游0.2km	4.2		II～III	赣
546	昌江鄱阳工业用水区	昌江鄱阳开发利用区	饶河昌江	鄱阳县鄱阳水厂下游0.2km	入饶河口	1.3		IV	赣
547	鄱阳湖都昌饮用水源区	鄱阳湖都昌开发利用区	鄱阳湖	都昌县水厂取水口1km半径水域			0.9	II～III	赣
548	鄱阳湖星子饮用水源区	鄱阳湖星子开发利用区	鄱阳湖	星子县水厂取水口1km半径水域			2.6	II～III	赣
549	鄱阳湖湖口饮用水源区	鄱阳湖湖口开发利用区	鄱阳湖	湖口县水厂取水口上游2km，下游0.5km，宽0.5km水域			1.5	II～III	赣
550	鄱阳湖九江工业用水区	鄱阳湖九江开发利用区	鄱阳湖	九江化纤厂铁路至蛤蟆石沿岸长5km宽，1km水域			7.4	IV	赣
551	鄱阳湖环湖渔业用水区	鄱阳湖环湖开发利用区	鄱阳湖	鞋山湖、南/北港湖、内/外珠湖、雪湖、大沙坊湖等	新妙湖、大沙坊湖等		445.6	III	赣
552	修水修县工业用水区	修水修县开发利用区	修水	修水县城大桥上游1km	修水县梅山下	9.0		IV	赣
553	修水柘林水库武宁工业用水区	修水柘林水库开发利用区	修水	武宁县黄坡镇沙田河汇入口上游1.5km	武宁县柘林水库车渡	6.5	8.4	III	赣
554	修水柘林水库武宁过渡区	修水柘林水库开发利用区	修水	武宁县武宁水厂取水口上游1km	武宁县柘林水库车渡	2.0	3.3	III	赣
555	修水柘林水库武宁饮用水源区	修水柘林水库开发利用区	修水	武宁水厂取水口上游1km	武宁坞头坪取水口下游2km	2.5	6.5	II～III	赣

序号	项目 二级水功能区名称	所在一级水功能区名称	河流、湖库	水系	范围 起始断面	范围 终止断面	长度(km)	面积(km²)	水质目标	省级行政区
556	修水柘林水库景观娱乐用水区	修水柘林水库开发利用区	修水	鄱阳湖水系	武宁垅头坪取水口下游2km	永修县柘林水库坝址	44.0	244.1	Ⅲ	赣
557	修水永修工业用水区	修水永修开发利用区	修水	鄱阳湖水系	永修县元里	永修县艾城	19.0		Ⅳ	赣
558	修水永修过渡区	修水永修开发利用区	修水	鄱阳湖水系	永修县艾城	永修县下基胡家	4.5		Ⅲ	赣
559	修水永修饮用水源区	修水永修开发利用区	修水	鄱阳湖水系	永修县下基胡家	永修县城公路桥	3.5		Ⅱ～Ⅲ	赣
560	修水永修景观娱乐用水区	修水永修开发利用区	修水	鄱阳湖水系	永修县城公路桥	永修县三角乡元嘴坝	3.5		Ⅲ	赣
561	长江武穴田镇饮用水源、工业用水区（左岸）	长江武穴开发利用区	长江	湖口以下干流	武穴集团武穴建材厂	祥云集团武穴化肥厂	9.0		Ⅱ	鄂
562	长江武穴工业用水区（左岸）	长江武穴开发利用区	长江	湖口以下干流	下州	下州	7.0		Ⅲ	鄂
563	长江武穴饮用水源、工业用水区（左岸）	长江武穴开发利用区	长江	湖口以下干流	下州	武穴大闸	11.0		Ⅲ	鄂
564	长江左岸宿松工业、农业用水区	长江左岸宿松开发利用区	长江	湖口以下干流	江洲	孤山闸	20.0		Ⅲ	皖
565	长江左岸望江工业、农业用水区	长江左岸望江开发利用区	长江	湖口以下干流	关帝庙闸	雷池镇金家敦	22.0		Ⅲ	皖
566	长江左岸安庆饮用水源区	长江左岸安庆开发利用区	长江	湖口以下干流	海口镇张家大马路	安庆市二水厂下1km	10.5		Ⅱ	皖
567	长江左岸安庆工业、景观娱乐用水区	长江左岸安庆开发利用区	长江	湖口以下干流	安庆市二水厂下1km	长风	21.5		Ⅲ	皖
568	长江左岸枞阳工业、农业用水区	长江左岸枞阳开发利用区	长江	湖口以下干流	枞阳江堤13号桩	红旗闸	30.0		Ⅲ	皖
569	长江左岸无为高沟工业、农业用水区	长江左岸无为高沟开发利用区	长江	湖口以下干流	无为县太白洲洲头	高沟镇赵家垄村	23.0		Ⅲ	皖
570	长江左岸无为二坝工业、农业用水区	长江左岸巢湖开发利用区	长江	湖口以下干流	二坝镇永宁村	无为县二坝镇河滩村	19.0		Ⅲ	皖
571	长江左岸和县工业、农业用水区	长江左岸巢湖开发利用区	长江	湖口以下干流	无为县二坝镇河滩村	和县白桥镇宋塘村	20.0		Ⅲ	皖

序号	二级水功能区名称	所在一级水功能区名称	水系	河流、湖库	范围 起始断面	范围 终止断面	长度(km)	面积(km²)	水质目标	省级行政区
572	裕溪河居巢、和县农业用水区	裕溪河巢湖开发利用区	湖口以下干流	裕溪河	巢湖闸下	裕溪闸下入长江口	61.7		III	皖
573	巢湖合肥饮用水源、景观娱乐用水区	巢湖合肥开发利用区	湖口以下干流	巢湖	肥东县陆家畈至肥西下派一线以北湖区			70.0	III，中营养	皖
574	巢湖居巢中庙景观娱乐、渔业用水区	巢湖巢中庙开发利用区	湖口以下干流	巢湖	中庙湖区姥山岛及涉及水域			15.0	III，中营养	皖
575	巢湖巢湖市饮用水源、景观娱乐用水区	巢湖巢湖市开发利用区	湖口以下干流	巢湖	柘皋河河口至散兵一线以东的湖区			25.0	III，中营养	皖
576	南淝河合肥景观娱乐用水区	南淝河合肥开发利用区	湖口以下干流	南淝河	董铺水库坝下	当涂路桥	17.0		IV	皖
577	南淝河合肥大兴排污控制区	南淝河合肥开发利用区	湖口以下干流	南淝河	当涂路桥	三汊河河口	13.0		IV	皖
578	南淝河施口过渡区	南淝河合肥开发利用区	湖口以下干流	南淝河	三汊河河口	施口	9.0		III	皖
579	滁河合肥、巢湖、滁州农业用水区	滁河合肥、巢湖、滁州开发利用区	湖口以下干流	滁河	肥东县梁河口	全椒县襄河口闸上（陈浅）	147.5		III	皖
580	清流河城西水库滁州饮用水源区	清流河滁州开发利用区	湖口以下干流	小沙河	沙河集水库坝下（小沙河源头）	城西水库大坝	16.0		III，中富营养	皖
581	清流河滁州农业用水区	清流河滁州开发利用区	湖口以下干流	清流河	沙河集水库坝下	来安县毛家渡	50.0		IV	皖
582	长江南京浦口饮用、渔业用水区（左岸北岸）	长江南京浦口、大厂开发利用区（左岸）	湖口以下干流	长江	江浦与浦口交界（七里河口）	长江大桥	7.0		II	苏
583	长江南京浦口、大厂渔业用水区	长江南京浦口、大厂开发利用区（左岸）	湖口以下干流	长江	长江大桥	新化	9.3		II	苏
584	长江南京大厂工业、渔业用水区（左岸）	长江南京浦口、大厂开发利用区（左岸）	湖口以下干流	长江	新化	大厂区马汊河河口	9.8		II	苏
585	长江南京大厂扬子饮用水源区（左岸）	长江南京浦口、大厂开发利用区（左岸）	湖口以下干流	长江	大厂区马汊河河口	岳子河口	2.0		II	苏
586	长江南京六合渔业、农业用水区（左岸）	长江南京浦口、大厂开发利用区（左岸）	湖口以下干流	长江	岳子河闸	划子口河河口	16.2		II	苏

序号	二级水功能区名称	项目 所在一级水功能区名称	水系	河流、湖库	范围 起始断面	终止断面	长度 (km)	面积 (km²)	水质目标	省级行政区
587	长江仪征饮用水源区	长江仪征开发利用区(左岸)	湖口以下干流	长江	仪征市小河河口	仪征市取水口下游1.5km	3.0		II	苏
588	长江仪征工业用水区	长江仪征开发利用区(左岸)	湖口以下干流	长江	仪征市取水口下游1.5km	仪征市十二圩	15.0		II	苏
589	长江扬州饮用水源区	长江扬州滨江开发利用区(左岸)	湖口以下干流	长江	扬州市军桥	扬镇汽渡	3.0		II	苏
590	长江扬州工业用水区	长江扬州滨江开发利用区(左岸)	湖口以下干流	长江	扬镇汽渡	沙道河口	15.0		II	苏
591	滁河六合工业用水区	滁河六合开发利用区	湖口以下干流	滁河	龙池乡沿河	六合铁路大桥	3.5		IV	苏
592	滁河六合瓜埠农业用水区	滁河六合开发利用区	湖口以下干流	滁河	六合铁路大桥	六合红山窑闸	12.5		IV	苏
593	滁河六合过渡区	滁河六合开发利用区	湖口以下干流	滁河	六合红山窑闸	六合大河口	15.0		IV	苏
594	长江彭泽饮用水源区	长江彭泽开发利用区(右岸)	湖口以下干流	长江	彭泽朝阳水厂上游1km	彭泽县自来水厂下游0.5km	2.0		II	赣
595	长江彭泽工业用水区	长江彭泽开发利用区(右岸)	湖口以下干流	长江	彭泽县自来水厂下游0.5km	彭泽小孤伏	3.4		III~IV	赣
596	长江右岸东至大渡口工业、农业用水源区	长江右岸东至大渡口工业开发利用区	湖口以下干流	长江	东至县杨墩站	北闸大沟	12.0		III	皖
597	长江右岸贵池饮用水源区	长江右岸池州开发利用区	湖口以下干流	长江	王家缺	池州港务局取水口200m	6.5		II~III	皖
598	长江右岸贵池工业、农业用水区	长江右岸池州开发利用区	湖口以下干流	长江	池州港务局取水口下游200m	梅龙镇(江镀站)	24.5		III	皖
599	长江右岸铜陵饮用水源、工业用水区	长江右岸铜陵开发利用区	湖口以下干流	长江	铜陵长江大桥下(铜陵港码头)	黑沙河口上	8.0		II~III	皖
600	长江右岸铜陵工业、农业用水区	长江右岸铜陵开发利用区	湖口以下干流	长江	黑沙河口上	红旗排涝站	30.5		III	皖
601	长江右岸芜湖繁昌工业用水区	长江右岸芜湖开发利用区	湖口以下干流	长江	板子矶	高安闸	11.0		III	皖

序号	二级水功能区名称	所在一级水功能区名称	水系	河流、湖库	范围 起始断面	范围 终止断面	长度 (km)	面积 (km²)	水质目标	省级行政区
602	长江右岸三山工业用水区	长江右岸芜湖开发利用区	湖口以下干流	长江	高安闸	三山区新圩村	22.0		Ⅲ	皖
603	长江右岸三山过渡区	长江右岸芜湖开发利用区	湖口以下干流	长江	三山区新圩村	漳河河口	5.0		Ⅲ	皖
604	长江右岸芜湖饮用水源区	长江右岸芜湖开发利用区	湖口以下干流	长江	漳河河口	广福矶排涝站上	10.0		Ⅱ~Ⅲ	皖
605	长江右岸芜湖工业用水区	长江右岸芜湖开发利用区	湖口以下干流	长江	广福矶排涝站上	芜马界黄砻头	16.0		Ⅲ	皖
606	长江右岸当涂工业用水区	长江右岸马鞍山开发利用区	湖口以下干流	长江	芜马界黄砻头	襄城河闸	12.5		Ⅲ	皖
607	长江右岸当涂过渡区	长江右岸马鞍山开发利用区	湖口以下干流	长江	襄城河闸	马鞍山长江大桥	3.5		Ⅲ	皖
608	长江右岸马鞍山饮用水源区	长江右岸马鞍山开发利用区	湖口以下干流	长江	马鞍山长江大桥	锁溪河河口	5.0		Ⅱ~Ⅲ	皖
609	长江右岸马鞍山工业用水区	长江右岸马鞍山开发利用区	湖口以下干流	长江	锁溪河河口	马钢港务原料厂	12.4		Ⅲ	皖
610	长江南京渔业、农业用水区（右岸）	长江南京开发利用区（右岸）	湖口以下干流	长江	南京江宁河河口	南京秦淮新河河口	9.6		Ⅱ	苏
611	长江南京夹江饮用、渔业用水区（右岸）	长江南京开发利用区（右岸）	湖口以下干流	长江	南京秦淮新河河口	南京三汊河河口	13.2		Ⅱ	苏
612	长江南京工业、渔业用水区（右岸）	长江南京开发利用区（右岸）	湖口以下干流	长江	南京三汊河河口	南京长江大桥	4.5		Ⅱ	苏
613	长江南京上元门、燕子矶饮用、渔业用水区（右岸）	长江南京开发利用区（右岸）	湖口以下干流	长江	南京长江大桥	南京燕子矶镇	7.5		Ⅱ	苏
614	长江南京燕子矶工业、渔业用水区（右岸）	长江南京开发利用区（右岸）	湖口以下干流	长江	南京燕子矶镇	南京九乡河河口	13.5		Ⅱ	苏
615	长江南京龙潭饮用、工业用水区（右岸）	长江南京开发利用区（右岸）	湖口以下干流	长江	南京九乡河河口	南京七乡河河口	7.0		Ⅱ	苏
616	长江南京栖霞渔业、农业用水区（右岸）	长江南京开发利用区（右岸）	湖口以下干流	长江	南京七乡河河口	南京栖霞三江河河口	9.7		Ⅱ	苏

序号	二级水功能区名称	所在一级水功能区名称	水系	河流、湖库	范围 起始断面	范围 终止断面	长度 (km)	面积 (km²)	水质目标	省级行政区
617	青弋江泾县琴溪湾农址农业用水区	青弋江宣城、芜湖开发利用区	湖口以下干流	青弋江	陈村水库坝下	芜湖清水镇	158.0		Ⅱ	皖
618	青弋江芜湖景观、工业用水区	青弋江宣城、芜湖开发利用区	湖口以下干流	青弋江	芜湖清水镇	入长江口	13.5		Ⅲ~Ⅳ	皖
619	水阳江宣州饮用、渔业用水区	水阳江宣城开发利用区	湖口以下干流	水阳江	宣城水文站	扬滩	11.0		Ⅱ	皖
620	水阳江宣州工业用水区	水阳江宣城开发利用区	湖口以下干流	水阳江	扬滩	陆村	6.0		Ⅲ	皖
621	水阳江宣州农业用水区	水阳江宣城开发利用区	湖口以下干流	水阳江	陆村	宣城水阳镇	35.0		Ⅲ	皖
622	水阳江青山河当涂景观娱乐用水区	水阳江当涂开发利用区	湖口以下干流	水阳江	当涂渣湾	当涂三汊河口	17.0		Ⅱ~Ⅲ	皖
623	西津河东津河宁国饮用、工业用水区	西津河东津河宁国开发利用区	湖口以下干流	东津河/西津河	东津中津河交汇口/西津大桥	汪溪/东津西津交汇处	17.0		Ⅱ	皖
624	秦淮河东庐饮用、渔业用水区	秦淮河开发利用区	湖口以下干流	秦淮河	东庐	花园	8.0		Ⅲ	苏
625	秦淮河溧水工业用水区	秦淮河开发利用区	湖口以下干流	秦淮河	花园	沙河村	4.5		Ⅳ	苏
626	秦淮河溧水农业、渔业用水区	秦淮河开发利用区	湖口以下干流	秦淮河	沙河村	乌刹桥	15.6		Ⅳ	苏
627	秦淮河江宁铺头过渡区	秦淮河开发利用区	湖口以下干流	秦淮河	乌刹桥	禄口镇	2.0		Ⅲ	苏
628	秦淮河江宁禄口饮用水源区	秦淮河开发利用区	湖口以下干流	秦淮河	禄口镇	陆纳	2.0		Ⅲ	苏
629	秦淮河江宁秣陵农业、渔业用水区	秦淮河开发利用区	湖口以下干流	秦淮河	陆纳	云台山河河口	12.0		Ⅳ	苏
630	秦淮河江宁东头村过渡区	秦淮河开发利用区	湖口以下干流	秦淮河	云台山河河口	殷巷	3.0		Ⅲ	苏
631	秦淮河江宁殷巷饮用水源、渔业用水区	秦淮河开发利用区	湖口以下干流	秦淮河	殷巷	牛首山河河口	2.0		Ⅲ	苏
632	秦淮河江宁工业、景观用水区	秦淮河开发利用区	湖口以下干流	秦淮河	牛首山河河口	江宁上坊门桥	8.5		Ⅳ	苏
633	秦淮河南京景观娱乐用水区	秦淮河开发利用区	湖口以下干流	秦淮河	江宁上坊门桥	三汊河口	24.0		Ⅳ	苏
634	长江江都嘶马渔业、工业用水区	长江江都开发利用区（左岸）	湖口以下干流	长江	江都市三江营下游2km	红旗河下游3km	11.0		Ⅱ	苏

序号	二级水功能区名称	所在一级水功能区名称	水系	河流、湖库	范围 起始断面	范围 终止断面	长度 (km)	面积 (km²)	水质目标	省级行政区
635	长江泰州引江河过渡区	长江都江开发利用区（左岸）	湖口以下干流	长江	红旗河下游3km	泰州引江河口上游2km	3.0		Ⅱ	苏
636	长江泰州高港工业、农业用水区	长江泰州开发利用区（左岸）	湖口以下干流	长江	泰州引江河口下游1.4km	龙窝口	3.4		Ⅱ	苏
637	长江泰州口岸承安过渡区	长江泰州开发利用区（左岸）	湖口以下干流	长江	龙窝口	幸福闸	1.0		Ⅱ	苏
638	长江泰州承安饮用水源区	长江泰州开发利用区（左岸）	湖口以下干流	长江	幸福闸	泰州三水厂下游2km	4.1		Ⅱ	苏
639	长江泰州工业、农业用水区	长江泰州开发利用区（左岸）	湖口以下干流	长江	泰州三水厂下游2km	芦坝港	15.3		Ⅱ	苏
640	长江泰兴七圩、夹港工业、农业用水区	长江泰州七圩、夹港开发利用区（左岸）	湖口以下干流	长江	七圩港	夹港	11.0		Ⅱ	苏
641	长江靖江下六圩小桥闸工业、农业用水区	长江靖江开发利用区（左岸）	湖口以下干流	长江	下六圩	小桥闸	9.5		Ⅱ	苏
642	长江靖江小桥过渡区	长江靖江开发利用区（左岸）	湖口以下干流	长江	小桥闸	野漕闸	1.8		Ⅱ	苏
643	长江靖江罗琪饮用水源区	长江靖江开发利用区（左岸）	湖口以下干流	长江	野漕闸	罗家桥闸	2.8		Ⅱ	苏
644	长江靖江夏仕港工业、农业用水区	长江靖江开发利用区（左岸）	湖口以下干流	长江	罗家桥闸	夏仕港下游1km	11.2		Ⅱ	苏
645	长江如皋饮用水源区	长江如皋开发利用区（左岸）	湖口以下干流	长江	天生港水道入口上游2km	天生港水道入口下游2.5km	4.5		Ⅱ	苏
646	长江通南九圩港饮用水源区	长江南通开发利用区（左岸）	湖口以下干流	长江	南通市新浦渔港	南通九圩港船闸	3.3		Ⅲ	苏
647	长江南通天生港工业、饮用水源区	长江南通开发利用区（左岸）	湖口以下干流	长江	南通九圩港船闸	南通燃料公司码头	10.9		Ⅲ	苏

序号	二级水功能区名称	所在一级水功能区名称	水系	河流、湖库	范围 起始断面	范围 终止断面	长度 (km)	面积 (km²)	水质目标	省级行政区
648	长江南通桃园过渡区	长江南通开发利用区（左岸）	湖口以下干流	长江	南通燃料公司码头	南通桃园闸	3.4		Ⅲ	苏
649	长江南通狼山、老洪港饮用、景观用水区	长江南通开发利用区（左岸）	湖口以下干流	长江	南通桃园闸	南通农场	12.7		Ⅲ	苏
650	长江南通农场过渡区	长江南通开发利用区（左岸）	湖口以下干流	长江	南通农场	通常汽渡	2.0		Ⅲ	苏
651	长江南通第二开发工业用水区	长江南通开发利用区（左岸）	湖口以下干流	长江	通常汽渡	通州港区	5.5		Ⅲ	苏
652	长江海门饮用、渔业用水区	长江海门开发利用区（左岸）	湖口以下干流	长江	海门市新江海河口	海门水厂下游2km	10.9		Ⅱ	苏
653	长江海门青龙港过渡区	长江海门开发利用区（左岸）	湖口以下干流	长江	海门水厂下游2km	海门市汤家镇	23.6		Ⅲ	苏
654	长江句容、丹徒高资工业、农业用水区	长江句容、镇江、丹徒开发利用区（右岸）	湖口以下干流	长江	句容大道河口	镇江龙门口（镇扬汽渡）	16.5		Ⅱ	苏
655	长江镇江饮用水源区	长江句容、镇江、丹徒开发利用区（右岸）	湖口以下干流	长江	镇江龙门口（镇扬汽渡）	镇江引航道口	3.0		Ⅱ	苏
656	长江镇江景观娱乐、工业用水区	长江句容、镇江、丹徒开发利用区（右岸）	湖口以下干流	长江	镇江引航道口	镇江焦南坝西	7.8		Ⅲ	苏
657	长江镇江丹徒河口过渡区	长江句容、镇江、丹徒开发利用区（右岸）	湖口以下干流	长江	镇江焦南坝西	谏壁上游2km	11.3		Ⅱ	苏
658	长江镇江谏壁工业、农业用水区	长江镇江谏壁、大港开发利用区（右岸）	湖口以下干流	长江	镇江谏壁下游1km	镇江大港（与丹徒交界）	1.0		Ⅱ	苏
659	长江镇江大港新区饮用水源区	长江镇江谏壁、大港开发利用区（右岸）	湖口以下干流	长江	镇江大港（与丹徒交界）	镇江大港外贸港区	6.0		Ⅱ	苏
660	长江镇江新区工业、农业用水区	长江镇江谏壁、大港开发利用区（右岸）	湖口以下干流	长江	镇江大港外贸港区	丹徒龟山头闸	5.2		Ⅱ	苏

序号	二级水功能区名称 项目	所在一级水功能区名称	水系	河流、湖库	范围 起始断面	范围 终止断面	长度（km）	面积（km²）	水质目标	省级行政区
661	长江丹阳工业、农业用水区	长江丹阳开发利用区（右岸）	湖口以下干流	长江	与丹阳交界（团结河口）	丹阳市新桥	4.7		Ⅱ	苏
662	长江扬中（主江）工业、农业用水区	长江扬中（干流）开发利用区	湖口以下干流	长江	扬中西沙嘴	扬中二墩港上游2.65km（碑）	15.0		Ⅱ	苏
663	长江扬中（主江）饮用水源区	长江扬中（干流）开发利用区	湖口以下干流	长江	扬中二墩港上游2.65km（碑）	扬中二墩港下游0.35km	3.0		Ⅱ	苏
664	长江扬中（主江）农业、工业用水区	长江扬中（干流）开发利用区	湖口以下干流	长江	扬中二墩港下游0.35km	扬中市西来桥	32.0		Ⅱ	苏
665	长江武进小河渔业、饮用水源区	长江武进小河开发利用区（右岸）	湖口以下干流	长江（夹江）	七大圩	新孟河河口	3.1		Ⅲ	苏
666	长江武进魏村过渡区	长江武进小河开发利用区（右岸）	湖口以下干流	长江（夹江）	新孟河河口	武进市剩银河河口	2.9		Ⅱ	苏
667	长江武进魏村农业、工业用水区	长江武进、常州、江阴开发利用区（右岸）	湖口以下干流	长江	武进省庄河闸	常州二大圩	1.5		Ⅱ	苏
668	长江常州工业、农业用水区	长江武进、常州、江阴开发利用区（右岸）	湖口以下干流	长江	常州二大圩	常州圩塘	4.4		Ⅱ	苏
669	长江江阴饮用水源区	长江武进、常州、江阴开发利用区（右岸）	湖口以下干流	长江	常州圩塘	江阴市黄山港口	29.0		Ⅱ	苏
670	长江江阴山观饮用水源区	长江江阴、张家港开发利用区（右岸）	湖口以下干流	长江	江阴大河港口	与张家港交界（右牌港闸）	2.5		Ⅱ	苏
671	长江张家港区工业、农业用水区	长江江阴、张家港开发利用区（右岸）	湖口以下干流	长江	与张家港交界（右牌港闸）	张家港朝东圩港	23.5		Ⅲ	苏

序号	二级水功能区名称	所在一级水功能区名称	水系	河流、湖库	范围 起始断面	范围 终止断面	长度 (km)	面积 (km²)	水质目标	省级行政区
672	长江张家港饮用水源、工业用水区	长江江阴、张家港开发利用区(右岸)	湖口以下干流	长江	张家港朝东圩港	张家港二干河	11.4		II	苏
673	长江张家港乐余工业、农业用水区	长江江阴、张家港开发利用区(右岸)	湖口以下干流	长江	张家港二干河	与常熟交界(福山)	27.0		III	苏
674	长江常熟望虞河过渡区	长江江阴、张家港开发利用区(右岸)	湖口以下干流	长江	与熟交界(福山)	常熟市崔浦塘	4.8		II	苏
675	长江常熟饮用水源、工业用水区	长江常熟开发利用区(右岸)	湖口以下干流	长江	常熟耿泾塘	常熟徐六泾	13.6		II	苏
676	长江常熟工业、农业用水区	长江常熟开发利用区(右岸)	湖口以下干流	长江	常熟徐六泾	常熟市白茆口	11.6		III	苏
677	长江太仓饮用水源、工业用水区	长江太仓开发利用区(右岸)	湖口以下干流	长江	太仓新泾闸	太仓浪港	10.6		II	苏
678	长江太仓工业、农业用水区	长江太仓开发利用区(右岸)	湖口以下干流	长江	太仓浪港	太仓七浦塘	7.0		III	苏
679	长江太仓浮桥工业、农业用水区	长江太仓开发利用区(右岸)	湖口以下干流	长江	太仓七浦塘	太仓美孚码头下游100m	5.7		II	苏
680	长江太仓浏家港饮用水源区	长江太仓开发利用区(右岸)	湖口以下干流	长江	太仓美孚码头下游100m	太仓市浏河河口	6.4		II	苏
681	长江上海陈行饮用水源区	长江上海开发利用区(右岸)	湖口以下干流	长江口	浏河口下游3km	浏河口下游9km	6.0		III	沪
682	长江上海罗泾过渡区	长江上海开发利用区(右岸)	湖口以下干流	长江口	浏河口下游9km	石洞口西首上游1km	1.0		III	沪

序号	二级水功能区名称	所在一级水功能区名称	水系	河流、湖库	范围 起始断面	范围 终止断面	长度 (km)	面积 (km²)	水质目标	省级行政区
683	长江上海石洞口排污控制区	长江上海开发利用区	湖口以下干流	长江口	石洞口西首上游1km	石洞口下游1km	2.0			沪
684	长江上海石洞口工业用水区	长江上海开发利用区	湖口以下干流	长江口	石洞口下游1km	宝山罗泾港区东边界	13.8		Ⅲ	沪
685	长江上海吴淞口湿地景观娱乐用水区	长江上海开发利用区	湖口以下干流	长江口	宝山罗泾港区东边界	吴淞口下游2.9km	5.6		Ⅲ	沪
686	长江上海外高桥工业用水区	长江上海开发利用区	湖口以下干流	长江口	吴淞口下游2.9km	吴淞口下游10km	7.1		Ⅲ	沪
687	长江上海竹园排污控制区	长江上海开发利用区	湖口以下干流	长江口	吴淞口下游10km	吴淞口下游13km	3.0			沪
688	长江上海白龙港工业用水区	长江上海开发利用区	湖口以下干流	长江口	吴淞口下游13km	吴淞口下游28km	15.0		Ⅲ	沪
689	长江上海白龙港排污控制区	长江上海开发利用区	湖口以下干流	长江口	吴淞口下游28km	吴淞口下游32km	4.0			沪
690	长江上海浦东三甲港景观娱乐用水区	长江上海开发利用区	湖口以下干流	长江口	吴淞口下游32km	川杨河口下游20km	18.7		Ⅲ	沪
691	长江上海南汇排污控制区	长江上海开发利用区	湖口以下干流	长江口	川杨河口下游20km	川杨河口下游22km	2.0			沪
692	长江上海南汇滩农业用水区	长江上海开发利用区	湖口以下干流	长江口	川杨河口下游22km	南汇嘴	33.4		Ⅲ	沪
693	长江上海南汇东滩景观娱乐用水区	长江上海开发利用区	湖口以下干流	长江口	南汇嘴	芦潮港水闸	17.8		Ⅲ	沪
694	长江崇明岛环岛河景观娱乐用水区	长江崇明岛环岛河开发利用区	湖口以下干流	长江口	崇明岛环岛河			179.2	Ⅲ	沪

12 东南诸河区重要江河湖泊水功能区划

表 12.1

一级水功能区划登记表

序号	一级水功能区名称	水系	河流、湖库	范围		长度(km)	面积(km²)	水质目标	省级行政区
				起始断面	终止断面				
1	率水休宁源头水保护区	新安江	率水	率水源头	流口镇呈村	46.2		Ⅱ	皖
2	率水休宁保留区	新安江	率水	流口镇呈村	屯溪区二水厂上游	107.0		Ⅱ	皖
3	率水屯溪开发利用区	新安江	率水	屯溪区二水厂上游	黎阳镇	2.5		按二级区划执行	皖
4	横江黟县、休宁保留区	新安江	横江	横江源头(漳水、颍山溪)	万金(休宁河与横江交汇处)	53.0		Ⅱ	皖
5	横江休宁、屯溪开发利用区	新安江	横江	万金(休宁河与横江交汇处)	黎阳镇	21.0		按二级区划执行	皖
6	新安江屯溪开发利用区	新安江	新安江	黎阳镇	花山谜窟	13.4		按二级区划执行	皖
7	新安江歙县保留区	新安江	新安江	花山谜窟	深渡镇上游2km(中坑源)	44.8		Ⅱ	皖
8	新安江歙县开发利用区	新安江	新安江	深渡镇上游2km(中坑源)	歙县三港	15.8		按二级区划执行	皖
9	新安江浙皖缓冲区	新安江	新安江	歙县三港	淳安威坪大坝	17.8		Ⅱ	皖、浙
10	扬之水歙县开发利用区	新安江	扬之水	桂林镇车田取水口	入练江口	3.2		按二级区划执行	皖
11	丰乐水徽州开发利用区	新安江	丰乐水	临河口	上游桥	1.3		按二级区划执行	皖
12	富资水歙县开发利用区	新安江	富资水	凤凰	徐村	5.4		按二级区划执行	皖
13	练江歙县开发利用区	新安江	练江	古关	练江、新安江交汇口	6.1		按二级区划执行	皖
14	齐溪开化源头水保护区	钱塘江	齐溪	安徽开化源头入境处	齐溪水库大坝	6.7		Ⅱ	浙

序号	一级水功能区名称	水系	河流、湖库	范围（起始断面）	范围（终止断面）	长度（km）	面积（km²）	水质目标	省级行政区
15	马金溪开化源头水保护区	钱塘江	马金溪	齐溪水库大坝	马金	24.3		Ⅱ	浙
16	马金溪开化开发利用区	钱塘江	马金溪	马金	新下大桥	42.5		按二级区划执行	浙
17	马金溪华埠开发利用区	钱塘江	马金溪	新下大桥	华民取水口下游100m	4.5		按二级区划执行	浙
18	常山港开化开发利用区	钱塘江	常山港	华民取水口下游100m	开化常山交界	7.0		按二级区划执行	浙
19	常山港常山开发利用区	钱塘江	常山港	开化常山交界	常山衢州分界线	49.2		按二级区划执行	浙
20	常山港衢州开发利用区	钱塘江	常山港	常山衢州分界线	双港口	17.5		按二级区划执行	浙
21	衢江衢州开发利用区	钱塘江	衢江	双港口	篁墩（衢州龙游交界）	30.0		按二级区划执行	浙
22	衢江龙游开发利用区	钱塘江	衢江	篁墩（衢州龙游交界）	兰溪山峰张	28.6		按二级区划执行	浙
23	衢江兰溪开发利用区	钱塘江	衢江	兰溪山峰张	兰江大桥	22.0		按二级区划执行	浙
24	兰江兰溪开发利用区	钱塘江	兰江	兰江大桥	兰溪建德交界（三河）	20.0		按二级区划执行	浙
25	兰江建德开发利用区	钱塘江	兰江	兰溪建德交界（三河）	梅城建德三江口	21.0		按二级区划执行	浙
26	新安江水库岸安开发利用区	钱塘江	新安江	千岛湖（除零星景观用水区外水域、西园湖湾、龙山岛、界首岛、姥山岛等岛屿周边水域）	梅城三江口、千岛湖、猴岛、猴山岛等岛屿周边水域		583.0	按二级区划执行	
27	新安江建德开发利用区	钱塘江	新安江	新安江水库大坝	梅城三江口	43.0		按二级区划执行	浙
28	富春江建德开发利用区	钱塘江	富春江	梅城三江口	建德桐庐交界（冷水）	19.3		按二级区划执行	浙
29	富春江桐庐开发利用区	钱塘江	富春江	建德桐庐交界（冷水）	窄溪大桥	26.8	57.8	按二级区划执行	浙
30	富春江富阳开发利用区	钱塘江	富春江	窄溪大桥	富阳杭州交界处周浦（渔山）	45.0		按二级区划执行	浙
31	钱塘江杭州开发利用区	钱塘江	钱塘江	富阳杭州交界处周浦（渔山）	老盐仓	65.5		按二级区划执行	浙
32	江山港江山源头水保护区	钱塘江	江山港	源头（龙井坑）	白水坑水库上界线	30.0		Ⅱ	浙
33	白沙溪沙畈、金兰水库金华开发利用区	钱塘江	白沙溪	林场（包括沙畈水库）	金兰水库大坝	50.0	20.2	Ⅱ	浙
34	澄潭江夹溪磐安源头水保护区	曹娥江	澄潭江（夹溪）	源头（尚湖中心庄）	雅里（磐安与新昌交界）	30.1		Ⅱ	浙

序号	一级水功能区名称	水系	河流、湖库	范围		长度（km）	面积（km²）	水质目标	省级行政区
				起始断面	终止断面				
35	澄潭江新昌源头水保护区	曹娥江	澄潭江	雅里（磐安与新昌交界）	饶岭大桥	17.7		Ⅱ	浙
36	澄潭江新昌开发利用区	曹娥江	澄潭江	镜岭大桥	苍岩镇（嵊州与新昌交界）	21.8		按二级区划执行	浙
37	澄潭江嵊州开发利用区	曹娥江	澄潭江	苍岩镇（嵊州与新昌交界）	嵊州城关东门桥	17.2		按二级区划执行	浙
38	曹娥江嵊州开发利用区	曹娥江	曹娥江	嵊州城关东门桥	三界（上虞与嵊州交界）	27.4		按二级区划执行	浙
39	曹娥江上虞开发利用区	曹娥江	曹娥江	三界（上虞与嵊州交界）	曹娥江大闸	72.1		Ⅱ	浙
40	梅溪瓯江源头水保护区	瓯江	梅溪	锅冒尖西坡	官路岙	69.0		按二级区划执行	浙
41	龙泉溪龙泉市开发利用区	瓯江	龙泉溪	官路岙	龙泉水厂取水口下游0.5km	21.7		按二级区划执行	浙
42	紧水滩水库龙泉、云和开发利用区	瓯江	龙泉溪	龙泉水厂取水口下游0.5km	紧水滩水库大坝	24.5	31.2	按二级区划执行	浙
43	龙泉溪云和开发利用区	瓯江	龙泉溪（含石塘水库）	紧水滩水库大坝	玉溪水库大坝	38.0		按二级区划执行	浙
44	大溪丽水开发利用区	瓯江	大溪	玉溪水库大坝	丽水青田交界处	36.8		按二级区划执行	浙
45	大溪青田开发利用区	瓯江	大溪	丽水青田交界处	青田湖边	56.4		按二级区划执行	浙
46	瓯江青田开发利用区	瓯江	瓯江	青田湖边	温溪镇处洲街口	20.8		按二级区划执行	浙
47	瓯江青田、鹿城开发利用区	瓯江	瓯江	温溪镇处洲街口	青田温州交界	3.5		按二级区划执行	浙
48	瓯江鹿城区开发利用区	瓯江	瓯江	青田温州交界	临江	15.0		按二级区划执行	浙
49	瓯江温州开发利用区	瓯江	瓯江	临江	岐头（出海口）	51.9		按二级区划执行	浙
50	戍浦江泽雅水库温州市开发利用区	瓯江	戍浦江	源头（奇云山北坡）	泽雅水库大坝	11.5	1.7	按二级区划执行	浙
51	金坑仙居、缙云源头水保留区	椒江	金坑	石长坑	仙居缙云界交界处（西溪坑）	38.2		Ⅱ	浙
52	永安溪仙居保留区	椒江	永安溪	溪港	横溪永安溪大桥上游100m	18.5		Ⅱ	浙
53	永安溪仙居开发利用区	椒江	永安溪	横溪永安溪大桥上游100m	罗渡	64.0		按二级区划执行	浙
54	永安溪临海开发利用区	椒江	永安溪	罗渡	三江村	27.5		按二级区划执行	浙
55	灵江临海开发利用区	椒江	灵江	三江村	三江口	49.2		按二级区划执行	浙

序号	一级水功能区名称	水系	河流、湖库	范围（起始断面）	范围（终止断面）	长度（km）	面积（km²）	水质目标	省级行政区
56	椒江台州开发利用区	椒江	椒江	三江口	栅浦闸	18.7		按二级区划执行	浙
57	永宁江黄岩源头水保护区	椒江（温黄平原）	永宁溪（黄岩溪及部分小支流）	源头（包括支流）大寺基	长潭水库大坝	40.1	35.5	II	浙
58	晦溪奉化源头水保护区	甬江	晦溪（含亭下水库）	源头（壶潭）	溪口	41.7	5.0	II	浙
59	剡溪奉化开发利用区	甬江	剡溪	溪口	方桥三江口（奉化与鄞州交界）	24.4		按二级区划执行	浙
60	奉化江鄞州开发利用区	甬江	奉化江	方桥三江口（奉化与鄞州交界）	宁波三江口	27.3		按二级区划执行	浙
61	甬江宁波开发利用区	甬江	甬江	宁波三江口	外游山	25.1		按二级区划执行	浙
62	姚江余姚源头水保护区	甬江	姚江	源头（钱库岭）	四明湖水库大坝（余姚上虞交界）	16.6	10.9	II	浙
63	姚江上虞开发利用区	甬江	姚江	四明湖水库大坝（余姚上虞交界）	沈湾	8.5		按二级区划执行	浙
64	姚江余姚开发利用区	甬江	姚江	沈湾	城山（余姚与鄞州交界）	54.7		按二级区划执行	浙
65	姚江鄞州开发利用区	甬江	姚江	城山（余姚与鄞州交界）	姚江大闸	20.5		按二级区划执行	浙
66	甬江宁波开发利用区	甬江	姚江	姚江大闸	宁波三江口	3.5		按二级区划执行	浙
67	飞云江景宁源头水保护区	飞云江	飞云江（含三插溪）	白云村上游（源头）	白鹤下游1km	13.0		按二级区划执行	浙
68	飞云江景宁开发利用区	飞云江	飞云江（含三插溪）	白鹤下游1km	里塘口村	18.9		按二级区划执行	浙
69	飞云江泰顺、文成、瑞安大型水库水源保护区	飞云江	飞云江	里塘口村	赵山渡水库大坝	95.5	398.0	II	浙
70	飞云江瑞安市开发利用区	飞云江	飞云江	赵山渡水库大坝	上望新村	71.0		按二级区划执行	浙

序号	一级水功能区名称	水系	河流、湖库	范围		长度（km）	面积（km²）	水质目标	行政区 省级
				起始断面	终止断面				
71	松原溪浙闽缓冲区	出省小河流	松原溪	竹林坪下游2km	马蹄岙水库	6.0		Ⅲ	浙
72	竹口溪浙闽缓冲区	出省小河流	竹口溪	枫堂	省界	11.8		Ⅲ	浙
73	安溪浙闽缓冲区	出省小河流	安溪	省界	安溪	2.5		Ⅲ	浙
74	东溪浙闽缓冲区	出省小河流	东溪	仕阳	省界（交溪口）	4.0		Ⅲ	浙
75	寿泰溪闽浙缓冲区	赛江	寿泰溪	省界（溪底寮）	省界（交溪口）	43.0		Ⅱ～Ⅲ	闽、浙
76	东溪安闽浙缓冲区	赛江	东溪	省界（交溪口）	东溪上游省界两支流汇合口	3.0		Ⅱ～Ⅲ	闽
77	东溪福安保留区	赛江	东溪	东溪上游省界两支流汇合口	上白石大坝	14.3		Ⅱ	闽
78	桐山溪福鼎闽浙缓冲区	桐山溪	桐山溪	省界上游4km	福鼎南溪水库库尾（叠石镇会甲溪）	5.9		Ⅲ	浙、闽
79	东溪武夷山源头水保护区	建溪	崇阳溪	源头	武夷山市岚谷乡横墩（桥）	17.0		Ⅱ	闽
80	东溪武夷山保留区	建溪	崇阳溪	武夷山市岚谷乡横墩（桥）	东溪水库坝址	33.5		Ⅱ	闽
81	建溪武夷山、建阳、延平区开发利用区	建溪	建溪	东溪水库坝址	建溪口（玉屏山大桥）	199.9		按二级区划执行	闽
82	松溪闽浙缓冲区	建溪	松溪	省界	岩下	5.0		Ⅱ～Ⅲ	闽
83	西溪邵武源头水保护区	富屯溪	西溪	源头	邵武金坑乡上（桥）	36.0		Ⅱ	闽
84	西溪邵武、光泽保留区	富屯溪	西溪	邵武金坑乡上（桥）	光泽李坊乡（石城）	34.9		Ⅲ	闽
85	富屯溪光泽、邵武、顺昌、延平区开发利用区	富屯溪	富屯溪	光泽李坊乡（石城）	富屯溪与沙溪汇合口	217.7		按二级区划执行	闽
86	澜溪建宁源头水保护区	富屯溪	金溪	源头	建宁客坊乡下（石舍桥）	27.0		Ⅱ	闽
87	澜溪建宁保留区	富屯溪	金溪	建宁客坊乡下（石舍桥）	建宁合水口电站大坝	39.2		Ⅱ～Ⅲ	闽
88	金溪建宁、泰宁、将乐、顺昌开发利用区	富屯溪	金溪	建宁合水口电站大坝	金溪口	189.0	37.0	按二级区划执行	闽
89	东溪宁化源头水保护区	沙溪	东溪	源头	水茜乡上（桥）	28.0		Ⅱ	闽
90	东溪宁化保留区	沙溪	东溪	水茜乡上（桥）	水茜溪口下（桥）	30.3		Ⅱ	闽

序号	一级水功能区名称	水系	河流、湖库	范围 起始断面	范围 终止断面	长度（km）	面积（km²）	水质目标	省级行政区
91	翠江宁化、清流开发利用区	沙溪	翠江	水茜溪口下（桥）	嵩口坪电站大坝（安砂水库库尾）	56.1		按二级区划执行	闽
92	沙溪安砂水库保留区	沙溪	沙溪	嵩口坪电站大坝（安砂水库库尾）	安砂水库坝址上游2.5km	52.1		Ⅲ	闽
93	沙溪三明、南平开发利用区	沙溪	沙溪	安砂水库坝址上游2.5km	南平市新建村水厂取水口下游100m	188.7		按二级区划执行	闽
94	闽江中下游南平、福州开发利用区	闽江	闽江	南平市新建村水厂取水口下游100m	金刚腿	227.1		按二级区划执行	闽
95	闽江河口福州缓冲区	闽江	闽江	金刚腿	闽江口	19.6		Ⅲ	闽
96	均溪大田开发利用区	尤溪	均溪	源头	大田京口电站大坝	45.0		按二级区划执行	闽
97	均溪大田、德化、尤溪保留区	尤溪	均溪	大田京口电站大坝	水东水库坝址	90.3		Ⅲ	闽
98	尤溪尤溪县开发利用区	尤溪	尤溪	水东水库坝址	尤溪口	58.4		按二级区划执行	闽
99	玉源溪古田源头保护区	古田溪	玉源溪	源头	张厝	6.6		Ⅱ	闽
100	玉源溪古田开发利用区	古田溪	玉源溪	张厝	桥洋（古田溪一级库尾）	21.9		按二级区划执行	闽
101	古田溪古田、闽清保留区	古田溪	古田溪	桥洋（古田溪一级尾）	古田溪出口（水口镇下游大坝）	56.1		按二级区划执行	闽
102	浐溪德化源头保护区	大樟溪	浐溪	源头	戴云山自然保护区边界	16.0		Ⅰ	闽
103	浐溪德化开发利用区	大樟溪	浐溪	戴云山自然保护区边界	凤洋（桥）	39.3		按二级区划执行	闽
104	浐溪德化缓冲区	大樟溪	浐溪	凤洋（桥）	尾厝（龙门滩一级水库库尾）	4.0		Ⅲ	闽
105	浐溪龙门滩（一级）水库德化保护区	大樟溪	浐溪	尾厝（龙门滩一级水库库尾）	龙门滩（一级）水库坝址	5.7	2.6	Ⅱ～Ⅲ	闽
106	浐溪德化保留区	大樟溪	浐溪	龙门滩（一级）水库坝址	涌溪汇合口	44.4		Ⅱ	闽
107	大樟溪南保留区	大樟溪	大樟溪	涌溪汇合口	富泉溪汇合口	79.7		Ⅱ	闽
108	大樟溪永泰开发利用区	大樟溪	大樟溪	富泉溪汇合口	永泰南区水厂取水口下游100m	4.4		按二级区划执行	闽

序号	一级水功能区名称	水系	河流、湖库	范围 起始断面	范围 终止断面	长度 (km)	面积 (km²)	水质目标	省级行政区
109	大樟溪永泰、闽候保留区	大樟溪	大樟溪	永泰南区水厂取水口下游100m	大樟溪口	49.8		Ⅱ~Ⅲ	闽
110	木兰溪仙游源头水保护区	木兰溪	木兰溪	源头	蒋隔水库坝址	12.4		Ⅱ	闽
111	木兰溪仙游、莆田市区开发利用区	木兰溪	木兰溪	蒋隔水库坝址	河口	93.7		按二级区划执行	闽
112	延寿溪仙游源头水保护区	木兰溪	延寿溪	源头	界河（与仙游县交界）	11.5		Ⅱ~Ⅲ	闽
113	延寿溪莆田市开发利用区	木兰溪	延寿溪	界河（与仙游县交界）	东圳水库坝址	17.7		按二级区划执行	闽
114	桃溪永春保留区	晋江	桃溪	源头	蓬壶镇上	15.0		Ⅱ	闽
115	桃溪永春开发利用区	晋江	桃溪	蓬壶镇上	东平	38.6		按二级区划执行	闽
116	桃溪永春缓冲区	晋江	桃溪	东平	山美水库库尾（调节水库大坝）	7.6		Ⅲ	闽
117	东溪山美水库保护区	晋江	东溪	山美水库库尾（调节水库大坝）	山美水库坝址	20.3	19.1	Ⅱ~Ⅲ	闽
118	东溪南安开发利用区	晋江	东溪	山美水库坝址	双溪口（晋江东西溪汇合口）	38.8		按二级区划执行	闽
119	晋江干流泉州开发利用区	晋江	晋江	双溪口（晋江东西溪汇合口）	鲟埔（入海口）	33.3		按二级区划执行	闽
120	岐兜溪永春源头水保护区	晋江	岐兜溪	源头	岐兜溪口	23.0		Ⅱ	闽
121	西溪永春保留区	晋江	西溪	大白濑水库坝址（规划）	大白濑水库坝址（规划）	23.3		Ⅱ~Ⅲ	闽
122	西溪安溪、南安开发利用区	晋江	西溪	大白濑水库坝址（规划）	东西溪汇合口（双溪）	91.5		按二级区划执行	闽
123	小池溪（龙门溪）新罗源头水保护区	九龙江	小池溪	源头	小池镇何家陂水库坝址（规划）	6.2		Ⅱ~Ⅲ	闽
124	雁石溪新罗开发利用区	九龙江	雁石溪	小池镇何家陂水库坝址（规划）	漳平合溪电站大坝（界河）	90.0		按二级区划执行	闽
125	北溪漳平、华安、漳州市区、龙海开发利用区	九龙江	北溪	漳平合溪电站大坝（界河）	九龙江北溪北引闸坝	164.6		按二级区划执行	闽
126	九龙江漳州河口缓冲区	九龙江	九龙江	九龙江北溪北引闸坝	九龙江口	32.4		Ⅲ	闽

表12.2

二级水功能区划登记表

序号	二级水功能区名称（项目）	所在一级水功能区名称	水系	河流、湖库	范围 起始断面	范围 终止断面	长度 (km)	面积 (km²)	水质目标	省级行政区
1	率水屯溪饮用水源区	率水屯溪开发利用区	新安江	率水	屯溪区二水厂上游	黎阳镇	2.5		Ⅱ~Ⅲ	皖
2	横江海阳镇工业用水区	横江休宁、屯溪开发利用区	新安江	横江	万金（休宁河与横江交汇处）	下汶溪	3.0		Ⅱ~Ⅲ	皖
3	横江休宁农业用水区	横江休宁、屯溪开发利用区	新安江	横江	下汶溪	屯溪横江大桥	16.0		Ⅱ~Ⅲ	皖
4	横江屯溪饮用水源区	横江休宁、屯溪开发利用区	新安江	横江	屯溪横江大桥	黎阳镇	2.0		Ⅱ~Ⅲ	皖
5	新安江屯溪景观娱乐用水区	新安江屯溪开发利用区	新安江	新安江	黎阳镇	花山谜窟	13.4		Ⅱ~Ⅲ	皖
6	新安江歙县深渡饮用水源区	新安江歙县开发利用区	新安江	新安江	深渡镇上游2km（中坑源）	深渡镇	2.0		Ⅱ~Ⅲ	皖
7	新安江歙县深渡景观娱乐、渔业用水区	新安江歙县开发利用区	新安江	新安江	深渡镇	歙县三港	13.8		Ⅱ~Ⅲ	皖
8	扬之水歙县饮用水源区	扬之水歙县开发利用区	新安江	扬之水	桂林镇车田取水口	入练江口	3.2		Ⅱ~Ⅲ	皖
9	丰乐水徽州岩寺饮用水源区	丰乐水徽州开发利用区	新安江	丰乐水	临河口	上渡桥	1.3		Ⅱ~Ⅲ	皖
10	富资水歙县饮用水源、工业用水区	富资水歙县开发利用区	新安江	富资水	凤凰	徐村	5.4		Ⅱ~Ⅲ	皖
11	练江歙县景观娱乐用水区	练江歙县开发利用区	新安江	练江	古关	渔梁坝	1.8		Ⅱ~Ⅲ	皖
12	练江歙县过渡区	练江歙县开发利用区	新安江	练江	渔梁坝	练江、新安江交江口	4.3		Ⅱ~Ⅲ	皖
13	马金溪开化工业用水区	马金溪开化开发利用区	钱塘江	马金溪	马金	底木	5.5		Ⅲ	浙
14	马金溪开化农业用水区1	马金溪开化开发利用区	钱塘江	马金溪	底木	密赛水文站	13.0		Ⅲ	浙
15	马金溪开化饮用水源区	马金溪开化开发利用区	钱塘江	马金溪	密赛水文站	龙潭大坝	8.5		Ⅱ~Ⅲ	浙
16	马金溪开化农业用水区2	马金溪开化开发利用区	钱塘江	马金溪	龙潭大坝	新下大桥	15.5		Ⅲ	浙
17	马金溪华埠饮用水源区	马金溪华埠开发利用区	钱塘江	马金溪	新下大桥	华民取水口下游100m	4.5		Ⅱ~Ⅲ	浙
18	常山港开化农业用水区	常山港开化开发利用区	钱塘江	常山港	华民取水口下游100m	开化常山交界	7.0		Ⅲ	浙

序号	二级水功能区名称	所在一级水功能区名称	水系	河流、湖库	范围 起始断面	范围 终止断面	长度 (km)	面积 (km²)	水质目标	行政区 省级
19	常山港常山农业用水区 1	常山港常山开发利用区	钱塘江	常山港	开化常山交界	湖东上埠	19.0		Ⅲ	浙
20	常山港常山饮用、工业用水区	常山港常山开发利用区	钱塘江	常山港	湖东上埠	紫港	4.2		Ⅱ~Ⅲ	浙
21	常山港常山农业用水区 2	常山港常山开发利用区	钱塘江	常山港	紫港	常山衢州分界线	26.0		Ⅲ	浙
22	常山港衢州农业用水区	常山港衢州开发利用区	钱塘江	常山港	常山衢州分界线	双港口	17.5		Ⅲ	浙
23	衢江衢州景观、工业用水区	衢江衢州开发利用区	钱塘江	衢江	双港口	樟树潭	13.0		Ⅳ	浙
24	衢江衢州农业用水区	衢江衢州开发利用区	钱塘江	衢江	樟树潭	篁墩（衢州龙游交界）	17.0		Ⅲ	浙
25	衢江龙游农业用水区	衢江龙游开发利用区	钱塘江	衢江	篁墩（衢州龙游交界）	团石乡汀塘圩	8.0		Ⅲ	浙
26	衢江龙游工业、农业用水区	衢江龙游开发利用区	钱塘江	衢江	团石乡汀塘圩	虎头山大桥	5.6		Ⅲ	浙
27	衢江龙游农业用水区	衢江龙游开发利用区	钱塘江	衢江	虎头山大桥	兰溪山峰张	15.0		Ⅲ	浙
28	衢江兰溪农业用水区	衢江兰溪开发利用区	钱塘江	衢江	兰溪山峰张	应家	13.0		Ⅲ	浙
29	衢江兰溪饮用水源区	衢江兰溪开发利用区	钱塘江	衢江	应家	兰江大桥	9.0		Ⅱ~Ⅲ	浙
30	兰江兰溪观景娱乐、工业用水区	兰江兰溪开发利用区	钱塘江	兰江	兰江大桥	黄湓大桥	4.0		Ⅳ	浙
31	兰江兰溪工业、农业用水区	兰江兰溪开发利用区	钱塘江	兰江	黄湓大桥	兰溪建德交界（三河）	16.0		Ⅲ	浙
32	兰江建德农业用水区	兰江建德开发利用区	钱塘江	兰江	兰溪建德交界（三河）	梅城三江口	21.0		Ⅲ	浙
33	新安江水库淳安饮用水源区	新安江水库淳安开发利用区	钱塘江	新安江	千岛湖（除零星景观用水区外水域）			524.5	Ⅱ（淳安县城等人口密集区周边水域Ⅱ~Ⅲ）	浙

序号	项目　二级水功能区名称	所在一级水功能区名称	水系	河流、湖库	范围 起始断面	范围 终止断面	长度(km)	面积(km²)	水质目标	省级行政区
34	新安江水库淳安渔业用水区	新安江水库淳安开发利用区	钱塘江	新安江	里杉柏	化肥厂潮湾		2.5	Ⅲ	浙
35	新安江水库景观娱乐用水区	新安江水库淳安开发利用区	钱塘江	新安江	千岛湖西园湖湾、龙山岛、界首岛、猴岛、姥山岛等岛屿周边水域		56.0		Ⅲ	浙
36	新安江建德饮用水源区 1	新安江建德开发利用区	钱塘江	新安江	新安江水库大坝	新安江水厂取水口下游0.15km	6.0		Ⅱ～Ⅲ	浙
37	新安江建德景观、工业用水区 1	新安江建德开发利用区	钱塘江	新安江	新安江水厂取水口下游0.15km	小洋坞	6.5		Ⅲ	浙
38	新安江建德工业用水区	新安江建德开发利用区	钱塘江	新安江	小洋坞	下涯	7.5		Ⅲ	浙
39	新安江建德渔业用水区	新安江建德开发利用区	钱塘江	新安江	下涯	梅城水厂取水口（黄栗坪）上游4km	14.0		Ⅲ	浙
40	新安江建德饮用水源区 2	新安江建德开发利用区	钱塘江	新安江	梅城水厂取水口（黄栗坪）上游4km	梅城水厂取水口（黄栗坪）下游0.5km	4.5		Ⅱ～Ⅲ	浙
41	新安江建德景观、工业用水区 2	新安江建德开发利用区	钱塘江	新安江	梅城水厂取水口（黄栗坪）下游0.5km	梅城三江口	4.5		Ⅲ	浙
42	富春江建德渔业用水区	富春江建德开发利用区	钱塘江	富春江	梅城三江口	富春江三都溪交汇处	4.0		Ⅲ	浙
43	富春江建德景观娱乐用水区	富春江建德开发利用区	钱塘江	富春江	富春江三都溪交汇处	建德桐庐交界（冷水）	15.3		Ⅲ	浙
44	富春江桐庐饮用、景观娱乐用水区	富春江桐庐开发利用区	钱塘江	富春江	建德桐庐交界（冷水）	富春江水库大坝	7.0	57.8	Ⅱ～Ⅲ	浙

序号	二级水功能区名称	所在一级水功能区名称	水系	河流、湖库	范围 起始断面	范围 终止断面	长度 (km)	面积 (km²)	水质目标	行政区 省级
45	富春江桐庐饮用水源区	富春江桐庐开发利用区	钱塘江	富春江	富春江水库大坝	桐庐水厂取水口下游0.5km	5.8		Ⅱ~Ⅲ	浙
46	富春江桐庐景观、工业用水区	富春江桐庐开发利用区	钱塘江	富春江	桐庐水厂取水口下游0.5km	柴埠	10.3		Ⅳ	浙
47	富春江富阳饮用、农业用水区	富春江桐庐开发利用区	钱塘江	富春江	柴埠	窄溪大桥	3.7		Ⅱ~Ⅲ	浙
48	富春江富阳农业用水区	富春江富阳开发利用区	钱塘江	富春江	窄溪大桥	汤家埠中埠大桥	17.0		Ⅲ	浙
49	富春江富阳饮用水源区1	富春江富阳开发利用区	钱塘江	富春江	汤家埠中埠大桥	觅浦江汇合口	9.0		Ⅱ~Ⅲ	浙
50	富春江富阳景观娱乐用水区	富春江富阳开发利用区	钱塘江	富春江	觅浦江汇合口	大源溪富春江交汇处	7.0		Ⅳ	浙
51	富春江富阳饮用水源区2	富春江富阳开发利用区	钱塘江	富春江	大源溪富春江交汇处	富阳杭州交界处周浦(渔山)	12.0		Ⅱ~Ⅲ	浙
52	钱塘江杭州饮用水源区	钱塘江杭州开发利用区	钱塘江	钱塘江	富阳杭州交界处周浦(渔山)	三堡船闸	29.2		Ⅱ~Ⅲ	浙
53	钱塘江杭州景观、渔业用水区	钱塘江杭州开发利用区	钱塘江	钱塘江	三堡船闸	老盐仓	36.3		Ⅳ	浙
54	白沙溪金华、金兰水库金华饮用水源区	白沙溪金华、金兰水库金华开发利用区	钱塘江	白沙溪	林场(包括沙畈水库)	金兰水库大坝	50.0	20.2	Ⅱ~Ⅲ	浙
55	澄潭江新昌饮用、农业用水区	澄潭江新昌开发利用区	曹娥江	澄潭江	镜岭大桥	苍岩镇(嵊州与新昌交界)	21.8		Ⅲ	浙
56	澄潭江嵊州农业用水区	澄潭江嵊州开发利用区	曹娥江	澄潭江	苍岩镇(嵊州与新昌交界)	嵊州城关东门桥	17.2		Ⅲ	浙
57	曹娥江嵊州工业用水区	曹娥江嵊州开发利用区	曹娥江	曹娥江	嵊州城关东门桥	梓树	19.1		Ⅳ	浙
58	曹娥江嵊州农业、工业用水区	曹娥江嵊州开发利用区	曹娥江	曹娥江	梓树	三界(上虞与嵊州交界)	8.3		Ⅲ	浙
59	曹娥江上虞工业、农业用水区	曹娥江上虞开发利用区	曹娥江	曹娥江	三界(上虞与嵊州交界)	上浦镇	20.2		Ⅲ	浙

序号	二级水功能区名称 项目	所在一级功能区名称	水系	河流、湖库	范围 起始断面	范围 终止断面	长度 (km)	面积 (km²)	水质目标	省级行政区
60	曹娥江上虞景观、农业用水区	曹娥江上虞开发利用区	曹娥江	曹娥江	上浦镇	百官公路桥	15.4		IV	浙
61	曹娥江上虞景观、工业用水区	曹娥江上虞开发利用区	曹娥江	曹娥江	百官公路桥	舜江大桥	2.0		IV	浙
62	曹娥江上虞农业、工业用水区	曹娥江上虞开发利用区	曹娥江	曹娥江	舜江大桥	曹娥江大闸	34.5		IV	浙
63	龙泉溪龙泉农业用水区	龙泉溪龙泉市开发利用区	瓯江	龙泉溪	官路岙	白兰大桥	17.1		III	浙
64	龙泉溪龙泉饮用、景观、工业用水区	龙泉溪龙泉市开发利用区	瓯江	龙泉溪	白兰大桥	龙泉水厂取水口下游0.5km	4.6		II~III	浙
65	紧水滩水库龙泉工业、农业用水区	紧水滩水库龙泉、云和开发利用区	瓯江	龙泉溪	龙泉水厂取水口下游0.5km	道太(大白岸)	24.5		III	浙
66	紧水滩水库龙泉、云和饮用水源区	紧水滩水库龙泉、云和开发利用区	瓯江	龙泉溪	道太(大白岸)	紧水滩水库大坝		31.2	II~III	浙
67	龙泉溪云和农业用水区	龙泉溪云和开发利用区	瓯江	龙泉溪(含石塘水库)	紧水滩水库大坝	石塘水库坝下	27.0		III	浙
68	龙泉溪云和饮用水源区	龙泉溪云和开发利用区	瓯江	龙泉溪(玉溪水库)	石塘水库坝下	玉溪水库大坝	11.0		II~III	浙
69	大溪丽水农业、工业用水区	大溪丽水开发利用区	瓯江	大溪	玉溪水库大坝	十八都原糠醛厂	16.2		III	浙
70	大溪丽水饮用水源区	大溪丽水开发利用区	瓯江	大溪	十八都原糠醛厂	采桑村	3.1		II~III	浙
71	大溪丽水渔业用水区	大溪丽水开发利用区	瓯江	大溪	采桑村	上沙溪村下	6.0		III	浙
72	大溪丽水农业、景观娱乐用水区	大溪丽水开发利用区	瓯江	大溪	上沙溪村下	丽水青田交界处	11.5		III	浙
73	大溪青田农业用水区1	大溪青田开发利用区	瓯江	大溪	丽水青田交界处	祯埠	18.0		III	浙
74	大溪青田农业用水区2	大溪青田开发利用区	瓯江	大溪	祯埠	青田湖边	38.4		III	浙
75	瓯江青田饮用水源区1	瓯江青田开发利用区	瓯江	瓯江	青田湖边	大鹤大桥	6.5		II~III	浙
76	瓯江青田景观娱乐用水区	瓯江青田开发利用区	瓯江	瓯江	大鹤大桥	圩仁	5.0		III	浙

序号	二级水功能区名称	所在一级水功能区名称	水系	河流、湖库	范围		长度 (km²)	面积 (km²)	水质目标	省级行政区
					起始断面	终止断面				
77	瓯江青田农业、工业用水区	瓯江青田开发利用区	瓯江	瓯江	圩仁	洲头	6.0		Ⅲ	浙
78	瓯江青田饮用水源区2	瓯江青田开发利用区	瓯江	瓯江	洲头	温溪镇处洲街口	3.3		Ⅱ~Ⅲ	浙
79	瓯江青田、鹿城渔业用水区	瓯江青田、鹿城开发利用区	瓯江	瓯江	温溪镇处洲街口	青田温州交界	3.5		Ⅲ	浙
80	瓯江鹿城饮用、农业用水区	瓯江鹿城区开发利用区	瓯江	瓯江	青田温州交界	临江	15.0		Ⅲ	浙
81	瓯江温州景观、工业用水区	瓯江温州开发利用区	瓯江	瓯江	临江	岐头（出海口）	51.9		Ⅳ	浙
82	戍浦江泽雅水库温州市饮用水源区	戍浦江泽雅水库温州市开发利用区	瓯江	戍浦江	源头（奇云山北坡）	泽雅水库大坝	11.5	1.7	Ⅱ~Ⅲ	浙
83	永安溪仙居农业用水区1	永安溪仙居开发利用区	椒江	永安溪	横溪永安溪大桥上游100m	横溪镇	1.5		Ⅲ	浙
84	永安溪仙居饮用、农业用水区2	永安溪仙居开发利用区	椒江	永安溪	横溪镇	茶溪永安溪大桥上游100m	12.3		Ⅲ	浙
85	永安溪仙居景观用水区	永安溪仙居开发利用区	椒江	永安溪	茶溪永安溪大桥上游100m	茶溪永安溪大桥下游1000m	1.1		Ⅲ	浙
86	永安溪仙居饮用、农业用水区2	永安溪仙居开发利用区	椒江	永安溪	茶溪永安溪大桥下游1000m	桂坑永安溪大桥上游100m	13.5		Ⅲ	浙
87	永安溪仙居饮用、农业用水区3	永安溪仙居开发利用区	椒江	永安溪	桂坑永安溪大桥上游100m	东岸	10.6		Ⅲ	浙
88	永安溪临海景观娱乐、工业用水区	永安溪仙居临海开发利用区	椒江	永安溪	东岸	罗渡	25.0		Ⅲ	浙
89	永安溪临海饮用、工业用水区	永安溪临海开发利用区	椒江	永安溪	罗渡	三江村	27.5		Ⅲ	浙
90	灵江临海工业用水区	灵江临海开发利用区	椒江	灵江	三江村	临海望江门	7.7		Ⅲ	浙
91	灵江临海景观娱乐用水区	灵江临海开发利用区	椒江	灵江	临海望江门	灵江二桥	2.5		Ⅳ	浙
92	灵江临海农业、工业用水区	灵江临海开发利用区	椒江	灵江	灵江二桥	三江口	39.0		Ⅳ	浙
93	椒江台州景观娱乐、工业用水区	椒江台州开发利用区	椒江	椒江	三江口	栅浦闸	18.7		Ⅳ	浙
94	剡溪奉化饮用、景观娱乐用水区	剡溪奉化开发利用区	甬江	剡溪	溪口	萧镇活动堰	7.0		Ⅱ~Ⅲ	浙

| 序号 | 二级水功能区名称 | 所在一级功能区名称 | 水系 | 河流、湖库 | 范围 | | 长度(km) | 面积(km²) | 水质目标 | 省级行政区 |
					起始断面	终止断面				
95	剡溪奉化农业、工业用水区	剡溪奉化开发利用区	甬江	剡溪	肖镇活动堰	方桥三江口(奉化与鄞州交界)	17.4		Ⅲ	浙
96	奉化江鄞州农业、工业用水区	奉化江鄞州开发利用区	甬江	奉化江	方桥三江口(奉化与鄞州交界)	翻石渡	6.0		Ⅳ	浙
97	奉化江鄞州工业、景观用水区	奉化江鄞州开发利用区	甬江	奉化江	翻石渡	宁波三江口	21.3		Ⅳ	浙
98	甬江宁波景观、工业用水区	甬江宁波开发利用区	甬江	甬江	宁波三江口	外游山	25.1		Ⅳ	浙
99	姚江上虞农业、景观娱乐用水区	姚江上虞开发利用区	甬江	姚江	四明湖水库大坝(余姚上虞交界)	沈湾	8.5		Ⅲ	浙
100	姚江余姚农业用水区	姚江余姚开发利用区	甬江	姚江	沈湾	菁江渡	13.5		Ⅲ	浙
101	姚江余姚饮用水源区	姚江余姚开发利用区	甬江	姚江	菁江渡	开丰桥	4.8		Ⅲ	浙
102	姚江余姚景观、工业用水区	姚江余姚开发利用区	甬江	姚江	开丰桥	郁浪浦	4.5		Ⅲ	浙
103	姚江余姚工业、农业用水区	姚江余姚开发利用区	甬江	姚江	郁浪浦	车厩	23.0		Ⅲ	浙
104	姚江余姚景观、农业用水区	姚江余姚开发利用区	甬江	姚江	车厩	城山(余姚与鄞州交界)	8.9		Ⅳ	浙
105	姚江鄞州工业、农业用水区	姚江鄞州开发利用区	甬江	姚江	城山(余姚与鄞州交界)	姚江大闸	20.5		Ⅳ	浙
106	姚江宁波工业、景观娱乐用水区	姚江宁波开发利用区	甬江	姚江	姚江大闸	宁波三江口	3.5		Ⅳ	浙
107	飞云江景宁农业、工业用水区	飞云江景宁开发利用区	飞云江	飞云江(含三插溪)	白鹤下游1km	里塘口村	18.9		Ⅲ	浙
108	飞云江瑞安市饮用水源区	飞云江瑞安开发利用区	飞云江	飞云江	赵山渡水库大坝	吴界山	5.0		Ⅲ	浙
109	飞云江瑞安农业、工业用水区	飞云江瑞安开发利用区	飞云江	飞云江	吴界山	中洲	53.0		Ⅳ	浙
110	飞云江瑞安城市景观娱乐、工业用水区	飞云江瑞安开发利用区	飞云江	飞云江	中洲	飞云江大桥	3.0		Ⅳ	浙

序号	二级功能区名称	所在一级水功能区名称	水系	河流、湖库	范围 起始断面	范围 终止断面	长度 (km)	面积 (km²)	水质目标	省级行政区
111	飞云江瑞安农业、工业用水区2	飞云江瑞安市开发利用区	飞云江	飞云江	飞云江大桥	上望新村	10.0		Ⅳ	浙
112	崇阳溪武夷山景观用水区	建溪武夷山、建瓯、建阳、延平区开发利用区	建溪	建溪	东溪水库坝址	武夷山站前大桥	10.4		Ⅲ	闽
113	崇阳溪武夷山饮用、农业用水区	建溪武夷山、建瓯、建阳、延平区开发利用区	建溪	建溪	武夷山站前大桥	兴田镇水厂取水口下游100m	40.4		Ⅱ~Ⅲ	闽
114	崇阳溪建阳饮用、农业用水区	建溪武夷山、建瓯、建阳、延平区开发利用区	建溪	建溪	兴田镇水厂取水口下游100m	建阳市水厂芦上取水口下游一级保护区边界	16.2		Ⅱ~Ⅲ	闽
115	崇阳溪建瓯工业、景观用水区	建溪武夷山、建瓯、建阳、延平区开发利用区	建溪	建溪	建阳市水厂芦上取水口下游一级保护区边界	震前电站拦河大坝（亭村界河）	25.2		Ⅲ	闽
116	建溪建瓯过渡区	建溪武夷山、建瓯、建阳、延平区开发利用区	建溪	建溪	震前电站拦河大坝（亭村界河）	北津电站大坝	34.7		Ⅲ	闽
117	建溪建瓯饮用水源区	建溪武夷山、建瓯、建阳、延平区开发利用区	建溪	建溪	北津电站大坝	建瓯水西水厂取水口下游100m	3.1		Ⅱ~Ⅲ	闽
118	建溪建瓯工业、农业用水区	建溪武夷山、建瓯、建阳、延平区开发利用区	建溪	建溪	建瓯水西水厂取水口下游100m	小雅铁路桥（界河）	33.3		Ⅲ	闽
119	建溪延平区过渡区	建溪武夷山、建瓯、建阳、延平区开发利用区	建溪	建溪	小雅铁路桥（界河）	埂埕渡口	16.0		Ⅲ	闽
120	建溪延平区饮用水源区	建溪武夷山、建瓯、建阳、延平区开发利用区	建溪	建溪	埂埕渡口	南平安丰水厂取水口下游100m	14.6		Ⅲ	闽
121	建溪延平区工业、景观用水区	建溪武夷山、建瓯、建阳、延平区开发利用区	建溪	建溪	南平安丰水厂取水口下游100m	建溪口（玉屏山大桥）	6.0		Ⅲ	闽
122	富屯溪西溪光泽饮用、农业用水区	富屯溪光泽、顺昌、部武、延平区开发利用区	富屯溪	富屯溪	光泽李坊乡（右城）	光泽水厂取水口100m下游西溪大桥	21.1		Ⅱ~Ⅲ	闽

序号	二级水功能区名称	所在一级水功能区名称	水系	河流、湖库	范围 起始断面	范围 终止断面	长度 (km)	面积 (km²)	水质目标	省级行政区
123	富屯溪光泽工业、景观用水区	富屯溪光泽延平区开发利用区	富屯溪	富屯溪	光泽水厂取水口下游100m西溪大桥	光泽中坊电站大坝（界河）	13.2		Ⅲ	闽
124	富屯溪邵武过渡区	富屯溪光泽延平区开发利用区	富屯溪	富屯溪	光泽中坊电站大坝（界河）	邵武发电公司取水拦河坝下	21.7		Ⅲ	闽
125	富屯溪邵武饮用水源区	富屯溪光泽延平区开发利用区	富屯溪	富屯溪	邵武发电公司取水拦河坝下	邵武沧浪阁	5.7		Ⅱ～Ⅲ	闽
126	富屯溪邵武、顺昌工业、农业用水区	富屯溪光泽延平区开发利用区	富屯溪	富屯溪	邵武沧浪阁	顺昌坊上电站大坝	84.9		Ⅲ	闽
127	富屯溪顺昌过渡区	富屯溪光泽延平区开发利用区	富屯溪	富屯溪	顺昌坊上电站大坝	下沙电站大坝	12.1		Ⅲ	闽
128	富屯溪顺昌饮用水源区	富屯溪光泽延平区开发利用区	富屯溪	富屯溪	下沙电站大坝	顺昌北门水厂取水口下游100m	4.5		Ⅱ～Ⅲ	闽
129	富屯溪顺昌、延平工业、景观用水区	富屯溪光泽延平区开发利用区	富屯溪	富屯溪	顺昌北门水厂取水口下游100m	富屯溪与沙溪汇合口	54.5		Ⅲ	闽
130	金溪建宁、泰宁、将乐、顺昌工业、农业用水区	金溪建宁开发利用区	富屯溪	金溪	建宁合水口大坝	池潭水库库尾（鱼川）	43.8		Ⅲ	闽
131	金溪泰宁池潭水库景观娱乐用水区	金溪建宁开发利用区	富屯溪	金溪	池潭水库库尾（鱼川）	池潭水库坝址	33.7	37.0	Ⅱ～Ⅲ	闽
132	金溪泰宁、将乐、顺昌工业、农业用水区	金溪建宁开发利用区	富屯溪	金溪	池潭电站坝址	谟武电站坝址	96.6		Ⅲ	闽
133	金溪顺昌饮用、农业用水区	金溪建宁开发利用区	富屯溪	金溪	谟武电站坝址	顺昌水南水厂取水口下游100m	12.6		Ⅱ～Ⅲ	闽
134	金溪顺昌工业、景观用水区	金溪建宁开发利用区	富屯溪	金溪	顺昌水南水厂取水口下游（桥）	金溪口	2.3		Ⅲ	闽
135	翠江宁化、清流工业、农业用水区	翠江宁化、清流开发利用区	沙溪	翠江	水南溪口下（桥）	嵩口坪电站大坝（安砂水库库尾）	56.1		Ⅲ	闽

序号	项目 二级水功能区名称	所在一级水功能区名称	水系	河流、湖库	范围 起始断面	范围 终止断面	长度(km)	面积(km²)	水质目标	省级行政区
136	九龙溪永安饮用水源区	沙溪三明、南平开发利用区	沙溪	沙溪	安砂水库坝址上游2.5km	鸭姆潭水库坝址	32.6		Ⅱ～Ⅲ	闽
137	沙溪永安、三明市区、沙县工业、景观、农业用水区	沙溪三明、南平开发利用区	沙溪	沙溪	鸭姆潭水库坝址	青州大桥（界河）	133.4		Ⅲ	闽
138	沙溪南平延平区过渡区	沙溪三明、南平开发利用区	沙溪	沙溪	青州大桥（界河）	沙溪口坝址	10.4		Ⅲ	闽
139	西溪南平延平饮用、农业用水区	沙溪三明、南平开发利用区	西溪	西溪	沙溪口坝址	南平市新建村水厂取水口下游100m	12.3		Ⅱ～Ⅲ	闽
140	闽江中下游延平、古田、闽清工业、农业用水区	闽江中下游南平、闽清开发利用区	闽江	闽江	南平市新建村水厂取水口下游100m	水口坝址	97.1		Ⅲ	闽
141	闽江中下游闽清、闽候饮用、农业用水区	闽江中下游南平、福州开发利用区	闽江	闽江	水口坝址	闽候县自来水公司化龙泵站取水口下游200m	49.5		Ⅱ～Ⅲ	闽
142	闽江中下游福州过渡区	闽江中下游南平、福州开发利用区	闽江	闽江	闽候县自来水公司化龙泵站取水口下游200m	永丰村桥头浦里排涝站	9.0		Ⅲ	闽
143	闽江北港福州饮用水源区	闽江中下游南平、福州开发利用区	闽江	闽江北港	永丰村桥头浦里排涝站	洪山桥	3.4		Ⅱ～Ⅲ	闽
144	闽江北港福州景观、工业用水区	闽江中下游南平、福州开发利用区	闽江	闽江北港	洪山桥	罗星塔	24.9		Ⅲ	闽
145	闽江南港福州饮用、农业用水区	闽江中下游南平、福州开发利用区	闽江	闽江北港	淮安头	营前排涝闸（罗星塔对面）	33.6		Ⅱ～Ⅲ	闽
146	闽江下游福州景观、工业用水区	闽江中下游南平、福州开发利用区	闽江	闽江	营前排涝闸（罗星塔对面）	金刚腿	9.6		Ⅲ	闽
147	均溪大田县饮用水源区	均溪大田开发利用区	尤溪	均溪	源头	大田坑口水库大坝	14.0		Ⅱ～Ⅲ	闽
148	均溪大田县工业、农业、景观用水区	均溪大田开发利用区	尤溪	均溪	大田坑口水库大坝	大田京口电站大坝	31.0		Ⅲ	闽

序号	二级水功能区名称	所在一级功能区名称	水系	河流、湖库	范围 起始断面	范围 终止断面	长度(km)	面积(km²)	水质目标	省级行政区
149	尤溪尤溪县工业、农业用水区	尤溪尤溪县开发利用区	尤溪	尤溪	水东水库坝址	尤溪口	58.4		Ⅲ	闽
150	玉源溪古田饮用、农业用水区	玉源溪古田开发利用区	古田溪	玉源溪	张党(水库坝址)	桥洋(古田溪一级库尾)	21.9		Ⅱ~Ⅲ	闽
151	泸溪德化县饮用、农业用水区	泸溪德化开发利用区	大樟溪	泸溪	戴云山自然保护区边界	相坂水库大坝	24.8		Ⅱ~Ⅲ	闽
152	泸溪德化工业、农业、景观用水区	泸溪德化开发利用区	大樟溪	泸溪	相坂水库大坝	凤洋(桥)	14.5		Ⅲ	闽
153	大樟溪永泰南区水厂饮用、农业用水区	大樟溪永泰开发利用区	大樟溪	大樟溪	富泉溪汇合口	永泰南区水厂取水口下游100m	4.4		Ⅱ~Ⅲ	闽
154	木兰溪仙游、莆田市工业、农业用水区	木兰溪仙游、莆田市区开发利用区	木兰溪	木兰溪	蒋隔水库坝址	木兰陂	66.1		Ⅲ	闽
155	木兰溪莆田市区景观用水区	木兰溪仙游、莆田市区开发利用区	木兰溪	木兰溪	木兰陂	河口	27.6		Ⅲ	闽
156	延寿溪莆田东圳水库饮用、农业用水区	延寿溪莆田市开发利用区	木兰溪	延寿溪	界河(与仙游县交界)	东圳水库坝址	17.7		Ⅱ~Ⅲ	闽
157	桃溪永春工业、景观、农业用水区	桃溪永春开发利用区	晋江	桃溪	蓬壶镇上	东平	38.6		Ⅲ	闽
158	东溪南安饮用、农业用水区	东溪南安开发利用区	晋江	东溪	山美水库坝址	南安美林水厂取水口下游100m	35.1		Ⅱ~Ⅲ	闽
159	东溪南安金鸡拦河闸过渡区	东溪南安开发利用区	晋江	东溪	南安美林水厂取水口下游100m	双溪口(晋江东西溪汇合口)	3.7		Ⅲ	闽
160	晋江干流金鸡拦河闸饮用水源区	晋江干流泉州开发利用区	晋江	晋江	双溪口(晋江东西溪汇合口)	金鸡拦河新闸	14.0		Ⅱ~Ⅲ	闽

序号	二级水功能区名称	项目	所在一级水功能区名称	水系	河流、湖库	范围 起始断面	范围 终止断面	长度（km）	面积（km²）	水质目标	省级行政区
161	晋江干流泉州市区工业、农业、景观用水区		晋江干流泉州开发利用区	晋江	晋江	金鸡拦河新闸	鲟埔（入海口）	19.3		Ⅲ	闽
162	西溪安溪工业、农业用水区		西溪安溪、南安开发利用区	晋江	西溪	大白濑水库坝址（规划）	元口铁路大桥	22.5		Ⅲ	闽
163	西溪安溪过渡区		西溪安溪、南安开发利用区	晋江	西溪	元口铁路大桥	蓬洲桥	5.5		Ⅲ	闽
164	西溪安溪饮用、农业用水区		西溪安溪、南安开发利用区	晋江	西溪	蓬洲桥	安溪县城关水厂吾都取水口下游清溪大桥	15.5		Ⅱ~Ⅲ	闽
165	西溪安溪城区工业、景观用水区		西溪安溪、南安开发利用区	晋江	西溪	安溪县城关水厂吾都取水口下游清溪大桥	安溪游港电站拦大坝	13.8		Ⅲ	闽
166	西溪南安过渡区		西溪安溪、南安开发利用区	晋江	西溪	安溪游港电站大坝	南安仑仓镇水厂取水口上游3km	3.9		Ⅲ	闽
167	西溪南安仑仓镇饮用水源区		西溪安溪、南安开发利用区	晋江	西溪	南安仑仓镇水厂取水口上游3km	南安仑仓镇水厂取水口下游仑仓大桥	3.6		Ⅱ~Ⅲ	闽
168	西溪南安工业、景观用水区		西溪安溪、南安开发利用区	晋江	西溪	南安仑仓镇水厂取水口下游仑仓大桥	西溪水闸	19.0		Ⅲ	闽
169	西溪南安过渡区		西溪安溪、南安开发利用区	晋江	西溪	西溪水闸	东西溪汇合口（双溪）	7.7		Ⅲ	闽
170	雁石溪新罗工业、景观用水区		雁石溪新罗开发利用区	九龙江	雁石溪	小池镇何家陂水库坝址（规划）	铁山街道隔口电站大坝	35.9		Ⅳ	闽

序号	二级水功能区名称	所在一级水功能区名称	水系	河流、湖库	范围 起始断面	范围 终止断面	长度（km）	面积（km²）	水质目标	省级行政区
171	雁石溪新罗过渡区	雁石溪新罗开发利用区	九龙江	雁石溪	铁山街道隔口电站大坝	漳平合溪电站大坝（界河）	54.1		Ⅲ	闽
172	北溪漳平工业、景观用水区	北溪漳平、华安、漳州市区、龙海开发利用区	九龙江	北溪	漳平合溪电站大坝（界河）	漳平小柑电站大坝（界河）	44.4		Ⅲ	闽
173	北溪华安过渡区	北溪漳平、华安、漳州市区、龙海开发利用区	九龙江	北溪	漳平小柑电站大坝（界河）	绵良水电站大坝	18.6		Ⅲ	闽
174	北溪华安饮用水源区	北溪漳平、华安、漳州市区、龙海开发利用区	九龙江	北溪	绵良水电站大坝	华安县水厂取水口下游200m	5.8		Ⅱ～Ⅲ	闽
175	北溪华安工业、景观娱乐用水区	北溪漳平、华安、漳州市区、龙海开发利用区	九龙江	北溪	华安县水厂取水口下游200m	天宫电站坝址	33.8		Ⅲ	闽
176	北溪华安丰过渡区	北溪漳平、华安、漳州市区、龙海开发利用区	九龙江	北溪	天宫电站坝址	华安文丰水厂取水口上游二级保护区边界	11.1		Ⅲ	闽
177	北溪华安丰饮用水源区	北溪漳平、华安、漳州市区、龙海开发利用区	九龙江	北溪	华安文丰水厂取水口上游二级保护区边界	华安县沙建大桥	8.8		Ⅱ～Ⅲ	闽
178	北溪漳州市过渡区	北溪漳平、华安、漳州市区、龙海开发利用区	九龙江	北溪	华安县沙建大桥	九龙江北溪华安县丰山桥	11.2		Ⅲ	闽
179	北溪漳州、厦门饮用、农业用水区	北溪漳平、华安、漳州市区、龙海开发利用区	九龙江	北溪	九龙江北溪华安县丰山桥	九龙江北溪北引闸坝	30.9		Ⅱ～Ⅲ	闽

13 珠江区重要江河湖泊水功能区划

表 13.1

一级水功能区划登记表

序号	一级水功能区名称	水系	河流、湖库	范围 起始断面	范围 终止断面	长度（km）	面积（km²）	水质目标	省级行政区
1	珠江沽益源头水保护区	西江	南盘江	源头	花山水库库尾	32.9		I	滇
2	南盘江沽益、宜良开发利用区	西江	南盘江	花山水库库尾	高古马水文站	209.5	6.1	按二级区划执行	滇
3	南盘江宜良、弥勒保留区	西江	南盘江	高古马水文站	木林柏	235.0		III	滇
4	南盘江弥勒、邱北开发利用区	西江	南盘江	木林柏	雷打滩电站坝址	63.0		按二级区划执行	滇
5	南盘江文山、师宗保留区	西江	南盘江	雷打滩电站坝址	师宗发蒙水文站	62.7		III	滇
6	南盘江滇桂缓冲区	西江	南盘江	师宗发蒙水文站	黄泥河入南盘江河口	58.7		III	滇、桂
7	南盘江黔桂缓冲区	西江	南盘江	黄泥河入南盘江河口	北盘江入口	263.0		III	黔、桂
8	阳宗河源头水保护区	西江	阳宗河	源头	入阳宗海	13.5		I	滇
9	阳宗海开发利用区	西江	阳宗海	阳宗海			31.0	按二级区划执行	滇
10	抚仙湖保护区	西江	抚仙湖	抚仙湖			212.0	I	滇
11	星云湖开发利用区	西江	星云湖	星云湖		3.0	34.3	按二级区划执行	滇

序号	一级功能区名称	水系	河流、湖库	范围 起始断面	范围 终止断面	长度 (km)	面积 (km²)	水质目标	省级行政区
12	杞麓湖开发利用区	西江	杞麓湖	杞麓湖			42.3	按二级区划执行	滇
13	异龙湖开发利用区	西江	异龙湖	异龙湖		12.4	30.6	按二级区划执行	滇
14	清水江源头水保护区	西江	清水江	源头	砚山听湖水库库区起始（库尾）	5.5		II	滇
15	清水江砚山、丘北保留区	西江	清水江	砚山听湖水库库区起始（库尾）	丘北坝达	138.1		II	滇
16	清水江滇桂缓冲区	西江	清水江	丘北坝达	入南盘江口	36.0		II	滇、桂
17	黄泥河源头水保护区	西江	黄泥河	源头	盘县威青下碗底	11.0		II	黔
18	黄泥河兴义保留区	西江	黄泥河	盘县威青下碗底	滇、黔省界	37.0		III	黔
19	黄泥河下游滇黔缓冲区	西江	黄泥河	滇、黔省界	入南盘江口	99.0		III	滇、黔
20	北盘江宣威源头水保护区	西江	北盘江	源头	宣威板桥镇	34.4		II	滇
21	北盘江宣威开发利用区	西江	北盘江	宣威板桥镇	宣威大屯	31.8		按二级区划执行	滇
22	北盘江宣威保留区	西江	北盘江	宣威大屯	拖长江（清水河）入口	54.6		IV	滇
23	北盘江滇黔缓冲区	西江	北盘江	拖长江（清水河）入口	龙家冲（腊笼）	22.4		III	滇、黔
24	北盘江龙家冲至打宾段保留区	西江	北盘江	龙家冲（腊笼）	北盘江、南盘江汇合口	346.0		III	黔
25	拖长江土城开发利用区	西江	拖长江	源头	盘县下磨嘎	72.5		按二级区划执行	黔
26	拖长江滇黔缓冲区	西江	拖长江	盘县下磨嘎	拖长江、革香河汇合口	20.5		III	滇、黔
27	可渡河源头水保护区	西江	可渡河	源头	威宁县大梁子（干流界河起点）	30.0		II	滇

序号	一级水功能区名称	水系	河流、湖库	范围 起始断面	范围 终止断面	长度（km）	面积（km²）	水质目标	省级行政区
28	可渡河滇黔缓冲区	西江	可渡河	威宁县大梁子（干流界河起点）	龙家冲（入北盘江口）	139.0		Ⅲ	滇、黔
29	六枝河六枝开发利用区	西江	六枝河	源头	六枝毛家寨	6.0		按二级区划执行	黔
30	六枝河六枝县城以下缓冲区	西江	六枝河	六枝毛家寨	镇宁县扁担太坪寨	20.0		Ⅲ	黔
31	六枝河黄果树保护区	西江	六枝河	镇宁县扁担太坪寨	郎宫坝陵河河口	31.0		Ⅱ	黔
32	红水河黔缓冲区	西江	红水河	北盘江汇入口	六硐河汇入红水河河口	106.0		Ⅲ	黔、桂
33	红水河天峨龙滩库保留区	西江	红水河	六硐河汇入红水河河口	天峨县龙滩坝址	30.0		Ⅲ	桂
34	红水河天峨开发利用区	西江	红水河	天峨县龙滩坝址	天峨县六排镇塘英村	14.0		按二级区划执行	桂
35	红水河天峨、东兰保留区	西江	红水河	天峨县六排镇塘英村	东兰镇江洞河汇入口	56.0		Ⅲ	桂
36	红水河东兰开发利用区	西江	红水河	东兰镇江洞河汇入口	东兰县长乐镇	16.3		按二级区划执行	桂
37	红水河东兰、大化保留区	西江	红水河	东兰县长乐镇	大化县贡川乡	131.7		Ⅲ	桂
38	红水河大化开发利用区	西江	红水河	大化县贡川乡	大化县城二桥下游3km（大化、马山县界大厚村支流汇合口）	21.0		按二级区划执行	桂
39	红水河大化、都安保留区	西江	红水河	大化县城二桥下游3km（大化、马山县界大厚村支流汇合口）	百龙滩坝址	20.3		Ⅲ	桂
40	红水河都安、马山开发利用区	西江	红水河	百龙滩坝址	都安县下荷村（马山县百龙滩镇下坦村）	11.5		按二级区划执行	桂
41	红水河都安、忻城保留区	西江	红水河	都安县下荷村（马山县百龙滩镇下坦村）	乐滩坝址	50.2		Ⅲ	桂

序号	一级水功能区名称	水系	河流、湖库	范围 起始断面	终止断面	长度（km）	面积（km²）	水质目标	省级行政区
42	红水河来宾开发利用区	西江	红水河	乐滩坝址	来宾市兴宾区正龙乡	136.0		按二级区划执行	桂
43	红水河兴宾、象州保留区	西江	红水河	来宾市兴宾区正龙乡	三江口（柳江、红水河汇合口）	40.0		Ⅲ	桂
44	六硐河源头水保护区	西江	六硐河	源头	都匀市平浪乡河东寨	10.8		Ⅱ	黔
45	六硐河平塘保留区	西江	六硐河	都匀市平浪乡河东寨	平塘者密黔桂省界	166.2		Ⅱ	黔
46	六硐河中下游黔桂缓冲区	西江	六硐河	平塘者密黔桂省界	南丹县纳贡村（大水井村）	34.0		Ⅱ	黔、桂
47	六硐河南丹、天峨保留区	西江	六硐河	南丹县纳贡村（大水井村）	曹渡河汇入六硐河河口	43.0		Ⅲ	桂
48	六硐河下游桂黔缓冲区	西江	六硐河	曹渡河汇入六硐河河口	六硐河汇入红水河河口	20.0		Ⅲ	黔、桂
49	曹渡河源头水保护区	西江	曹渡河	源头	楠木关	28.0		Ⅱ	黔
50	曹渡河平塘保留区	西江	曹渡河	楠木关	营盘	105.0		Ⅱ	黔
51	曹渡河黔桂缓冲区	西江	曹渡河	营盘	曹渡河汇入六硐河河口	31.0		Ⅲ	黔、桂
52	都柳江源头水保护区	西江	都柳江	源头	猴场	7.7		Ⅱ	黔
53	都柳江三都、榕江、从江保留区	西江	都柳江	猴场	黔、桂省界上游10km	309.3		Ⅱ	黔
54	都柳江黔桂缓冲区	西江	都柳江	黔、桂省界上游10km	黔、桂省界下游10km	20.0		Ⅱ	黔、桂
55	都柳江、融江三江保留区	西江	都柳江	黔、桂省界下游10km	三江县丹洲镇	115.0		Ⅲ	桂
56	融江三江、融安、融水开发利用区	西江	融江	三江县丹洲镇	融水县融水镇黄陵村	46.6		按二级区划执行	桂
57	融江融水、柳城保留区	西江	融江	融水县融水镇黄陵村	柳城县寨隆镇洛崖村	69.5		Ⅲ	桂
58	柳江柳州市开发利用区	西江	融江、柳江	柳城县寨隆镇洛崖村	象州县运江镇新运村（柳江县里雍镇洛满村）	170.3		按二级区划执行	桂

序号	一级水功能区名称	水系	河流、湖库	范围 起始断面	范围 终止断面	长度 (km)	面积 (km²)	水质目标	省级行政区
59	柳江象州开发利用区	西江	柳江	象州县运江镇新运村（柳江、红水河汇合口）	三江口（柳江、红水河汇合口）	64.8		按二级区划执行	桂
60	平等河桂湘缓冲区	西江	平等河	湘、桂省界上游10km	湘、桂省界下游10km	20.0		Ⅱ	湘、桂
61	平等河龙胜保留区	西江	平等河	湘、桂省界下游10km	入寻江口	59.0		Ⅲ	桂
62	打狗河源头水保护区	西江	打狗河	源头	荔波甲站	30.0		Ⅱ	黔
63	打狗河荔波保留区	西江	打狗河	荔波甲站	王蒙（高桥）	80.0		Ⅱ	黔
64	打狗河黔桂缓冲区	西江	打狗河	王蒙（高桥）	环江县木论乡东山村	29.0		Ⅱ	黔、桂
65	打狗河、龙江环江、金城江区保留区	西江	打狗河	环江县木论乡东山村	河池市拔贡电站	35.0		Ⅱ	桂
66	打狗河、龙江宜州开发利用区	西江	打狗河、龙江	河池市拔贡电站	拉浪水电站坝址	77.0		按二级区划执行	桂
67	龙江宜州保留区	西江	龙江	拉浪水电站坝址	叶茂电站坝址	55.0		Ⅲ	桂
68	龙江宜州开发利用区	西江	龙江	叶茂电站坝址	三岔镇福里村	55.0		按二级区划执行	桂
69	龙江柳江、柳城开发利用区	西江	龙江	三岔镇福里村	柳城县凤山镇	42.0		按二级区划执行	桂
70	大环江黔桂缓冲区	西江	大环江	源头	黔、桂省界下游10km	17.0		Ⅱ	黔、桂
71	大环江环江上游保留区	西江	大环江	黔、桂省界下游10km	环江县驯乐镇	16.0		Ⅱ	桂
72	大环江环江县开发利用区	西江	大环江	环江县驯乐镇	环江县下湘电站坝址	134.5		按二级区划执行	桂
73	大环江环江县保留区	西江	大环江	环江县下湘电站坝址	金城江区东江镇铁路桥	12.0		Ⅲ	桂
74	大环江河池开发利用区	西江	大环江	金城江区东江镇铁路桥	大环江入龙江口	1.5		按二级区划执行	桂

序号	一级水功能区名称	水系	河流、湖库	范围 起始断面	范围 终止断面	长度 (km)	面积 (km²)	水质目标	省级行政区
75	小环江黔桂缓冲区	西江	小环江	源头	黔、桂省界下游10km	23.0		II	黔、桂
76	小环江（中洲河）环江、宜州保留区	西江	小环江	黔、桂省界下游10km	入龙江口	127.0		III	桂
77	社村河（古宾河）黔桂缓冲区	西江	社村河	黔、桂省界上游10km	黔、桂省界下游10km	20.0		III	黔、桂
78	社村河（古宾河）环江保留区	西江	社村河	黔、桂省界下游10km	社村河（古宾河）入大环江口	36.0		III	桂
79	驮娘江源头水保护区	西江	驮娘江	源头	滇、桂省界上游10km	65.1		II	滇
80	驮娘江上游滇桂缓冲区	西江	驮娘江	滇、桂省界上游10km	滇、桂省界下游10km	20.0		III	滇、桂
81	驮娘江西林保留区	西江	驮娘江	滇、桂省界下游10km	西林县那卡村	11.7		III	桂
82	驮娘江西林开发利用区	西江	驮娘江	西林县那卡村	西林县普合乡	46.0		按二级区划执行	桂
83	驮娘江西林、田林保留区	西江	驮娘江	西林县普合乡	田林县弄瓦乡滇桂省界	196.8		III	桂
84	驮娘江下游滇桂缓冲区	西江	驮娘江	田林县弄瓦乡滇桂省界	百色市谷拉河河口	51.0		III	滇、桂
85	右江（剥隘河）百色保留区	西江	右江	百色市谷拉河河口	右江（剥隘河）、乐里河汇合口	35.0		III	桂
86	右江百色右江区、田东开发利用区	西江	右江	右江（剥隘河）、乐里河汇合口	田东县林逢镇	155.0		按二级区划执行	桂
87	右江田东、平果保留区	西江	右江	田东县林逢镇	平果县果化镇	35.0		III	桂
88	右江平果开发利用区	西江	右江	平果县果化镇	平果县城关乡驮湾村（隆安县雁江镇福颜村）	38.0		按二级区划执行	桂
89	右江隆安开发利用区	西江	右江	平果县城关乡驮湾村（隆安县雁江镇福颜村）	隆安县城厢镇陈黄村花李屯	21.0		按二级区划执行	桂
90	右江隆安保留区	西江	右江	隆安县城厢镇陈黄村花李屯	隆安、南宁市交界（白马村）	65.0		III	桂

序号	一级水功能区名称	水系	河流、湖库	范围 起始断面	范围 终止断面	长度（km）	面积（km²）	水质目标	省级行政区
91	右江南宁开发利用区	西江	右江	隆安、南宁市市交界（白马村）	左右江汇合口	42.0		按二级区划执行	桂
92	邕江、郁江南宁、贵港开发利用区	西江	邕江、郁江	左右江汇合口	黔郁江汇合口	425.8		按二级区划执行	桂
93	西洋江源头保护区	西江	西洋江	源头	广南那伦	46.0		II	滇
94	西洋江广南保留区	西江	西洋江	广南那伦	西洋街水文站	84.0		II	滇
95	西洋江滇桂缓冲区	西江	西洋江	西洋街水文站	田林县那腊村	53.5		II	滇、桂
96	西洋江田林保留区	西江	西洋江	田林县那腊村	入右江河口（剥隘河口）	45.0		III	桂
97	普厅河源头保护区	西江	普厅河	源头	清华洞水库坝址	11.0		II	滇
98	普厅河富宁保留区	西江	普厅河	清华洞水库坝址	滇、桂省界上游10km	117.2		III	滇
99	普厅河（谷拉河）滇桂缓冲区	西江	普厅河	滇、桂省界上游10km（国界）	普厅河（谷拉河）入驮娘江口（百色市罗村口）	17.0		III	滇、桂
100	水口河龙州保留区	西江	水口河	龙州县水口镇（国界）	龙州县七里滩电站	27.4		III	桂
101	水口河龙州开发利用区	西江	水口河	龙州县七里滩电站	龙州县城水口河河口	13.1		按二级区划执行	桂
102	平而河凭祥保留区	西江	平而河	中越边境1号界碑	凭祥市平而村板屯	4.5		III	桂
103	平而河凭祥、龙州开发利用区	西江	平而河	凭祥市平而村板屯	龙州县鸭水滩	25.5		按二级区划执行	桂
104	平而河龙州保留区	西江	平而河	龙州县鸭水滩	水口河汇入口	20.0		III	桂
105	左江龙州开发利用区	西江	左江	水口河汇入口	龙州县上金渡口	20.0		按二级区划执行	桂
106	左江龙州、宁明保留区	西江	左江	龙州县上金渡口	左江水利枢纽坝址	63.5		III	桂
107	左江崇左开发利用区	西江	左江	左江水利枢纽坝址	扶绥县渠旧镇坡利村	78.6		按二级区划执行	桂

序号	一级水功能区名称	水系	河流、湖库	范围起始断面	范围终止断面	长度（km）	面积（km²）	水质目标	省级行政区
108	左江江州、扶绥保留区	西江	左江	扶绥县渠旧镇坡俐村	江州区渠立村	30.7		Ⅲ	桂
109	左江江州、扶绥开发利用区	西江	左江	江州区渠立村	扶绥县长沙村	58.7		按二级区划执行	桂
110	左江扶绥保留区	西江	左江	扶绥县长沙村	扶绥南宁交界（维罗）	32.0		Ⅲ	桂
111	左江南宁开发利用区	西江	左江	扶绥南宁交界（维罗）	左右江汇合口	28.0		按二级区划执行	桂
112	黑水河靖西开发利用区	西江	黑水河	源头	靖西县岳圩镇斗伦监74号界碑（新碑785号）	57.0		按二级区划执行	桂
113	黑水河中国、越南保留区	西江	黑水河	靖西县岳圩镇斗伦监74号界碑（新碑785号）	大新县硕龙镇	52.0		Ⅲ	桂
114	黑水河大新、江州保留区	西江	黑水河	大新县硕龙镇	江州区新和镇那立水坝	52.0		Ⅲ	桂
115	黑水河江州开发利用区	西江	黑水河	江州区新和镇那立水坝	江州区新和镇驮懒村	26.0		按二级区划执行	桂
116	黑水河江州保留区	西江	黑水河	江州区新和镇驮懒村	入左江口	14.0		Ⅲ	桂
117	桂江兴安源头保护区	西江	桂江	源头	兴安县华江瑶族乡平头山村	18.0		Ⅱ	桂
118	桂江（漓江）兴安保留区	西江	漓江	兴安县华江瑶族乡平头山村	斧子口坝址	16.0		Ⅱ	桂
119	漓江桂林开发利用区	西江	漓江	斧子口坝址	平乐县平乐镇长滩村	203.0		按二级区划执行	桂
120	桂江平乐、昭平保留区	西江	桂江	平乐县平乐镇长滩村	昭平县蓬冲口	37.0		Ⅲ	桂
121	桂江昭平开发利用区	西江	桂江	昭平县蓬冲口	昭平县五将镇	43.7		按二级区划执行	桂

序号	一级水功能区名称	水系	河流、湖库	范围 起始断面	范围 终止断面	长度（km）	面积（km²）	水质目标	省级行政区
122	桂江昭平、苍梧保留区	西江	桂江	昭平县五将镇	梧州市郊平浪村思口	88.5		Ⅲ	桂
123	桂江梧州开发利用区	西江	桂江	梧州市郊平浪村思口	桂江口	24.0		按二级区划执行	桂
124	灵渠兴安保留区	西江	灵渠	兴安县湘漓分派处	兴安县溶江镇	33.0		Ⅲ	桂
125	恭城河源头水保护区	西江	恭城河	源头	恭城县大地村（桂、湘省界上游10km）	21.0		Ⅱ	桂
126	恭城河上游桂湘缓冲区	西江	恭城河	桂、湘省界下游10km	桂、湘省界上游10km	20.0		Ⅲ	桂、湘
127	恭城河湘江保留区	西江	恭城河	桂、湘省界下游10km	湘、桂省界上游10km	16.0		Ⅲ	湘
128	恭城河湘桂缓冲区	西江	恭城河	湘、桂省界上游10km	湘、桂省界下游10km	20.0		Ⅲ	湘、桂
129	恭城河恭城保留区	西江	恭城河	湘、桂省界下游10km	恭城县嘉会乡	10.0		Ⅲ	桂
130	恭城河恭城、平乐开发利用区	西江	恭城河	恭城县嘉会乡	恭城河河口（平乐县汇入桂江）	81.0		按二级区划执行	桂
131	贺江富川源头水保护区	西江	贺江	源头	富川县富阳镇洞心村	34.0		Ⅱ	桂
132	贺江贺州开发利用区	西江	贺江	富川县富阳镇洞心村	贺州贺街镇龙马村	97.9	30.0	按二级区划执行	桂
133	贺江贺州保留区	西江	贺江	贺州贺街镇龙马村	合面狮水站坝址	45.0		Ⅲ	桂
134	贺江信都开发利用区	西江	贺江	合面狮电站坝址	八步区铺门镇（桂、粤省界上游10km）	33.0		按二级区划执行	桂
135	贺江桂粤缓冲区	西江	贺江	八步区铺门镇（桂、粤省界上游10km）	桂、粤省界下游10km	20.0		Ⅲ	桂、粤
136	贺江封开保留区	西江	贺江	桂、粤省界下游10km	封开贺江口	103.4		Ⅱ	粤
137	东安江八步、苍梧源头水保护区	西江	东安江	源头	苍梧县参田村	28.0		Ⅱ	桂

序号	项目 一级水功能区名称	水系	河流、湖库	范围 起始断面	范围 终止断面	长度 (km)	面积 (km²)	水质目标	省级 行政区
138	东安江苍梧石桥开发利用区	西江	东安江	苍梧县参田村	苍梧县石桥镇奇冲村	40.5		按二级区划执行	桂
139	东安江苍梧木双保留区	西江	东安江	苍梧县石桥镇奇冲村	桂、粤省界上游10km	27.5		Ⅲ	桂
140	东安江桂粤缓冲区	西江	东安江	桂、粤省界上游10km	桂、粤省界下游10km	20.0		Ⅲ	桂、粤
141	东安江封开保留区	西江	东安江	桂、粤省界下游10km	封开大洲	10.0		Ⅲ	粤
142	黔江武宣、桂平开发利用区	西江	黔江	三江口（红水河、柳江汇合口）	郁江口	123.5		按二级区划执行	桂
143	浔江、西江贵港、梧州开发利用区	西江	黔江	郁江口	桂、粤省界上游10km	181.2		按二级区划执行	桂
144	西江桂粤缓冲区	西江	西江	桂、粤省界上游10km	桂、粤省界下游10km	20.0		Ⅲ	桂、粤
145	西江封开、高要缓冲区	西江	西江	桂、粤省界下游10km	高要	151.0		Ⅲ	粤
146	西江下游高要、肇庆开发利用区	西江	西江	高要	肇庆永安贝水	39.0		按二级区划执行	粤
147	天溪鼎湖山保护区	西江	天溪	鼎湖山	坑口	8.0		Ⅱ	粤
148	杨梅河粤桂缓冲区	西江	杨梅河	粤、桂省界上游10km	桂省界下游10km	20.0		Ⅲ	粤、桂
149	杨梅河容县保留区	西江	杨梅河	桂省界下游10km	入北流河河口	48.0		Ⅲ	桂
150	黄华江源头水保护区	西江	黄华江	信宜大田顶	信宜怀乡	75.0		Ⅱ	粤
151	黄华江信宜开发利用区	西江	黄华江	信宜怀乡	粤、桂省界上游10km	18.0		按二级区划执行	粤
152	黄华江粤桂缓冲区	西江	黄华江	粤、桂省界上游10km	粤、桂省界下游10km	20.0		Ⅲ	粤、桂
153	黄华江岑溪保留区	西江	黄华江	粤、桂省界下游10km	岑溪市南渡镇	60.0		Ⅲ	桂
154	黄华江岑溪开发利用区	西江	黄华江	岑溪市南渡镇	入北流河河口	80.0		按二级区划执行	桂

序号	一级水功能区名称	水系	河流、湖库	范围 起始断面	范围 终止断面	长度（km）	面积（km²）	水质目标	省级行政区
155	浈江赣粤缓冲区	北江	浈江	赣、粤省界上游10.5km	赣、粤省界下游10km	20.5		Ⅲ	赣、粤
156	浈江南雄保留区	北江	浈江	粤省界下游10km	南雄市	54.0		Ⅱ	粤
157	浈江南雄开发利用区	北江	浈江	南雄市	南雄古市	14.0		按二级区划执行	粤
158	浈江始兴、曲江保留区	北江	浈江	南雄古市	锦江汇入口	80.0		Ⅲ	粤
159	北江韶关开发利用区	北江	北江	锦江汇入口	韶关白沙	45.0		按二级区划执行	粤
160	北江韶关、英德保留区	北江	北江	韶关白沙	英德高桥	26.0		Ⅲ	粤
161	北江英德、清远保留区	北江	北江	英德高桥	清远市	129.0		Ⅱ	粤
162	北江清远、佛山开发利用区	北江	北江	清远市	三水河河口	71.5		按二级区划执行	粤
163	锦江赣粤缓冲区	北江	锦江	崇义县锦江源头	赣、粤省界下游10km	15.5		Ⅲ	赣、粤
164	锦江仁化保留区	北江	锦江	粤省界下游10km	仁化黄屋	63.6		Ⅱ	粤
165	锦江仁化开发利用区	北江	锦江	仁化黄屋	曲江江口（入浈江）	34.4		按二级区划执行	粤
166	武水临武源头水保护区	北江	武水	临武县三峰岭	临武县长河水库尾	16.5		Ⅱ	湘
167	武水临武、宜章保留区	北江	武水	临武县长河水库尾	湘、粤省界上游10km	53.3		Ⅲ	湘
168	武水湘粤缓冲区	北江	武水	湘、粤省界上游10km	粤省界下游10km	20.0		Ⅲ	湘、粤
169	武水坪石、乐昌保留区	北江	武水	粤省界下游10km	乐昌城	86.0		Ⅲ	粤
170	武水乐昌、韶关开发利用区	北江	武水	乐昌城	韶关沙洲尾	64.5		按二级区划执行	粤
171	南花溪（长乐水）莽山保护区	北江	南花溪	宜章县杨子坑	宜章县莽山瑶族乡	24.0		Ⅱ	湘
172	南花溪（长乐水）宜章保留区	北江	南花溪	宜章县莽山瑶族乡	湘、粤省界上游10km（湖南宜章县栗源镇）	71.0		Ⅲ	湘

序号	一级水功能区名称	水系	河流、湖库	范围 起始断面	范围 终止断面	长度（km）	面积（km²）	水质目标	行政区
173	南花溪（长乐水）湘粤缓冲区	北江	南花溪	湘、粤省界上游10km（湖南宜章县栗源镇）	湘、粤省界下游10km	20.0		Ⅲ	湘、粤
174	寻乌水源头水保留区	东江	寻乌水	源头（椏髻钵山）	寻乌澄江镇	29.0		Ⅱ	赣
175	寻乌水寻乌保留区	东江	寻乌水	寻乌澄江镇	粤省界上游10km	62.5		Ⅲ	赣
176	寻乌水赣粤缓冲区	东江	寻乌水	粤省界上游10km	粤省界下游10km	20.0		Ⅲ	赣、粤
177	东江干流龙川保留区	东江	东江	粤省界下游10km	赤光镇合河坝	72.0		Ⅱ	粤
178	东江干流佗城保护区	东江	东江	赤光镇合河坝	佗城镇	65.0		Ⅱ	粤
179	东江干流源保护区	东江	东江	佗城镇	仙塘镇黄沙	71.0		Ⅱ	粤
180	东江干流河源开发利用区	东江	东江	仙塘镇黄沙	紫金古竹江口	31.0		按二级区划执行	粤
181	东江干流博罗、惠阳保留区	东江	东江	紫金古竹江口	惠阳横沥	75.0		Ⅱ	粤
182	东江干流惠阳、惠州、博罗开发利用区	东江	东江	惠阳横沥	博罗	47.5		按二级区划执行	粤
183	东江干流博罗、潼湖缓冲区	东江	东江	博罗	惠阳潼湖	8.0		Ⅱ	粤
184	东江东深供水水源地保护区	东江	东江	惠阳潼湖	太园泵站以下500m	11.5		Ⅱ	粤
185	东江干流石龙开发利用区	东江	东江	太园泵站以下500m	东莞石龙桥	35.0		按二级区划执行	粤
186	东深供水水渠保护区	东江	东深水	东莞桥头镇	深圳水库	83.0		Ⅱ	粤
187	定南水源头水保护区	东江	定南水	源头（三百山镇）	安远县镇岗乡	31.5		Ⅱ	赣
188	定南水定南保留区	东江	定南水	安远县镇岗乡	粤省界上游10km	49.5		Ⅲ	赣
189	定南水赣粤缓冲区	东江	定南水	粤省界上游10km	粤省界下游10km	20.0		Ⅲ	赣、粤
190	定南水龙川保留区	东江	定南水	粤省界下游10km	枫树坝水库库尾	15.0		Ⅱ	粤
191	新丰江源头水保护区	新丰江	新丰江	源头	新丰江水库大坝	105.9		Ⅱ	粤

序号	一级水功能区名称	水系	河流、湖库	范围 起始断面	范围 终止断面	长度（km）	面积（km²）	水质目标	省级行政区
192	新丰江源城开发利用区	东江	新丰江	新丰江水库大坝	源城镇东江入口	9.0		按二级区划执行	粤
193	东江北干流开发利用区	珠江三角洲	东江北干流	东莞石龙	东莞大盛	42.0		按二级区划执行	粤
194	东江南支流开发利用区	珠江三角洲	东江南支流	东莞石龙	东莞万江	15.0		按二级区划执行	粤
195	东莞水道开发利用区	珠江三角洲	东莞水道	东莞万江	东莞桂枝洲	18.0		按二级区划执行	粤
196	厚街水道开发利用区	珠江三角洲	厚街水道	东莞万江	东莞金山头	18.0		按二级区划执行	粤
197	中堂水道开发利用区	珠江三角洲	中堂水道	东莞鹤田厦	东莞糖厂	13.0		按二级区划执行	粤
198	倒运海水道开发利用区	珠江三角洲	倒运海水道	东莞斗朗	东莞角尾村	18.0		按二级区划执行	粤
199	麻涌水道开发利用区	珠江三角洲	麻涌水道	东莞蒲基	东莞西贝沙	12.0		按二级区划执行	粤
200	洪屋涡水道开发利用区	珠江三角洲	洪屋涡水道	东莞小东向	东莞南新洲	21.0		按二级区划执行	粤
201	增江源头水保护区	珠江三角洲	增江	新丰七星岭	天堂山水库坝址	26.0		II	粤
202	增江增城保留区	珠江三角洲	增江	天堂山水库坝址	荔城	143.0		II	粤
203	增江增城开发利用区	珠江三角洲	增江	荔城	观海口	25.0		按二级区划执行	粤
204	西江干流水道肇庆、佛山、江门开发利用区	珠江三角洲	西江干流	肇庆西安贝水	下东	54.2		按二级区划执行	粤

序号	一级水功能区名称	项　目 水系	河流、湖库	范　围 起始断面	围 终止断面	长度 （km）	面积 （km²）	水质目标	省级行政区
205	西海水道开发利用区	珠江三角洲	西海水道	下苍	百顷头	38.0		按二级区划执行	粤
206	磨刀门水道开发利用区	珠江三角洲	磨刀门水道	百顷头	挂定角	36.0		按二级区划执行	粤
207	磨刀门水道河口缓冲区	珠江三角洲	磨刀门水道	挂定角	河口延伸区外围界线	54.0		Ⅲ	粤
208	高明河开发利用区	珠江三角洲	高明河	源头	高明河河口	82.0		按二级区划执行	粤
209	石板沙水道开发利用区	珠江三角洲	石板沙水道	牛古瞥	竹洲头	20.0		按二级区划执行	粤
210	潭江源头水保护区	珠江三角洲	潭江	阳江牛圈岭	锦江水库库尾	58.0		Ⅰ	粤
211	潭江恩平保留区	珠江三角洲	潭江	锦江水库库尾	恩平	23.0		Ⅱ	粤
212	潭江恩平、新会开发利用区	珠江三角洲	潭江	恩平	熊海口	132.0		按二级区划执行	粤
213	崖门水道开发利用区	珠江三角洲	崖门水道	熊海口	崖南	12.0		按二级区划执行	粤
214	崖门水道河口缓冲区	珠江三角洲	崖门水道	崖南	河口延伸区外围界线	59.0		Ⅲ	粤
215	劳劳溪开发利用区	珠江三角洲	劳劳溪	大冲	福安	13.0		按二级区划执行	粤
216	荷麻溪开发利用区	珠江三角洲	荷麻溪	大冲	鳌鱼沙	20.0		按二级区划执行	粤
217	螺洲溪开发利用区	珠江三角洲	螺洲溪	竹洲头	鳌鱼沙	12.0		按二级区划执行	粤
218	虎跳门水道开发利用区	珠江三角洲	虎跳门水道	福安	雷珠环	17.0		按二级区划执行	粤

续表

序号	一级水功能区名称	水系	河流、湖库	范围 起始断面	范围 终止断面	长度（km）	面积（km²）	水质目标	省级行政区
219	虎跳门水道河口缓冲区	珠江三角洲	虎跳门水道	雷珠环	河口延伸区外围界线	50.0		Ⅲ	粤
220	虎坑门水道开发利用区	珠江三角洲	虎坑门水道	蟹洲沙	虎坑口	11.0		按二级区划执行	粤
221	黄杨河水道开发利用区	珠江三角洲	黄杨河水道	鳌鱼沙	尖峰	13.0		按二级区划执行	粤
222	鸡啼门水道开发利用区	珠江三角洲	鸡啼门水道	尖峰	黄金	16.0		按二级区划执行	粤
223	鸡啼门水道河口缓冲区	珠江三角洲	鸡啼门水道	黄金	河口延伸区外围界线	36.0		Ⅲ	粤
224	北江干流水道开发利用区	珠江三角洲	北江干流水道	河口	紫洞	22.0		按二级区划执行	粤
225	南沙涌开发利用区	珠江三角洲	南沙涌	南岸	大岸	21.0		按二级区划执行	粤
226	西南涌开发利用区	珠江三角洲	西南涌	西南镇	鸦岗	47.0		按二级区划执行	粤
227	芦苞涌开发利用区	珠江三角洲	芦苞涌	北江芦苞闸	入西南涌口	30.0		按二级区划执行	粤
228	佛山水道开发利用区	珠江三角洲	佛山水道	沙口	沙洛	33.0		按二级区划执行	粤
229	潭洲水道开发利用区	珠江三角洲	潭洲水道	南海市南庄紫洞	顺德市北滘西海	36.0		按二级区划执行	粤
230	平洲水道开发利用区	珠江三角洲	平洲水道	顺德市登洲头	南海市三山港	20.1		按二级区划执行	粤
231	陈村水道开发利用区	珠江三角洲	陈村水道	南海市三山口	番禺紫坭	22.0		按二级区划执行	粤

序号	一级水功能区名称	水系	河流、湖库	范围 起始断面	范围 终止断面	长度 (km)	面积 (km²)	水质目标	省级行政区
232	顺德水道开发利用区	珠江三角洲	顺德水道	南海市南庄紫洞	顺德大洲口	52.0		按二级区划执行	粤
233	沙湾水道开发利用区	珠江三角洲	沙湾水道	张松	小虎山	26.0		按二级区划执行	粤
234	市桥水道开发利用区	珠江三角洲	市桥水道	龙湾	大刀围头	18.0		按二级区划执行	粤
235	李家沙水道开发利用区	珠江三角洲	李家沙水道	大洲口	板沙尾	10.0		按二级区划执行	粤
236	甘竹溪开发利用区	珠江三角洲	甘竹溪	顺德甘竹滩	顺德三漕口	15.0		按二级区划执行	粤
237	顺德支流开发利用区	珠江三角洲	顺德支流	顺德三届届	顺德沙头	21.0		按二级区划执行	粤
238	东海水道开发利用区	珠江三角洲	东海水道	顺德南华	龙涌沙顶	20.0		按二级区划执行	粤
239	容桂水道开发利用区	珠江三角洲	容桂水道	龙涌沙顶	板沙尾	18.0		按二级区划执行	粤
240	桂洲水道开发利用区	珠江三角洲	桂洲水道	顺德细滘大桥下	中山大生围	16.0		按二级区划执行	粤
241	鸡鸦水道开发利用区	珠江三角洲	鸡鸦水道	顺德龙涌沙顶	中山下南	33.0		按二级区划执行	粤
242	小榄水道开发利用区	珠江三角洲	小榄水道	中山福兴	中山下南	31.0		按二级区划执行	粤
243	横门水道开发利用区	珠江三角洲	横门水道	中山下南	横门口	11.0		按二级区划执行	粤
244	横门水道河口缓冲区	珠江三角洲	横门水道	横门口	河口延伸区外围界线	91.0		Ⅲ	粤

序号	一级水功能区名称	水系	河流、湖库	范围 起始断面	范围 终止断面	长度 (km)	面积 (km²)	水质目标	省级行政区
245	蕉门水道番禺开发利用区	珠江三角洲	蕉门水道	番禺上冲	二十二涌口	44.0		按二级区划执行	粤
246	蕉门水道河口缓冲区	珠江三角洲	蕉门水道	二十二涌口	河口延伸区外围界线	114.0		III	粤
247	洪奇沥水道番禺中山开发利用区	珠江三角洲	洪奇沥水道	番禺板沙尾	洪奇门口	31.0		按二级区划执行	粤
248	洪奇沥河口缓冲区	珠江三角洲	洪奇沥番禺水道	洪奇门口	河口延伸区外围界线	109.0		III	粤
249	黄沙沥中山开发利用区	珠江三角洲	黄沙沥	乌沙	潘大围	10.0		按二级区划执行	粤
250	流溪河源头七星顶水保护区	珠江三角洲	流溪河	新丰七星顶	流溪河水库大坝	43.5	539.0	I	粤
251	流溪河从化保留区	珠江三角洲	流溪河	流溪河水库大坝	从化街口	45.7		II	粤
252	流溪河从化街口、白云鸦岗开发利用区	珠江三角洲	流溪河	从化街口	鸦岗	81.8		按二级区划执行	粤
253	西航道广州开发利用区	珠江三角洲	西航道	鸦岗	白鹅潭	18.0		按二级区划执行	粤
254	前航道广州开发利用区	珠江三角洲	前航道	白鹅潭	黄埔港	32.0		按二级区划执行	粤
255	后航道广州开发利用区	珠江三角洲	后航道	白鹅潭	黄埔港	33.0		按二级区划执行	粤
256	三枝香水道广州开发利用区	珠江三角洲	三枝香水道	沙洛	新基	11.0		按二级区划执行	粤
257	官洲河开发利用区	珠江三角洲	官洲河	三圉	新洲	9.0		按二级区划执行	粤
258	黄埔水道开发利用区	珠江三角洲	黄埔水道	黄埔港	东江口	7.0		按二级区划执行	粤

序号	一级水功能区名称	项目 水系	河流、湖库	范围 起始断面	范围 终止断面	长度 (km)	面积 (km²)	水质目标	省级行政区
259	虎门水道开发利用区	珠江三角洲	虎门水道	东江口	舢板洲	17.0		按二级区划执行	粤
260	虎门水道缓冲区	珠江三角洲	虎门水道	舢板洲	小铲岛	46.0		Ⅲ	粤
261	珠江口中华白海豚自然保护区	珠江三角洲	虎门水道	小铲岛	河口延伸海区外围界线	72.0		Ⅲ	粤
262	洪湾水道缓冲区	珠江三角洲	洪湾水道	挂定角	大马骝洲	15.0		Ⅲ	粤、澳
263	澳门附近水域主干缓冲区	珠江三角洲	澳门附近水域主干道	大马骝洲	飞翔船航道	8.0		Ⅲ	粤、澳
264	十字门水道缓冲区	珠江三角洲	十字门水道	西湾大桥南端	大窝山	10.0		Ⅲ	粤、澳
265	湾仔水道缓冲区	珠江三角洲	湾仔水道	前山大桥	湾仔银坑	7.0		Ⅲ	粤、澳
266	莲花山水道开发利用区	珠江三角洲	莲花山水道	莲花山	八唐尾	11.0		按二级区划执行	粤
267	深圳河源头水保护区	珠江三角洲	深圳河	源头	深圳水库坝址	18.0		Ⅱ	粤
268	深圳河下游深圳、香港缓冲区	珠江三角洲	深圳河	深圳水库坝址	深圳湾	37.0		Ⅳ	粤、港
269	深圳水库保护区	珠江三角洲	深圳水库	深圳水库库区			4.0	Ⅱ	粤
270	西丽水库开发利用区	珠江三角洲	西丽水库	西丽水库库区			4.1	按二级区划执行	粤
271	梅林水库开发利用区	珠江三角洲	梅林水库	梅林水库库区			0.7	按二级区划执行	粤
272	铁岗水库开发利用区	珠江三角洲	铁岗水库	铁岗水库库区			11.8	按二级区划执行	粤
273	石岩水库开发利用区	珠江三角洲	石岩水库	石岩水库库区			3.5	按二级区划执行	粤
274	琴江源头水保护区	韩江	琴江	紫金七星嶂	紫金南岭镇	15.0		Ⅰ	粤
275	琴江紫金、五华保留区	韩江	琴江	紫金南岭镇	五华南溪大桥	116.0		Ⅱ	粤

序号	一级水功能区名称	水系	河流、湖库	范围		长度（km）	面积（km²）	水质目标	省级行政区
				起始断面	终止断面				
276	琴江干流五华开发利用区	韩江	琴江	五华水寨大桥	五华兴宁交界	21.0		按二级区划执行	粤
277	梅江干流五华兴宁保留区	韩江	梅江	五华兴宁交界	畲江镇官铺	10.0		II	粤
278	梅江干流梅县开发利用区	韩江	梅江	畲江镇官铺	水车镇安和	15.0		按二级区划执行	粤
279	梅江干流梅县保留区	韩江	梅江	水车镇安和	梅县县城	27.0		II	粤
280	梅江干流梅州开发利用区	韩江	梅江	梅县县城	梅州西阳镇	24.0		按二级区划执行	粤
281	韩江干流梅州、潮安开发利用区	韩江	韩江	梅州西阳镇	丰顺潮州交界	151.0		按二级区划执行	粤
282	韩江干流潮安开发利用区	韩江	韩江	丰顺潮州交界	潮州东溪西溪分叉处	30.0		按二级区划执行	粤
283	韩江西溪潮安、澄海开发利用区	韩江	韩江	西溪分流口	澄海外砂镇大衙	22.0		按二级区划执行	粤
284	韩江西溪、梅溪河汕头开发利用区	韩江	韩江	澄海外砂镇大衙	西港出海口	14.0		按二级区划执行	粤
285	韩江西溪、新津河汕头开发利用区	韩江	韩江	澄海外砂镇大衙	新津河河口	15.3		按二级区划执行	粤
286	韩江西溪、外砂河开发利用区	韩江	韩江	澄海冠山	南港出海口	11.0		按二级区划执行	粤
287	韩江东溪开发利用区	韩江	韩江	东溪分流口	北港出海口	38.0		按二级区划执行	粤
288	韩江南溪开发利用区	韩江	韩江	南溪桥闸	南北溪汇合处	8.3		按二级区划执行	粤
289	韩江北溪开发利用区	韩江	韩江	潮洲北溪分流口	出海口	35.9		按二级区划执行	粤

序号	一级水功能区名称 项目	水系	河流、湖库	范围 起始断面	范围 终止断面	长度（km）	面积（km²）	水质目标	省级行政区
290	石窟河武平源头水保护区	韩江	石窟河	源头	捷文水电站	14.5		II	闽
291	石窟河武平开发利用区	韩江	石窟河	捷文水电站	粤省界上游10km	69.9		按二级区划执行	闽
292	石窟河闽粤缓冲区	韩江	石窟河	闽、粤省界上游10km	粤省界下游10km（含长潭水库）	20.0		III	闽、粤
293	石窟河蕉岭、梅县保留区	韩江	石窟河	闽、粤省界下游10km	人梅江口	77.0		II	粤
294	汀江源头水宁化、长汀保护区	韩江	汀江	源头	长汀庵杰乡大屋背	8.0		II	闽
295	汀江长汀、上杭、永定开发利用区	韩江	汀江	长汀庵杰乡大屋背	闽、粤省界上游10km（福建棉花滩水库坝址上游9km）	261.3		按二级区划执行	闽
296	汀江闽粤缓冲区	韩江	汀江	闽、粤省界上游10km（福建棉花滩水库坝址上游9km）	闽、粤省界下游10km	20.0		III	闽、粤
297	汀江青溪保留区	韩江	汀江	闽、粤省界下游10km	青溪电站	13.0		II	粤
298	汀江三河坝保留区	韩江	汀江	青溪电站	大埔三河坝	32.0		II	粤
299	梅潭河源头水保护区	韩江	梅潭河	源头	芦溪新村	12.4		II	闽
300	梅潭河平和保留区	韩江	梅潭河	芦溪新村	闽、粤省界上游10km（长乐双坝）	30.0		III	闽
301	梅潭河闽粤缓冲区	韩江	梅潭河	闽、粤省界上游10km（长乐双坝）	闽、粤省界下游10km	20.0		II	闽、粤
302	梅潭河大埔保留区	韩江	梅潭河	闽、粤省界下游10km	大埔县城	47.0		III	闽
303	梅潭河大埔开发利用区	韩江	梅潭河	大埔县城	人韩江口	26.0		按二级区划执行	粤
304	榕江源头水保护区	粤东沿海诸河	榕江	陆河凤凰山	陆河富口	14.0		I	粤

序号	一级水功能区名称	水系	河流、湖库	范围 起始断面	范围 终止断面	长度（km）	面积（km²）	水质目标	省级行政区
305	榕江干流陆河、揭阳保留区	粤东沿海诸河	榕江	陆州河口	双溪咀	123.0		Ⅱ	粤
306	榕江干流揭阳、汕头开发利用区	粤东沿海诸河	榕江	双溪咀	汕头牛田洋出海口	39.0		按二级区划执行	粤
307	九洲江陆川保留区	粤西沿海诸河	九洲江	源头	陆川县碰塘村	8.0		Ⅲ	桂
308	九洲江陆川开发利用区	粤西沿海诸河	九洲江	陆川县碰塘村	桂、粤省界上游10km	67.5		按二级区划执行	桂
309	九洲江桂粤缓冲区	粤西沿海诸河	九洲江	桂、粤省界上游10km	桂、粤省界下游10km	20.0		Ⅲ	桂、粤
310	鹤地水库保留区	粤西沿海诸河	鹤地水库	桂、粤省界下游10km	鹤地水库大坝		109.0	Ⅱ	粤
311	九洲江廉江开发利用区	粤西沿海诸河	九洲江	鹤地水库大坝	安铺、营仔入海口	136.5		按二级区划执行	粤
312	雷州青年运河保护区	粤西沿海诸河	雷州青年运河	鹤地水库青年运河主干渠首	各运河尾	317.9		Ⅲ	粤
313	鉴江源头水保护区	粤西沿海诸河	鉴江	信宜虎豹坑	信宜池铜镇	15.0		Ⅱ	粤
314	鉴江化州保留区	粤西沿海诸河	鉴江	信宜池铜镇	曹江口	75.0		Ⅲ	粤
315	鉴江干流高州、吴川开发利用区	粤西沿海诸河	鉴江	曹江口	吴川沙角旋	142.0		按二级区划执行	粤
316	罗江北流保留区	粤西沿海诸河	罗江	源头	桂、粤省界上游10km	23.0		Ⅲ	桂
317	罗江桂粤缓冲区	粤西沿海诸河	罗江	桂、粤省界上游10km	桂、粤省界下游10km	20.0		Ⅲ	桂、粤
318	罗江化州保留区	粤西沿海诸河	罗江	桂、粤省界下游10km	化州城	117.0		Ⅱ	粤
319	北仑河防城源头水保护区	桂南沿海诸河	北仑河	源头	防城区板八村	14.0		Ⅲ	桂
320	北仑河上游防城保留区	桂南沿海诸河	北仑河	防城区板八村	防城区范河村	54.0		Ⅲ	桂
321	北仑河中国、越南界河保留区	桂南沿海诸河	北仑河	防城区范河村	东兴市江那村	22.0		Ⅲ	桂
322	北仑河东兴开发利用区	桂南沿海诸河	北仑河	东兴市江那村	东兴市独墩岛	15.0		按二级区划执行	桂
323	北仑河口东兴红树林保护区	桂南沿海诸河	北仑河	东兴市独墩岛	入海口（中间沙）	3.6		Ⅲ	桂

序号	一级水功能区名称	水系	河流、湖库	范围 起始断面	范围 终止断面	长度（km）	面积（km²）	水质目标	省级行政区
324	南渡江源头水保护区	海南岛诸河	南渡江	源头	福才水文站	97.0		I	琼
325	南渡江松涛水库保护区	海南岛诸河	南渡江	福才水文站	松涛水库坝址	40.0	130.5	II	琼
326	南渡江中游松涛水库、九龙滩保留区	海南岛诸河	南渡江	松涛水库坝址	九龙滩水库坝址	83.0		II	琼
327	南渡江下游澄迈、海口开发利用区	海南岛诸河	南渡江	九龙滩水库坝址	入海口	113.8		按二级区划执行	琼
328	松涛灌区总干渠保护区	海南岛诸河	松涛灌区干渠	儋州南丰镇	儋州那大镇	6.7		II	琼
329	松涛灌区东干渠开发利用区	海南岛诸河	松涛灌区干渠	儋州那大镇	澄迈白莲镇	123.6		按二级区划执行	琼
330	昌化江源头水保护区	海南岛诸河	昌化江	源头	五指山市番阳镇	79.0		I	琼
331	昌化江中游乐东保留区	海南岛诸河	昌化江	五指山市番阳镇	五指山市永明乡	30.0		II	琼
332	昌化江中游乐东、东方开发利用区	海南岛诸河	昌化江	五指山市永明乡	叉河镇	87.0		按二级区划执行	琼
333	昌化江下游昌江开发利用区	海南岛诸河	昌化江	叉河镇	入海口	36.0		按二级区划执行	琼
334	石碌河源头水（霸王岭）保护区	海南岛诸河	石碌河	源头	白沙金波农场	28.0		II	琼
335	石碌河昌江开发利用区	海南岛诸河	石碌河	白沙金波农场	入昌化江口	31.6	17.0	按二级区划执行	琼
336	万泉河源头水保护区	海南岛诸河	万泉河	源头	定安河入万泉河河口（合口咀）	100.6		II	琼
337	万泉河琼海开发利用区	海南岛诸河	万泉河	定安河入万泉河河口（合口咀）	入海口	56.0		按二级区划执行	琼
338	腾桥西河源头水保护区	海南岛诸河	腾桥西河	源头	三道农场	21.0		I	琼
339	腾桥西河三亚开发利用区	海南岛诸河	腾桥西河	三道农场	入腾桥河河口	11.9	6.1	按二级区划执行	琼

表 13.2

二级水功能区划登记表

序号	二级水功能区名称	所在一级水功能区名称	水系	河流、湖库	范围 起始断面	范围 终止断面	长度(km)	面积(km²)	水质目标	省级行政区
1	南盘江花山水库饮用、工业用水区	南盘江沾益	西江	南盘江	花山水库坝尾	花山水库坝址		6.1	I	滇
2	南盘江花山排污整制区	南盘江沾益	西江	南盘江	花山水库坝址	沾益白浪河汇口	5.5		III	滇
3	南盘江沾益过渡区	南盘江沾益	西江	南盘江	沾益白浪河汇口	南盘江陈方桥	2.6		III	滇
4	南盘江沾益农业、工业、渔业用水区	南盘江沾益	西江	南盘江	南盘江陈方桥	沾益天生坝电站	21.9		III	滇
5	南盘江沾益工业、农业用水区	南盘江沾益	西江	南盘江	沾益天生坝电站	沾益东风闸	4.5		III	滇
6	南盘江沾益、陆良农业、工业用水区	南盘江沾益	西江	南盘江	沾益东风闸	陆良响水坝	57.6		III	滇
7	南盘江沾益陆良农业、工业、渔业用水区	南盘江沾益	西江	南盘江	陆良响水坝	陆良西桥西水站	28.2		III	滇
8	南盘江陆良排污整制区	南盘江沾益	西江	南盘江	陆良西桥西水站	陆良弹药库	3.0		III	滇
9	南盘江古宁过渡区	南盘江沾益	西江	南盘江	陆良弹药库	古宁大坝	11.5		III	滇
10	南盘江柴石滩水库农业、工业、渔业用水区	南盘江沾益	西江	南盘江	古宁大坝	柴石滩水库坝址	31.1		III	滇
11	南盘江宜良工业、农业、渔业用水区	南盘江沾益	西江	南盘江	柴石滩水库坝址	高古马水文站	43.6		III	滇
12	南盘江弥勒、邱北工业用水区	南盘江弥勒、邱北工业开发利用区	西江	南盘江	木林柏	雷打滩电站坝址	63.0		IV	滇
13	阳宗海饮用、景观用水区	阳宗海开发利用区	西江	阳宗海	阳宗海			31.0	II	滇
14	星云湖渔业、景观用水区	星云湖开发利用区	西江	星云湖	星云湖			34.3	III	滇
15	星云湖江川过渡区	星云湖开发利用区	西江	玉带河	海门桥	隔河	3.0		II	滇
16	杞麓湖农业、景观、渔业用水区	杞麓湖开发利用区	西江	杞麓湖	杞麓湖			42.3	III	滇
17	异龙湖农业、景观、渔业用水区	异龙湖开发利用区	西江	异龙湖	异龙湖		12.4	30.6	III	滇

序号	项目 二级水功能区名称	所在一级水功能区名称	水系	河流、湖库	范围 起始断面	范围 终止断面	长度 (km)	面积 (km²)	水质目标	省级行政区
18	北盘江宣威工业、农业、渔业用水区	北盘江宣威工业、农业、渔业用水区	西江	北盘江	宣威板桥镇	宣威大屯	31.8		Ⅲ	滇
19	拖长江土城工业、农业用水区	拖长江土城工业、农业用水区	西江	拖长江	源头	盘县下磨嘎	72.5		Ⅲ	黔
20	六枝河六枝工业用水区	六枝河六枝工业用水区	西江	六枝河	源头	六枝毛家寨	6.0		Ⅱ	黔
21	红水河天峨饮用水源区	红水河天峨开发利用区	西江	红水河	天峨县龙滩坝址	天峨水文站	10.0		Ⅱ～Ⅲ	桂
22	红水河天峨景观、工业用水区	红水河天峨开发利用区	西江	红水河	天峨水文站	天峨县六排镇塘英村	4.0		Ⅲ	桂
23	红水河东兰工业、农业用水区	红水河东兰开发利用区	西江	红水河	东兰镇江洞河汇入口	东兰县长乐镇	16.3		Ⅲ	桂
24	红水河大化景观、农业用水区	红水河大化开发利用区	西江	红水河	大化县贡川乡	大化电厂上游3.3km	13.7		Ⅲ	桂
25	红水河大化饮用水源区	红水河大化开发利用区	西江	红水河	大化电厂上游3.3km	大化电厂坝首	3.3		Ⅱ～Ⅲ	桂
26	红水河大化工业用水区	红水河大化开发利用区	西江	红水河	大化电厂坝首	大化县城（大化3km、马山县界大厚村支流汇合口）	4.0		Ⅲ	桂
27	红水河都安、马山工业、农业用水区	红水河都安、马山开发利用区	西江	红水河	百龙滩坝址	都安县下荷村（马山县百龙滩镇下里村）	11.5		Ⅲ	桂
28	红水河忻城工业、农业用水区	红水河忻城开发利用区	西江	红水河	乐滩坝址	忻城县果遂乡龙马村	38.0		Ⅲ	桂
29	红水河合山饮用水源区	红水河合山开发利用区	西江	红水河	忻城县果遂乡龙马村	合山电厂红水河取水口下游500m	5.0		Ⅱ～Ⅲ	桂
30	红水河合山工业、农业用水区	红水河来宾开发利用区	西江	红水河	合山电厂红水河取水口下游500m	合山市河里乡怀集村	25.0		Ⅲ	桂

序号	项目 二级水功能区名称	所在一级水功能区名称	水系	河流、湖库	范围 起始断面	范围 终止断面	长度 (km)	面积 (km²)	水质目标	省级行政区
31	红水河迁江农业、工业用水区	红水河来宾开发利用区	西江	红水河	合山市河里乡怀集村	清水河汇合口	14.0		Ⅲ	桂
32	红水河兴宾渔业、农业用水区	红水河来宾开发利用区	西江	红水河	清水河汇合口	来宾市兴宾区新周平屯人渡下游1km	22.0		Ⅲ	桂
33	红水河来宾饮用水源区	红水河来宾开发利用区	西江	红水河	来宾市兴宾区新周平屯人渡下游1km	来宾市城区河东水厂取水口下游100m	14.2		Ⅱ~Ⅲ	桂
34	红水河来宾渔业、工业用水区	红水河来宾开发利用区	西江	红水河	来宾市城区河东水厂取水口下游100m	来宾市兴宾区正龙乡	17.8		Ⅲ	桂
35	融江三江丹洲、融安农业、渔业用水区	融江三江、融安开发利用区	西江	融江	三江县丹洲镇	融安县大巷乡小洲村	14.0		Ⅲ	桂
36	融江融安饮用水源区	融江三江、融安开发利用区	西江	融江	融安县大巷乡小洲村	融安县长安镇长安大桥	4.6		Ⅱ~Ⅲ	桂
37	融江融安工业、渔业用水区	融江三江、融安开发利用区	西江	融江	融安县长安镇长安大桥	浮石电站坝址	12.0		Ⅲ	桂
38	融江融水饮用、工业用水源区	融江三江、融安开发利用区	西江	融江	浮石电站坝址	融水县融水镇黄稜村	16.0		Ⅱ~Ⅲ	桂
39	融江柳城饮用水源区	柳江柳州市开发利用区	西江	融江	柳城县寨隆镇洛崖村	中回河河口	6.2		Ⅱ~Ⅲ	桂
40	融江大埔工业用水区	柳江柳州市开发利用区	西江	融江	中回河河口	大埔电站	3.5		Ⅲ	桂
41	融江凤山饮用、渔业用水区	柳江柳州市开发利用区	西江	融江	大埔电站	柳城县凤山镇	19.8		Ⅲ	桂
42	柳江社冲、露塘渔业、工业用水区	柳江柳州市开发利用区	西江	柳江	柳城县凤山镇凤山口	柳州市新圩(水泥厂取水口上游1km)	26.3		Ⅲ	桂

序号	项目 二级水功能区名称	所在一级水功能区名称	水系	河流、湖库	范围 起始断面	范围 终止断面	长度 (km)	面积 (km²)	水质目标	省级行政区
43	柳江柳州市饮用水源区	柳江柳州市开发利用区	西江	柳江	柳州市新圩（水泥厂取水口上游1km）	柳州市窑埠（柳东水厂下游100m）	16.5		Ⅱ～Ⅲ	桂
44	柳江柳州市工业用水区	柳江柳州市开发利用区	西江	柳江	柳州市窑埠（柳东水厂下游100m）	柳州市河东村	5.3		Ⅲ	桂
45	柳江柳州市鹧鸪江排污控制区	柳江柳州市开发利用区	西江	柳江	柳州市河东村	柳州市油榨村	4.5		Ⅳ	桂
46	柳江柳州市鹧鸪江过渡区	柳江柳州市开发利用区	西江	柳江	柳州市油榨村	柳州市环江村	10.0		出口断面Ⅲ类	桂
47	柳江洛埠、古亭工业用水区	柳江柳州市开发利用区	西江	柳江	柳州市环江村	柳州市冷水冲	19.0		Ⅲ	桂
48	柳江柳州市下游排污控制区	柳江柳州市开发利用区	西江	柳江	柳州市冷水冲	柳城县河表村	8.4		Ⅳ	桂
49	柳江里雍过渡区	柳江柳州市开发利用区	西江	柳江	柳城县河表村	柳城县长沙村	11.0		出口断面Ⅲ类	桂
50	柳江里雍工业、农业用水区	柳江象州开发利用区	西江	柳江	柳城县长沙村	象州县运江镇新运村（柳江县里雍镇水山村）	39.8		Ⅲ	桂
51	柳江象州农业、工业用水区	柳江象州开发利用区	西江	柳江	象州县运江镇新运村（柳江县里雍镇水山村）	象州县象州镇牛角洲	22.5		Ⅲ	桂
52	柳江象州饮用水源区	柳江象州开发利用区	西江	柳江	象州县象州镇牛角洲	象州县城大桥	4.0		Ⅱ～Ⅲ	桂
53	柳江象州工业、农业用水区	柳江象州开发利用区	西江	柳江	象州县城大桥	象州县马坪乡鸡沙村	3.3		Ⅲ	桂
54	柳江象州、武宣农业、渔业用水区	柳江象州开发利用区	西江	柳江	象州县马坪乡鸡沙村	三江口（柳江、红水河汇合口）	35.0		Ⅲ	桂

序号	二级水功能区名称	所在一级水功能区名称	水系	河流、湖库	范围 起始断面	范围 终止断面	长度(km)	面积(km²)	水质目标	省级行政区
55	打狗河六甲景观、工业、农业用水区	打狗河、龙江金城江、宜州开发利用区	西江	打狗河	河池市拔贡电站	河池六甲电站坝址	19.0		Ⅱ~Ⅲ	桂
56	龙江河池化工集团饮用、工业用水区	打狗河、龙江金城江、宜州开发利用区	西江	龙江	河池六甲电站坝址	金城江区六甲镇	7.0		Ⅱ~Ⅲ	桂
57	龙江河池工业、农业用水区	打狗河、龙江金城江、宜州开发利用区	西江	龙江	金城江区六甲镇	金城江区百旺村	20.0		Ⅲ	桂
58	龙江河池过渡区	打狗河、龙江金城江、宜州开发利用区	西江	龙江	金城江区百旺村	大环江入龙江河口	8.0		出口断面Ⅲ类	桂
59	龙江金城江、宜州景观娱乐用水区	打狗河、龙江金城江、宜州开发利用区	西江	龙江	大环江入龙江河口	拉浪水电站坝址	23.0		Ⅲ	桂
60	龙江宜州工业、饮用水区	龙江宜州开发利用区	西江	龙江	叶茂电站坝址	宜州市(庆远镇)	13.5		Ⅲ	桂
61	龙江宜州工业、农业用水区	龙江宜州开发利用区	西江	龙江	宜州市(庆远镇)	三岔镇福里村	41.5		Ⅲ	桂
62	龙江柳城工业、农业用水区	龙江柳江、柳城开发利用区	西江	龙江	三岔镇福里村	柳城县凤山镇	42.0		Ⅲ	桂
63	大环江上朝工业、农业用水区	大环江环江县开发利用区	西江	大环江	环江县驯乐镇	古宾河入大环江河口	73.0		Ⅲ	桂
64	大环江洛阳过渡区	大环江环江县开发利用区	西江	大环江	古宾河入大环江河口	环江县大安乡大安村	38.0		出口断面Ⅱ类	桂
65	大环江环江县城饮用水源区	大环江环江县开发利用区	西江	大环江	环江县大安乡大安村	思恩镇县水厂良伞取水口下游100m	11.4		Ⅱ~Ⅲ	桂
66	大环江工业、农业用水区	大环江环江县开发利用区	西江	大环江	思恩镇县水厂良伞取水口下游100m	环江县下湘电站坝址	12.1		Ⅲ	桂
67	大环江金城江工业、农业用水区	大环江河池开发利用区	西江	大环江	金城江区东江镇铁路桥	大环江入龙江河口	1.5		Ⅲ	桂
68	驮娘江八达饮用、渔业用水区	驮娘江西林开发利用区	西江	驮娘江	西林县那卡村	西林县火壳山(八达水文站)	5.0		Ⅲ	桂

序号	项目 二级功能区名称	所在一级水功能区名称	水系	河流、湖库	范围		长度 (km)	面积 (km²)	水质 目标	省级 行政区
					起始断面	终止断面				
69	驮娘江西林工业、农业用水区	驮娘江西林开发利用区	西江	驮娘江	西林县火亮山（八达水文站）	西林县普合乡	41.0		Ⅲ	桂
70	右江（剥隘河）百色饮用、渔业用水区	右江百色右江区、田东开发利用区	西江	右江（剥隘河）	右江（剥隘河）、乐里河汇合口	百色市百岗	26.0		Ⅲ	桂
71	右江百色工业、农业用水区	右江百色右江区、田东开发利用区	西江	右江	百色市百岗	那吉航运枢纽坝址	46.0		Ⅲ	桂
72	右江田阳工业、农业用水区	右江百色右江区、田东开发利用区	西江	右江	那吉航运枢纽坝址	田阳县百育镇治塘村（田阳、田东县界上游端）	49.0		Ⅲ	桂
73	右江田东工业、农业用水区	右江百色右江区、田东开发利用区	西江	右江	田阳县百育镇治塘村（田阳、田东县界上游端）	田东县鱼梁电站坝址	29.0		Ⅳ	桂
74	右江平马、林逢过渡区	右江百色右江区、田东开发利用区	西江	右江	田东县鱼梁电站坝址	田东县林逢镇	5.0		出口断面Ⅲ类	桂
75	右江平果饮用、工业、农业用水区	右江平果开发利用区	西江	右江	平果县马头镇	平果县马头镇雷感村含笑屯	17.5		Ⅲ	桂
76	右江平果工业、景观用水区	右江平果开发利用区	西江	右江	平果县马头镇雷感村含笑屯	平果县城关乡驮湾村（隆安县雁江镇福颜村）	20.5		Ⅲ	桂
77	右江隆安雁江农业用水区	右江隆安开发利用区	西江	右江	平果县城关乡驮湾村（隆安县雁江镇福颜村）	隆安县雁江镇	6.0		Ⅲ	桂
78	右江隆安饮用水源区	右江隆安开发利用区	西江	右江	隆安县雁江镇	隆安县城渡口	12.0		Ⅲ	桂
79	右江隆安工业、农业用水区	右江隆安开发利用区	西江	右江	隆安县城渡口	隆安县城厢镇陈黄村花李屯	3.0		Ⅲ	桂
80	右江隆安、南农业用水区	右江南宁开发利用区	西江	右江	隆安、南宁市交界（白马村）	南宁市金陵镇岗德村（大石）	12.0		Ⅲ	桂

— 311 —

序号	二级水功能区名称	所在一级水功能区名称	水系	河流、湖库	范围 起始断面	范围 终止断面	长度（km）	面积（km²）	水质目标	省级行政区
81	右江南宁金陵饮用、农业用水区	右江南宁开发利用区	西江	右江	南宁市金陵镇岗鹉村（大石）	左右江汇合口	30.0		Ⅲ	桂
82	邕江南宁市饮用水源区	邕江南宁、贵港开发利用区	西江	邕江	左右江汇合口	南宁市城区二坑口	37.8		Ⅱ～Ⅲ	桂
83	邕江南宁工业、景观用水区	邕江南宁、贵港开发利用区	西江	邕江	南宁市城区二坑口	南宁市青秀山码头	15.5		Ⅳ	桂
84	邕江南宁景观、工业用水区	邕江南宁、贵港开发利用区	西江	邕江	南宁市青秀山码头	青龙江口	45.3		Ⅲ	桂
85	邕江伶俐饮用、工业用水区	邕江南宁、贵港开发利用区	西江	邕江	青龙江口	青秀区伶俐镇伶俐河口（沱江口）	16.0		Ⅲ	桂
86	邕江伶俐工业、农业用水区	邕江南宁、贵港开发利用区	西江	邕江	青秀区伶俐镇伶俐河口（沱江口）	横县六景镇道庄村	5.6		Ⅲ	桂
87	郁江六景饮用水源区	郁江南宁、贵港开发利用区	西江	郁江	横县六景镇道庄村	横县六景镇北墨河口	5.8		Ⅲ	桂
88	郁江六景工业用水区	郁江南宁、贵港开发利用区	西江	郁江	横县六景镇北墨河口	横县峦城镇高沙村	23.2		Ⅳ	桂
89	郁江横县峦城、飞龙过渡区	郁江南宁、贵港开发利用区	西江	郁江	横县峦城镇高沙村	横县飞龙乡郁江铁路大桥	20.5		出口断面Ⅲ类	桂
90	郁江西津军区南乡渔业、饮用水用区	郁江南宁、贵港开发利用区	西江	郁江	横县飞龙乡郁江铁路大桥	西津水库坝址	39.1		Ⅲ	桂
91	郁江横县饮用水源区	郁江南宁、贵港开发利用区	西江	郁江	西津水库坝址	横县海棠桥	2.5		Ⅱ～Ⅲ	桂
92	郁江横县工业、景观用水区	郁江南宁、贵港开发利用区	西江	郁江	横县海棠桥	南宁、贵港市界（贵港覃塘区大岭乡刘公圩）	53.0		Ⅲ	桂

序号	项目 二级水功能区名称	所在一级水功能区名称	水系	河流、湖库	范围 起始断面	范围 终止断面	长度 (km)	面积 (km²)	水质目标	省级行政区
93	郁江贵港覃塘、港南工业用水区	邕江、郁江南宁、贵港开发利用区	西江	郁江	南宁、贵港市界（贵港覃塘大岭乡刘公圩）	覃塘区石卡镇江南村	23.0		Ⅲ	桂
94	郁江港南、玉林调水饮用水源区	邕江、郁江南宁、贵港开发利用区	西江	郁江	覃塘区石卡镇江南村	覃塘区石卡镇坭湾村	8.5		Ⅲ	桂
95	郁江贵港工业用水区	邕江、郁江南宁、贵港开发利用区	西江	郁江	覃塘区石卡镇坭湾村	覃塘区石卡镇白沙村	13.0		Ⅲ	桂
96	郁江贵港饮用水源区	邕江、郁江南宁、贵港开发利用区	西江	郁江	覃塘区石卡镇白沙村	贵港枢纽	7.0		Ⅱ～Ⅲ	桂
97	郁江贵港城区工业用水区	邕江、郁江南宁、贵港开发利用区	西江	郁江	贵港枢纽	港城镇猫儿山港	15.0		Ⅳ	桂
98	郁江贵港猫儿山港口过渡区	邕江、郁江南宁、贵港开发利用区	西江	郁江	港城镇猫儿山港	港南区东津镇	18.0		出口断面Ⅲ类	桂
99	郁江港南、桂平农业、工业用水区	邕江、郁江南宁、贵港开发利用区	西江	郁江	港南区东津镇	桂平市西山镇起村	64.0		Ⅲ	桂
100	郁江桂平饮用、工业用水区	邕江、郁江南宁、贵港开发利用区	西江	郁江	桂平市西山镇起村	马骝滩坝址	8.0		Ⅲ	桂
101	郁江桂平工业用水区	邕江、郁江南宁、贵港开发利用区	西江	郁江	马骝滩坝址	黔郁江汇合口	5.0		Ⅲ	桂
102	水口河龙州饮用水源区	水口河龙州开发利用区	西江	水口河	龙州县七里滩水电站	龙州县城水口河河口	13.1		Ⅱ～Ⅲ	桂
103	平而河凭祥浦寨饮用水源区	平而河凭祥、龙州开发利用区	西江	平而河	凭祥市平而村板堽屯	凭祥市驮里村	10.1		Ⅲ	桂
104	平而河凭祥驮里、龙州鸭水滩农业、景观用水区	平而河凭祥、龙州开发利用区	西江	平而河	凭祥市驮里村	龙州县鸭水滩	15.4		Ⅲ	桂
105	左江龙州工业用水区	左江龙州开发利用区	西江	左江	水口河汇入口	龙州县上金乡联江村	15.0		Ⅲ	桂

序号	项目 二级水功能区名称	所在一级水功能区名称	水系	河流、湖库	范围 起始断面	范围 终止断面	长度 (km)	面积 (km²)	水质目标	省级行政区
106	左江龙州上金景观、农业用水区	左江龙州开发利用区	西江	左江	龙州县上金乡联江村	龙州县上金渡口	5.0		Ⅲ	桂
107	左江崇左饮用水源区	左江崇左开发利用区	西江	左江	左江水利枢纽坝址	崇左水文站	20.0		Ⅱ～Ⅲ	桂
108	左江崇左工业用水区	左江崇左开发利用区	西江	左江	崇左水文站	扶绥县渠旧镇坡俐村	58.6		Ⅲ	桂
109	左江江州区驮卢饮用水源区	左江江州开发利用区	西江	左江	江州区渠立村	江州区驮卢大桥	6.3		Ⅲ	桂
110	左江江州区驮卢工业用水区	左江江州、扶绥开发利用区	西江	左江	江州区驮卢大桥	江州区驮卢镇灶瓦村	4.7		Ⅲ	桂
111	左江江州、扶绥过渡区	左江江州、扶绥开发利用区	西江	左江	江州区驮卢镇灶瓦村	扶绥县渠黎镇那勒村	30.6		出口断面Ⅱ类	桂
112	左江扶绥饮用水源区	左江江州、扶绥开发利用区	西江	左江	扶绥县渠黎镇那勒村	扶绥县新宁镇龙寨村(汪庄河汇入口)	4.8		Ⅱ～Ⅲ	桂
113	左江扶绥工业、农业用水区	左江江州、扶绥开发利用区	西江	左江	扶绥县新宁镇龙寨村(汪庄河汇入口)	扶绥区长砂村	12.3		Ⅲ	桂
114	左江南宁杨美饮用、景观用水区	左江南宁开发利用区	西江	左江	扶绥南宁交界(维罗)	左右江汇合口	28.0		Ⅱ	桂
115	黑水河靖西工业用水区	黑水河靖西开发利用区	西江	黑水河	源头	靖西镇五隆村狮子山	29.0		Ⅲ	桂
116	黑水河靖西农业用水区	黑水河靖西开发利用区	西江	黑水河	靖西镇五隆村狮子山	靖西县岳圩镇斗伦盘74号界碑(新碑785号)	28.0		Ⅲ	桂
117	黑水河江州区新和饮用水源区	黑水河江州开发利用区	西江	黑水河	江州区新和镇那立村	江州区新和水电站	6.5		Ⅲ	桂
118	黑水河江州区新和工业、景观用水区	黑水河江州开发利用区	西江	黑水河	江州区新和水电站	江州区新和镇驮赖村	19.5		Ⅲ	桂

序号	二级水功能区名称	所在一级水功能区名称	水系	河流、湖库	范围 起始断面	范围 终止断面	长度（km）	面积（km²）	水质目标	省级行政区
119	漓江兴安、灵川农业、饮用用水区	漓江桂林开发利用区	西江	漓江	斧子口坝址	甘棠江汇合口	59.0		Ⅲ	桂
120	漓江桂林饮用水源区	漓江桂林开发利用区	西江	漓江	甘棠江汇合口	桂林漓江净瓶山大桥	21.0		Ⅱ～Ⅲ	桂
121	漓江桂林排污控制区	漓江桂林开发利用区	西江	漓江	桂林漓江净瓶山大桥	良丰江入漓江口	5.0		Ⅲ	桂
122	漓江雁山景观娱乐用水区	漓江桂林开发利用区	西江	漓江	良丰江入漓江口	雁山区草坪乡	26.0		Ⅲ	桂
123	漓江雁山、阳朔渔业用水区	漓江桂林开发利用区	西江	漓江	雁山区草坪乡	阳朔县浪州村	2.5		Ⅲ	桂
124	漓江阳朔景观娱乐用水区	漓江桂林开发利用区	西江	漓江	阳朔县浪州村	阳朔县阳朔镇高洲村	33.5		Ⅲ	桂
125	漓江阳朔饮用、工业、景观用水区	漓江桂林开发利用区	西江	漓江	阳朔县阳朔镇高洲村	阳朔县福利镇	19.0		Ⅱ～Ⅲ	桂
126	桂江阳朔农业用水区	漓江桂林开发利用区	西江	桂江	阳朔县福利镇	平乐县福兴乡	18.0		Ⅲ	桂
127	桂江平乐饮用水源区	漓江桂林开发利用区	西江	桂江	平乐县福兴乡	平乐县火电厂	9.0		Ⅱ～Ⅲ	桂
128	桂江平乐工业、农业、渔业用水区	漓江桂林开发利用区	西江	桂江	平乐县火电厂	平乐县平乐镇长滩村	10.0		Ⅲ	桂
129	桂江昭平饮用水源区	桂江昭平开发利用区	西江	桂江	昭平县蓬冲口	昭平电站坝址	16.0		Ⅱ	桂
130	桂江昭平工业、农业、渔业用水区	桂江昭平开发利用区	西江	桂江	昭平电站坝址	昭平县五将镇	27.7		Ⅲ	桂
131	桂江梧州饮用、工业用水区	桂江梧州开发利用区	西江	桂江	梧州市郊平浪村思龙口	梧州市北山水厂	22.1		Ⅱ～Ⅲ	桂
132	桂江梧州景观娱乐用水区	桂江梧州开发利用区	西江	桂江	梧州市北山水厂	桂江口	1.9		Ⅲ	桂
133	恭城河恭城嘉会农业用水区	恭城河恭城、平乐开发利用区	西江	恭城河	恭城县嘉会乡	嘉会乡白羊村委蟠龙村	8.4		Ⅲ	桂

序号	项目 二级水功能区名称	所在一级功能区名称	水系	河流、湖库	范围 起始断面	范围 终止断面	长度（km）	面积（km²）	水质目标	省级行政区
134	恭城河恭城县城饮用水源区	恭城河恭城、平乐开发利用区	西江	恭城河	嘉会乡白羊村委嬗龙村	县城江贝村公路桥（茶江桥）	14.6		Ⅱ～Ⅲ	桂
135	恭城河恭城工业、景观用水区	恭城河恭城、平乐开发利用区	西江	恭城河	县城江贝村公路桥（茶江桥）	恭城镇古城村	10.0		Ⅲ	桂
136	恭城河恭城、平乐农业、饮用水源区	恭城河恭城、平乐开发利用区	西江	恭城河	恭城镇古城村	恭城河河口（于平乐县汇入桂江）	48.0		Ⅲ	桂
137	贺江富阳饮用水源区	贺江贺州开发利用区	西江	贺江	富川县富阳镇洞心村	富阳水文站	2.0		Ⅱ～Ⅲ	桂
138	贺江富阳景观、工业用水区	贺江贺州开发利用区	西江	贺江	富阳水文站	龟石水库库尾（富阳镇毛家渡）	5.9		Ⅲ	桂
139	贺江龟石水库饮用、农业用水区	贺江贺州开发利用区	西江	贺江	龟石水库库尾（富阳镇毛家渡）	龟石水库坝址	12.0	30.0	Ⅱ～Ⅲ	桂
140	贺江钟山工业、农业用水区	贺江贺州开发利用区	西江	贺江	龟石水库坝址	钟山县水泥厂水泵房	19.0		Ⅲ	桂
141	贺江钟山、平桂过渡区	贺江贺州开发利用区	西江	贺江	钟山县水泥厂水泵房	蒋家洲坝址	4.0		出口断面Ⅲ类	桂
142	贺江平桂工业、农业用水区	贺江贺州开发利用区	西江	贺江	蒋家洲坝址	平桂管理区西湾街道办上采村	15.0		Ⅲ	桂
143	贺江平桂饮用水源区	贺江贺州开发利用区	西江	贺江	平桂管理区西湾街道办上采村	西湾河河口	4.0		Ⅱ～Ⅲ	桂
144	贺江平桂、八步过渡区	贺江贺州开发利用区	西江	贺江	西湾河河口	八步区芳林中学	8.0		出口断面Ⅱ类	桂
145	贺江贺州饮用水源区	贺江贺州开发利用区	西江	贺江	八步区芳林中学	八步区八步大桥	2.6		Ⅱ～Ⅲ	桂
146	贺江贺州工业、农业、景观娱乐用水区	贺江贺州开发利用区	西江	贺江	八步区八步大桥	贺州贺街镇龙马村	25.4		Ⅲ	桂

序号	二级水功能区名称	所在一级水功能区名称	水系	河流、湖库	范围 起始断面	范围 终止断面	长度 (km)	面积 (km²)	水质目标	省级行政区
147	贺江信都饮用水源区	贺江信都开发利用区	西江	贺江	合面狮电站坝址	八步区信都镇信联村贺江桥	15.0		Ⅲ	桂
148	贺江信都工业、农业用水区	贺江信都开发利用区	西江	贺江	八步区信都镇信联村贺江桥	八步区铺门镇（桂、粤省界上游10km）	18.0		Ⅲ	桂
149	东安江苍梧石桥饮用水源区	东安江苍梧石桥开发利用区	西江	东安江	苍梧县参田村	苍梧县沙头街	19.5		Ⅲ	桂
150	东安江沙头工业用水区	东安江苍梧石桥开发利用区	西江	东安江	苍梧县沙头街	苍梧县石桥镇湾岛村	17.6		Ⅲ	桂
151	东安江石桥排污控制区	东安江苍梧石桥开发利用区	西江	东安江	苍梧县石桥镇湾岛村	苍梧县石桥镇奇冲村	3.4		Ⅲ	桂
152	黔江武宣渔业、农业用水区	黔江武宣、桂平开发利用区	西江	黔江	三江口（红水河、柳江汇合口）	武宣县二塘镇	39.0		Ⅲ	桂
153	黔江武宣饮用、工业用水区	黔江武宣、桂平开发利用区	西江	黔江	武宣县二塘镇	武宣县武宣镇长寿村	18.0		Ⅱ～Ⅲ	桂
154	黔江武宣、桂平工业用水区	黔江武宣、桂平开发利用区	西江	黔江	武宣县武宣镇长寿村	大藤峡枢纽坝址	53.0		Ⅲ	桂
155	黔江大藤峡下游渔业、农业用水区	黔江武宣、桂平开发利用区	西江	黔江	大藤峡枢纽坝址	桂平市西山镇白额渡口	5.5		Ⅲ	桂
156	黔江桂平饮用、渔业用水区	黔江武宣、桂平开发利用区	西江	黔江	桂平市西山镇白额渡口	郁江口	8.0		Ⅱ～Ⅲ	桂
157	浔江桂平渔业、工业用水区	浔江、西江贵港、梧州开发利用区	西江	浔江	郁江口	平南县思界乡	36.5		Ⅲ	桂
158	浔江平南饮用水源区	浔江、西江贵港、梧州开发利用区	西江	浔江	平南县思界乡	平南县浔江大桥	15.5		Ⅱ～Ⅲ	桂
159	浔江平南工业用水区	浔江、西江贵港、梧州开发利用区	西江	浔江	平南县浔江大桥	平南、藤县交界（平南县丹竹镇白马村）	27.5		Ⅲ	桂

序号	二级水功能区名称	所在一级水功能区名称	水系	河流、湖库	范围 起始断面	范围 终止断面	长度 (km)	面积 (km²)	水质目标	省级行政区
160	浔江藤县渔业、农业用水区	浔江、西江贵港利用区	西江	浔江	平南、藤县交界（平南县丹竹镇白马村）	藤县藤州镇杏江村	36.8		Ⅲ	桂
161	浔江藤县饮用水源区	浔江、西江贵港利用区	西江	浔江	藤县藤州镇杏江村	北流河汇入口	6.2		Ⅱ～Ⅲ	桂
162	浔江藤县渔业、工业用水区	浔江、西江贵港利用区	西江	浔江	北流河汇入口	藤县塘步镇大元村	28.0		Ⅲ	桂
163	浔江梧州市饮用、工业、渔业用水区	浔江、西江贵港利用区	西江	浔江	藤县塘步镇大元村	长洲水利枢纽组坝址	8.0		Ⅱ～Ⅲ	桂
164	浔江（长洲岛内江）梧州市饮用、工业、渔业用水区	浔江、西江贵港利用区	西江	浔江	长洲水利枢纽组坝址（内江）	蝶山区松脂厂断面	10.4		Ⅱ～Ⅲ	桂
165	浔江（长洲岛外江）梧州市工业、渔业用水区	浔江、西江贵港利用区	西江	浔江	长洲水利枢纽组坝址（外江）	蝶山区松脂厂断面	10.4		Ⅲ	桂
166	浔江、西江梧州市渔业、工业用水区	浔江、西江贵港利用区	西江	浔江、西江	蝶山区松脂厂断面	桂、粤省界上游10km	1.9		Ⅲ	桂
167	西江干流高要、肇庆饮用、渔业用水区	西江下游高要、肇庆开发利用区	西江	西江下游	高要	肇庆水安贝水	39.0		Ⅱ	粤
168	黄华江信宜饮用、农业用水区	黄华江信宜开发利用区	西江	黄华江	信宜怀乡	粤、桂省界上游10km	18.0		Ⅲ	粤
169	黄华江岑溪农业用水区	黄华江岑溪开发利用区	西江	黄华江	岑溪市南渡镇	岑溪市西岸村（岑溪市与藤县交界）	71.0		Ⅲ	桂
170	黄华江藤县农业用水区	黄华江岑溪开发利用区	西江	黄华江	岑溪市西岸村（岑溪市与藤县交界）	入北流河口	9.0		Ⅲ	桂
171	浈江干流南雄古市工业用水区	浈江南雄开发利用区	北江	浈江	南雄市	南雄古市	14.0		Ⅲ	粤
172	浈江干流沙洲尾饮用水源区	北江韶关开发利用区	北江	浈江	锦江汇入口	韶关沙洲尾	20.0		Ⅲ	粤

序号	二级水功能区名称	所在一级水功能区名称	水系	河流、湖库	范围 起始断面	范围 终止断面	长度 (km)	面积 (km²)	水质目标	省级行政区
173	北江白沙工业用水区	北江韶关白沙工业用水区 北江韶关开发利用区	北江	北江	韶关沙洲尾	韶关白沙上3km	22.0		III	粤
174	北江韶关清远过渡区	北江韶关开发利用区	北江	北江	韶关白沙上3km	韶关白沙	3.0		III	粤
175	北江干流清远渔业、景观用水区	北江清远、肇庆、佛山开发利用区	北江	北江	清远市	清远石角	28.0		II	粤
176	北江干流清远佛山过渡区	北江清远、肇庆、佛山开发利用区	北江	北江	清远石角	清远界牌圩下2km	4.0		III	粤
177	北江干流清远河口饮用、渔业用水区	北江清远、肇庆、佛山开发利用区	北江	北江	清远界牌圩下2km	三水河口	39.5		II	粤
178	锦江丹霞山景观用水区	锦江仁化景观开发利用区	北江	锦江	仁化黄屋	仁化石下	9.4		III	粤
179	锦江仁化江口农业用水区	锦江仁化开发利用区	北江	锦江	仁化石下	曲江江口(入浈江)	25.0		III	粤
180	武水犁市饮用、渔业用水区	武水乐昌开发利用区	北江	武水	乐昌城	曲江犁市	48.0		II	粤
181	武水西河桥饮用、渔业用水区	武水乐昌开发利用区	北江	武水	曲江犁市	西河桥	16.0		II	粤
182	武水沙洲尾渔业、景观用水区	武水乐昌开发利用区	北江	武水	西河桥	韶关沙洲尾	0.5		III	粤
183	东江干流古竹饮用、农业用水区	东江河源开发利用区	东江	东江	仙塘镇黄沙	紫金古竹江口	31.0		II	粤
184	东江干流惠州饮用、农业用水区	东江干流惠阳、惠州、博罗开发利用区	东江	东江	惠阳横沥	博罗	47.5		II	粤
185	东江干流石龙饮用、农业用水区	东江干流石龙开发利用区	东江	东江	大圆泵站以下500m	东莞石龙桥	35.0		II	粤
186	新丰江源城饮用、农业用水区	新丰江源城开发利用区	新丰江	新丰江	新丰江水库大坝	源城镇东江入口	9.0		II	粤
187	东江北干流新塘饮用、渔业用水区	东江北干流开发利用区	珠江三角洲	东江北干流	东莞石龙	东莞大盛	42.0		II	粤
188	东江南支流万江饮用、农业用水区	东江南支流开发利用区	珠江三角洲	东江南支流	东莞石龙	东莞万江	15.0		II	粤
189	东莞水道桂洲工业、农业用水区	东莞水道开发利用区	珠江三角洲	东莞水道	东莞万江	东莞桂枝洲	18.0		III	粤

序号	二级水功能区名称	所在一级水功能区名称	水系	河流、湖库	范围 起始断面	范围 终止断面	长度（km）	面积（km²）	水质目标	省级行政区
190	厚街水道企山头工业、农业用水区	厚街水道开发利用区	珠江三角洲	厚街水道	东莞万江	东莞企山头	18.0		III	粤
191	中堂水道中堂饮用、农业用水区	中堂水道开发利用区	珠江三角洲	中堂水道	东莞鹤田厦	东莞糖厂	13.0		II	粤
192	倒运海水道饮用、农业用水区	倒运海水道开发利用区	珠江三角洲	倒运海水道	东莞斗朗	东莞角尾村	18.0		II	粤
193	麻涌水道麻涌工业、农业用水区	麻涌水道开发利用区	珠江三角洲	麻涌水道	东莞蒲基	东莞西贝沙	12.0		IV	粤
194	洪屋涡水道沙田工业用水区	洪屋涡水道开发利用区	珠江三角洲	洪屋涡水道	东莞小东向	东莞南新洲	21.0		IV	粤
195	增江增城饮用、农业用水区	增江增城开发利用区	珠江三角洲	增江	荔城	观海口	25.0		III	粤
196	西江干流肇庆饮用、渔业用水区	西江干流水道肇庆、江门开发利用区	珠江三角洲	西江干流水道	肇庆永安贝水	马口	6.2		II	粤
197	西江干流水道佛山饮用、渔业用水区	西江干流水道肇庆、佛山、江门开发利用区	珠江三角洲	西江干流水道	马口	古劳	35.0		II	粤
198	西江干流水道江门饮用、渔业用水区	西江干流水道肇庆、佛山、江门开发利用区	珠江三角洲	西江干流水道	古劳	下东	13.0		III	粤
199	西海水道中山饮用、渔业用水区	西海水道开发利用区	珠江三角洲	西海水道	下东	百顷头	38.0		II	粤
200	磨刀门水道江门饮用、渔业用水区	磨刀门水道开发利用区	珠江三角洲	磨刀门水道	百顷头	挂定角	36.0		II	粤
201	高明河高明工业用水区	高明河开发利用区	珠江三角洲	高明河	源头	高明河口	82.0		III	粤
202	石板沙水道江门饮用、渔业用水区	石板沙水道开发利用区	珠江三角洲	石板沙水道	牛古嘴	竹洲头	20.0		II	粤
203	潭江恩平、开平饮用、农业用水区	潭江恩平、新会开发利用区	珠江三角洲	潭江	恩平	三埠	74.0		II	粤
204	潭江新会饮用、渔业用水区	潭江恩平、新会开发利用区	珠江三角洲	潭江	三埠	熊海口	58.0		II	粤
205	崖门水道新会渔业用水区	崖门水道开发利用区	珠江三角洲	崖门水道	熊海口	崖南	12.0		III	粤

序号	二级水功能区名称	所在一级水功能区名称	水系	河流、湖库	范围 起始断面	范围 终止断面	长度 (km)	面积 (km²)	水质目标	省级行政区
206	劳劳溪斗门饮用、渔业用水区	劳劳溪开发利用区	珠江三角洲	劳劳溪	大冲	福安	13.0		Ⅲ	粤
207	荷麻溪斗门饮用、渔业用水区	荷麻溪开发利用区	珠江三角洲	荷麻溪	大冲	鳌鱼沙	20.0		Ⅲ	粤
208	螺洲溪斗门饮用、渔业用水区	螺洲溪开发利用区	珠江三角洲	螺洲溪	竹洲头	鳌鱼沙	12.0		Ⅲ	粤
209	虎跳门水道珠海饮用、渔业用水区	虎跳门水道开发利用区	珠江三角洲	虎跳门水道	福安	雷珠环	17.0		Ⅲ	粤
210	虎坑水道饮用、农业用水区	虎坑水道开发利用区	珠江三角洲	虎坑水道	蟹洲沙	虎坑口	11.0		Ⅲ	粤
211	黄杨河珠海饮用、渔业用水区	黄杨河水道开发利用区	珠江三角洲	黄杨河水道	鳌鱼沙	尖峰	13.0		Ⅲ	粤
212	鸡啼门水道珠海饮用、渔业用水区	鸡啼门水道开发利用区	珠江三角洲	鸡啼门水道	尖峰	黄金	16.0		Ⅲ	粤
213	北江干流紫洞饮用、渔业用水区	北江干流水道开发利用区	珠江三角洲	北江干流水道	河口	紫洞	22.0		Ⅱ	粤
214	南沙涌南海饮用水源区	南沙涌开发利用区	珠江三角洲	南沙涌	南岸	大岸	21.0		Ⅲ	粤
215	西南涌佛山工业、农业用水区	西南涌开发利用区	珠江三角洲	西南涌	西南镇	利顺下2km	44.0		Ⅳ	粤
216	西南涌佛山广州过渡区	西南涌开发利用区	珠江三角洲	西南涌	利顺下2km	鸦岗	3.0		Ⅳ	粤
217	芦苞涌工业、景观用水区	芦苞涌开发利用区	珠江三角洲	芦苞涌	北江芦苞闸	入西南涌口	30.0		Ⅳ	粤
218	佛山水道佛山景观用水区	佛山水道开发利用区	珠江三角洲	佛山水道	沙口	沙洛	33.0		Ⅳ	粤
219	潭洲水道禅城饮用水源区	潭洲水道开发利用区	珠江三角洲	潭洲水道	南海市南庄紫洞	顺德市北滘林头桥	30.0		Ⅱ	粤
220	潭洲水道佛山北滘工业、农业用水区	潭洲水道开发利用区	珠江三角洲	潭洲水道	顺德市北滘林头桥	顺德市北滘西海	6.0		Ⅲ	粤
221	平洲水道平洲饮用水源区	平洲水道开发利用区	珠江三角洲	平洲水道	顺德市登洲头	南海市平洲五斗桥	10.5		Ⅱ	粤
222	平洲水道三山港工业、农业用水区	平洲水道开发利用区	珠江三角洲	平洲水道	南海市平洲五斗桥	南海市三山港	9.6		Ⅲ	粤
223	陈村水道紫泥饮用、农业用水区	陈村水道开发利用区	珠江三角洲	陈村水道	南海市三山港	番禺紫坭	22.0		Ⅲ	粤
224	顺德水道羊额饮用、渔业用水区	顺德水道开发利用区	珠江三角洲	顺德水道	南海市南庄紫洞	顺德大洲口	52.0		Ⅲ	粤

序号	项目　二级水功能区名称	所在一级水功能区名称	水系	河流、湖库	范围 起始断面	范围 终止断面	长度（km）	面积（km²）	水质目标	省级行政区
225	沙湾水道番禺渔业用水区	沙湾水道番禺渔业开发利用区	珠江三角洲	沙湾水道	张松	小虎山	26.0		Ⅲ	粤
226	市桥水道番禺景观用水区	市桥水道番禺景观开发利用区	珠江三角洲	市桥水道	龙湾	大刀围头	18.0		Ⅳ	粤
227	李家沙水道饮用、渔业用水区	李家沙水道开发利用区	珠江三角洲	李家沙水道	大洲口	板沙尾	10.0		Ⅲ	粤
228	甘竹溪勒流饮用、渔业用水区	甘竹溪开发利用区	珠江三角洲	甘竹溪	顺德甘竹滩	顺德三漕口	15.0		Ⅲ	粤
229	顺德支流容奇工业用水区	顺德支流开发利用区	珠江三角洲	顺德支流	顺德三届庙	顺德沙头	21.0		Ⅳ	粤
230	东海水道均安饮用、渔业用水区	东海水道开发利用区	珠江三角洲	东海水道	顺德南华	龙涌沙顶	20.0		Ⅱ	粤
231	容桂水道容奇饮用、渔业用水区	容桂水道开发利用区	珠江三角洲	容桂水道	龙涌沙顶	顺德容奇	10.0		Ⅱ	粤
232	容桂水道容奇工业用水区	容桂水道开发利用区	珠江三角洲	容桂水道	顺德容奇	板沙尾	8.0		Ⅱ	粤
233	桂洲水道细滘工业用水区	桂洲水道细滘容大桥下开发利用区	珠江三角洲	桂洲水道	顺德细滘容大桥下	中山大生围	16.0		Ⅲ	粤
234	鸡鸦水道下南饮用、渔业用水区	鸡鸦水道开发利用区	珠江三角洲	鸡鸦水道	顺德龙涌沙顶	中山下南	33.0		Ⅱ	粤
235	小榄水道福兴饮用、渔业用水区	小榄水道福兴开发利用区	珠江三角洲	小榄水道	中山福兴	中山下南	31.0		Ⅲ	粤
236	横门水道横门渔业用水区	横门水道横门渔业开发利用区	珠江三角洲	横门水道	中山下南	横门口	11.0		Ⅲ	粤
237	蕉门水道番禺番禺渔业、工业用水区	蕉门水道番禺番禺渔业开发利用区	珠江三角洲	蕉门水道	番禺上冲	二十二涌口	44.0		Ⅲ	粤
238	洪奇沥番禺中山渔业、工业用水区	洪奇沥水道番禺中山开发利用区	珠江三角洲	洪奇沥	番禺板沙尾	洪奇门口	31.0		Ⅲ	粤
239	黄沙沥中山工业用水区	黄沙沥中山工业开发利用区	珠江三角洲	黄沙沥	乌沙	潘大围	10.0		Ⅲ	粤
240	流溪河人和饮用、农业用水区	流溪河从化口、白云鸦岗农业利用区	珠江三角洲	流溪河	从化街口	人和坝	61.4		Ⅲ	粤
241	流溪河江高饮用用水源区	流溪河从化口、白云鸦岗开发利用区	珠江三角洲	流溪河	人和坝	鸦岗	20.4		Ⅱ	粤
242	西航道广州饮用、工业用水区	西航道广州开发利用区	珠江三角洲	西航道	鸦岗	白鹅潭	18.0		Ⅲ	粤
243	前航道广州景观用水区	前航道广州开发利用区	珠江三角洲	前航道	白鹅潭	黄埔港	32.0		Ⅳ	粤

序号	二级水功能区名称	所在一级水功能区名称	水系	河流、湖库	范围 起始断面	范围 终止断面	长度(km)	面积(km²)	水质目标	省级行政区
244	后航道广州工业、景观用水区	后航道广州工业开发利用区	珠江三角洲	后航道	白鹅潭	沙洛	7.0		Ⅲ	粤
245	后航道广州景观用水区	后航道广州景观开发利用区	珠江三角洲	后航道	沙洛	黄埔港	26.0		Ⅳ	粤
246	三枝香水道新基饮用、渔业用水区	三枝香水道开发利用区	珠江三角洲	三枝香水道	沙洛	新基	11.0		Ⅲ	粤
247	官洲河广州工业用水区	官洲河开发利用区	珠江三角洲	官洲河	三围	新洲	9.0		Ⅳ	粤
248	黄埔水道广州工业用水区	黄埔水道开发利用区	珠江三角洲	黄埔水道	黄埔港	东江口	7.0		Ⅳ	粤
249	虎门水道渔业、农业用水区	虎门水道开发利用区	珠江三角洲	虎门水道	东江口	舢板洲	17.0		Ⅲ	粤
250	莲花山水道莲花山渔业、农业、工业用水区	莲花山水道开发利用区	珠江三角洲	莲花山水道	莲花山	八唐尾	11.0		Ⅲ	粤
251	西丽水库饮用、农业用水区	西丽水库开发利用区	珠江三角洲	西丽水库	西丽水库库区			4.1	Ⅱ	粤
252	梅林水库饮用水源区	梅林水库饮用水源区	珠江三角洲	梅林水库	梅林水库库区			0.7	Ⅱ	粤
253	铁岗水库工业、农业用水区	铁岗水库开发利用区	珠江三角洲	铁岗水库	铁岗水库库区			11.8	Ⅱ	粤
254	石岩水库饮用、农业用水区	石岩水库开发利用区	珠江三角洲	石岩水库	石岩水库库区			3.5	Ⅱ	粤
255	琴江干流河口景观用水区	琴江干流五华开发利用区	韩江	琴江	五华水寨大桥	五华河口大桥	5.0		Ⅲ	粤
256	琴江干流五华河口农业用水区	琴江干流五华开发利用区	韩江	琴江	五华河口大桥	五华兴宁交界	16.0		Ⅱ	粤
257	梅江干流梅县工业、农业用水区	梅江干流梅县开发利用区	韩江	梅江	畲江镇官铺	水车镇安和	15.0		Ⅲ	粤
258	梅江干流梅州饮用、农业用水区	梅江干流梅县开发利用区	韩江	梅江	梅县县城	程江汇梅江口	1.0		Ⅱ	粤
259	梅江干流梅州景观、工业用水区	梅江干流梅州开发利用区	韩江	梅江	程江汇梅江口	梅州西阳镇	23.0		Ⅲ	粤
260	韩江干流韩江工业、农业用水区	韩江干流梅州、潮安开发利用区	韩江	韩江	梅县、西阳镇	梅县、大埔三河坝	79.0		Ⅲ	粤
261	韩江干流中游工业、农业用水区	韩江干流梅州、潮安开发利用区	韩江	韩江	梅县、大埔三河坝	丰顺三河坝	72.0		Ⅲ	粤
262	韩江干流潮州饮用水源区	韩江干流潮州开发利用区	韩江	韩江	丰顺潮安西溪交界	潮州东溪西溪分叉处	30.0		Ⅱ	粤

序号	项目 二级水功能区名称	所在一级水功能区名称	水系	河流、湖库	范围 起始断面	终止断面	长度 (km)	面积 (km²)	水质目标	省级行政区
263	韩江西溪潮安、澄海饮用水源区	韩江西溪潮安、澄海饮用利用区	韩江	韩江	西溪分流口	澄海外砂镇大衙	22.0		Ⅱ	粤
264	西溪梅溪河汕头饮用水源区	韩江西溪、梅溪河汕头开发利用区	韩江	韩江	澄海外砂镇大衙	梅溪桥闸	8.0		Ⅱ	粤
265	西溪梅溪河西港工业、景观用水区	韩江西溪、梅溪河汕头开发利用区	韩江	韩江	梅溪桥闸	西港出海口	6.0		Ⅲ	粤
266	西溪新津河下埔饮用水源区	韩江西溪新津河开发利用区	韩江	韩江	澄海外砂镇大衙	下埔桥闸	6.3		Ⅱ	粤
267	西溪新津河妈屿渔业用水区	韩江西溪新津河开发利用区	韩江	韩江	下埔桥闸	新津河口	9.0		Ⅲ	粤
268	西溪外砂河冠山饮用水源区	韩江西溪、外砂河开发利用区	韩江	韩江	澄海冠山	外砂桥闸	5.0		Ⅱ	粤
269	西溪外砂河南港渔业用水区	韩江西溪、外砂河开发利用区	韩江	韩江	外砂桥闸	南港出海口	6.0		Ⅲ	粤
270	东溪莲阳河莲阳桥饮用水源区	韩江东溪开发利用区	韩江	韩江	东溪分流口	莲阳桥	29.0		Ⅱ	粤
271	东溪莲阳河莲阳渔业用水区	韩江东溪开发利用区	韩江	韩江	莲阳桥闸	北港出海口	9.0		Ⅲ	粤
272	韩江南溪澄海饮用、农业用水区	韩江南溪开发利用区	韩江	韩江	南溪桥闸	南北溪汇合处	8.3		Ⅱ	粤
273	韩江北溪潮洲饮用、农业用水区	韩江北溪开发利用区	韩江	韩江	潮洲北溪分流口	澄海南美	19.2		Ⅲ	粤
274	北溪义丰溪澄海饮用、农业用水区	韩江北溪开发利用区	韩江	韩江	澄海南美	东里桥闸	8.2		Ⅱ	粤
275	北溪义丰溪澄海渔业用水区	韩江北溪开发利用区	韩江	韩江	东里桥闸	出海口	8.5		Ⅲ	粤
276	石窟河武平工业、农业用水区	石窟河武平开发利用区	韩江	石窟河	捷文水电站	闽、粤省界上游10km	69.9		Ⅲ	闽
277	汀江长汀新桥镇饮用水区	汀江长汀、上杭、永定开发利用区	韩江	汀江	长汀庵杰乡大屋背	长汀新桥镇水厂叶屋取水口上游3km	39.0		Ⅲ	闽

序号	二级水功能区名称	所在一级水功能区名称	水系	河流、湖库	范围		长度(km)	面积(km²)	水质目标	省级行政区
					起始断面	终止断面				
278	汀江长汀新桥镇饮用水源区	汀江长汀、上杭、永定开发利用区	韩江	汀江	长汀新桥镇水厂叶屋取水口上游3km	长汀新桥镇水厂叶屋取水口下游100m	3.1		Ⅱ~Ⅲ	闽
279	汀江长汀、上杭工业、农业用水区	汀江长汀、上杭、永定开发利用区	韩江	汀江	长汀新桥镇水厂叶屋取水口下游100m	涧龙电站大坝	112.0		Ⅲ	闽
280	汀江上杭横滩过渡区	汀江长汀、上杭、永定开发利用区	韩江	汀江	涧龙电站大坝	上杭水厂横滩取水口上游6.6km	11.3		Ⅲ	闽
281	汀江上杭横滩饮用水源区	汀江长汀、上杭、永定开发利用区	韩江	汀江	上杭水厂横滩取水口上游6.6km	上杭水厂横滩取水口下游4km	10.6		Ⅱ~Ⅲ	闽
282	汀江上杭南岗过渡区	汀江长汀、上杭、永定开发利用区	韩江	汀江	上杭水厂横滩取水口下游4km	上杭临城砂帽石	23.6		Ⅲ	闽
283	汀江上杭南岗饮用水源区	汀江长汀、上杭、永定开发利用区	韩江	汀江	上杭临城砂帽石	上杭南岗水厂取水口下游200m	3.0		Ⅱ~Ⅲ	闽
284	汀江上杭、永定工业、农业、景观娱乐用水区	汀江长汀、上杭、永定开发利用区	韩江	汀江	上杭南岗水厂取水口下游200m	闽、粤省界上游10km（福建棉花滩水库坝址上游9km）	58.7		Ⅲ	闽
285	梅潭河大埔农业、饮用水源区	梅潭河大埔开发利用区	韩江	梅潭河	大埔县城	入韩江口	26.0		Ⅱ	粤
286	榕江干流（南河）牛田洋渔业、工业用水区	榕江干流揭阳、汕头开发利用区	粤东沿海诸河	榕江	双溪咀	汕头牛田洋洋出海口	39.0		Ⅲ	粤

序号	二级水功能区名称	所在一级水功能区名称	水系	河流、湖库	范围 起始断面	范围 终止断面	长度（km）	面积（km²）	水质目标	省级行政区
287	九洲江陆川工业、农业用水区	九洲江陆川工业开发利用区	粤西沿海诸河	九洲江	陆川县碰塘村	大桥镇茶园村	9.0		IV	桂
288	九洲江陆川大桥过渡区	九洲江陆川开发利用区	粤西沿海诸河	九洲江	大桥镇茶园村	大桥镇大桥坝	5.8		出口断面III类	桂
289	九洲江陆川大塘工业用水区	九洲江陆川开发利用区	粤西沿海诸河	九洲江	大桥镇大桥坝	大塘坝	7.7		III	桂
290	九洲江陆川乌石农业、工业用水区	九洲江陆川开发利用区	粤西沿海诸河	九洲江	大塘坝	广西良田坝	22.3		IV	桂
291	九洲江陆川文地工业、农业用水区	九洲江陆川开发利用区	粤西沿海诸河	九洲江	广西良田坝	桂、粤省界上游10km	22.7		III	桂
292	九洲江合江饮用水源区	九洲江廉江开发利用区	粤西沿海诸河	九洲江	鹤地水库大坝	廉江合江桥	72.0		II	粤
293	九洲江龙湾桥上农业用水区	九洲江廉江开发利用区	粤西沿海诸河	九洲江	廉江合江桥	廉江龙湾桥	11.0		III	粤
294	九洲江龙湾桥下农业用水区	九洲江廉江开发利用区	粤西沿海诸河	九洲江	廉江龙湾桥	廉江沙铲河河口	14.0		III	粤
295	九洲江安铺农业、工业用水区	九洲江廉江开发利用区	粤西沿海诸河	九洲江	廉江沙铲河河口	安铺入海口	22.0		III	粤
296	九洲江营仔农业、工业用水区	九洲江廉江开发利用区	粤西沿海诸河	九洲江	缸瓦窑	营仔入海口	17.5		III	粤
297	鉴江干流高州、吴川秩地坡饮用、农业用水区	鉴江干流高州、吴川开发利用区	粤西沿海诸河	鉴江	曹江口	高州平江桥	7.0		III	粤
298	鉴江干流高州工业用水区	鉴江干流高州、吴川开发利用区	粤西沿海诸河	鉴江	高州平江桥	高州化肥厂	9.0		III	粤

序号	二级水功能区名称	所在一级水功能区名称	水系	河流、湖库	起始断面	终止断面	长度（km）	面积（km²）	水质目标	省级行政区
299	鉴江干流高州化肥厂过渡区	鉴江干流高州、吴川开发利用区	粤西沿海诸河	鉴江	高州化肥厂	西镇河河口	5.0		Ⅲ	粤
300	鉴江干流南盛饮用、农业用水区	鉴江干流高州、吴川开发利用区	粤西沿海诸河	鉴江	西镇河河口	南盛拦河坝	31.0		Ⅲ	粤
301	鉴江干流博青饮用、农业用水区	鉴江干流高州、吴川开发利用区	粤西沿海诸河	鉴江	南盛拦河坝	化州博青	17.0		Ⅲ	粤
302	鉴江干流油行园行饮用水源区	鉴江干流高州、吴川开发利用区	粤西沿海诸河	鉴江	化州博青	化州油行园	3.5		Ⅲ	粤
303	鉴江干流江口门饮用、农业用水区	鉴江干流高州、吴川开发利用区	粤西沿海诸河	鉴江	化州油行园	化州江口门	23.5		Ⅲ	粤
304	鉴江干流吴川饮用、农业用水区	鉴江干流高州、吴川开发利用区	粤西沿海诸河	鉴江	化州江口门	吴川水口渡桥	12.0		Ⅱ	粤
305	鉴江干流塘尾饮用、农业用水区	鉴江干流高州、吴川开发利用区	粤西沿海诸河	鉴江	吴川水口渡桥	塘尾分洪口下游500m	2.5		Ⅱ	粤
306	鉴江干流渔业、农业用水区	鉴江干流高州、吴川开发利用区	粤西沿海诸河	鉴江	塘尾分洪口下游500m	吴川沙角旋	31.5		Ⅲ	粤
307	北仑河东兴饮用水区	北仑河东兴开发利用区	桂南沿海诸河	北仑河	东兴市江那村	白鹤岭水库汇入口	6.0		Ⅱ～Ⅲ	桂
308	北仑河东兴工业、农业用水区	北仑河东兴开发利用区	桂南沿海诸河	北仑河	白鹤岭水库汇入口	东兴市油墩岛	9.0		Ⅲ	桂
309	南渡江澄迈饮用水源区	南渡江下游澄迈、海口开发利用区	海南岛诸河	南渡江	九龙滩水坝	金江镇	15.0		Ⅱ	琼
310	南渡江澄迈工业、农业用水区	南渡江下游澄迈、海口开发利用区	海南岛诸河	南渡江	金江镇	东山镇	32.0		Ⅱ	琼

序号	二级水功能区名称	所在一级水功能区名称	水系	河流、湖库	范围 起始断面	范围 终止断面	长度(km)	面积(km²)	水质目标	省级行政区
311	南渡江定安饮用、工业用水区	南渡江下游澄迈海口开发利用区	海南岛诸河	南渡江	东山镇	定城镇	11.0		Ⅱ	琼
312	南渡江琼山农业用水区	南渡江下游澄迈海口开发利用区	海南岛诸河	南渡江	定城镇	美仁坡乡	18.0		Ⅲ	琼
313	南渡江海口饮用水源区	南渡江下游澄迈海口开发利用区	海南岛诸河	南渡江	美仁坡乡	龙塘水坝	10.0		Ⅱ	琼
314	南渡江琼山工业、农业、渔业用水区	南渡江下游澄迈海口开发利用区	海南岛诸河	南渡江	龙塘水坝	灵山镇	17.0		Ⅲ	琼
315	南渡江海口景观娱乐、渔业用水区	南渡江下游澄迈海口开发利用区	海南岛诸河	南渡江	灵山镇	入海口	10.8		Ⅲ	琼
316	松涛灌区东干渠农业用水区	松涛灌区东干渠开发利用区	海南岛诸河	松涛灌区干渠	儋州那大镇	澄迈白莲镇	123.6		Ⅱ	琼
317	昌化江乐东饮用水源区	昌化江中游乐东开发利用区	海南岛诸河	昌化江	五指山市永明乡	抱由镇	5.0		Ⅱ	琼
318	昌化江大广坝农业、景观娱乐用水区	昌化江中游乐东开发利用区	海南岛诸河	昌化江	抱由镇	叉河镇	82.0		Ⅱ	琼
319	昌化江昌江工业、景观娱乐用水区	昌化江下游昌江开发利用区	海南岛诸河	昌化江	叉河镇	入海口	36.0		Ⅲ	琼
320	石碌河昌江饮用、农业用水区	石碌河昌江开发利用区	海南岛诸河	昌化江	白沙金波农场	入昌化江口	31.6	17.0	Ⅱ~Ⅲ	琼
321	万泉河加积饮用、景观娱乐用水区	万泉河琼海开发利用区	海南岛诸河	万泉河	定安河入万泉河口(合口咀)	加积水坝	31.0		Ⅱ	琼
322	万泉河下游博鳌景观娱乐、农业用水区	万泉河琼海开发利用区	海南岛诸河	万泉河	加积水坝	入海口	25.0		Ⅱ	琼
323	腾桥西河赤田水库三亚饮用、农业用水区	腾桥西河三亚开发利用区	海南岛诸河	腾桥河	三道农场	入腾桥河	11.9	6.1	Ⅱ	琼

14 西南诸河区重要江河湖泊水功能区划

一级水功能区划登记表

表 14.1

序号	一级水功能区名称	水系	河流、湖库	范围		长度（km）	面积（km²）	水质目标	省级行政区
				起始断面	终止断面				
1	澜沧江三江源保护区	澜沧江	澜沧江	源头	香达	411.0		Ⅱ	青
2	澜沧江昌都芒康保留区	澜沧江	澜沧江	香达	盐井	468.0		Ⅱ	藏
3	澜沧江藏滇缓冲区	澜沧江	澜沧江	盐井	德钦红山	99.3		Ⅱ	藏、滇
4	澜沧江碧罗雪山保护区	澜沧江	澜沧江	德钦红山	兰坪兔峨	341.3		Ⅱ	滇
5	澜沧江兰坪、云龙保留区	澜沧江	澜沧江	兰坪兔峨	云龙沘江口	71.5		Ⅱ～Ⅲ	滇
6	碧玉河兰坪保留区	澜沧江	碧玉河	源头	入澜沧江口	101.3		Ⅱ	滇
7	沘江兰坪开发利用区	澜沧江	沘江	源头	兰坪杏花	33.4		按二级区划执行	滇
8	沘江兰坪、云龙缓冲区	澜沧江	沘江	兰坪杏花	云龙白石	26.1		Ⅲ	滇
9	沘江云龙保留区	澜沧江	沘江	云龙白石	入澜沧江口	96.5		Ⅲ	滇
10	澜沧江云龙、景洪保留区	澜沧江	澜沧江	云龙沘江口	景洪曼栋厂	569.9		Ⅱ～Ⅲ	滇
11	澜沧江景洪开发利用区	澜沧江	澜沧江	景洪曼栋厂	橄榄坝八分场	22.4		按二级区划执行	滇
12	澜沧江景洪、勐腊保留区	澜沧江	澜沧江	橄榄坝八分场	橄榄坝八分场下游106.9km处	106.9		—	滇
13	银江河永平保留区	澜沧江	银江河	源头	入澜沧江口	103.4		Ⅱ	滇

序号	一级水功能区名称	水系	河流、湖库	范围		长度 (km)	面积 (km²)	水质目标	省级行政区
				起始断面	终止断面				
14	黑惠江源头水保护区	澜沧江	黑惠江	源头	丽江旬头	6.3		Ⅲ	滇
15	黑惠江剑川、南涧保留区	澜沧江	黑惠江	丽江旬头	入澜沧江口	335.5		Ⅱ~Ⅲ	滇
16	弥苴河源头水保护区	澜沧江	弥苴河	源头	弥苴河河北纬26°处	72.0		Ⅱ	滇
17	苍山洱海自然保护区	澜沧江	洱海	弥苴河河北纬26°处	大关邑水位站	23.3	250.0	Ⅱ	滇
18	西洱河大理开发利用区	澜沧江	西洱河	大关邑水位站	入黑惠江口			按二级区划执行	滇
19	海西海开发利用区	澜沧江	海西海	海西海			3.2	按二级区划执行	滇
20	茨碧湖开发利用区	澜沧江	茨碧湖	茨碧湖			7.7	按二级区划执行	滇
21	波罗江大理开发利用区	澜沧江	波罗江	源头	入洱海口	25.8		按二级区划执行	滇
22	顺濞河云龙、漾濞保留区	澜沧江	顺濞河	源头	入黑惠江口	129.2		Ⅱ	滇
23	罗闸河源头水保护区	澜沧江	罗闸河	源头	河西水库入库口	23.8		Ⅱ	滇
24	罗闸河昌宁开发利用区	澜沧江	罗闸河	河西水库入库口	昌宁红木寨	18.3		按二级区划执行	滇
25	罗闸河昌宁、云县保留区	澜沧江	罗闸河	昌宁红木寨	云县水磨	99.9		按二级区划执行	滇
26	罗闸河云县开发利用区	澜沧江	罗闸河	云县水磨	云县丫口村	6.8		按二级区划执行	滇
27	罗闸河云县保留区	澜沧江	罗闸河	云县丫口村	入澜沧江口	41.4		Ⅲ	滇
28	小黑江源头水保护区	澜沧江	小黑江	源头	耿马允捧	23.4		Ⅰ	滇
29	小黑江耿马、双江保留区	澜沧江	小黑江	耿马允捧	入澜沧江口	147.0		Ⅲ	滇
30	勐勐河源头水保护区	澜沧江	勐勐河	源头	旬头水文站	53.0		Ⅱ	滇
31	勐勐河双江开发利用区	澜沧江	勐勐河	旬头水文站	南来	16.0		按二级区划执行	滇
32	勐勐河双江保留区	澜沧江	勐勐河	南来	入小黑江口	12.0		Ⅲ	滇
33	威远江源头水保护区	澜沧江	威远江	源头	景谷县城	89.5		Ⅱ	滇

序号	一级水功能区名称	水系	河流、湖库	范围		长度（km）	面积（km²）	水质目标	省级行政区
				起始断面	终止断面				
34	威远江景谷开发利用区	澜沧江	威远江	景谷县城	景谷县城下9km	8.0		按二级区划执行	滇
35	威远江景谷保留区	澜沧江	威远江	景谷县城下9km	入澜沧江口	107.3		Ⅲ	滇
36	景谷河源头水保护区	澜沧江	景谷河	源头	镇源塘房	30.7		Ⅱ	滇
37	景谷河源头开发利用区	澜沧江	景谷河	镇源塘房	水库坝址	12.5		按二级区划执行	滇
38	景谷河景谷保留区	澜沧江	景谷河	景谷河水库坝址	入威远江口	34.0		Ⅱ	滇
39	小黑江景谷、思茅保留区	澜沧江	小黑江	源头	入威远江口	113.0		Ⅱ	滇
40	普洱大河源头水保护区	澜沧江	普洱大河	源头	东洱河水库库区起始	9.0		Ⅱ	滇
41	普洱大河普洱开发利用区	澜沧江	普洱大河	东洱河水库库区起始	箐门口电站	19.5		按二级区划执行	滇
42	普洱大河普洱、思茅保留区	澜沧江	普洱大河	箐门口电站	入黑河口	64.9		Ⅲ	滇
43	思茅河思茅开发利用区	澜沧江	思茅河	源头	思茅莲花	14.0	1.8	按二级区划执行	滇
44	思茅河思茅保留区	澜沧江	思茅河	思茅莲花	入普洱河口	24.2		Ⅲ	滇
45	黑河源头水保护区	澜沧江	黑河	源头	澜沧木戛	17.5		Ⅱ	滇
46	黑河源头澜沧保留区	澜沧江	黑河	澜沧木戛	入澜沧江口	109.0		Ⅱ	滇
47	大中河水库开发利用区	澜沧江	大中河	库区起始	坝址		2.4	按二级区划执行	滇
48	南安河澜沧、勐海保留区	澜沧江	南安河	源头	入澜沧江口	77.5		Ⅲ	滇
49	纳板河景洪保护区	澜沧江	纳板河	源头	入澜沧江口	24.5		Ⅰ	滇
50	流沙河勐海、景洪开发利用区	澜沧江	流沙河	源头	入澜沧江口	128.7		按二级区划执行	滇
51	补远江源头水保护区	澜沧江	补远江	源头	普洱勐先	12.0		Ⅱ	滇
52	补远江普洱、勐腊保留区	澜沧江	补远江	普洱勐先	入澜沧江口	224.0		Ⅱ	滇
53	普文河普洱、思茅、景洪保护区	澜沧江	普文河	源头	入补远江口	114.9		Ⅱ	滇

序号	一级水功能区名称	水系	河流、湖库	范围 起始断面	范围 终止断面	长度（km）	面积（km²）	水质目标	行政区
54	南阿河源头水保护区	澜沧江	南阿河	源头	景洪曼光罕	52.0		Ⅱ	滇
55	南阿河景洪保留区	澜沧江	南阿河	景洪曼光罕	入澜沧江口	92.0		Ⅱ	滇
56	南腊河源头水保护区	澜沧江	南腊河	源头	大沙坝水库库区起始	47.0		Ⅱ	滇
57	南腊河勐腊开发利用区	澜沧江	南腊河	大沙坝水库库区起始	勐腊勐捧	95.0		按二级区划执行	滇
58	南腊河勐腊保留区	澜沧江	南腊河	勐腊勐捧	勐腊勐捧下游45.5km处	45.5		Ⅲ	滇
59	南拉河源头水保护区	澜沧江	南拉河	源头	澜沧高寨	25.0		Ⅱ	滇
60	南拉河澜沧保留区	澜沧江	南拉河	澜沧高寨	230界碑	195.0		Ⅱ～Ⅲ	滇
61	南垒河源头水保护区	澜沧江	南垒河	源头	孟连勐英	21.6		Ⅱ	滇
62	南垒河孟连保留区	澜沧江	南垒河	孟连勐英	孟连勐英下游62km处	62.0		Ⅲ	滇
63	怒江那曲源头水保护区	怒江及伊洛瓦底江	怒江	源头	那曲镇大桥	391.0		Ⅱ	藏
64	怒江那曲、昌都、林芝保留区	怒江及伊洛瓦底江	怒江	那曲镇大桥	察瓦龙	1021.0		Ⅱ	藏
65	怒江藏滇缓冲区	怒江及伊洛瓦底江	怒江	察瓦龙	贡山青拉桶	62.2		Ⅱ	藏、滇
66	怒江高黎贡山、碧罗雪山保护区	怒江及伊洛瓦底江	怒江	贡山青拉桶	泸水称戛	231.0		Ⅱ	滇
67	怒江泸水、保山保留区	怒江及伊洛瓦底江	怒江	泸水称戛	保山勐古	56.7		Ⅱ	滇
68	怒江保山、龙陵保留区	怒江及伊洛瓦底江	怒江	保山勐古	保山勐古下游236km处	236.0		—	滇

序号	一级水功能区名称	项目 水系	河流、 湖库	范围 起始断面	范围 终止断面	长度 (km)	面积 (km²)	水质目标	省级 行政区
69	施甸河施甸开发利用区	怒江及伊洛瓦底江	施甸河	源头	由旺镇由旺	26.9		按二级区划执行	滇
70	施甸河施甸保留区	怒江及伊洛瓦底江	施甸河	由旺镇由旺	入怒江江口	26.4		Ⅲ	滇
71	勐波罗河保山开发利用区	怒江及伊洛瓦底江	勐波罗河	源头	保山大湾	34.0		按二级区划执行	滇
72	勐波罗河保山、施甸保留区	怒江及伊洛瓦底江	勐波罗河	保山大湾	入怒江江口	125.0		Ⅲ	滇
73	永康河永德保留区	怒江及伊洛瓦底江	永康河	源头	勐波罗河口	65.9		Ⅲ	滇
74	南丁河源头水保护区	怒江及伊洛瓦底江	南丁河	源头	博尚水库坝址	7.6		Ⅰ	滇
75	南丁河临沧开发利用区	怒江及伊洛瓦底江	南丁河	博尚水库坝址	大文水文站	32.6		按二级区划执行	滇
76	南丁河临沧、耿马保留区	怒江及伊洛瓦底江	南丁河	大文水文站	大文水文站 下游232.7km处	232.7		Ⅲ	滇
77	南捧河镇康、耿马保留区	怒江及伊洛瓦底江	南捧河	源头	入南丁河河口	137.0		Ⅱ	滇
78	南滚河沧源保护区	怒江及伊洛瓦底江	南滚河	南滚河境内干流		62.1		Ⅱ	滇
79	南卡江西盟、孟连保留区	怒江及伊洛瓦底江	南卡江	南卡河境内干流		92.4		Ⅲ	滇
80	南康河西盟保留区	怒江及伊洛瓦底江	南康河	源头	入南卡江口	68.0		Ⅲ	滇

続表

序号	一级水功能区名称	水系	河流、湖库	范围 起始断面	终止断面	长度（km）	面积（km²）	水质目标	省级行政区
81	伊洛瓦底江紫曲源头水保护区	怒江及伊洛瓦底江	吉太曲	源头	省界	68.0		Ⅱ	藏
82	独龙江藏滇缓冲区	怒江及伊洛瓦底江	独龙江	入境口	贡山甫代	4.0		Ⅱ	藏、滇
83	独龙江保护区	怒江及伊洛瓦底江	独龙江	贡山甫代	贡山甫代下游76km处	76.0		Ⅱ	滇
84	大盈江源头水保护区	怒江及伊洛瓦底江	大盈江	源头	腾冲打苴	12.0		Ⅱ	滇
85	大盈江腾冲、梁河开发利用区	怒江及伊洛瓦底江	大盈江	腾冲打苴	梁河水文站	51.7		按二级区划执行	滇
86	大盈江梁河、盈江保留区	怒江及伊洛瓦底江	大盈江	梁河水文站	拉贸练水文站	36.7		Ⅲ	滇
87	大盈江盈江开发利用区	怒江及伊洛瓦底江	大盈江	拉贸练水文站	盈江姐冒	26.4		按二级区划执行	滇
88	大盈江盈江保留区	怒江及伊洛瓦底江	大盈江	盈江姐冒	盈江姐冒下游36.4km处	36.4		Ⅲ	滇
89	槟榔江源头水保护区	怒江及伊洛瓦底江	槟榔江	源头	腾冲县猴桥	38.9		Ⅱ	滇
90	槟榔江腾冲、盈江保留区	怒江及伊洛瓦底江	槟榔江	腾冲县猴桥	入大盈江口	65.4		Ⅱ～Ⅲ	滇
91	卢宋河水库开发利用区	怒江及伊洛瓦底江	卢宋河	卢宋河水库库区			8.0	按二级区划执行	滇
92	瑞丽江源头水保护区	怒江及伊洛瓦底江	龙江	源头	腾冲曲石	76.3		Ⅱ	滇

— 334 —

序号	一级水功能区名称	水系	河流、湖库	范围 起始断面	范围 终止断面	长度 (km)	面积 (km²)	水质目标	行政区 省级
93	瑞丽江腾冲、潞西保留区	怒江及伊洛瓦底江	瑞丽江	腾冲曲石	潞西遮冒	178.8		Ⅲ	滇
94	瑞丽江潞西、瑞丽开发利用区	怒江及伊洛瓦底江	瑞丽江	潞西遮冒	畹瑞大桥	26.0		按二级区划执行	滇
95	瑞丽江瑞丽保留区	怒江及伊洛瓦底江	瑞丽江	畹瑞大桥	畹瑞大桥下游51.5km处	51.5		Ⅲ	滇
96	芒市河源头水保护区	怒江及伊洛瓦底江	芒市河	源头	木康水文站	24.0		Ⅱ	滇
97	芒市河潞西（上）开发利用区	怒江及伊洛瓦底江	芒市河	木康水文站	等戛水文站	23.1		按二级区划执行	滇
98	芒市河潞西保留区	怒江及伊洛瓦底江	芒市河	等戛水文站	遮放团结	26.5		Ⅲ	滇
99	芒市河潞西（下）开发利用区	怒江及伊洛瓦底江	芒市河	遮放团结	入龙江口	43.5		按二级区划执行	滇
100	芒冤水库开发利用区	怒江及伊洛瓦底江	南木黑河	芒冤水库库区			1.0	按二级区划执行	滇
101	勐板河水库开发利用区	怒江及伊洛瓦底江	黑鱼沟	勐板河水库库区			0.4	按二级区划执行	滇
102	姐勒水库开发利用区	怒江及伊洛瓦底江	南卡河	姐勒水库库区			1.5	按二级区划执行	滇
103	南宛河源头水保护区	怒江及伊洛瓦底江	南宛河	源头	陇川麻栗坝	34.6		Ⅱ	滇
104	南宛河陇川开发利用区	怒江及伊洛瓦底江	南宛河	陇川麻栗坝	界河起始点	46.8		按二级区划执行	滇

序号	一级水功能区名称	水系	河流、湖库	范围		长度（km）	面积（km²）	水质目标	省级行政区
				起始断面	终止断面				
105	南苑河陇川保留区	怒江及伊洛瓦底江	南苑河	界河起始点	入瑞丽江口	62.1		Ⅲ	滇
106	雅鲁藏布江萨嘎、拉孜源头水保护区	雅鲁藏布江	雅鲁藏布江	源头	拉孜查邬	612.0		Ⅱ	藏
107	雅鲁藏布江日喀则、拉萨、山南、林芝保留区	雅鲁藏布江	雅鲁藏布江	拉孜查邬	派乡	880.0		Ⅱ	藏
108	拉萨河林周劳多源头水保护区	雅鲁藏布江	拉萨河	源头	林周县劳多	340.0		Ⅱ	藏
109	拉萨河林周、达孜保留区	雅鲁藏布江	拉萨河	林周县劳多	拉孜市蔡公堂	146.0		Ⅱ	藏
110	拉萨河拉萨市开发利用区	雅鲁藏布江	拉萨河	拉孜市蔡公堂	堆龙河出口	22.0		按二级区划执行	藏
111	拉萨河堆龙德庆保留区	雅鲁藏布江	拉萨河	堆龙河出口	拉萨河出口	43.0		Ⅲ	藏
112	年楚河康马、江孜源头水保护区	雅鲁藏布江	年楚河	源头	江孜水文站	107.0		Ⅱ	藏
113	年楚河江孜、白朗、日喀则保留区	雅鲁藏布江	年楚河	江孜水文站	日喀则希嘎	98.0		Ⅲ	藏
114	年楚河日喀则夏果源头水保护区	雅鲁藏布江	年楚河	日喀则希嘎	夏果	16.0		Ⅱ	藏
115	雅砻河夏果源头水保护区	雅鲁藏布江	雅砻河	源头	夏果	47.5		Ⅱ	藏
116	雅砻河昌珠保留区	雅鲁藏布江	雅砻河	夏果	昌珠镇	29.2		Ⅱ	藏
117	雅砻河泽当镇开发利用区	雅鲁藏布江	雅砻河	昌珠镇	雅砻河出口	5.5		按二级区划执行	藏
118	尼洋河工布江达源头水保护区	雅鲁藏布江	尼洋河	源头	工布江达	136.0		Ⅱ	藏
119	尼洋河工布江达八一镇保留区	雅鲁藏布江	尼洋河	工布江达县城	八一镇甲不丁	132.0		Ⅱ	藏
120	尼洋河八一镇开发利用区	雅鲁藏布江	尼洋河	八一镇甲不丁	八一镇种畜场	11.0		按二级区划执行	藏
121	尼洋河八一林芝保留区	雅鲁藏布江	尼洋河	八一镇种畜场	尼洋河出口	30.0		Ⅱ	藏
122	多雄藏布昂仁保留区	雅鲁藏布江	多雄藏布	源头	多雄藏布出口	308.0		Ⅲ	藏
123	美曲藏布昂仁保留区	雅鲁藏布江	美曲藏布	源头	美曲藏布出口	201.5		Ⅲ	藏

序号	项目 一级水功能区名称	水系	河流、湖库	范围 起始断面	终止断面	长度 (km)	面积 (km²)	水质目标	省级行政区
124	雅鲁藏布江林芝保留区	雅鲁藏布江	雅鲁藏布江	派乡	墨脱帮辛	164.0		Ⅱ	藏
125	雅鲁藏布江大峡谷国家级自然保护区	雅鲁藏布江	雅鲁藏布江	墨脱帮辛	背崩	46.0		Ⅱ	藏
126	雅鲁藏布江背崩保留区	雅鲁藏布江	雅鲁藏布江	背崩	背崩下游270km处	270.0		—	藏
127	帕隆藏布自然保护区	雅鲁藏布江	帕隆藏布	境内干流河段		269.8		Ⅱ	藏
128	朋曲珠峰自然保护区	藏南诸河	朋曲	境内干流河段		260.0		Ⅱ	藏
129	西巴霞曲隆子源头水保护区	藏南诸河	西巴霞曲	源头	隆子县城	97.0		Ⅱ	藏
130	西巴霞曲隆子保留区	藏南诸河	西巴霞曲	隆子县城	隆子县城下游257km处	257.0		Ⅱ	藏
131	察隅曲慈巴沟自然保护区	藏南诸河	察隅曲	境内干流河段		238.0		Ⅱ	藏
132	羊卓雍错保护区	藏南诸河	羊卓雍错	羊卓雍错			638.0	Ⅰ	藏
133	普莫雍错保留区	藏南诸河	普莫雍错	普莫雍错			284.0	Ⅱ	藏
134	佩枯错保留区	藏南诸河	佩枯错	佩枯错			284.4	Ⅰ	藏
135	森格藏布革吉源头水保护区	藏西诸河	森格藏布	源头	革吉县城	125.0		Ⅱ	藏
136	森格藏布革吉噶尔保留区	藏西诸河	森格藏布	革吉县城	革吉县城下游294km处	294.0		Ⅱ	藏
137	朗钦藏布扎达源头水保护区	藏西诸河	朗钦藏布	源头	扎达县城	123.0		Ⅱ	藏
138	朗钦藏布扎达保留区	藏西诸河	朗钦藏布	扎达县城	扎达县城下游246km处	246.0		Ⅱ	藏
139	红河源头水保护区	红河	元江	源头	魏山回辉登	17.2		Ⅱ	滇
140	红河魏山保留区	红河	元江	魏山回辉登	魏山新庄	35.1		Ⅲ	滇
141	红河魏山开发利用区	红河	元江	魏山新庄	魏山洗澡塘	13.7		按二级区划执行	滇
142	红河魏山、河口保留区	红河	元江	魏山洗澡塘	魏山洗澡塘下游544.2km处	544.2		—	滇

序号	项目 一级水功能区名称	水系	河流、湖库	范围		长度(km)	面积(km²)	水质目标	省级行政区
				起始断面	终止断面				
143	李仙江（川河）南涧、景东无量山保护区	红河	李仙江	源头	川河大沟坝头	76.6		Ⅱ	滇
144	李仙江景东开发利用区	红河	李仙江	川河大沟坝头	景东者后	76.7		按二级区划执行	滇
145	李仙江景东、江城保留区	红河	李仙江	景东者后	景东者后下游327km处	327.0		—	滇
146	盘龙河源头水保护区	红河	盘龙江	源头	回龙坝水库	30.0		Ⅱ	滇
147	盘龙河砚山、文山开发利用区	红河	盘龙江	回龙坝水库	文山迷洒	99.4		按二级区划执行	滇
148	盘龙河文山—麻栗坡保留区	红河	盘龙江	文山迷洒	文山迷洒下游89.1km处	89.1		—	滇
149	藤条江源头水保护区	红河	藤条江	源头	元阳黄茅岭水文站	83.6		Ⅱ	滇
150	藤条江元阳、金平保留区	红河	藤条江	元阳黄茅岭水文站	元阳黄茅岭水文站下游78.2km处	78.2		Ⅱ	滇
151	响水河源头开发利用区	红河	响水河	源头	木腊河汇口	33.1		按二级区划执行	滇
152	响水河马关保留区	红河	响水河	木腊河汇口	木腊河汇口下游29.2km处	29.2		Ⅲ	滇
153	普梅江源头水保护区	红河	普梅江	源头	西畴上果	31.5		Ⅱ	滇
154	普梅江西畴、富宁保留区	红河	普梅江	西畴上果	西畴上果下游121.5km处	121.5		Ⅲ	滇
155	百南河（百都河）富宁保留区	红河	百南河	源头	滇、桂省界上游10km	30.0		Ⅱ	滇、桂
156	百南河（百都河）滇桂缓冲区	红河	百南河	滇、桂省界上游10km	滇、桂省界下游10km	20.0		Ⅱ	滇、桂
157	百南河（百都河）那坡保留区	红河	百南河	滇、桂省界下游10km	中越国界（百南乡平元村）	60.0		Ⅲ	桂
158	阿墨江景东、墨江哀牢山自然保护区	红河	阿墨江	源头	墨江小寨	112.0		Ⅱ	滇
159	阿墨江墨江保留区	红河	阿墨江	墨江小寨	入李仙江口	142.0		Ⅱ	滇

表 14.2

二级水功能区划登记表

序号	二级水功能区名称	所在一级水功能区名称	水系	河流、湖库	范围 起始断面	范围 终止断面	长度(km)	面积(km²)	水质目标	省级行政区
1	沱江兰坪饮用水源区	沱江兰坪开发利用区	澜沧江	沱江	源头	兰坪江头河村	18.4		I	滇
2	沱江兰坪工业、农业用水区	沱江兰坪开发利用区	澜沧江	沱江	兰坪江头河村	兰坪杏花	15.0		III	滇
3	澜沧江景洪饮用水源区	澜沧江景洪开发利用区	澜沧江	澜沧江	景洪曼栋厂	允景洪沙河水文站	3.0		II	滇
4	澜沧江景洪景观用水区	澜沧江景洪开发利用区	澜沧江	澜沧江	允景洪沙河水文站	景洪流沙河入口	8.0		III	滇
5	澜沧江景洪景观过渡区	澜沧江景洪开发利用区	澜沧江	澜沧江	景洪流沙河入口	橄榄坝八分场	11.4		III	滇
6	西洱河大理景观用水区	西洱河大理开发利用区	澜沧江	西洱河	大关邑水位站	入黑惠江口	23.3		III	滇
7	海西海农业、渔业用水区	海西海开发利用区	澜沧江	海西海	海西海			3.2	II	滇
8	茨碧湖饮用、农业用水区	茨碧湖开发利用区	澜沧江	茨碧湖	茨碧湖			7.7	II	滇
9	波罗江大理饮用、农业用水区	波罗江大理开发利用区	澜沧江	波罗江	源头	入洱海海口	25.8		II	滇
10	河西河昌宁饮用水区	罗闸河昌宁开发利用区	澜沧江	罗闸河	河西河入库口	河西河水库坝址	1.4		II	滇
11	罗闸河昌宁农业、工业用水区	罗闸河昌宁开发利用区	澜沧江	罗闸河	河西河水库坝址	昌宁红木寨	16.9		II	滇
12	罗闸河云县农业、工业用水区	罗闸河云县开发利用区	澜沧江	罗闸河	云县水磨	云县丫口村	6.8		III	滇
13	勐勐河双江农业、工业用水区	勐勐河双江开发利用区	澜沧江	勐勐河	甸头水文站	南宋	16.0		III	滇
14	威远江景谷工业、农业用水区	威远江景谷开发利用区	澜沧江	威远江	景谷县城	景谷县城下 9km	8.0		III	滇
15	景谷河景谷工业、农业用水区	景谷河开发利用区	澜沧江	景谷河	镇源塘房	水库坝址	12.5		II	滇
16	普洱大河普洱农业、工业用水区	普洱大河普洱开发利用区	澜沧江	普洱大河	东洱河水库库区起始	箐门口电站	19.5		III	滇
17	信房水库饮用水源区	思茅河思茅开发利用区	澜沧江	思茅河	源头	信房水库坝址		1.0	II	滇
18	梅子湖水库饮用、景观用水区	思茅河思茅开发利用区	澜沧江	思茅河	源头	梅子湖水库坝址		0.4	II	滇
19	洗马河水库饮用水源区	思茅河思茅开发利用区	澜沧江	思茅河	源头	洗马河水库坝址		0.4	II	滇
20	思茅河思茅景观、渔业用水区	思茅河思茅开发利用区	澜沧江	思茅河	信房水库坝址	思茅莲花	14.0		III	滇

序号	二级水功能区名称	所在一级水功能区名称	水系	河流、湖库	范围 起始断面	范围 终止断面	长度（km）	面积（km²）	水质目标	省级行政区
21	大中河水库工业、农业用水区	大中河水库工业开发利用区	澜沧江	大中河	库区起始	坝址		2.4	Ⅲ	滇
22	流沙河勐海工业、农业用水区	流沙河勐海、景洪开发利用区	澜沧江	流沙河	源头	勐海水文站	70.2		Ⅲ	滇
23	流沙河勐海、景洪景观、工业用水区	流沙河勐海、景洪景观、工业开发利用区	澜沧江	流沙河	勐海水文站	入澜沧江口	58.5		Ⅲ	滇
24	大沙坝水库饮用、农业用水区	南腊河勐腊开发利用区	澜沧江	南腊河	大沙坝水库库区起始	大沙坝水库坝址	17.5		Ⅱ	滇
25	南腊河勐腊农业、工业用水区	南腊河勐腊开发利用区	澜沧江	南腊河	大沙坝水库坝址	勐腊勐捧	77.5		Ⅱ	滇
26	施甸河施甸饮用、农业用水区	施甸河施甸开发利用区	怒江及伊洛瓦底江	施甸河	源头	蒋家寨水库坝址	2.1		Ⅱ	滇
27	施甸河施甸农业、工业用水区	施甸河施甸开发利用区	怒江及伊洛瓦底江	施甸河	蒋家寨水库坝址	由旺镇由旺	24.8		Ⅲ	滇
28	勐波罗河保山饮用水源区	勐波罗河保山开发利用区	怒江及伊洛瓦底江	勐波罗河	源头	北庙水库	15.0		Ⅱ	滇
29	勐波罗河保山工业、农业用水区	勐波罗河保山开发利用区	怒江及伊洛瓦底江	勐波罗河	北庙水库坝址	保山大湾	19.0		Ⅳ	滇
30	南丁河临沧农业、工业用水区	南丁河临沧开发利用区	怒江及伊洛瓦底江	南丁河	博尚水库坝址	大文水文站	32.6		Ⅲ	滇
31	大盈江腾冲饮用、农业用水区	大盈江腾冲、梁河开发利用区	怒江及伊洛瓦底江	大盈江	腾冲打苴	小西乡观音塘	11.1		Ⅱ	滇
32	大盈江腾冲、梁河农业、工业用水区	大盈江腾冲、梁河开发利用区	怒江及伊洛瓦底江	大盈江	小西乡观音塘	梁河水文站	40.6		Ⅲ	滇
33	大盈江盈江景观、农业用水区	大盈江盈江开发利用区	怒江及伊洛瓦底江	大盈江	拉贺练水文站	盈江姐冒	26.4		Ⅲ	滇

序号	二级水功能区名称	所在一级水功能区名称	水系	河流、湖库	范围 起始断面	范围 终止断面	长度 (km)	面积 (km²)	水质目标	行政区省级
34	户茶河水库工业、农业用水区	户茶河水库开发利用区	怒江及伊洛瓦底江	户茶河	户茶河水库库区			8.0	II	滇
35	瑞丽江潞西、瑞丽景观、农业用水区	瑞丽江潞西、瑞丽开发利用区	怒江及伊洛瓦底江	瑞丽江	潞西遮冒	畹瑞大桥	26.0		III	滇
36	芒市河潞西工业、农业用水区	芒市河潞西（上）开发利用区	怒江及伊洛瓦底江	芒市河	木康水文站	等戛水文站	23.1		III	滇
37	芒市河潞西农业、景观娱乐用水区	芒市河潞西（下）开发利用区	怒江及伊洛瓦底江	芒市河	遮放团结	入龙江口	43.5		III	滇
38	芒冗水库饮用、农业用水区	芒冗水库开发利用区	怒江及伊洛瓦底江	南木黑河	芒冗水库库区			1.0	II	滇
39	勐板河水库饮用、农业用水区	勐板河水库开发利用区	怒江及伊洛瓦底江	黑鱼沟	勐板河水文站			0.4	II	滇
40	姐勒水库饮用、农业用水区	姐勒水库开发利用区	怒江及伊洛瓦底江	南卡河	姐勒水库库区			1.5	II	滇
41	南宛河陇川农业、工业用水区	南宛河陇川开发利用区	怒江及伊洛瓦底江	南宛河	陇川麻栗坝	界河起始点	46.8		III	滇
42	拉萨河拉萨市蔡公堂饮用、工业、农业用水区	拉萨河拉萨开发利用区	雅鲁藏布江	拉萨河	拉萨市蔡公堂	拉萨市农牧局苗圃	4.0		II	藏
43	拉萨河拉萨市农牧局景观娱乐用水区	拉萨河拉萨开发利用区	雅鲁藏布江	拉萨河	拉萨市农牧局	西郊油库	16.0		II	藏
44	拉萨河拉萨市西郊过渡区	拉萨河拉萨开发利用区	雅鲁藏布江	拉萨河	西郊油库	堆龙河出口	2.0		III	藏
45	年楚河日喀则市希嘎饮用、工业、农业用水区	年楚河日喀则市开发利用区	雅鲁藏布江	年楚河	日喀则希嘎	嘎布丹	5.5		III	藏

序号	二级水功能区名称	所在一级水功能区名称	水系	河流、湖库	范围 起始断面	范围 终止断面	长度(km)	面积(km²)	水质目标	省级行政区
46	年楚河日喀则市嘎布通景观娱乐用水区	年楚河日喀则市开发利用区	雅鲁藏布江	年楚河	嘎布丹	东风大桥	7.5		Ⅲ	藏
47	年楚河日喀则市东风大桥过渡区	年楚河日喀则市开发利用区	雅鲁藏布江	年楚河	东风大桥	年楚河出口	3.0		Ⅲ	藏
48	雅砻河泽当镇饮用、工业、农业用水区	雅砻河泽当镇开发利用区	雅鲁藏布江	雅砻河	昌珠镇	昌珠下游200m	0.2		Ⅱ	藏
49	雅砻河泽当镇景观娱乐用水区	雅砻河泽当镇开发利用区	雅鲁藏布江	雅砻河	昌珠下游200m	卫生局大桥	4.0		Ⅱ	藏
50	雅砻河泽当镇卫生局过渡区	雅砻河泽当镇开发利用区	雅鲁藏布江	雅砻河	卫生局大桥	雅砻河出口	1.3		Ⅲ	藏
51	尼洋河八一镇饮用、工业、农业用水区	尼洋河八一镇开发利用区	雅鲁藏布江	尼洋河	八一镇甲村丁	八一镇加油站	3.0		Ⅱ	藏
52	尼洋河八一镇景观娱乐用水区	尼洋河八一镇开发利用区	雅鲁藏布江	尼洋河	八一镇加油站	气象局	6.0		Ⅱ	藏
53	尼洋河八一镇种畜场过渡区	尼洋河八一镇开发利用区	雅鲁藏布江	尼洋河	气象局	八一镇种畜场	2.0		Ⅲ	藏
54	红河魏山农业、工业用水区	红河魏山开发利用区	红河	元江	魏山新庄	魏山洗澡塘	13.7		Ⅲ	滇
55	李仙江景东农业、工业用水区	李仙江景东开发利用区	红河	李仙江	川河大沟坝头	景东者后	76.7		Ⅱ	滇
56	盘龙河砚山、文山工业用水区	盘龙河砚山、文山开发利用区	红河	盘龙河	回龙坝水库	文山天生桥	69.9		Ⅱ	滇
57	盘龙河文山饮用水源区	盘龙河砚山、文山开发利用区	红河	盘龙河	文山天生桥	攀枝花大桥	8.2		Ⅱ	滇
58	盘龙河文山景观、农业用水区	盘龙河砚山、文山开发利用区	红河	盘龙河	攀枝花大桥	文山迷洒	21.3		Ⅲ	滇
59	响水河马关农业、工业用水区	响水河马关开发利用区	红河	响水河	源头	木腊河汇口	33.1		Ⅱ	滇

15　西北诸河区重要江河湖泊水功能区划

表 15.1

一级水功能区划登记表

序号	一级水功能区名称	水系	河流、湖库	范围		长度（km）	面积（km²）	水质目标	省级行政区
				起始断面	终止断面				
1	卡依尔特斯河富源头水保护区	阿尔泰山南麓诸河	卡依尔特斯河	源头	海子口	110.0	—	Ⅱ	新
2	额尔齐斯河富蕴开发利用区	阿尔泰山南麓诸河	额尔齐斯河	海子口	635水库入库	—		按二级区划执行	新
3	额尔齐斯河阿勒泰635水库调水水源保护区	阿尔泰山南麓诸河	额尔齐斯河	635水库库区		—		—	新
4	额尔齐斯河阿勒泰开发利用区	阿尔泰山南麓诸河	额尔齐斯河	635水库出库	南湾水文站	—		按二级区划执行	新
5	额尔齐斯河哈巴县保留区	阿尔泰山南麓诸河	额尔齐斯河	南湾水文站	南湾水文站下游12公里处	—		—	新
6	布尔津河喀纳斯自然保护区	阿尔泰山南麓诸河	布尔津河	源头	喀纳斯出湖口	—		—	新
7	布尔津河布尔津开发利用区	阿尔泰山南麓诸河	布尔津河	喀纳斯出湖口	水利枢纽	—		—	新
8	布尔津河布尔津保留区	阿尔泰山南麓诸河	布尔津河	水利枢纽	入额河口	—		按二级区划执行	新
9	布尔根河青河理自然保护区	阿尔泰山南麓诸河	布尔根河	国境线	布尔根河口	50.0		—	新
10	青格里河青河县源头水保护区	阿尔泰山南麓诸河	青格里	源头	布尔根河口	196.0		—	新
11	乌伦古河青河富蕴保留区	阿尔泰山南麓诸河	乌伦古河	布尔根河口	峡口水库入库	199.0		Ⅱ	新
12	乌伦古河富蕴、福海开发利用区	阿尔泰山南麓诸河	乌伦古河	峡口水库入库	乌伦古湖入湖	244.0		Ⅱ	新
13	乌伦古湖福海开发利用区	阿尔泰山南麓诸河	乌伦古湖	乌伦古湖区			1050.0	按二级区划执行	新
14	特克斯河昭苏源头水保护区	中亚西亚内陆河区	特克斯河	国境线	解放大桥			按二级区划执行	新

序号	一级水功能区名称	水系	河流、湖库	范围		长度 (km)	面积 (km²)	水质目标	省级行政区
				起始断面	终止断面				
15	特克斯河昭苏、特克斯县开发利用区	中亚西亚内陆河区	特克斯河	解放大桥	卡甫其海水库入库	—		按二级区划执行	新
16	特克斯河卡甫其海水源保护区	中亚西亚内陆河区	特克斯河	卡甫其海水库入库	卡甫其海水库出库	—		—	新
17	特克斯河新源、巩留开发利用区	中亚西亚内陆河区	特克斯河	卡甫其海水库出库	特克斯河河口	—		按二级区划执行	新
18	伊犁河伊宁开发利用区	中亚西亚内陆河区	伊犁河	特克斯河河口	三道河子水文站	—		按二级区划执行	新
19	伊犁河霍城、黎布查尔保留区	中亚西亚内陆河区	伊犁河	三道河子水文站	国境线	—		—	新
20	博尔塔拉河温泉源头水保护区	天山北麓诸河	博尔塔拉河	源头	卡甫河口	18.0		II	新
21	博尔塔拉河温泉保留区	天山北麓诸河	博尔塔拉河	卡甫河口	温泉水文站	63.0		II	新
22	博尔塔拉河温泉开乐开发利用区	天山北麓诸河	博尔塔拉河	温泉水文站	90团四连大桥	160.0		按二级区划执行	新
23	艾比湖生态用水保护区	天山北麓诸河	艾比湖	艾比湖湖区	艾比湖湖区		1070.0	保持自然状态	新
24	赛里木湖开发利用区	天山北麓诸河	赛里木湖	赛里木湖湖区	赛里木湖湖区		454.0	按二级区划执行	新
25	玛纳斯河沙湾源头水保护区	天山北麓诸河	玛纳斯河	源头	青斯瓦特	160.0		II	新
26	玛纳斯河玛纳斯、沙湾开发利用区	天山北麓诸河	玛纳斯河	青斯瓦特	小拐农场	195.0		按二级区划执行	新
27	乌鲁木齐河乌鲁木齐源头水保护区	天山北麓诸河	乌鲁木齐河	源头	青年渠首	70.0		II	新
28	乌鲁木齐河乌鲁木齐开发利用区	天山北麓诸河	乌鲁木齐河	青年渠首	乌拉泊水库入库	32.0	0.4	II	新
29	托什干河阿合奇源头水保护区	塔里木河	托什干河	国境线	克州阿克苏地区界	188.0		按二级区划执行	新
30	托什干河阿合奇、阿克苏开发利用区	塔里木河	托什干河	克州阿克苏地区界	阿克苏西大桥	129.0		按二级区划执行	新
31	阿克苏河阿克苏开发利用区	塔里木河	阿克苏河	阿克苏西大桥	肖尔克	132.0		II	新
32	库玛拉克河乌什源头水保护区	塔里木河	库玛拉克河	国境线	协合拉枢纽	41.0		按二级区划执行	新
33	库玛拉克河温宿开发利用区	塔里木河	库玛拉克河	协合拉枢纽	托帕水库入库	64.0		按二级区划执行	新
34	塔里木河阿克苏开发利用区	塔里木河	塔里木河	肖尔克	英巴扎	495.0		按二级区划执行	新
35	塔里木河轮台、尉犁生态用水保护区	塔里木河	塔里木河	英巴扎	卡拉	398.0		IV	新
36	塔里木河尉犁、若羌生态用水保护区	塔里木河	塔里木河	卡拉	台特马湖	428.0		IV	新

序号	项目 一级水功能区名称	水系	河流、湖库	范围 起始断面	终止断面	长度（km）	面积（km²）	水质目标	省级行政区
37	开都河和静源头水保护区	塔里木河	开都河	源头	巴音布鲁克水文站	288.0		II	新
38	开都河巴音布鲁克天鹅自然保护区	塔里木河	开都河	巴音布鲁克水文站	巴音布鲁克呼斯台西里	85.0		II	新
39	开都河和静保留区	塔里木河	开都河	巴音布鲁克呼斯台西里	大山口水文站	157.0		III	新
40	开都河和静、焉耆、博湖开发利用区	塔里木河	开都河	大山口水文站	开都河河口	134.0		按二级区划执行	新
41	博斯腾湖开发利用区	塔里木河	博斯腾湖	博斯腾湖	（含小湖）		1398.0	按二级区划执行	新
42	孔雀河库尔勒开发利用区	塔里木河	孔雀河	扬水站	孔雀河第一分水枢纽	67.0		II	新
43	孔雀河库尔勒尉犁开发利用区	塔里木河	孔雀河	孔雀河第一分水枢纽	孔雀河第五分水枢纽	173.0		按二级区划执行	新
44	叶尔羌河喀什源头水保护区	塔里木河	叶尔羌河	源头	卡群水文站	480.0		II	新
45	叶尔羌河喀什开发利用区	塔里木河	叶尔羌河	卡群水文站	艾里克它木	295.0		按二级区划执行	新
46	叶尔羌河巴楚阿瓦提生态用水保护区	塔里木河	叶尔羌河	艾里克它木	人塔里木河河口	385.0		II	新
47	和田河和田、阿克苏陶源头水保护区	塔里木河	和田河	喀玉汇合口	入塔里木河河口	319.0		保持自然状态	新
48	克孜河乌恰阿恰伽源头水保护区	塔里木河	克孜河	入境	乌恰疏附县界	152.0		II	新
49	克孜河乌恰开发利用区	塔里木河	克孜河	乌恰疏附县界	喀什噶尔河河口	323.0		按二级区划执行	新
50	木扎提河温宿、拜城源头水保护区	塔里木河	木扎提河	源头	破城子	97.0		II	新
51	木扎提河拜城开发利用区	塔里木河	木扎提河	破城子	黑英水库	157.0		按二级区划执行	新
52	渭干河拜城、库车开发利用区	塔里木河	渭干河	黑英水库	入塔里木河河口	116.0		按二级区划执行	新
53	克里雅河于田源头水保护区	昆仑山山北麓小河	克里雅河	源头	努尔买买提兰干	192.0		II	新
54	克里雅河于田开发利用区	昆仑山山北麓小河	克里雅河	努尔买买提兰干	于田克孜勒克	152.0		按二级区划执行	新
55	车尔臣河且末源头水保护区	昆仑山山北麓小河	车尔臣河	源头	革命大渠	316.0		III	新
56	车尔臣河且末开发利用区	昆仑山山北麓小河	车尔臣河	革命大渠	且末县	37.0		按二级区划执行	新

序号	一级水功能区名称	水系	河流、湖库	范围 起始断面	范围 终止断面	长度 (km)	面积 (km²)	水质目标	省级行政区
57	车尔臣河且末、若羌生态用水保护区	昆仑山北麓小河	车尔臣河	且末县	台特玛湖	460.0		Ⅲ	新
58	青海湖自然保护区	青海湖水系	青海湖	青海湖湖区			4340.0	保持自然状态	青
59	格尔木河格尔木保留区	柴达木盆地	格尔木河	源头	舒尔干	316.2		Ⅱ	青
60	格尔木河格尔木开发利用区	柴达木盆地	格尔木河	舒尔干	新村	67.5		按二级区划执行	青
61	巴音河德令哈源头水保护区	柴达木盆地	巴音河	源头	繁汗哈达	142.0		Ⅱ	青
62	巴音河德令哈开发利用区	柴达木盆地	巴音河	繁汗哈达	入克鲁克湖湖口	166.0		按二级区划执行	青
63	克鲁克湖德令哈开发利用区	柴达木盆地	克鲁克湖	克鲁克湖湖区				按二级区划执行	青
64	石羊河凉州、民勤源头水保护区	河西内陆河	石羊河	武威松涛寺	红崖山水库	60.0	110.0	按二级区划执行	甘
65	黑河祁连源头水保留区	河西内陆河	黑河	源头	野牛沟	134.5		Ⅱ	青
66	黑河青海保留区	河西内陆河	黑河	野牛沟	扎嘛什克水文站	67.0		Ⅱ	青
67	黑河青甘开发利用区	河西内陆河	黑河	扎嘛什克水文站	莺落峡	111.5		按二级区划执行	青、甘
68	黑河甘肃开发利用区	河西内陆河	黑河	莺落峡	正义峡	204.0		按二级区划执行	甘
69	黑河甘肃生态保护区	河西内陆河	黑河	正义峡	哨马营	161.4		Ⅲ	甘
70	黑河内蒙额济纳旗生态保护区	河西内陆河	黑河	哨马营	居延海	249.6		Ⅲ	内蒙古
71	疏勒河玉门源头水保护区	河西内陆河	疏勒河	源头	昌马水文站	328.0		Ⅱ	青、甘
72	疏勒河玉门、瓜州开发利用区	河西内陆河	疏勒河	昌马水文站	西湖	260.0		按二级区划执行	甘
73	党河肃北源头水保护区	河西内陆河	党河	源头	别盖	248.0		Ⅱ	青、甘
74	党河肃北、敦煌开发利用区	河西内陆河	党河	别盖	入疏勒河河口	142.0		按二级区划执行	甘
75	乌拉盖河东乌珠沁旗源头水保护区	内蒙古内陆河	乌兰盖河	源头	乌兰哈达	58.7		Ⅱ	内蒙古
76	乌拉盖河东乌珠穆沁旗开发利用区	内蒙古内陆河	乌兰盖河	乌兰哈达	希日朝泊	261.3		按二级区划执行	内蒙古
77	乌拉盖河东乌珠穆沁旗湿地自然保护区	内蒙古内陆河	乌兰盖河	希日朝泊	乌拉盖高壁	110.0		Ⅲ	内蒙古
78	达里诺尔内蒙克什克腾旗保护区	内蒙古内陆河	达里诺尔湖	达里诺尔湖区			238.0	Ⅲ	内蒙古
79	安固里淖水库张口保护区	内蒙古内陆河	安固里淖水库	安固里淖水库库区			78.0	Ⅲ	冀
80	纳木错自然生态保护区	羌塘高原内陆区	纳木错	纳木错湖区			1920.0	保持自然状态	藏

表 15.2

二级水功能区划登记表

序号	二级水功能区名称	所在一级功能区名称	水系	河流、湖库	范围		长度（km）	面积（km²）	水质目标	行政区省级
					起始断面	终止断面				
1	额尔齐斯河富蕴农业、工业用水区	额尔齐斯河富蕴开发利用区	阿尔泰山南麓诸河	额尔齐斯河	海子口	富蕴县	—		—	新
2	额尔齐斯河富蕴、福海农业、工业生活用水区	额尔齐斯河富蕴开发利用区	阿尔泰山南麓诸河	额尔齐斯河	富蕴县	635水库入库	—		—	新
3	额尔齐斯河阿勒泰、布尔津农业、工业用水区	额尔齐斯河阿勒泰开发利用区	阿尔泰山南麓诸河	额尔齐斯河	635水库出库	布尔津水文站	—		—	新
4	额尔齐斯河哈巴河布尔津农业用水区	额尔齐斯河阿勒泰开发利用区	阿尔泰山南麓诸河	额尔齐斯河	布尔津水文站	南湾水文站	—		—	新
5	布尔津河布尔津农业用水区	布尔津河布尔津开发利用区	阿尔泰山南麓诸河	布尔津河	引水枢纽	入额河河口	—		—	新
6	乌伦古河富蕴、福海农业用水区	乌伦古河富蕴、福海开发利用区	阿尔泰山南麓诸河	乌伦古河	峡口水库入库	乌伦古湖入湖	244.0		Ⅱ	新
7	乌伦古湖福海渔业、用水区	乌伦古湖福海开发利用区	阿尔泰山南麓诸河	乌伦古湖	乌伦古湖湖区	乌伦古湖湖区	—	1050.0	保持自然状态	新
8	特克斯河特克斯、昭苏、巩留农业用水区	特克斯河昭苏、特克斯县开发利用区	中亚西亚内陆河	特克斯河	解放大桥	卡甫其海水库入库	—		—	新
9	特克斯河巩留农业、工业用水区	特克斯河新源、巩留利用区	中亚西亚内陆河	特克斯河	卡甫其海水库出库	特克斯河河口	—		—	新
10	伊犁河伊宁农业、工业用水区	伊犁河伊宁开发利用区	中亚西亚内陆河	伊犁河	特克斯河河口	伊犁河大桥上5km	—		—	新
11	伊犁河伊宁排污控制区	伊犁河伊宁开发利用区	中亚西亚内陆河	伊犁河	伊犁河大桥上5km	木材厂	—		—	新
12	伊犁河霍城过渡区	伊犁河伊宁开发利用区	中亚西亚内陆河	伊犁河	木材厂	三道子水文站	—		—	新
13	博尔塔拉河温泉博乐农业用水区	博尔塔拉河温泉博乐开发利用区	天山北麓诸河	博尔塔拉河	温泉水文站	90团四连大桥	160.0		Ⅲ	新

序号	二级水功能区名称	所在一级水功能区名称	水系	河流、湖库	范围起始断面	范围终止断面	长度（km）	面积（km²）	水质目标	省级行政区
14	赛里木湖景观、渔业用水区	赛里木湖开发利用区	天山北麓诸河	赛里木湖		赛里木湖湖区		454.0	III	新
15	玛纳斯河玛纳斯、沙湾工业用水区	玛纳斯河玛纳斯、沙湾开发利用区	天山北麓诸河	玛纳斯河	肯斯瓦特	红山嘴	30.0		III	新
16	玛纳斯河玛纳斯、沙湾石河子农业用水区	玛纳斯河玛纳斯、沙湾开发利用区	天山北麓诸河	玛纳斯河	红山嘴	夹河子水库	25.0		II	新
17	玛纳斯河玛纳斯、沙湾农业用水区	玛纳斯河玛纳斯、沙湾开发利用区	天山北麓诸河	玛纳斯河	夹河子水库	小拐农场	140.0		II	新
18	乌鲁木齐河乌鲁木齐工业用水区	乌鲁木齐河乌鲁木齐开发利用区	天山北麓诸河	乌鲁木齐河	青年渠首	乌拉泊水库上2km	30.0		II	新
19	乌鲁木齐河乌鲁木齐过渡区	乌鲁木齐河乌鲁木齐开发利用区	天山北麓诸河	乌鲁木齐河	乌拉泊水库上2km	乌拉泊水库入库	2.0		II	新
20	乌鲁木齐河乌鲁木齐饮用、农业用水区	乌鲁木齐河乌鲁木齐开发利用区	天山北麓诸河	乌鲁木齐河	乌拉泊水库库区			0.4	III	新
21	托什干河阿合奇、阿克苏农业用水区	托什干河阿合奇、阿克苏开发利用区	塔里木河	托什干河	克州阿克苏地区界	阿克苏西大桥	129.0		II	新
22	阿克苏河阿克苏排污控制区	阿克苏河阿克苏开发利用区	塔里木河	阿克苏河	西大桥	拜什吐格曼	25.0		III	新
23	阿克苏河阿克苏过渡区	阿克苏河阿克苏开发利用区	塔里木河	阿克苏河	拜什吐格曼	艾尼瓦提	10.0		II	新
24	阿克苏河阿克苏、阿瓦提农业用水区	阿克苏河阿克苏开发利用区	塔里木河	阿克苏河	艾尼瓦提	肖夹克	97.0		II	新
25	库玛拉克河阿克苏温宿农业用水区	库玛拉克河阿克苏温宿开发利用区	塔里木河	库玛拉克河	协合拉枢组	托库河汇合口	64.0		II	新
26	塔里木河阿克苏农业用水区	塔里木河阿克苏开发利用区	塔里木河	塔里木河	肖夹克	英巴扎	495.0		IV	新

序号	项目 二级水功能区名称	所在一级水功能区名称	水系	河流、湖库	范围 起始断面	范围 终止断面	长度 (km)	面积 (km²)	水质目标	省级行政区
27	开都河和静、焉耆农业、工业用水区	开都河和静、焉耆、博湖开发利用区	塔里木河	开都河	大山口水文站	开都河口	134.0		Ⅲ	新
28	博斯腾湖西泵站区景观娱乐用水区	博斯腾湖开发利用区	塔里木河	博斯腾湖	开都河入流、	孔雀河出流区		968.0	Ⅲ	新
29	博斯腾湖黑水湾区渔业、景观娱乐用水区	博斯腾湖开发利用区	塔里木河	博斯腾湖	开都河入流、与中央水力交换区	孔雀河出流区			Ⅲ	新
30	博斯腾湖中央区渔业、景观娱乐用水区	博斯腾湖开发利用区	塔里木河	博斯腾湖	博斯腾湖中央区				Ⅲ	新
31	乌什塔拉至红沙梁渔业用水区	博斯腾湖开发利用区	塔里木河	博斯腾湖	乌什塔拉至红沙梁	乌什塔拉至红沙梁东部区			Ⅲ	新
32	博斯腾湖黄水沟区农业用水区	博斯腾湖开发利用区	塔里木河	博斯腾湖	黄水沟区				Ⅲ	新
33	孔雀河口至达成提闸渔业、景观用水区	博斯腾湖开发利用区	塔里木河	博斯腾湖	孔雀河口至达成提闸小湖区			430.0	Ⅲ	新
34	孔雀河博湖农业用水区	孔雀河库尔勒开发利用区	塔里木河	孔雀河	扬水站	孔雀河第一分水闸	67.0		Ⅲ	新
35	孔雀河库尔勒尉犁农业用水区	孔雀河库尔勒尉犁开发利用区	塔里木河	孔雀河	孔雀河第一分水闸	普惠水管站	98.0		Ⅲ	新
36	孔雀河尉犁农业用水区	孔雀河尉犁开发利用区	塔里木河	孔雀河	普惠水管站	孔雀河第五分水闸	75.0		Ⅲ	新
37	叶尔羌河叶城、泽普、莎车农业用水区	叶尔羌河喀什开发利用区	塔里木河	叶尔羌河	卡群水文站	依干其渡口	70.0		Ⅱ	新
38	叶尔羌河莎车、麦盖提、巴楚农业用水区	叶尔羌河喀什开发利用区	塔里木河	叶尔羌河	依干其渡口	艾里克它木	225.0		Ⅱ	新

序号	二级水功能区名称	所在一级水功能区名称	水系	河流、湖库	范围		长度 (km)	面积 (km²)	水质目标	省级行政区
					起始断面	终止断面				
39	克孜河疏附伽师农业用水区	克孜河乌恰伽师开发利用区	塔里木河	克孜河	乌恰疏附县界	喀什噶尔河河口	323.0		Ⅲ	新
40	木扎提河拜城农业用水区	木扎提河拜城开发利用区	塔里木河	木扎提河	破城子	黑孜水库	157.0		Ⅱ	新
41	渭干河拜城、库车农业用水区	渭干河拜城、库车开发利用区	塔里木河	渭干河	黑孜水库	入塔里木河河口	116.0		Ⅱ	新
42	克里雅河于田农业用水区	克里雅河于田开发利用区	昆仑山北麓小河	克里雅河	努尔买买提兰干	于田克孜勒克	152.0		Ⅱ	新
43	车尔臣河且末农业用水区	车尔臣河且末开发利用区	昆仑山北麓小河	车尔臣河	革命大渠	且末县	37.0		Ⅲ	新
44	格尔木河格尔木农业用水区	格尔木河格尔木开发利用区	柴达木盆地	格尔木河	舒尔干	格尔木站	41.0		Ⅱ	青
45	格尔木河格尔木饮用水源区	格尔木河格尔木开发利用区	柴达木盆地	格尔木河	格尔木市白云桥	格尔木市白云桥	21.3		Ⅱ	青
46	格尔木河格尔木排污控制区	格尔木河格尔木开发利用区	柴达木盆地	格尔木河	格尔木市白云桥	新村	5.2			青
47	巴音河德令哈饮用水源区	巴音河德令哈开发利用区	柴达木盆地	巴音河	蔡孑哈达	德令哈站	82.0		Ⅱ	青
48	巴音河德令哈农业用水区	巴音河德令哈开发利用区	柴达木盆地	巴音河	德令哈站	桃哈	33.0		Ⅲ	青
49	巴音河德令哈过渡区	巴音河德令哈开发利用区	柴达木盆地	巴音河	桃哈	入克鲁克湖河口	51.0		Ⅲ	青
50	克鲁克湖德令哈渔业用水区	克鲁克湖德令哈开发利用区	柴达木盆地	克鲁克湖	克鲁克湖湖区			110.0	Ⅲ	青
51	石羊河凉州、民勤农业用水区	石羊河凉州、民勤开发利用区	河西内陆河	石羊河	武威松涛寺	红崖山水库	60.0		Ⅲ	甘

序号	项目 二级水功能区名称	所在一级水功能区名称	水系	河流、湖库	范围 起始断面	范围 终止断面	长度 (km)	面积 (km²)	水质目标	省级行政区
52	黑河青甘农业用水区	黑河青甘开发利用区	河西内陆河	黑河	扎嗛什克水文站	莺落峡	111.5		Ⅲ	青、甘
53	黑河甘州农业用水区	黑河甘肃开发利用区	河西内陆河	黑河	莺落峡	黑河大桥	21.2		Ⅲ	甘
54	黑河甘州工业、农业用水区	黑河甘肃开发利用区	河西内陆河	黑河	黑河大桥	高崖水文站	35.5		Ⅳ	甘
55	黑河临泽、高台、金塔工业、农业用水区	黑河甘肃开发利用区	河西内陆河	黑河	高崖水文站	正义峡	147.3		Ⅲ	甘
56	疏勒河玉门饮用、工业、农业用水区	疏勒河玉门、瓜州开发利用区	河西内陆河	疏勒河	昌马水文站	昌马新渠首	35.0		Ⅱ	甘
57	疏勒河玉门、瓜州农业用水区	疏勒河玉门、瓜州开发利用区	河西内陆河	疏勒河	昌马新渠首	潘家庄水文站	98.0		Ⅲ	甘
58	疏勒河瓜州农业、景观娱乐用水区	疏勒河玉门、瓜州开发利用区	河西内陆河	疏勒河	潘家庄水文站	双塔堡水库	15.0		Ⅲ	甘
59	疏勒河瓜州、敦煌工业、农业用水区	疏勒河玉门、瓜州开发利用区	河西内陆河	疏勒河	双塔堡水库	西湖	112.0		Ⅲ	甘
60	党河肃北、敦煌工业、农业用水区	党河肃北、敦煌开发利用区	河西内陆河	党河	别盖	党河水库大坝	63.0		Ⅱ	甘
61	党河敦煌工业、农业、景观娱乐用水区	党河肃北、敦煌开发利用区	河西内陆河	党河	党河水库大坝	入疏勒河河口	79.0		Ⅲ	甘
62	乌拉盖河乌东乌珠穆沁旗工业用水区	乌拉盖河乌东乌珠穆沁旗开发利用区	内蒙古内陆河	乌拉盖河	乌兰哈达	希日呼泊	261.3		Ⅲ	内蒙古

16 太湖流域重要江河湖泊水功能区划

表16.1

一级水功能区划登记表

序号	一级水功能区名称	水系	河流、湖库	范围		长度(km)	面积/库容(km²/亿m³)	水质目标	省级行政区
				起始断面	终止断面				
1	胥河高淳保留区	南溪	胥河(淳溧河)	溧阳河口镇	固城湖口	23.0		Ⅲ	苏
2	胥河溧阳保留区	南溪	胥河	郎溪界	河口	11.0		Ⅲ	苏
3	南河(南溪河)江苏开发利用区	南溪	南河(南溪河)	河口	西氿	50.3		按二级划区执行	苏
4	中河—北溪河江苏开发利用区	南溪	中河—北溪河	上沛河	西氿	45.5		按二级划区执行	苏
5	沙河水库及其上游常州水源地保护区	南溪	沙河水库及其上游	源头	沙河水库坝址		1.09(库容)	Ⅱ	苏
6	大溪水库及其上游常州水源地保护区	南溪	大溪水库及其上游	源头	大溪水库坝址		1.71(库容)	Ⅱ	苏
7	周城河溧阳开发利用区	南溪	周城河	前宋水库	朱渎河	13.0		按二级划区执行	苏
8	朱渎河溧阳开发利用区	南溪	朱渎河	大溪水库	南河	9.7		按二级划区执行	苏
9	溧戴河溧阳开发利用区	南溪	溧戴河	南河(南溪河)	戴埠镇	12.8		按二级划区执行	苏
10	横山水库及其上游宜兴水源地保护区	南溪	横山水库及其上游	源头	横山水库坝址		1.13(库容)	Ⅱ	苏
11	屋溪河宜兴保留区	南溪	屋溪河	源头	南河(南溪河)	18.8		Ⅲ	苏
12	西氿宜兴开发利用区	南溪	西氿	西氿			13.9	按二级划区执行	苏
13	六条河宜兴开发利用区	南溪	宜兴六条河	团氿	东氿	3.9		按二级划区执行	苏
14	东氿宜兴缓冲区	南溪、环湖	东氿	东氿			4.5	Ⅲ	苏
15	洪巷港宜兴缓冲区	南溪、环湖	洪巷港	东氿	太湖	2.9		Ⅲ	苏
16	城东港宜兴缓冲区	南溪、环湖	城东港	东氿	太湖	2.2		Ⅲ	苏

序号	一级水功能区名称	水系	河流、湖库	范围 起始断面	范围 终止断面	长度(km)	面积/库容(km²/亿m³)	水质目标	省级行政区
17	大浦港宜兴缓冲区	南溪、环湖	大浦港	东氿	太湖	2.5		Ⅲ	苏
18	蠡河宜兴缓冲区	南溪、环湖	蠡河	东氿	莲花荡	11.8		Ⅲ	苏
19	莲花荡宜兴缓冲区	南溪、环湖	莲花荡	莲花荡			2.0	Ⅲ	苏
20	乌溪港宜兴缓冲区	南溪、环湖	乌溪港	莲花荡	太湖	2.2		Ⅲ	苏
21	丹金溧漕河江苏开发利用区	南溪	丹金溧漕河	大运河	南河（溧阳）	66.4		按二级区划执行	苏
22	通济河江苏开发利用区	洮滆	通济河（干河）	胜利闸	丹金溧漕河	46.4		按二级区划执行	苏
23	香草河（含南门分洪道）丹阳开发利用区	洮滆	香草河	江南运河	通济河	22.5		按二级区划执行	苏
24	简渎河江苏开发利用区	洮滆	简渎河	南门	通济河口	22.2		按二级区划执行	苏
25	洮湖常州开发利用区	洮滆	洮湖	洮湖			96.7	按二级区划执行	苏
26	湟里河江苏开发利用区	洮滆	湟里河	洮湖	滆湖	20.2		按二级区划执行	苏
27	北干河江苏开发利用区	洮滆	北干河	洮湖	滆湖	16.6		按二级区划执行	苏
28	中干河江苏开发利用区	洮滆	中干河	洮湖	滆湖	26.0		按二级区划执行	苏
29	滆湖江苏开发利用区	洮滆	滆湖	武进湖区、宜兴湖区			118.9	按二级区划执行	苏
30	扁担河武进开发利用区	洮滆	扁担河	江南运河	滆湖	18.5		按二级区划执行	苏
31	漕桥河江苏开发利用区	洮滆	漕桥河	滆湖口	武进运河	8.1		按二级区划执行	苏
32	漕桥河江苏缓冲区	洮滆、环湖	漕桥河	武进运河	大滆运河	9.2		Ⅲ	苏
33	殷村港宜兴开发利用区	洮滆	殷村港	滆湖	武宜运河	8.0		按二级区划执行	苏
34	殷村港宜兴缓冲区	洮滆、环湖	殷村港	武宜运河	太湖	12.2		Ⅲ	苏
35	烧香河—新渎港宜兴开发利用区	洮滆	烧香河—新渎港	滆湖	武宜运河	8.7		按二级区划执行	苏
36	烧香河—新渎港宜兴缓冲区	洮滆、环湖	烧香河—新渎港	武宜运河	太湖	18.3		Ⅲ	苏
37	湛渎港—杜渎港宜兴开发利用区	洮滆	湛渎港—杜渎港	滆湖	武宜运河	12.6		按二级区划执行	苏

序号	一级水功能区名称	水系	河流、湖库	范围 起始断面	范围 终止断面	长度 (km)	面积/库容 (km²/亿 m³)	水质目标	省级行政区
38	湛漆港—社渎港宜兴缓冲区	洮滆、环湖	湛漆港—社渎港	武宜运河	太湖	13.8		III	苏
39	横塘河宜兴缓冲区	洮滆、环湖	横塘河	东氿	太湖	16.0		III	苏
40	太滆运河江苏开发利用区	洮滆	太滆运河	漕桥	锡溧运河	14.4		按二级区划执行	苏
41	太滆运河江苏缓冲区	洮滆、环湖	太滆运河	锡溧运河	太湖	8.1		III	苏
42	江南运河镇江常州开发利用区	江南运河	江南运河	长江谏壁闸	常州新闸五星桥	59.0		按二级区划执行	苏
43	江南运河常州无锡开发利用区	江南运河	江南运河	常州新闸五星桥	望亭立交	67.8		按二级区划执行	苏
44	江南运河苏州开发利用区	江南运河	江南运河	望亭立交	平望八坼镇界	61.5		按二级区划执行	苏
45	江南运河吴江缓冲区	江南运河、太浦河支流	江南运河	平望八坼镇界	太浦河	4.9		III	苏
46	江南运河（新京杭运河）吴江缓冲区	江南运河、太浦河支流	江南运河	太浦河	平望盛泽镇界	6.8		III	苏
47	江南运河（新京杭运河）吴江开发利用区	江南运河	江南运河	平望盛泽镇界	江苏省京杭运河麻溪交界	8.8		按二级区划执行	苏
48	雅浦港武进开发利用区	环湖	雅浦港	武进港	太湖口	7.5		按二级区划执行	苏
49	九曲河丹阳开发利用区	沿江	九曲河	入江口	江南运河	27.6		按二级区划执行	苏
50	新孟河常州开发利用区	沿江	新孟河	江南运河	小河新闸	17.6		按二级区划执行	苏
51	德胜河常州开发利用区	沿江	德胜河	江南运河	魏村枢纽	19.2		按二级区划执行	苏
52	武宜运河（含江南运河）江苏开发利用区	洮滆	武宜运河（含江南运河）	大运河	西氿	57.2		按二级区划执行	苏
53	马山河无锡缓冲区	环湖	马山河	竺山湖（太湖）	梅梁湖（太湖）	4.5		III	苏
54	浒光运河吴县开发利用区	环湖、出湖	浒光运河	光福下淹湖（连太湖）	江南运河	16.1		按二级区划执行	苏
55	胥江吴县开发利用区	环湖、出湖	胥江	胥口板闸	苏州外城河	15.2		按二级区划执行	苏

序号	一级水功能区名称	水系	河流、湖库	范围		长度 (km)	面积/库容 (km²/亿 m³)	水质目标	省级行政区
				起始断面	终止断面				
56	张家港江苏开发利用区	沿江	张家港	张家港闸	张家港常熟交界	48.7		按二级区划执行	苏
57	张家港常熟缓冲区	沿江、望虞河支流	张家港	张家港常熟交界	望虞河	8.0		Ⅲ	苏
58	张家港苏州开发利用区	沿江	张家港	望虞河	青阳港	48.5		按二级区划执行	苏
59	新沟河—舜河江苏开发利用区	沿江	新沟河—舜河	新沟闸	五龙泾	23.3		按二级区划执行	苏
60	澡港常州开发利用区	沿江	澡港	澡港枢纽	关河	23.0		按二级区划执行	苏
61	白屈港无锡开发利用区	沿江	白屈港	白屈港枢纽	北兴塘河	42.6		按二级区划执行	苏
62	锡澄运河无锡开发利用区	沿江	锡澄运河	长江	江南运河	36.7		按二级区划执行	苏
63	锡北运河江苏开发利用区	望虞河支流	锡北运河	锡澄运河	锡苏交界	34.4		按二级区划执行	苏
64	锡北运河常熟缓冲区	望虞河支流	锡北运河	锡苏交界	望虞河	9.5		Ⅲ	苏
65	北福山塘缓冲区	望虞河支流	北福山塘	福山闸	望虞河	13.0		Ⅲ	苏
66	严羊河—羊尖塘江苏缓冲区	望虞河支流	严羊河—羊尖塘	锡澄运河	望虞河	12.0		Ⅲ	苏
67	九里河无锡开发利用区	望虞河支流	九里河	北兴塘河	潘墅塘交界	13.6		按二级区划执行	苏
68	九里河(含宛山荡)江苏开发利用区	望虞河支流	九里河	潘墅塘交界	望虞河	12.9		按二级区划执行	苏
69	伯渎港无锡开发利用区	望虞河支流	伯渎港	无锡古运河	张塘桥河	14.8		按二级区划执行	苏
70	伯渎港无锡缓冲区	望虞河支流	伯渎港	张塘桥河	望虞河	9.4		Ⅲ	苏
71	武进港江苏开发利用区	环湖	武进港	大运河	锡溧运河	18.2		按二级区划执行	苏
72	武进港江苏缓冲区	环湖	武进港	锡溧运河	太湖	10.8		Ⅲ	苏
73	直湖港无锡开发利用区	环湖	直湖港	江南运河	锡溧运河	4.8		按二级区划执行	苏
74	直湖港无锡缓冲区	环湖	直湖港	锡溧运河	太湖	16.2		Ⅲ	苏
75	梁溪河无锡开发利用区	环湖	梁溪河	江南运河	梅梁湖(太湖)	7.7		按二级区划执行	苏
76	长广溪无锡缓冲区	环湖	长广溪	五里湖最南端	太湖	9.0		Ⅲ	苏

序号	一级水功能区名称	水系	河流、湖库	范围 起始断面	范围 终止断面	长度 (km)	面积/库容 (km²/亿m³)	水质目标	省级行政区
77	蠡河（小溪港）锡山缓冲区	环湖	蠡河（小溪港）	曹王泾	贡湖（太湖）	7.8		Ⅲ	苏
78	大溪港无锡缓冲区	环湖	大溪港	太湖	江南运河	5.1		Ⅲ	苏
79	望虞河江苏调水保护区	望虞河、沿江	望虞河	吴县市望亭	常熟市花庄闸入江口	60.8		Ⅲ	苏
80	盐铁塘苏州开发利用区	沿江	盐铁塘	耿泾塘	新丰村新星桥	53.0		按二级区划执行	苏
81	阳澄湖苏州开发利用区	沿江	阳澄湖	阳澄湖			120.2	按二级区划执行	苏
82	浏河（娄江）苏州开发利用区	沿江	浏河（娄江）	苏州娄门	姜家村	51.8		按二级区划执行	苏
83	瓜泾港吴江开发利用区	环湖	瓜泾港	东太湖	江南运河	3.0		按二级区划执行	苏
84	吴淞江苏州开发利用区	黄浦江	吴淞江	江南运河（瓜泾口）	江圩（苏州工业园区）	47.5		按二级区划执行	苏
85	元和塘苏州开发利用区	沿江	元和塘	苏州齐门	虞山镇环城河	39.0		按二级区划执行	苏
86	常浒河常熟开发利用区	沿江	常浒河	虞山镇（常熟环城河）	浒浦闸	19.9		按二级区划执行	苏
87	白茆塘常熟开发利用区	沿江	白茆塘	虞山镇（常熟环城河）	白茆闸	37.8		按二级区划执行	苏
88	七浦塘（含消泾）苏州开发利用区	沿江	七浦塘（含消泾）	阳澄湖	七浦闸	46.1		按二级区划执行	苏
89	杨林塘苏州开发利用区	沿江	杨林塘	阳澄湖	杨林闸	44.2		按二级区划执行	苏
90	苏州老运河苏州开发利用区	江南运河	苏州老运河	苏州外城河	宝带桥	3.0		按二级区划执行	苏
91	苏州外城河苏州开发利用区	江南运河	苏州外城河	环城	环城	15.9		按二级区划执行	苏
92	长牵路昆山开发利用区	黄浦江	长牵路（含长白荡、明镜湖、汪洋荡）	澄湖	大小朱库	12.2		按二级区划执行	苏
93	千灯浦昆山开发利用区	黄浦江	千灯浦	吴淞江	昆山淀山镇与陆泾直泾交叉口	9.4		按二级区划执行	苏
94	急水港吴江开发利用区	黄浦江	急水港	屯村大桥	周庄大桥	8.0		按二级区划执行	苏

序号	一级水功能区名称	水系	河流、湖库	范围 起始断面	范围 终止断面	长度(km)	面积/库容(km²/亿m³)	水质目标	省级行政区
95	长牟路吴江开发利用区	黄浦江	长牟路	吴淞江	大窑港	4.3		按二级区划执行	苏
96	顺塘吴江开发利用区	杭嘉湖	顺塘	江苏八都蠡思港	平望梅堰镇界	16.8		按二级区划执行	苏
97	顺塘吴江缓冲区	杭嘉湖	顺塘	平望梅堰镇界	至草荡接新京杭运河	2.0		III	苏
98	麻溪(含清溪)吴江开发利用区	杭嘉湖	麻溪(含清溪)	大德塘	盛泽与吴江交界	12.5		按二级区划执行	苏
99	南溪安吉龙王山自然保护区	苕溪	南溪(含赋石坞水库)	龙王山北坡	老石坞水库大坝	26.0	1.15(库容)	I~II	浙
100	南溪安吉开发利用区	苕溪	南溪	老石坞水库大坝	蒋家塘	19.5		按二级区划执行	浙
101	西苕溪安吉源头水和大型水库水源保护区	苕溪	西苕溪(西溪含赋石水库)	天锦堂	赋石水库大坝	47.4	2.18(库容)	I~II	浙
102	西苕溪安吉保留区	苕溪	西苕溪	赋石水库大坝	塘浦蒋家塘	10.6		按二级区划执行	浙
103	西苕溪安吉长兴开发利用区	苕溪	西苕溪	塘浦蒋家塘	下目村(湖州交界)	71.0		按二级区划执行	浙
104	西苕溪湖州开发利用区	苕溪	西苕溪	下目村	杭长桥	16.4		按二级区划执行	浙
105	长兴港长兴开发利用区	苕溪	长兴港	小浦闸	新塘	18.6		按二级区划执行	浙
106	合溪长兴保留区	苕溪	合溪	源头(青岘岭)	草子槽(箬溪入口)	17.0		II	浙
107	合溪新港长兴开发利用区	苕溪	合溪新港	草子槽(箬溪入口)	东庄(太湖入口)	22.5		按二级区划执行	浙
108	泗安塘长兴保留区	苕溪	泗安塘	泗安水库入库	泗安水库大坝	2.0		II	浙
109	泗安塘长兴开发利用区	苕溪	泗安塘	泗安水库出口	塘口	42.3		按二级区划执行	浙
110	施儿港湖州开发利用区	苕溪、环湖	施儿港	雪水桥	白雀塘桥	8.5		按二级区划执行	浙
111	小梅港长兴开发利用区	苕溪、环湖	小梅港	城北闸	小梅口	9.0		按二级区划执行	浙
112	南苕溪临安源头水保护区	苕溪	南苕溪(含里畈水库)	源头(水竹坞)	里畈水库大坝	16.5		II	浙
113	南苕溪临安余杭开发利用区	苕溪	南苕溪	里畈水库大坝	余杭镇	42.3		按二级区划执行	浙
114	东苕溪湖州市开发利用区	苕溪	东苕溪	余杭镇	白雀塘桥	90.5		按二级区划执行	浙
115	长兜港湖州市开发利用区	苕溪、环湖	长兜港	白雀塘桥	新港口	6.5		按二级区划执行	浙

序号	一级水功能区名称	项目 水系	河流、湖库	范围 起始断面	终止断面	长度（km）	面积/库容（km²/亿 m³）	水质目标	省级行政区
116	余英溪德清源头水保护区	苕溪	余英溪（含对河口水库）	源头（杨岙岭）	对河口水库大坝	21.0	1.16（库容）	Ⅱ	浙
117	余英溪德清开发利用区	苕溪	余英溪	对河口水库大坝	东苕溪	20.0		按二级区划执行	浙
118	江南运河湖州开发利用区	江南运河	江南运河	乌镇市河口	塘栖镇大桥	47.3		按二级区划执行	浙
119	江南运河杭州开发利用区	江南运河	江南运河	塘栖镇大桥	三堡船闸（钱塘江沟通口）	37.0		按二级区划执行	浙
120	江南运河（京杭古运河）嘉兴开发利用区	江南运河	江南运河（京杭古运河）	王江泾	博陆镇	69.8		按二级区划执行	浙
121	江南运河（京杭古运河）杭州开发利用区	江南运河	江南运河（京杭古运河）	博陆镇（桐乡交界）	塘栖镇大桥	14.0		按二级区划执行	浙
122	龙溪湖州开发利用区	苕溪	龙溪	信谊	城北闸	53.7		按二级区划执行	浙
123	頔塘湖州开发利用区	杭嘉湖	頔塘	湖州城区桥	南浔镇息塘	32.5		按二级区划执行	浙
124	大钱港湖州开发利用区	苕溪、环湖	大钱港	陆家湾	大渚口（太湖入口）	11.3		按二级区划执行	浙
125	红旗塘嘉善开发利用区	杭嘉湖	红旗塘	油车港镇	雨落村	16.0		按二级区划执行	浙
126	黄姑塘平湖开发利用区	杭嘉湖	黄姑塘	当湖镇	全塘镇	21.5		按二级区划执行	浙
127	平湖塘嘉兴开发利用区	杭嘉湖	平湖塘（盐嘉塘）	角里河段南湖东口	当湖镇（东湖）	28.0		按二级区划执行	浙
128	海盐塘嘉兴开发利用区	沿海	海盐塘（盐嘉塘）	南湖	南台头	39.0		按二级区划执行	浙
129	长山河嘉兴开发利用区	沿海	长山河（含大羊羊港）	洲泉	澉浦镇（长山闸）	68.5		按二级区划执行	浙
130	盐官下河嘉兴开发利用区	沿海	盐官下河	大麻镇（运河出口）	袁花镇（小红桥）	43.0		按二级区划执行	浙
131	北横塘湖州开发利用区	杭嘉湖	北横塘	大钱港出口处（安全）	漾娄	20.0		按二级区划执行	浙
132	南横塘湖州开发利用区	杭嘉湖	南横塘	西苕潭	漾娄	20.0		按二级区划执行	浙
133	双林塘湖州开发利用区	杭嘉湖	双林塘（含月明塘）	和平漾	息塘汇合口	33.2		按二级区划执行	浙
134	白米塘湖州开发利用区	杭嘉湖	白米塘（含月明塘）	頔塘（东正镇）	运河（练市镇四家村）	17.5		按二级区划执行	浙

序号	一级水功能区名称	水系	河流、湖库	范围 起始断面	范围 终止断面	长度 (km)	面积/库容 (km²/亿m³)	水质目标	省级行政区
135	上塔庙港桐乡开发利用区	杭嘉湖	上塔庙港	中塔庙	运河（邢家浜）	8.5		按二级区划执行	浙
136	新塍塘嘉兴开发利用区	杭嘉湖	新塍塘	嘉兴市区（城北路桥）	新塍镇	13.0		按二级区划执行	浙
137	芦墟塘嘉善开发利用区	太浦河支流	芦墟塘	下甸庙镇	三店塘交江口	9.1		按二级区划执行	浙
138	俞汇塘浙江开发利用区	太浦河支流	俞汇塘	坟头港	俞汇	5.0		按二级区划执行	浙
139	枫泾塘嘉善开发利用区	杭嘉湖	枫泾塘	白水港（千金港）	嘉善庄浜	7.0		按二级区划执行	浙
140	三店塘嘉兴开发利用区	杭嘉湖	三店塘	嘉兴市区	善西	16.0		按二级区划执行	浙
141	嘉善塘嘉兴开发利用区	杭嘉湖	嘉善塘	嘉兴（东栅）	南星桥镇入口处	20.2		按二级区划执行	浙
142	上海塘平湖开发利用区	杭嘉湖	上海塘	当湖镇（蜀头浜）	南桥镇青阳汇	15.0		按二级区划执行	浙
143	放港河平湖开发利用区	杭嘉湖	放港河	全塘镇（白沙湾）	浙沪边界	10.5		按二级区划执行	浙
144	罗溇湖州开发利用区	环湖	罗溇	頔塘出口处（丽川桥）	罗溇（太湖入口处）	12.0		按二级区划执行	浙
145	幻溇湖州开发利用区	环湖	幻溇	頔塘出口处（苏家港）	幻溇（太湖入口处）	11.5		按二级区划执行	浙
146	濮溇湖州开发利用区	环湖	濮溇	頔塘出口处（施家埭）	濮溇（太湖入口处）	9.0		按二级区划执行	浙
147	汤溇湖州开发利用区	环湖	汤溇	祐村	汤溇（太湖入口处）	9.5		按二级区划执行	浙
148	大燕塘—圆泄泾上海开发利用区	黄浦江	大燕塘—圆泄泾	俞汇塘	水源保护区边界	4.8		按二级区划执行	沪
149	大燕塘—圆泄泾上海缓冲区	黄浦江	大燕塘—圆泄泾	水源保护区边界	三角渡	7.4		Ⅱ～Ⅲ	沪
150	北石港—茹塘—向汤港—蒲泽塘上海开发利用区	杭嘉湖	北石港—茹塘—向汤港—蒲泽塘	白牛塘	圆泄泾	14.7		按二级区划执行	沪
151	七仙泾上海开发利用区	杭嘉湖	七仙泾	新埭镇与枫泾镇交界	向汤港	6.4		按二级区划执行	沪
152	秀州塘—小泖港上海开发利用区	杭嘉湖	秀州塘—小泖港	兴塔镇新兴公路桥	大泖港	14.0		按二级区划执行	沪
153	面杖港上海开发利用区	杭嘉湖	面杖港	枫泾镇明星公路桥	秀州塘	8.4		按二级区划执行	沪

序号	一级水功能区名称	水系	河流、湖库	范围 起始断面	范围 终止断面	长度 (km)	面积/库容 (km²/亿m³)	水质目标	省级行政区
154	胥浦塘—掘石港—大泖港上海开发利用区	杭嘉湖	胥浦塘—掘石港—大泖港	六里塘交叉口	水源保护区边界	9.1		按二级区划执行	沪
155	胥浦塘—掘石港—大泖港上海开发缓冲区	杭嘉湖	胥浦塘—掘石港—大泖港	水源保护区边界	竖溇泾	5.0		II～III	沪
156	六里塘上海开发利用区	杭嘉湖	六里塘	金山大泖河	胥浦塘	2.9		按二级区划执行	沪
157	惠高泾上海开发利用区	杭嘉湖	惠高泾	廊下镇庄家村桥	胥浦塘	6.4		按二级区划执行	沪
158	川杨河浦东新区上海开发利用区	黄浦江	川杨河	黄浦江	长江	28.5		按二级区划执行	沪
159	大治河上海开发利用区	黄浦江	大治河	黄浦江	长江口	39.2		按二级区划执行	沪
160	浦南运河上海开发利用区	黄浦江	浦南运河	叶榭塘	渤马河	41.8		按二级区划执行	沪
161	外环运河上海开发利用区	黄浦江	外环运河	长江口	大治河	42.4		按二级区划执行	沪
162	浦东运河上海开发利用区	黄浦江	浦东运河	赵家沟	闸港港	46.7		按二级区划执行	沪
163	随塘河上海开发利用区	黄浦江	随塘河	浦东新区段	奉贤区段	84.9		按二级区划执行	沪
164	赵家沟上海开发利用区	黄浦江	赵家沟	黄浦江	随塘河	10.8		按二级区划执行	沪
165	马家浜上海开发利用区	黄浦江	马家浜(西沟港)	黄浦江	川杨河	11.8		按二级区划执行	沪
166	张家浜上海开发利用区	黄浦江	张家浜	黄浦江	浦东运河	18.4		按二级区划执行	沪
167	吕家浜上海开发利用区	黄浦江	吕家浜	三八河	浦东运河	12.0		按二级区划执行	沪
168	紫石泾上海开发利用区	黄浦江	紫石泾	张泾河	水源保护区边界	11.8		按二级区划执行	沪
169	紫石泾上海开发缓冲区	黄浦江	紫石泾	水源保护区边界	黄浦江	5.0		II～III	沪
170	叶榭塘—龙泉港上海开发利用区	黄浦江	叶榭塘—龙泉港	运石河	水源保护区边界	22.3		按二级区划执行	沪
171	叶榭塘—龙泉港上海开发缓冲区	黄浦江	叶榭塘—龙泉港	水源保护区边界	黄浦江	5.0		II～III	沪
172	金汇港上海开发利用区	沿海	金汇港	黄浦江	杭州湾	22.3		按二级区划执行	沪
173	张泾河上海开发利用区	黄浦江	张泾河	大泖港	卫城河	25.0		按二级区划执行	沪
174	芦潮湖(滴水湖)上海开发利用区	黄浦江	芦潮湖(滴水湖)	南汇临港新城内芦潮湖			5.0	按二级区划执行	沪

序号	一级水功能区名称	二级水功能区名称	水系	河流、湖库	范围 起始断面	范围 终止断面	长度（km）	面积/库容（km²/亿 m³）	水质目标	省级行政区
175	南竹港上海开发利用区		沿海	南竹港	黄浦江	杭州湾	19.5		按二级区划执行	沪
176	二灶港上海开发利用区		黄浦江	二灶港	大治河	团芦港	8.3		按二级区划执行	沪
177	白莲泾上海开发利用区		黄浦江	白莲泾	黄浦江	三八河	10.5		按二级区划执行	沪
178	团芦港上海开发利用区		黄浦江	团芦港	二灶港	庐潮港新城	14.0		按二级区划执行	沪
179	拦路港—泖河—斜塘上海水源地保护区		黄浦江	拦路港—泖河—斜塘	淀山湖	三角渡	23.8		II～III	沪
180	黄浦江上海水源地保护区		黄浦江	黄浦江	三角渡	南沙港	36.1		II～III	沪
181	黄浦江上海开发利用区		黄浦江	黄浦江	南沙港	吴淞口	53.4		按二级区划执行	沪
182	吴淞江—苏州河上海开发利用区		黄浦江	吴淞江—苏州河	嘉定汉浦	黄浦江	48.4		按二级区划执行	沪
183	蕰藻浜上海开发利用区		黄浦江	蕰藻浜	吴淞江	黄浦江	34.0		按二级区划执行	沪
184	淀浦河上海开发利用区		黄浦江	淀浦河	淀山湖	黄浦江	46.0		按二级区划执行	沪
185	油墩港上海开发利用区		黄浦江	油墩港	黄浦江	吴淞江	36.4		按二级区划执行	沪
186	练祁河上海开发利用区		黄浦江	练祁河	顾浦	长江口	32.2		按二级区划执行	沪
187	潘泾上海开发利用区		黄浦江	潘泾	罗泾港区	蕰藻浜	19.0		按二级区划执行	沪
188	桃浦河—木渎港上海开发利用区		黄浦江	桃浦河—木渎港	苏州河	蕰藻浜	15.9		按二级区划执行	沪
189	东茭泾—彭越浦上海开发利用区		黄浦江	东茭泾—彭越浦	蕰藻浜	苏州河	11.5		按二级区划执行	沪
190	西泗塘—俞泾浦—虹口港上海开发利用区		黄浦江	西泗塘—俞泾浦—虹口港	蕰藻浜	黄浦江	14.6		按二级区划执行	沪
191	南泗塘—沙泾港上海开发利用区		黄浦江	南泗塘—沙泾港	蕰藻浜	虹口港	15.3		按二级区划执行	沪
192	东大盈港青浦开发利用区		黄浦江	东大盈港	吴淞江	淀浦河	16.9		按二级区划执行	沪
193	新泾港上海开发利用区		黄浦江	新泾港	苏州河	淀浦河	11.4		按二级区划执行	沪
194	张家塘港上海开发利用区		黄浦江	张家塘港	黄浦江	新泾港	8.0		按二级区划执行	沪
195	华田泾上海开发利用区		黄浦江	华田泾	淀浦河	斜塘	7.8		按二级区划执行	沪
196	漕河泾港—龙华港开发利用区		黄浦江	漕河泾港—龙华港	黄浦江	新泾港	9.6		按二级区划执行	沪

序号	一级水功能区名称	水系	河流、湖库	范围 起始断面	范围 终止断面	长度（km）	面积/库容（km²/亿 m³）	水质目标	省级行政区
197	杨树浦港上海开发利用区	黄浦江	杨树浦港	东走马塘	黄浦江	4.6		按二级区划执行	沪
198	虬江上海开发利用区	黄浦江	虬江	固定路	黄浦江	6.0		按二级区划执行	沪
199	走马塘上海开发利用区	黄浦江	走马塘	桃浦河	沙泾港	8.4		按二级区划执行	沪
200	新槎浦上海开发利用区	黄浦江	新槎浦	蕰藻浜	苏州河	9.7		按二级区划执行	沪
201	蒲汇塘上海开发利用区	黄浦江	蒲汇塘	龙华港	新泾港	6.6		按二级区划执行	沪
202	盐铁塘上海开发利用区	沿江	盐铁塘	嘉定池桥	吴淞江	17.9		按二级区划执行	沪
203	墅沟河上海开发利用区	沿江	墅沟河	浏河	娄塘河	8.8		按二级区划执行	沪
204	泗安塘长兴浙皖缓冲区	苕溪	泗安塘	朱湾河东、西支汇流处	泗安水库入库	9.5		Ⅱ～Ⅲ	皖、浙
205	太湖湖体保护区	太湖	太湖	西部省界、大雷山、小雷山一线以北湖区（五里湖、竺山湖、贡湖、梅梁湖、胥湖除外）	东部省界		1345.1	Ⅱ～Ⅲ	苏
206	太湖竺山湖保护区	太湖	太湖	竺山湖			68.3	Ⅲ	苏
207	太湖贡湖饮用水源保护区	太湖	太湖	贡湖			163.8	Ⅲ	苏
208	太湖苏浙边界缓冲区	太湖	太湖	西部省界、大雷山、小雷山一线以南湖区	东部省界		363.0	Ⅱ～Ⅲ	苏、浙
209	太湖五里湖无锡开发利用区	太湖	太湖	五里湖			5.8	按二级区划执行	苏
210	太湖梅梁湖无锡开发利用区	太湖	太湖	梅梁湖			124.0	按二级区划执行	苏
211	太湖胥湖苏州开发利用区	太湖	太湖	胥湖			268.0	按二级区划执行	苏
212	盐铁塘苏沪边界缓冲区	沿江	盐铁塘	江苏太仓新丰新星村	上海嘉定池桥	6.0		Ⅲ	苏、沪
213	浏河苏沪边界缓冲区	沿江	浏河	江苏太仓姜家村	长江浏河闸	15.0		Ⅲ	苏、沪
214	淀山湖苏浙缓冲区	黄浦江	淀山湖	淀山湖			63.7	Ⅱ～Ⅲ	苏、浙
215	大、小米库苏沪边界缓冲区	黄浦江	大、小米库	商榻镇		3.0		Ⅲ	苏、沪
216	千灯浦苏沪边界缓冲区	黄浦江	千灯浦	江苏昆山淀东镇角直泾交叉口	赵田湖	2.0		Ⅲ	苏、沪

序号	项目 一级功能区名称	水系	河流、湖库	范围 起始断面	范围 终止断面	长度 (km)	面积/库容 (km²/亿m³)	水质目标	省级行政区
217	急水港苏沪边界缓冲区	黄浦江	急水港	江苏周庄大桥	淀山湖	11.4		Ⅲ	苏、沪
218	元荡苏沪边界缓冲区	黄浦江	元荡	元荡			14.4	Ⅱ~Ⅲ	苏、沪
219	江南运河（含澜溪塘、白马塘）浙苏缓冲区	江南运河	江南运河（澜溪塘）	江苏省京杭运河麻溪交界	浙江乌镇市河口	17.2		Ⅲ	浙、苏
220	江南运河（京杭古运河）浙苏缓冲区	江南运河	江南运河（京杭古运河）	苏州平望镇东（接新运河）	浙江王江泾镇东	15.0		Ⅲ	浙、苏
221	大浦河苏浙沪调水保护区	大浦河	大浦河	东太湖	西泖河	57.6		Ⅱ~Ⅲ	苏、浙、沪
222	顿塘苏浙边界缓冲区	杭嘉湖	顿塘	浙江南浔镇息塘	江苏震泽蠡思港	6.0		Ⅲ	苏、浙
223	红旗塘浙沪边界缓冲区	杭嘉湖	红旗塘	雨落村	浙沪边界	5.6		Ⅲ	浙、沪
224	黄姑塘浙沪边界缓冲区	杭嘉湖	黄姑塘	浙江全塘镇	上海金卫城河	8.0		Ⅲ	浙、沪
225	北横塘浙苏边界缓冲区	杭嘉湖	北横塘	与濮娄交汇处	鼓楼港	5.0		Ⅲ	浙、苏
226	南横塘浙苏边界缓冲区	杭嘉湖	南横塘	与濮娄交汇处	鼓楼港	4.0		Ⅲ	浙、苏
227	大德塘苏浙边界缓冲区	杭嘉湖	大德塘（严墓塘）	江苏吴江劳家港	新京杭运河（澜溪塘）	3.2		Ⅲ	苏、浙
228	麻溪（后市河）苏浙边界缓冲区	杭嘉湖	麻溪（后市河）	江苏盛泽与坛丘交界处	老京杭运河	7.3		Ⅲ	苏、浙
229	双林塘苏浙边界缓冲区	杭嘉湖	双林塘	江苏	老京杭运河	1.5		Ⅲ	苏、浙
230	弯里塘苏浙边界缓冲区	杭嘉湖	弯里塘	江苏	老京杭运河	1.5		Ⅲ	苏、浙
231	史家浜苏浙边界缓冲区	杭嘉湖	史家浜	江苏	老京杭运河	1.5		Ⅲ	浙、苏
232	长三港苏浙边界缓冲区	杭嘉湖	长三港	沈庄漾	薛塘	8.0		Ⅲ	苏、浙
233	上塔庙港苏浙边界缓冲区	杭嘉湖	上塔庙港	中塔庙	浙苏交界	3.5		Ⅲ	苏、浙
234	新塍塘西支浙苏缓冲区	杭嘉湖	新塍塘	浙苏交界（钱码头）	新塍镇	6.5		Ⅲ	浙、苏
235	新塍塘北支浙苏缓冲区	杭嘉湖	新塍塘	浙苏交界（江苏铜罗镇）	新塍镇	7.0		Ⅲ	浙、苏

序号	一级水功能区名称	水系	河流、湖库	范围 起始断面	范围 终止断面	长度 (km)	面积/库容 (km²/亿 m³)	水质目标	省级行政区
236	斜路港嘉兴缓冲区	太浦河支流	斜路港	老京杭运河	太浦河	12.0		Ⅲ	浙、苏
237	芦墟塘苏浙缓冲区	太浦河支流	芦墟塘	下甸庙镇	东珠跃（苏浙边界）	3.2		Ⅲ	浙、浙
238	俞汇塘浙沪边界缓冲区	太浦河支流	俞汇塘	上海大蒸港	浙江俞汇	12.0		Ⅲ	浙、沪
239	坟头港苏浙缓冲区	太浦河支流	坟头港	苏浙边界	三里塘	4.0		Ⅲ	苏、浙
240	丁栅港浙沪缓冲区	太浦河支流	丁栅港	丁栅枢纽（沪浙边界）	俞汇塘	5.0		Ⅲ	沪、浙
241	大蒸塘浙沪边界缓冲区	黄浦江	大蒸塘	浙沪边界	上海俞汇塘	5.0		Ⅲ	浙、沪
242	清凉港浙沪边界缓冲区	杭嘉湖	清凉港	浙江西径塘交汇口	浙沪边界	3.0		Ⅲ	浙、沪
243	蒲泽塘浙沪边界缓冲区	杭嘉湖	蒲泽塘	浙沪边界	上海白牛塘	2.6		Ⅲ	浙、沪
244	枫泾塘浙沪边界缓冲区	杭嘉湖	枫泾塘	浙江嘉善庄跃	浙沪边界	3.0		Ⅲ	浙、沪
245	七仙泾浙沪边界缓冲区	杭嘉湖	七仙泾	上海新跃镇与枫泾镇交界	浙沪边界	3.2		Ⅲ	浙、沪
246	秀州塘浙沪边界缓冲区	杭嘉湖	秀州塘	浙沪边界	上海兴塔镇新兴公路桥	5.8		Ⅲ	浙、沪
247	嘉善塘浙沪边界缓冲区	杭嘉湖	嘉善塘	浙江南星桥港入口	浙沪边界	5.5		Ⅲ	浙、沪
248	面杖港浙沪边界缓冲区	杭嘉湖	面杖港	浙沪边界	上海枫泾镇明星公路桥	4.5		Ⅲ	浙、沪
249	上海塘浙沪边界缓冲区	杭嘉湖	上海塘	浙江南桥镇青阳汇	浙沪边界（夹漏村）	4.0		Ⅲ	浙、沪
250	胥浦塘浙沪边界缓冲区	杭嘉湖	胥浦塘	浙沪边界	上海六里塘交叉口	5.4		Ⅲ	浙、沪
251	六里塘浙沪边界缓冲区	杭嘉湖	六里塘	浙江广陈镇跃进河	上海金山大泖河	9.0		Ⅲ	浙、沪
252	惠高泾浙沪边界缓冲区	杭嘉湖	惠高泾	浙沪边界	上海廊下镇庄家村桥	4.8		Ⅲ	浙、沪
253	吴淞江苏沪边界缓冲区	黄浦江	吴淞江	江苏昆山石浦	上海嘉定汶浦	14.0		Ⅲ	苏、沪
254	范塘—和尚泾浙沪边界缓冲区	杭嘉湖	范塘—和尚泾	张文荡、潮里泾	白牛塘	4.4		Ⅲ	浙、沪

表 16.2

二级水功能区划登记表

序号	二级水功能区名称	所在一级水功能区名称	水系	河流、湖库	范围 起始断面	范围 终止断面	长度 (km)	面积/库容 (km²/亿m³)	水质目标	省级行政区
1	南河溧阳工业、农业用水区	南河（南溪河）江苏开发利用区	南溪	南河（南溪河）	河口	团结桥	28.3		Ⅲ	苏
2	南河溧城镇景观娱乐、工业用水区	南河（南溪河）江苏开发利用区	南溪	南河（南溪河）	团结桥	溧宜界	6.0		Ⅲ	苏
3	南溪河宜兴景观娱乐、工业用水区	南河（南溪河）江苏开发利用区	南溪	南河（南溪河）	溧宜界	西氿	16.0		Ⅲ	苏
4	中河溧阳农业、渔业用水区	中河—北溪河江苏开发利用区	南溪	中河—北溪河	上沛河	溧宜界	29.2		Ⅲ	苏
5	北溪河溧阳工业、农业用水区	中河—北溪河江苏开发利用区	南溪	中河—北溪河	溧宜界	西氿	16.3		Ⅲ	苏
6	周城河溧阳工业、农业用水区	周城河溧阳开发利用区	南溪	周城河	前来水库	朱渎河	13.0		Ⅲ	苏
7	朱渎河溧阳工业、农业用水区	朱渎河溧阳开发利用区	南溪	朱渎河	大溪水库	南河	9.7		Ⅲ	苏
8	溧戴河溧阳工业、农业用水区	溧戴河溧阳开发利用区	南溪	溧戴河	南河（南溪河）	戴埠镇	12.8		Ⅲ	苏
9	西氿宜兴饮用水源、景观用水区	西氿宜兴开发利用区	南溪	西氿		西氿		13.9	Ⅲ	苏
10	宜兴城区六条河宜兴景观、工业用水区	六条河宜兴开发利用区	南溪	宜兴六条河	团氿	东氿	3.9		Ⅲ	苏
11	丹金溧漕河溧阳渔业、农业用水区	丹金溧漕河江苏开发利用区	南溪	丹金溧漕河	别桥	南河（溧阳）	14.4		Ⅲ	苏
12	通济河（干河）丹徒、丹阳工业、农业用水区	通济河江苏开发利用区	洮滆	通济河（干河）	胜利河	高庄	20.5		Ⅲ	苏
13	通济河金坛工业、农业用水区	通济河江苏开发利用区	洮滆	通济河	高庄	丹金溧漕河	25.9		Ⅳ	苏
14	香草河（含南门分洪道）丹阳工业、农业用水区	香草河（含南门分洪道）丹阳开发利用区	洮滆	香草河	江南运河	向阳桥	2.8		Ⅲ	苏
15	香草河丹阳农业、工业用水区	香草河（含南门分洪道）丹阳开发利用区	洮滆	香草河	向阳桥	通济河	19.7		Ⅲ	苏

序号	项目 二级水功能区名称	所在一级水功能区名称	水系	河流、湖库	范围		长度 （km）	面积/库容 （km²/亿m³）	水质目标	省级行政区
					起始断面	终止断面				
16	简溪河丹阳工业、农业用水区	简溪河江苏开发利用区	洮滆	简溪河	南门	望仙桥	16.5		Ⅲ	苏
17	简溪河金坛工业、农业用水区	简溪河江苏开发利用区	洮滆	简溪河	望仙桥	通济河河口	5.7		Ⅳ	苏
18	洮湖常州饮用水源、渔业用水区	洮湖常州开发利用区	洮滆	洮湖	洮湖			96.7	Ⅲ	苏
19	湟里河常州、武进工业、农业用水区	湟里河常州开发利用区	洮滆	湟里河	洮湖	涡湖	20.2		Ⅲ	苏
20	北干河常州、无锡渔业、工业用水区	北干河江苏开发利用区	洮滆	北干河	洮湖	涡湖	16.6		Ⅲ	苏
21	中干河金坛工业、农业用水区	中干河金坛开发利用区	洮滆	中干河	洮湖	溧宜界	6.7		Ⅲ	苏
22	中干河宜兴渔业、工业用水区	中干河江苏开发利用区	洮滆	中干河	溧宜界	宜武界	14.5		Ⅲ	苏
23	中干河武进渔业、农业用水区	中干河武进开发利用区	洮滆	中干河	宜武界	涡湖	4.8		Ⅲ	苏
24	涡湖武进渔业、景观娱乐用水区	涡湖江苏开发利用区	涡湖	涡湖	涡湖	涡湖武进湖区		85.4	Ⅲ	苏
25	涡湖宜兴渔业、工业用水区	涡湖江苏开发利用区	涡湖	涡湖	涡湖	涡湖宜兴湖区		33.5	Ⅲ	苏
26	丹金溧漕河丹阳工业、农业用水区	丹金溧漕河丹阳开发利用区	洮滆	丹金溧漕河	大运河	丹金闸	18.4		Ⅲ	苏
27	丹金溧漕河金坛工业、农业用水区	丹金溧漕河金坛开发利用区	洮滆	丹金溧漕河	丹金闸	金沙大桥	7.4		Ⅳ	苏
28	丹金溧漕河金坛湖西过渡区	丹金溧漕河金坛开发利用区	洮滆	丹金溧漕河	金沙大桥	别桥	26.2		Ⅲ	苏
29	扁担河武进过渡区	扁担河武进开发利用区	洮滆	扁担河	江南运河	涡湖	18.5		Ⅳ	苏
30	漕桥河宜兴市渔业、工业用水区	漕桥河江苏开发利用区	洮滆	漕桥河	洮湖口	武宜运河	8.1		Ⅲ	苏
31	殷村港宜兴景观、渔业用水区	殷村港宜兴开发利用区	洮滆	殷村港	涡湖	武宜运河	8.0		Ⅲ	苏
32	烧香河—新涜港宜兴景观、工业用水区	烧香河—新涜港宜兴开发利用区	洮滆	烧香河—新涜港	涡湖	武宜运河	8.7		Ⅲ	苏
33	澄涜港—社涜港宜兴景观、工业用水区	澄涜港—社涜港宜兴开发利用区	洮滆	澄涜港—社涜港	涡湖	武宜运河	12.6		Ⅲ	苏

序号	二级水功能区名称	所在一级水功能区名称	水系	河流、湖库	范围 起始断面	范围 终止断面	长度（km）	面积/库容（km²/亿 m³）	水质目标	省级行政区
34	大溪运河武进过渡区	大溪运河武进开发利用区	滆湖	大溪运河	滆湖	坊前	3.2		Ⅲ	苏
35	大溪运河武进工业、农业用水区	大溪运河武进开发利用区	滆湖	大溪运河	坊前	锡溧运河	11.2		Ⅲ	苏
36	江南运河镇江谏壁过渡区	江南运河镇江常州开发利用区	江南运河	江南运河	长江谏壁闸	越河桥	1.5		Ⅳ	苏
37	江南运河丹徒工业、农业用水区	江南运河镇江常州开发利用区	江南运河	江南运河	越河桥	辛丰铁路桥	10.6		Ⅲ	苏
38	江南运河丹阳工业、农业用水区	江南运河镇江常州开发利用区	江南运河	江南运河	辛丰铁路桥	王家桥	6.1		Ⅲ	苏
39	江南运河丹阳景观娱乐、工业用水区	江南运河镇江常州开发利用区	江南运河	江南运河	王家桥	宝塔湾	3.3		Ⅲ	苏
40	江南运河丹阳工业、农业用水区	江南运河镇江常州开发利用区	江南运河	江南运河	宝塔湾	吕城（丹武界）	19.2		Ⅲ	苏
41	江南运河武进景观娱乐、工业用水区	江南运河镇江常州开发利用区	江南运河	江南运河	吕城（丹武界）	常州新闸五星界	18.3		Ⅳ	苏
42	江南运河常州景观娱乐、工业用水区	江南运河常州无锡开发利用区	江南运河	江南运河	常州新闸五星界	武锡界	26.4		Ⅳ	苏
43	江南运河无锡市工业、农业用水区	江南运河常州无锡开发利用区	江南运河	江南运河	武锡界	锡澄运河河口	13.8		Ⅳ	苏
44	江南运河无锡市景观娱乐、工业用水区	江南运河常州无锡开发利用区	江南运河	江南运河	锡澄运河河口	新虹桥	19.4		Ⅳ	苏
45	江南运河无锡市工业、农业用水区	江南运河常州无锡开发利用区	江南运河	江南运河	新虹桥	望亭立交	8.2		Ⅳ	苏
46	江南运河吴县工业、农业用水区	江南运河苏州开发利用区	江南运河	江南运河	望亭立交	浒关	12.0		Ⅳ	苏
47	江南运河苏州市景观、工业用水区	江南运河苏州开发利用区	江南运河	江南运河	浒关	尹山大桥	25.0		Ⅳ	苏

序号	二级水功能区名称	所在一级水功能区名称	水系	河流、湖库	起始断面	终止断面	长度（km）	面积/库容（km²/亿m³）	水质目标	省级行政区
48	江南运河吴江工业、农业用水区	江南运河苏州开发利用区	江南运河	江南运河	尹山大桥	平望八坼镇界	24.5		IV	苏
49	江南运河（新京杭运河）吴江工业、农业用水区	江南运河（新京杭运河）吴江开发利用区	江南运河	江南运河	平望盛泽镇界	江苏省京杭运河麻溪交界	8.8		IV	苏
50	雅浦港武进工业、农业用水区	雅浦港武进开发利用区	环湖	雅浦港	武进港	雅浦港枢纽	5.0		III	苏
51	雅浦港武进过渡区	雅浦港武进开发利用区	环湖	雅浦港	雅浦港枢纽	大湖口	2.5		III	苏
52	九曲河丹阳工业、农业用水区	九曲河丹阳开发利用区	沿江	九曲河	入江口	江南运河	27.6		III	苏
53	新孟河常州农业用水区	新孟河常州开发利用区	沿江	新孟河	江南运河	小河新闸	17.6		III	苏
54	德胜河常州农业用水区	德胜河常州开发利用区	沿江	德胜河	江南运河	魏村枢纽	19.2		II	苏
55	武宜运河（南运河）常州武进景观娱乐、工业用水区	武宜运河（含南运河）江苏开发利用区	洮滆	武宜运河（含南运河）	大运河	Ｙ河河口	11.0		IV	苏
56	武宜运河武进工业、农业用水区	武宜运河（含南运河）江苏开发利用区	洮滆	武宜运河（含南运河）	Ｙ河河口	寨桥东沙	19.3		IV	苏
57	武宜运河武进过渡区	武宜运河（含南运河）江苏开发利用区	洮滆	武宜运河（含南运河）	寨桥东沙	武宜界	3.3		III	苏
58	武宜运河宜兴过渡区	武宜运河（含南运河）江苏开发利用区	洮滆	武宜运河（含南运河）	武宜界	闸口镇	3.5		III	苏
59	武宜运河宜兴景观娱乐、工业用水区	武宜运河（含南运河）江苏开发利用区	洮滆	武宜运河（含南运河）	闸口镇	西氿	20.1		III	苏
60	浙光运河吴县工业、农业用水区	浙光运河吴县开发利用区	环湖、出湖	浙光运河	光福下淹湖（连太湖）	江南运河	16.1		III	苏
61	胥江吴县饮用水源、工业用水区	胥江吴县开发利用区	环湖、出湖	胥江	胥江枢纽	木渎船闸	4.9		II	苏
62	胥江吴县工业、农业用水区	胥江吴县开发利用区	环湖、出湖	胥江	木渎船闸	接江南运河	7.1		III	苏
63	胥江苏州市区景观娱乐、工业用水区	胥江吴县开发利用区	环湖、出湖	胥江	接江南运河	苏州外城河	3.2		IV	苏

序号	二级水功能区名称	所在一级水功能区名称	水系	河流、湖库	起始断面	终止断面	长度 (km)	面积/库容 (km²/亿 m³)	水质目标	省级行政区
64	张家港张家港区工业、农业用水区	张家港江苏开发利用区	沿江	张家港	张家港闸	袁家桥	8.0		IV	苏
65	张家港江阴市工业、农业用水区	张家港江苏开发利用区	沿江	张家港	袁家桥	红豆村(西庄)	31.0		IV	苏
66	张家港江阴市工业、农业用水区	张家港江苏开发利用区	沿江	张家港	红豆村(西庄)	张家港常熟交界	9.7		IV	苏
67	张家港苏州市工业、农业用水区	张家港苏州开发利用区	沿江	张家港	望虞河	巴城湖口	29.7		IV	苏
68	张家港昆山过渡区	张家港苏州开发利用区	沿江	张家港	巴城湖口	茆沙塘口	4.8		III	苏
69	张家港昆山工业、农业用水区	张家港苏州开发利用区	沿江	张家港	茆沙塘口	昆山城北	6.5		IV	苏
70	张家港昆山景观娱乐、工业用水区	张家港苏州开发利用区	沿江	张家港	昆山城北	青阳港	7.5		IV	苏
71	新沟河江阴饮用水源区	新沟河—舜河江苏开发利用区	沿江	新沟河—舜河	新沟闸	澄武界	4.8		III	苏
72	新沟河(舜河)武进饮用水源区	新沟河—舜河江苏开发利用区	沿江	新沟河(舜河)	澄武界	北塘河	7.7		III	苏
73	漕港江阴饮用水源区	新沟河—舜河江苏开发利用区	沿江	新沟河—舜河	北塘河	五龙泾	10.8		III	苏
74	澡港常州市工业、农业用水区	澡港常州开发利用区	沿江	澡港	澡港枢纽	关河	23.0		IV	苏
75	白屈港江阴市工业、农业用水区	白屈港无锡开发利用区	沿江	白屈港	白屈港枢纽	北兴塘河	42.6		III	苏
76	锡澄运河江阴市工业、农业用水区	锡澄运河无锡开发利用区	沿江	锡澄运河	长江	泗河口	23.4		IV	苏
77	锡澄运河无锡市工业、农业用水区	锡澄运河无锡开发利用区	沿江	锡澄运河	泗河口	江南运河	13.3		IV	苏
78	锡北运河无锡市渔业、农业用水区	锡北运河江苏开发利用区	望虞河支流	锡北运河	锡澄运河	北白荡	9.0		III	苏
79	锡北运河无锡市工业、农业用水区	锡北运河江苏开发利用区	望虞河支流	锡北运河	北白荡	锡苏交界	25.4		III	苏
80	九里河无锡市工业、农业用水区	九里河无锡开发利用区	望虞河支流	九里河	北兴塘河	潘葑交界	13.6		III	苏
81	伯渎港无锡市工业用水区	伯渎港江苏开发利用区	望虞河支流	伯渎港	无锡古运河	张塘桥河	14.8		III	苏
82	武进港无锡武进工业、农业用水区	武进港江苏开发利用区	环湖	武进港	大运河	锡溧运河	18.2		IV	苏
83	直湖港无锡市工业、农业用水区	直湖港无锡开发利用区	环湖	直湖港	江南运河	锡溧运河	4.8		IV	苏

序号	二级水功能区名称	所在一级水功能区名称	水系	河流、湖库	范围 起始断面	范围 终止断面	长度 (km)	面积/库容 (km²/亿m³)	水质目标	省级行政区
84	梁溪河无锡市景观娱乐、工业用水区	梁溪河无锡开发利用区	环湖	梁溪河	江南运河	梅梁湖（太湖）	7.7		III	苏
85	盐铁塘苏州工业、农业用水区	盐铁塘苏州开发利用区	沿江	盐铁塘	耿径塘	双凤镇东	38.7		IV	苏
86	盐铁塘太仓过渡区	盐铁塘苏州开发利用区	沿江	盐铁塘	双凤镇东	沪嘉高速公路延伸段桥	6.0		III	苏
87	盐铁塘苏州景观娱乐、工业用水区	盐铁塘苏州开发利用区	沿江	盐铁塘	沪嘉高速公路延伸段桥	新丰村新星桥	8.3		IV	苏
88	阳澄湖苏州饮用水源、渔业用水区	阳澄湖苏州开发利用区	沿江	阳澄湖	阳澄湖			120.2	II	苏
89	娄江苏州市区景观娱乐、工业用水区	浏河（娄江）苏州开发利用区	沿江	浏河（娄江）	苏州娄门	园区跨塘大桥	7.0		IV	苏
90	娄江苏州工业、农业用水区	浏河（娄江）苏州开发利用区	沿江	浏河（娄江）	园区跨塘大桥	昆山叶河桥	23.0		IV	苏
91	娄江昆山景观娱乐、工业用水区	浏河（娄江）苏州开发利用区	沿江	浏河（娄江）	昆山叶河桥	昆山新镇	10.6		IV	苏
92	浏河苏州景观娱乐、工业用水区	浏河（娄江）苏州开发利用区	沿江	浏河（娄江）	昆山新镇	太仓204国道桥	7.8		IV	苏
93	浏河太仓景观娱乐、工业用水区	浏河（娄江）苏州开发利用区	沿江	浏河（娄江）	太仓204国道桥	姜家村	3.4		IV	苏
94	瓜径港吴江工业、农业用水区	瓜径港吴江开发利用区	环湖	瓜径港	东太湖	江南运河	3.0		III	苏
95	吴淞江苏州工业、农业用水区	吴淞江苏州开发利用区	黄浦江	吴淞江	江南运河（瓜径口）	江圩（苏州工业园区）	47.5		IV	苏
96	元和塘苏州市区景观娱乐、工业用水区	元和塘苏州开发利用区	沿江	元和塘	苏州齐门	陆墓与蠡口交界处	6.4		IV	苏
97	元和塘吴县工业、农业用水区	元和塘苏州开发利用区	沿江	元和塘	陆墓与蠡口交界处	相城区与常熟交界处	13.6		IV	苏

序号	二级水功能区名称	所在一级水功能区名称	水系	河流、湖库	范围 起始断面	范围 终止断面	长度（km）	面积/库容（km²/亿 m³）	水质目标	省级行政区
98	元和塘常熟工业、农业用水区	元和塘苏州开发利用区	沿江	元和塘	相城区与常熟交界处	张家港交叉口	16.8		IV	苏
99	元和塘常熟景观娱乐、工业用水区	元和塘苏州开发利用区	沿江	元和塘	张家港交叉口	虞山镇环城河	2.2		IV	苏
100	常浒河常熟景观用水区	常浒河常熟开发利用区	沿江	常浒河	虞山镇（常熟环城河）	三环路	5.6		IV	苏
101	常浒河常熟工业、农业用水区	常浒河常熟开发利用区	沿江	常浒河	三环路	浒浦闸	14.3		IV	苏
102	白峁塘常熟景观娱乐用水区	白峁塘常熟开发利用区	沿江	白峁塘	虞山镇（常熟环城河）	三环路	10.0		IV	苏
103	白峁塘常熟工业、农业用水区	白峁塘常熟开发利用区	沿江	白峁塘	三环路	白峁闸	27.8		III	苏
104	七浦塘阳澄湖口段过渡区	七浦塘（含消泾）苏州开发利用区	沿江	七浦塘（含消泾）	阳澄湖	张家港交叉	7.5		IV	苏
105	七浦塘苏州工业、农业用水区	七浦塘（含消泾）苏州开发利用区	沿江	七浦塘（含消泾）	张家港交叉	七浦闸	38.6		II	苏
106	杨林塘苏州工业、农业用水区	杨林塘苏州开发利用区	沿江	杨林塘	阳澄湖	杨林闸	44.2		IV	苏
107	老运河苏州市区景观娱乐用水区	苏州老运河苏州开发利用区	江南运河	苏州老运河	苏州外城河	宝带桥	3.0		IV	苏
108	外城河苏州市区景观娱乐用水区	苏州外城河苏州开发利用区	江南运河	苏州外城河	环城	环城	15.9		IV	苏
109	长牵路昆山工业、农业用水区	长牵路昆山开发利用区	黄浦江	长牵路（含长白荡、明镜湖、汪洋荡）	澄湖	大小朱库	12.2		III	苏
110	千灯浦昆山工业、农业用水区	千灯浦昆山开发利用区	黄浦江	千灯浦	吴淞江	昆山淀山镇与陆直泾交叉口	9.4		III	苏
111	急水港吴江工业、农业用水区	急水港吴江开发利用区	黄浦江	急水港	屯村大桥	周庄大桥	8.0		IV	苏

序号	项目 二级水功能区名称	所在一级水功能区名称	水系	河流、湖库	范围 起始断面	范围 终止断面	长度(km)	面积/库容(km²/亿m³)	水质目标	省级行政区
112	长牵路吴江工业、农业用水区	长牵路吴江工业、农业开发利用区	黄浦江	长牵路	吴淞江	大盏港	4.3		IV	苏
113	峒塘吴江工业、农业用水区	峒塘吴江工业、农业开发利用区	杭嘉湖	峒塘	江苏人菥蠡思港	平望梅堰镇界	16.8		III	苏
114	麻溪（含清溪）吴江工业、农业用水区	麻溪（含清溪）吴江开发利用区	杭嘉湖	麻溪（含清溪）	大德塘	盛泽与丘丘交界	12.5		IV	苏
115	南溪安吉工业用水区	南溪安吉开发利用区	苕溪	南溪	老石坎水库大坝	蒋家塘	19.5		III	浙
116	西苕溪安吉农业用水区	西苕溪安吉长兴开发利用区	苕溪	西苕溪	塘浦蒋家塘	吴山小溪口（长兴交界）	54.5		III	浙
117	西苕溪安吉长兴农业用水区	西苕溪安吉长兴开发利用区	苕溪	西苕溪	吴山小溪口	下目村（湖州交界）	16.5		III	浙
118	西苕溪湖州饮用水源、农业用水区	西苕溪湖州开发利用区	苕溪	西苕溪	下目村	雪水桥	9.7		III	浙
119	西苕溪湖州饮用水源、工业用水区	西苕溪湖州开发利用区	苕溪、环湖	西苕溪	雪水桥	杭长桥	6.7		II～III	浙
120	长兴港长兴饮用水源区	长兴港长兴开发利用区	苕溪	长兴港	小浦闸	西王（姚家桥港）	5.0		II～III	浙
121	长兴港长兴景观娱乐、工业用水区	长兴港长兴开发利用区	苕溪	长兴港	西王（姚家桥港）	纽店湾	5.6		III	浙
122	长兴港长兴农业、工业用水区	长兴港长兴开发利用区	苕溪、环湖	长兴港	纽店湾	新塘（太湖入口）	8.0		III	浙
123	合溪新港长兴饮用水源区	合溪新港长兴开发利用区	苕溪	合溪新港	草子槽（箬溪入口）	小浦闸	7.5		II	浙
124	合溪新港长兴农业、工业用水区	合溪新港长兴开发利用区	苕溪、环湖	合溪新港	小浦闸	东庄（太湖入口）	15.0		III	浙
125	泗安塘长兴饮用水源区	泗安塘长兴开发利用区	苕溪	泗安塘	泗安水库出口	人民桥	5.5		II～III	浙
126	泗安塘长兴农业用水区	泗安塘长兴开发利用区	苕溪	泗安塘	人民桥	林城镇	16.5		III	浙
127	泗安塘长兴工业用水区	泗安塘长兴开发利用区	苕溪	泗安塘	林城镇	长兴湖州交界	17.5		III	浙

序号	项目 二级水功能区名称	所在一级水功能区名称	水系	河流、湖库	范围 起始断面	范围 终止断面	长度 (km)	面积/库容 (km²/亿 m³)	水质目标	行政区 省级
128	泗安塘长兴农业、工业用水区	泗安塘长兴开发利用区	苕溪	泗安塘	长兴湖州交界	塘口	2.8		Ⅲ	浙
129	庞儿港湖州工业用水区	庞儿港湖州开发利用区	苕溪、环湖	庞儿港	雪水桥	白雀塘桥	8.5		Ⅲ	浙
130	小梅港湖州景观娱乐、工业用水区	小梅港湖州开发利用区	苕溪、环湖	小梅港	城北闸	小梅口	9.0		Ⅲ	浙
131	南苕溪临安余杭渔业用水区	南苕溪临安余杭开发利用区	苕溪	南苕溪	里畈水库大坝	浪口桥	9.0		Ⅱ	浙
132	南苕溪临安饮用水源区	南苕溪临安余杭开发利用区	苕溪	南苕溪	浪口桥	锦城镇横坛桥	9.0		Ⅱ~Ⅲ	浙
133	南苕溪临安景观娱乐、工业用水区	南苕溪临安余杭开发利用区	苕溪	南苕溪	锦城镇横坛桥	锦城镇临青桥	5.8		Ⅲ	浙
134	南苕溪临安过渡区	南苕溪临安余杭开发利用区	苕溪	南苕溪	锦城镇临青桥	青山水库入库	1.5		Ⅲ	浙
135	南苕溪青山水库景观娱乐用水区	南苕溪临安余杭开发利用区	苕溪（青山水库）	南苕溪	青山水库入库	青山水库坝址		2.15（库容）	Ⅲ	浙
136	南苕溪余杭农业用水区	南苕溪临安余杭开发利用区	苕溪	南苕溪	青山水库坝址	汪家埠	9.0		Ⅲ	浙
137	南苕溪余杭饮用水源、农业用水区	南苕溪临安余杭开发利用区	苕溪	南苕溪	汪家埠	余杭镇	8.0		Ⅱ~Ⅲ	浙
138	东苕溪余杭瓶窑镇饮用水源区	东苕溪余杭开发利用区	苕溪	东苕溪	余杭镇	上纤埠	30.0		Ⅱ~Ⅲ	浙
139	东苕溪余杭饮用水源区	东苕溪余杭开发利用区	苕溪	东苕溪	上纤埠	劳家陡门	4.0		Ⅱ~Ⅲ	浙
140	东苕溪德清农业、工业用水区	东苕溪湖州市开发利用区	苕溪	东苕溪导流	劳家陡门	城南翻水站（东苕溪021界碑）	7.0		Ⅲ	浙
141	东苕溪德清饮用水源区	东苕溪湖州市开发利用区	苕溪	东苕溪导流	城南翻水站（东苕溪021界碑）	新民桥	7.2		Ⅱ~Ⅲ	浙
142	东苕溪德清农业用水区	东苕溪湖州市开发利用区	苕溪	东苕溪导流	新民桥	洪东湾（德清湖州交界）	10.0		Ⅲ	浙
143	东苕溪湖州农业用水区	东苕溪湖州市开发利用区	苕溪	东苕溪导流	洪东湾（德清湖州交界）	东林苕溪大桥	6.5		Ⅲ	浙

序号	二级水功能区名称（项目）	所在一级水功能区名称	水系	河流、湖库	范围 起始断面	范围 终止断面	长度 (km)	面积/库容 (km²/亿 m³)	水质目标	省级行政区
144	东苕溪湖州饮用水源区	东苕溪湖州市开发利用区	苕溪	东苕溪导流	东林苕溪大桥	吴沈门闸	11.0		III	浙
145	东苕溪湖州农业、工业用水区	东苕溪湖州市开发利用区	苕溪	东苕溪导流	吴沈门闸	五一大桥	7.3		III	浙
146	东苕溪湖州饮用水源、工业用水区	东苕溪湖州市开发利用区	苕溪	东苕溪导流	五一大桥	湖州东西苕溪汇合口	4.5		II～III	浙
147	东苕溪湖州饮用水源、景观娱乐用水区	东苕溪湖州市开发利用区	苕溪、环湖	东苕溪导流	杭长桥	白雀塘桥	3.0		II～III	浙
148	长兜港湖州市饮用水源区	长兜港湖州市开发利用区	苕溪、环湖	长兜港	白雀塘桥	新港口	6.5		III	浙
149	余英溪德清农业、工业用水区	余英溪德清开发利用区	苕溪	余英溪	对河口水库大坝	东苕溪	20.0		III	浙
150	江南运河湖州农业用水区	江南运河湖州开发利用区	江南运河	江南运河	乌镇市河口	茹家兜	7.8		III	浙
151	江南运河湖州饮用水源、工业用水区	江南运河湖州开发利用区	江南运河	江南运河	茹家兜	范家湾	4.0		II～III	浙
152	江南运河湖州过渡、农业用水区	江南运河湖州开发利用区	江南运河	江南运河	范家湾	含山镇（与德清交界处）	7.5		III	浙
153	江南运河德清工业用水区	江南运河德清开发利用区	江南运河	江南运河	含山镇	塘栖镇大桥	28.0		III	浙
154	江南运河杭州饮用水源、工业用水区	江南运河杭州开发利用区	江南运河	江南运河	塘栖镇大桥	洋湾	14.5		IV	浙
155	江南运河杭州 1 农业用水区	江南运河杭州开发利用区	江南运河	江南运河	洋湾	拱宸桥	7.5		III	浙
156	江南运河杭州景观娱乐用水区	江南运河杭州开发利用区	江南运河	江南运河	拱宸桥	坝子桥	8.5		IV	浙
157	江南运河杭州 2 农业用水区	江南运河杭州开发利用区	江南运河	江南运河	坝子桥	三堡船闸（钱塘江沟通口）	6.5		III	浙
158	江南运河（京杭古运河）嘉兴景观娱乐、工业用水区	江南运河（京杭古运河）嘉兴开发利用区	江南运河	江南运河（京杭古运河）	王江泾	嘉兴城北路桥	14.0		III	浙

序号	二级水功能区名称 项目	所在一级水功能区名称	水系	河流、湖库	范围 起始断面	范围 终止断面	长度(km)	面积/库容(km²/亿m³)	水质目标	省级行政区
159	江南运河（京杭古运河）嘉兴饮用水源区	江南运河（京杭古运河）嘉兴开发利用区	江南运河	江南运河（京杭古运河）	嘉兴城北路桥	张家桥	3.8		Ⅲ	浙
160	江南运河（京杭古运河）嘉兴过渡区	江南运河（京杭古运河）嘉兴开发利用区	江南运河	江南运河（京杭古运河）	张家桥（秀城区交界）	运河农场	10.0		Ⅲ	浙
161	江南运河（京杭古运河）桐乡农业用水区	江南运河（京杭古运河）嘉兴开发利用区	江南运河	江南运河（京杭古运河）	运河农场	崇福市河终止处	29.0		Ⅲ	浙
162	江南运河（京杭古运河）桐乡工业用水区	江南运河（京杭古运河）嘉兴开发利用区	江南运河	江南运河（京杭古运河）	崇福市河终止处	博陆镇	13.0		Ⅳ	浙
163	江南运河（京杭古运河）余杭农业用水区	江南运河（京杭古运河）杭州开发利用区	江南运河	江南运河（京杭古运河）	博陆镇（桐乡交界）	塘栖镇大桥	14.0		Ⅲ	浙
164	龙溪德清农业、工业用水区	龙溪湖州开发利用区	苕溪	龙溪	信谊	沈家墩（湖州交界）	20.0		Ⅲ	浙
165	龙溪湖州工业、农业用水区	龙溪湖州开发利用区	苕溪	龙溪	沈家墩	梅家墩东	17.5		Ⅲ	浙
166	龙溪湖州饮用水源区	龙溪湖州开发利用区	苕溪	龙溪	梅家墩东	塘东	3.5		Ⅱ～Ⅲ	浙
167	龙溪湖州工业用水区	龙溪湖州开发利用区	苕溪	龙溪	塘东	陆家湾（毗山村）	10.0		Ⅲ	浙
168	龙溪湖州景观娱乐、工业用水区	龙溪湖州开发利用区	苕溪	龙溪	陆家湾（毗山村）	城北闸	2.7		Ⅲ	浙
169	峃塘湖州农业用水区	峃塘湖州开发利用区	杭嘉湖	峃塘	湖州镇客告桥	南浔镇息塘	32.5		Ⅲ	浙
170	大钱港湖州农业、渔业用水区	大钱港湖州开发利用区	苕溪、环湖	大钱港	陆家湾	大钱口（太湖入口）	11.3		Ⅲ	浙
171	红旗塘嘉善工业、渔业用水区	红旗塘嘉善开发利用区	杭嘉湖	红旗塘	油车港镇	雨落村	16.0		Ⅲ	浙

序号	二级水功能区名称	所在一级水功能区名称	水系	河流、湖库	范围 起始断面	范围 终止断面	长度（km）	面积/库容（km²/亿 m³）	水质目标	省级行政区
172	黄姑塘平湖工业用水区	黄姑塘平湖开发利用区	杭嘉湖	黄姑塘	当湖镇	徐埭镇	5.0		IV	浙
173	黄姑塘平湖农业用水区	黄姑塘平湖开发利用区	杭嘉湖	黄姑塘	徐埭镇	全塘镇	16.5		III	浙
174	平湖塘嘉兴工业用水区	平湖塘嘉兴开发利用区	杭嘉湖	平湖塘	角里河段南湖东口	人中泾	6.0		IV	浙
175	平湖塘嘉兴农业、工业用水区	平湖塘嘉兴开发利用区	杭嘉湖	平湖塘	人中泾	平湖交界	17.5		III	浙
176	平湖塘平湖农业、工业用水区	平湖塘嘉兴开发利用区	杭嘉湖	平湖塘	平湖交界	当湖镇（东湖）	4.5		III	浙
177	海盐塘（盐嘉塘）嘉兴工业用水区	海盐塘（盐嘉塘）嘉兴开发利用区	沿海	海盐塘（盐嘉塘）	南湖	黄道宅（海盐交界）	15.7		III	浙
178	海盐塘（盐嘉塘）海盐1农业用水区	海盐塘（盐嘉塘）嘉兴开发利用区	沿海	海盐塘（盐嘉塘）	黄道宅	盐嘉塘海盐饮用水源区（黄泥浦村）	4.5		III	浙
179	海盐塘（盐嘉塘）海盐1饮用水源区	海盐塘（盐嘉塘）嘉兴开发利用区	沿海	海盐塘（盐嘉塘）	黄泥浦村	黄泥浦村	2.0		III	浙
180	海盐塘（盐嘉塘）海盐2农业用水区	海盐塘（盐嘉塘）嘉兴开发利用区	沿海	海盐塘（盐嘉塘）	盐嘉塘海盐饮用水源区（黄泥浦村）	软城镇	7.0		III	浙
181	海盐塘（盐嘉塘）海盐2饮用水源区	海盐塘（盐嘉塘）嘉兴开发利用区	沿海	海盐塘（盐嘉塘）	软城镇	南台头	9.8		III	浙
182	长山河桐乡饮用水源、农业用水区	长山河嘉兴开发利用区	沿海	长山河（含大蒸羊港）	洲泉	海宁交界（张家门）	33.5		III	浙
183	长山河海宁饮用水源区	长山河嘉兴开发利用区	沿海	长山河	海宁交界	长水塘入口（忻家门）	4.0		III	浙
184	长山河海宁农业用水区	长山河嘉兴开发利用区	沿海	长山河	长水塘入口	石泉镇（出海宁边界）	13.5		III	浙

序号	二级水功能区名称（项目）	所在一级水功能区名称	水系	河流、湖库	范围 起始断面	范围 终止断面	长度（km）	面积/库容（km²/亿 m³）	水质目标	行政区 省级
185	长山河海盐农业用水区	长山河嘉兴农业利用区	沿海	长山河	石泉镇	澉浦镇（长山闸）	17.5		Ⅲ	浙
186	盐官下河海宁饮用水源、工业用水区	盐官下河嘉兴开发利用区	沿海	盐官下河	大麻镇（运河出口）	享子桥	11.0		Ⅲ	浙
187	盐官下河海宁农业、工业用水区	盐官下河嘉兴开发利用区	沿海	盐官下河（辛江塘）	享子桥	袁花镇（小红桥）	32.0		Ⅲ	浙
188	北横塘湖州农业、工业用水区	北横塘湖州开发利用区	杭嘉湖	北横塘	大钱港出口处（安全）	濮娄	20.0		Ⅲ	浙
189	南横塘湖州饮用、农业用水区	南横塘湖州开发利用区	杭嘉湖	南横塘	西孤潭	濮娄	20.0		Ⅲ	浙
190	双林塘湖州过渡、渔业用水区	双林塘湖州开发利用区	杭嘉湖	双林塘	和孚漾	大兴桥	15.0		Ⅲ	浙
191	双林塘湖州饮用水源区	双林塘湖州开发利用区	杭嘉湖	双林塘	大兴桥	塘桥	2.7		Ⅱ～Ⅲ	浙
192	双林塘湖州农业用水区	双林塘湖州开发利用区	杭嘉湖	双林塘	塘桥	息塘汇合口	15.5		Ⅲ	浙
193	白米塘湖州农业、工业用水区	白米塘湖州开发利用区	杭嘉湖	白米塘（含月明塘）	晟塘（东迁镇）	运河（练市镇四家村）	17.5		Ⅲ	浙
194	上塔庙港桐乡农业用水区	上塔庙港嘉兴开发利用区	杭嘉湖	上塔庙港	中塔庙	运河（邢家浜）	8.5		Ⅲ	浙
195	新塍塘嘉兴饮用水源、工业用水区	新塍塘嘉兴开发利用区	杭嘉湖	新塍塘	嘉兴市区（城北路桥）	大周浜	6.0		Ⅲ	浙
196	新塍塘嘉兴农业、工业用水区	新塍塘嘉兴开发利用区	杭嘉湖	新塍塘	大周浜	新塍镇	7.0		Ⅲ	浙
197	芦墟塘嘉兴工业用水区	芦墟塘嘉善开发利用区	大浦河支流	芦墟塘	下甸庙镇	三店塘交汇口	9.1		Ⅲ	浙
198	俞汇塘嘉善工业用水区	俞汇塘浙江开发利用区	大浦河支流	俞汇塘	坟头港	俞汇	5.0		Ⅲ	浙
199	枫泾塘嘉善农业用水区	枫泾塘嘉善开发利用区	杭嘉湖	枫泾塘	白水塘（千金港）	嘉善庄泾	7.0		Ⅲ	浙
200	三店塘嘉兴工业用水区	三店塘嘉兴开发利用区	杭嘉湖	三店塘	嘉兴市区	三店（嘉善交界）	12.0		Ⅲ	浙
201	三店塘嘉善工业用水区	三店塘嘉善开发利用区	杭嘉湖	三店塘	三店（嘉善交界）	善西	4.0		Ⅲ	浙

序号	二级水功能区名称（项目）	所在一级水功能区名称	水系	河流、湖库	范围 起始断面	范围 终止断面	长度（km）	面积/库容（km²/亿m³）	水质目标	省级行政区
202	嘉善塘嘉兴农业用水区	嘉善塘嘉兴开发利用区	杭嘉湖	嘉善塘	嘉兴（东栅）	毛家浜（嘉善交界）	7.5		III	浙
203	嘉善塘嘉善农业用水区	嘉善塘嘉兴开发利用区	杭嘉湖	嘉善塘	毛家浜（嘉善交界）	嘉善（善西）	8.7		III	浙
204	嘉善塘嘉善景观娱乐、工业用水区	嘉善塘嘉兴开发利用区	杭嘉湖	嘉善塘	善西	南星桥港入口处	4.0		IV	浙
205	上海塘平湖工业用水区	上海塘平湖开发利用区	杭嘉湖	上海塘	当湖镇（箇头浜）	张家浜	4.0		IV	浙
206	上海塘平湖农业用水区	上海塘平湖开发利用区	杭嘉湖	上海塘	张家浜	南桥镇青阳汇	11.0		III	浙
207	放港河平湖工业、农业用水区	放港河平湖开发利用区	杭嘉湖	放港河	全塘镇（白沙湾）	浙沪边界	10.5		III	浙
208	罗溇湖州农业用水区	罗溇湖州开发利用区	环湖	罗溇	頔塘出口处（丽川桥）	罗溇（太湖入口处）	12.0		III	浙
209	幻溇湖州农业用水区	幻溇湖州开发利用区	环湖	幻溇	頔塘出口处（苏家巷）	幻溇（太湖入口处）	11.5		III	浙
210	濮溇湖州农业用水区	濮溇湖州开发利用区	环湖	濮溇	頔塘出口处（施家墩）	濮溇（太湖入口处）	9.0		III	浙
211	汤溇湖州农业用水区	汤溇湖州开发利用区	环湖	汤溇	祢村	汤溇（太湖入口处）	9.5		III	浙
212	大蒸塘—圆泄泾上海过渡区	大蒸塘—圆泄泾上海开发利用区	黄浦江	大蒸塘—圆泄泾	俞汇塘	水源保护区边界	4.8		III	沪
213	北石港—茹塘—向荡港—蒲泽塘上海过渡区	北石港—茹塘—向荡港—蒲泽塘上海开发利用区	杭嘉湖	北石港—茹塘—向荡港—蒲泽塘	白牛塘	圆泄泾	14.7		III	沪

序号	二级水功能区名称	所在一级水功能区名称	水系	河流、湖库	范围 起始断面	范围 终止断面	长度（km）	面积/库容（km²/亿 m³）	水质目标	省级行政区
214	七仙泾上海过渡区	七仙泾上海开发利用区	杭嘉湖	七仙泾	新泾镇与枫泾镇交界	向汤港	6.4		Ⅲ	沪
215	秀州塘—小淵港上海过渡区	秀州塘—小淵港上海开发利用区	杭嘉湖	秀州塘 小淵港	兴塔镇新兴公路桥	水源保护区边界	10.2		Ⅲ	沪
216	秀州塘—小淵港上海饮用水源区	秀州塘—小淵港上海开发利用区	杭嘉湖	秀州塘 小淵港	水源保护区边界	大淵港	3.8		Ⅱ	沪
217	面杖港上海过渡区	面杖港上海开发利用区	杭嘉湖	面杖港	枫泾镇明星公路桥	秀州塘	8.4		Ⅲ	沪
218	胥浦塘—掘石港—大淵港上海过渡区	胥浦塘—掘石港—大淵港上海开发利用区	杭嘉湖	胥浦塘 掘石港 大淵港	六里塘交叉口	水源保护区边界	9.1		Ⅲ	沪
219	六里塘上海过渡区	六里塘上海开发利用区	杭嘉湖	六里塘	金山大淵河	胥浦塘	2.9		Ⅲ	沪
220	惠高泾上海过渡区	惠高泾上海开发利用区	杭嘉湖	惠高泾	廊下镇庄家村桥	胥浦塘	6.4		Ⅲ	沪
221	川杨河上海过渡区	川杨河浦东新区开发利用区	黄浦江	川杨河	黄浦江	准水源保护区边界	5.0		Ⅲ	沪
222	川杨河上海景观娱乐B用水区	川杨河浦东新区开发利用区	黄浦江	川杨河	准水源保护区边界	长江	23.5		Ⅳ	沪
223	大冶河上海过渡区	大冶河上海开发利用区	黄浦江	大冶河	黄浦江	准水源保护区边界	5.0		Ⅲ	沪
224	大冶河上海工业、景观娱乐C用水区	大冶河上海开发利用区	黄浦江	大冶河	准水源保护区边界	长江口	34.2		Ⅳ	沪
225	浦南运河上海农业、景观娱乐B用水区	浦南运河上海开发利用区	黄浦江	浦南运河	叶榭塘	渤马河	41.8		Ⅴ	沪
226	外环运河上海景观娱乐B用水区	外环运河上海开发利用区	黄浦江	外环运河	长江口	赵家沟	9.6		Ⅳ	沪

序号	项目 二级水功能区名称	所在一级水功能区名称	水系	河流、湖库	范围 起始断面	范围 终止断面	长度 （km）	面积/库容 （km²/亿m³）	水质目标	省级行政区
227	外环运河上海景观娱乐B用水区	外环运河上海开发利用区	黄浦江	外环运河	赵家沟	大治河	32.8		IV	沪
228	浦东运河上海景观娱乐B用水区	浦东运河上海开发利用区	黄浦江	浦东运河	赵家沟	团芦港	46.7		IV	沪
229	随塘河上海景观娱乐B、农业用水区	随塘河上海开发利用区	黄浦江	随塘河	浦东新区段		22.2		IV	沪
230	随塘河上海景观娱乐C用水区	随塘河上海开发利用区	黄浦江	随塘河	南汇、奉贤区段		62.7		V	沪
231	赵家沟上海景观娱乐B用水区	赵家沟上海开发利用区	黄浦江	赵家沟	黄浦江	随塘河	10.8		IV	沪
232	马家浜（西沟港）上海景观娱乐B用水区	马家浜（西沟港）上海开发利用区	黄浦江	马家浜（西沟港）	黄浦江	张家浜	5.8		IV	沪
233	马家浜（西沟港）上海景观娱乐B用水区	马家浜（西沟港）上海开发利用区	黄浦江	马家浜（西沟港）	张家浜	川杨河	6.0		IV	沪
234	张家浜上海景观娱乐B用水区	张家浜上海开发利用区	黄浦江	张家浜	黄浦江	浦东运河	18.4		IV	沪
235	吕家浜上海景观娱乐B用水区	吕家浜上海开发利用区	黄浦江	吕家浜	三八河	外环运河	6.2		IV	沪
236	吕家浜上海景观娱乐B用水区	吕家浜上海开发利用区	黄浦江	吕家浜	外环运河	浦东运河	5.8		IV	沪
237	紫石泾上海工业、景观娱乐B用水区	紫石泾上海开发利用区	黄浦江	紫石泾	张泾河	水源保护区边界	11.8		IV	沪
238	叶榭塘—龙泉港上海过渡区	叶榭塘—龙泉港上海开发利用区	黄浦江	叶榭塘—龙泉港	运石河	水源保护区边界	22.3		IV	沪
239	金汇港上海过渡区	金汇港上海开发利用区	沿海	金汇港	黄浦江	淮水源保护区边界	5.0		III	沪
240	金汇港上海工业、景观娱乐B用水区	金汇港上海开发利用区	沿海	金汇港	淮水源保护区边界	杭州湾	17.3		IV	沪
241	张泾河上海饮用水源区	张泾河上海开发利用区	黄浦江	张泾河	大涨港	水源保护区边界	5.0		II	沪
242	张泾河上海工业、景观娱乐B用水区	张泾河上海开发利用区	黄浦江	张泾河	水源保护区边界	卫城河	20.0		IV	沪

序号	二级水功能区名称	所在一级水功能区名称	水系	河流、湖库	范围 起始断面	范围 终止断面	长度(km)	面积/库容(km²/亿 m³)	水质目标	省级行政区
243	芦潮湖（滴水湖）上海景观娱乐 A 用水区	芦潮湖（滴水湖）上海开发利用区	黄浦江	芦潮湖（滴水湖）	南汇临港新城内芦潮湖			5.0	Ⅲ	沪
244	南竹港上海过渡区	南竹港上海开发利用区	沿海	南竹港	黄浦江	准水源保护区边界	5.0		Ⅲ	沪
245	南竹港上海农业用水区	南竹港上海开发利用区	沿海	南竹港	准水源保护区边界	杭州湾	14.5		Ⅴ	沪
246	二灶港上海景观娱乐 C 用水区	二灶港上海开发利用区	黄浦江	二灶港	大冶河	团芦港	8.3		Ⅴ	沪
247	白莲泾上海景观娱乐 B 用水区	白莲泾上海开发利用区	黄浦江	白莲泾	黄浦江	三八河	10.5		Ⅳ	沪
248	团芦港上海景观娱乐 C 用水区	团芦港上海开发利用区	黄浦江	团芦港	二灶港	芦潮港新城	14.0		Ⅴ	沪
249	黄浦江上海过渡区	黄浦江上海开发利用区	黄浦江	黄浦江	南沙港	龙华港	27.2		Ⅲ	沪
250	黄浦江上海景观娱乐 B 用水区	黄浦江上海开发利用区	黄浦江	黄浦江	龙华港	吴淞口	26.2		Ⅳ	沪
251	吴淞江—苏州河上海景观娱乐 B 用水区	吴淞江—苏州河上海开发利用区	黄浦江	吴淞江—苏州河	嘉定汶浦		9.0		Ⅳ	沪
252	吴淞江—苏州河上海景观娱乐 C 用水区	吴淞江—苏州河上海开发利用区	黄浦江	吴淞江—苏州河	蕴藻浜	黄浦江	39.4		Ⅴ	沪
253	蕴藻浜上海农业、景观娱乐 C 用水区	蕴藻浜上海开发利用区	黄浦江	蕴藻浜	吴淞江	温东闸	21.2		Ⅴ	沪
254	蕴藻浜上海景观娱乐 C 用水区	蕴藻浜上海开发利用区	黄浦江	蕴藻浜	温东闸	黄浦江	12.8		Ⅴ	沪
255	淀浦河上海饮用水源区	淀浦河上海开发利用区	黄浦江	淀浦河	淀山湖	准水源保护区边界	5.0		Ⅱ	沪
256	淀浦河上海饮用水源区 B、工业用水区	淀浦河上海开发利用区	黄浦江	淀浦河	水源保护区边界	准水源保护区边界	36.0		Ⅳ	沪
257	淀浦河上海过渡区	淀浦河上海开发利用区	黄浦江	淀浦河	准水源保护区边界	黄浦江	5.0		Ⅲ	沪
258	油墩港上海饮用水源区	油墩港上海开发利用区	黄浦江	油墩港	黄浦江	水源保护区边界	5.0		Ⅱ	沪

序号	项目 二级水功能区名称	所在一级水功能区名称	水系	河流、湖库	范围 起始断面	范围 终止断面	长度 (km)	面积/库容 (km²/亿 m³)	水质目标	省级行政区
259	油墩港上海工业、农业用水区	油墩港上海开发利用区	黄浦江	油墩港	水源保护区边界	吴淞江	31.4		IV	沪
260	练祁河上海景观娱乐B用水区	练祁河上海开发利用区	黄浦江	练祁河	顾浦	长江口	32.2		IV	沪
261	潘泾上海景观娱乐B用水区	潘泾上海开发利用区	黄浦江	潘泾	罗泾港区	蕴藻浜	19.0		IV	沪
262	桃浦河—木渎港上海景观娱乐C用水区	桃浦河—木渎港上海开发利用区	黄浦江	桃浦河—木渎港	苏州河	蕴藻浜	15.9		V	沪
263	东茭泾—彭越浦上海景观娱乐C用水区	东茭泾—彭越浦上海开发利用区	黄浦江	东茭泾—彭越浦	蕴藻浜	苏州河	11.5		V	沪
264	西泗塘—俞泾浦—虹口港上海景观娱乐C用水区	西泗塘—俞泾浦—虹口港上海开发利用区	黄浦江	西泗塘—俞泾浦—虹口港	蕴藻浜	黄浦江	14.6		V	沪
265	南泗塘—沙泾港上海景观娱乐C用水区	南泗塘—沙泾港上海开发利用区	黄浦江	南泗塘—沙泾港	蕴藻浜	虹口港	15.3		V	沪
266	东大盈港上海景观娱乐B用水区	东大盈港青浦上海开发利用区	黄浦江	东大盈港	吴淞江	淀浦河	16.9		IV	沪
267	新泾港—外环西河上海景观娱乐C用水区	新泾港—外环西河上海开发利用区	黄浦江	新泾港	苏州河	淀浦河	11.4		V	沪
268	张家塘港上海过渡区	张家塘港上海开发利用区	黄浦江	张家塘港	黄浦江	准水源保护区边界	5.0		III	沪
269	张家塘港上海景观娱乐C用水区	张家塘港上海开发利用区	黄浦江	张家塘港	准水源保护区边界	新泾港	3.0		V	沪
270	华田泾上海景观娱乐B用水区	华田泾上海开发利用区	黄浦江	华田泾	淀浦河	水源保护区边界	2.8		IV	沪
271	华田泾上海饮用水源区	华田泾上海开发利用区	黄浦江	华田泾	水源保护区边界	斜塘	5.0		II	沪

序号	二级功能区名称（项目）	所在一级水功能区名称	水系	河流、湖库	范围 起始断面	范围 终止断面	长度（km）	面积/库容（km²/亿m³）	水质目标	省级行政区
272	漕河泾港—龙华港上海过渡区	漕河泾港—龙华港上海开发利用区	黄浦江	漕河泾港—龙华港	黄浦江	准水源保护区边界	5.0		Ⅲ	沪
273	漕河泾港—龙华港上海景观娱乐C用水区	漕河泾港—龙华港上海开发利用区	黄浦江	漕河泾港—龙华港	准水源保护区边界	新泾港	4.6		Ⅴ	沪
274	杨树浦港上海景观娱乐C用水区	杨树浦港上海开发利用区	黄浦江	杨树浦港	东走马塘	黄浦江	4.6		Ⅴ	沪
275	虬江上海景观娱乐C用水区	虬江上海开发利用区	黄浦江	虬江	国定路	黄浦江	6.0		Ⅴ	沪
276	走马塘上海景观娱乐C用水区	走马塘上海开发利用区	黄浦江	走马塘	桃浦河	沙泾港	8.4		Ⅴ	沪
277	新槎浦上海景观娱乐C用水区	新槎浦上海开发利用区	黄浦江	新槎浦	蕴藻浜	苏州河	9.7		Ⅴ	沪
278	蒲汇塘上海景观娱乐C用水区	蒲汇塘上海开发利用区	黄浦江	蒲汇塘	龙华港	新泾港	6.6		Ⅴ	沪
279	盐铁塘嘉定农业用水区	盐铁塘上海开发利用区	沿江	盐铁塘	嘉定池桥	鸡鸣塘	8.1		Ⅳ	沪
280	盐铁塘嘉定景观娱乐用水区	盐铁塘上海开发利用区	沿江	盐铁塘	鸡鸣塘	吴淞江	9.8		Ⅳ	沪
281	墅沟河上海饮用水源区	墅沟河上海开发利用区	沿江	墅沟河	浏河	娄塘河	8.8		Ⅲ	沪
282	太湖五里湖无锡景观娱乐用水区	太湖五里湖无锡开发利用区	太湖	太湖	五里湖			5.8	Ⅲ	苏
283	太湖梅梁湖无锡饮用水水源、景观娱乐用水区	太湖梅梁湖无锡开发利用区	太湖	太湖	梅梁湖			124.0	Ⅲ	苏
284	太湖胥湖苏州饮用水水源、景观娱乐用水区	太湖胥湖苏州开发利用区	太湖	太湖	胥湖			268.0	Ⅲ	苏

附　　件

附件1

国务院关于全国重要江河湖泊水功能
区划（2011—2030年）的批复

（国函〔2011〕167号）

各省、自治区、直辖市人民政府，水利部、发展改革委、环境保护部：

水利部《关于报请批准全国重要江河湖泊水功能区划的请示》（水资源〔2011〕597号）收悉。现批复如下：

一、原则同意《全国重要江河湖泊水功能区划（2011—2030年）》（以下简称《区划》），请水利部会同有关部门和地方人民政府认真组织实施。

二、《区划》是全国水资源开发利用与保护、水污染防治和水环境综合治理的重要依据。要根据不同水域的功能定位，实行分类保护和管理，促进经济社会发展与水资源承载能力相适应。力争到2020年水功能区水质达标率达到80%，到2030年水质基本达标。

三、各地区和有关部门要加强领导，密切配合，加大投入，制定相应措施，完善管理规定，如期实现各水功能区水质目标。要在水资源管理、水污染防治、节能减排等工作中严格执行《区划》要求，协调好《区划》与国民经济和社会发展、主体功能区、土地利用、城市建设等相关规划的关系。

四、县级以上人民政府水行政主管部门和流域管理机构要按照《区划》对水质的要求和水体的自然净化能力，核定水域纳污能力，提出限制排污总量意见。要加强水功能区水质、水量动态监测和入河湖排污口管理，对排污量超出限制总量的地区，限制审批新增取水和入河湖排污口。要加强水功能区监管能力建设，建立水功能区水质达标评价体系，定期向有关人民政府报告水功能区水质达标状况。

二〇一一年十二月二十八日

附件 2

落实最严格水资源管理制度的重要举措

——解读《全国重要江河湖泊水功能区划（2011—2030 年）》

水利部副部长　胡四一

国务院近日正式批复了《全国重要江河湖泊水功能区划（2011—2030 年）》（以下简称《区划》）。制定水功能区划，是落实最严格水资源管理制度的重要措施。为了更好地贯彻落实《区划》，日前，水利部副部长胡四一就《区划》制定的重要意义，编制的依据、原则、范围和目标等进行了解读。

中国水利　为什么要制定水功能区划？有何重要意义？

胡四一　水功能区是指为满足水资源开发利用和节约保护的需求，根据水资源自然条件和开发利用现状，按照流域综合规划、水资源保护规划和经济社会发展要求，在相应水域按其主导功能划定范围并执行相应水环境质量标准的水域。水功能区划采用两级体系。一级区划分为保护区、保留区、开发利用区、缓冲区四类，旨在从宏观上调整水资源开发利用与保护的关系，主要协调地区间用水关系，同时考虑区域可持续发展对水资源的需求；二级区划将一级区划中的开发利用区细化为饮用水源区、工业用水区、农业用水区、渔业用水区、景观娱乐用水区、过渡区、排污控制区等七类，主要协调不同用水行业间的关系。

制定水功能区划，加强水功能区监督管理，对促进水资源合理开发和有效保护，落实最严格水资源管理制度，实现水资源可持续利用具有重要意义。

一是应对当前水资源保护严峻形势的迫切需要。当前水资源短缺、水污染严重仍然是我国经济社会可持续发展的主要瓶颈。根据《全国水资源综合规划》，目前全国多年平均总缺水量为 536 亿 m^3，主要由于河道外供水不足、超采地下水和挤占河道内生态环境用水所致。一些地区水资源开发已经接近或超过当地水资源承载能力，引发了一系列生态环境问题。水污染状况仍然十分严重，2010 年，监测评价的 3902 个水功能区中水质达标率仅为 46%；在 17.6 万 km 的河流中，有 38.6% 的河长水质劣于Ⅲ类；在 339 个省界断面中，有 48.7% 的断面水质劣于Ⅲ类，直接威胁到城乡饮水安全和人民身心健康。由于江河湖库水域没有明确的功能划分和保护要求，出现了用水、排污布局不尽合理、开发利用与保护的关系不协调、水域保护目标不明确等问题，影响了水资源管理和保护工作的全面开展。编制和实施水功能区划，就是要根据我国水资源的自然条件和经济社会发展要求，确定不同水域的功能定位，明确管理目标，强化保护措施，实现水域的分类管理和保护，促进经济社会发展与水资源承载能力相适应。

二是执行《水法》等有关法律法规的明确要求。《水法》第三十二条明确规定国务院水行政主管部门会同国务院环境保护行政主管部门、有关部门和有关省、自治区、直辖市人民政府，拟定国家确定的重要江河、湖泊的水功能区划，报国务院批准。同时，要求按照水功能区对水质的要求和水体的自然净化能力，核定该水域的纳污能力，提出该水域的限制排污总量意见，对水功能区的水质状况进行监测。制定和实施水功能区划，是法律法规的明确要求。通过实施水功能区划，处理好水资源开发利用和保护的关系，协调好整体和局部的关系，统筹好河流上下游、左右岸、省区间的关系，着力推进水资源管理和保护制度的有效实施。

三是实行最严格水资源管理制度的重要内容。中央水利工作会议和《中共中央国务院关于加快水利改革发展的决定》（中发〔2011〕1号）明确要求把严格水资源管理作为加快转变经济发展方式的战略举措，《国务院关于实行最严格水资源管理制度的意见》（国发〔2012〕3号）对实施最严格水资源管理制度进行了全面部署，明确要求到2015年、2020年、2030年全国重要江河湖泊水功能区水质达标率分别提高到60％、80％、95％以上。此次国务院批复《区划》，明确了大江大河干流及其主要支流、省界水体等重要水域的功能和目标，为水功能区限制纳污红线的实施提供了基础支撑，为水资源开发利用与保护、水污染防治和水环境综合治理提供了重要依据，有利于增强水功能区划的指导性和权威性，维护国家水资源安全。

中国水利　《区划》是水利部会同有关部门和地方完成的，请介绍一下《区划》的编制背景和过程。

胡四一　1999年12月，水利部依据国务院"三定"规定，组织各流域管理机构和全国各省区开展了水功能区划工作；2002年3月编制完成了《中国水功能区划》，并在全国范围内试行。2002年10月，修订后的《水法》进一步明确了水功能区的法律地位。2003年，水利部颁布了《水功能区管理办法》，明确了对水功能区的具体管理规定。同时，各省（自治区、直辖市）积极推进水功能区划工作，在2001年10月至2008年8月期间，全国31个省、自治区、直辖市人民政府先后批复并实施了本辖区的水功能区划。2010年5月，国务院以国函〔2010〕39号文批复了《太湖流域水功能区划》。2010年11月，国家标准《水功能区划分标准》（GB/T 50594—2010）正式颁布实施。

经过十多年的实践和探索，水功能区划体系已基本形成，在水资源保护和管理工作中发挥了重要作用，成为核定水域纳污能力、制定相关规划的重要基础和主要依据。国务院批复的《全国水资源综合规划》，对全国6684个水功能区进行了调查评价，提出了2020年全国主要江河湖泊水功能区水质达标率达80％，2030年全国江河湖泊水功能基本达标的规划目标；《全国主体功能区规划》也将2020年全国主要江河湖泊水功能区水质达标率为80％作为主要目标。

面对新形势，在各省区批复的水功能区划基础上，2010年，水利部组织流域机构对省区批复的水功能区进行了全面复核。在此基础上，水利部会同国家发展与改革委员会、环境保护部，组织各流域管理机构、各省（自治区、直辖市）有关单位和水利部水利水电规划设计总院，编制完成了《区划（征求意见稿）》。2010年12月，水利部、国家发展改革委、环境保护部联合将《区划（征求意见稿）》征求国家有关部委及全国各省、自治区、直辖市人民政府意见。根据反馈意见，与有关部委、省、区进行了充分沟通和协商，经认真复核和论证，对《区划（征求意见稿）》成果基本达成一致意见，修改完成了《区划（报批稿）》，于2011年11月报请国务院批准。2011年12月28日，国务院以国函〔2011〕167号文批复了《区划》。

中国水利 **《区划》的编制依据、原则、范围和目标是什么?**

胡四一 《区划》的编制依据主要有三个方面:

一是法律法规的规定。《水法》第三十二条规定"国务院水行政主管部门会同国务院环境保护行政主管部门、有关部门和有关省、自治区、直辖市人民政府,按照流域综合规划、水资源保护规划和经济社会发展要求,拟定国家确定的重要江河、湖泊水功能区划,报国务院批准"。

二是国家有关政策要求。《中共中央国务院关于加快水利改革发展的决定》明确提出,"到 2020 年,基本建成水资源保护和河湖健康保障体系,主要江河湖泊水功能区水质明显改善";"建立水功能区限制纳污制度,确立水功能区限制纳污红线,从严核定水域纳污容量,严格控制入河湖排污总量"。

三是国家有关重要规划的要求。国务院批复的《全国水资源综合规划》和《全国主体功能区规划》均明确提出,至 2020 年,主要江河湖泊水功能区水质达标率到 80% 左右;到 2030 年,全国江河湖泊水功能区基本实现达标。

《区划》编制中遵循了四项原则,即:

(1) 可持续发展的原则。要充分发挥《区划》在水资源管理、水污染防治、节能减排等工作中的约束和指导作用,协调好《区划》与水资源综合规划、流域综合规划、国家主体功能区规划、经济社会发展规划等相关规划的关系,根据水资源和水环境承载能力及水生态系统保护要求,科学确定水域主体功能,统筹安排各有关行业和地区用水。水资源开发利用要体现支撑经济社会发展的前瞻意识,要为未来水资源开发利用留有余地。

(2) 统筹兼顾和突出重点相结合的原则。《区划》以流域为单元,统筹兼顾上下游、左右岸、近远期水资源及水生态保护目标与经济社会发展需求,区划体系和区划指标既要考虑流域层次上的管理和保护,又要兼顾区域层次上不同的水资源分区特点和开发利用的合理需求。对城镇集中饮用水水源地和具有特殊保护要求的水域,应划为保护区或饮用水源区并提出重点保护要求,切实保护水源,保障饮用水安全和生态安全。

(3) 水质、水量、水生态并重的原则。这是水资源管理与生态环境保护相结合的要求。水功能区划的制定和实施,既要考虑开发利用和保护对水量的需求,又要考虑其对水质的要求,还要顾及水生态服务功能的良性维持,尤要注意河源地区涵养水源的生态环境保护和河流下游水生态环境的改善与保护。

(4) 尊重水域自然属性的原则。尊重水域自然属性,充分考虑水域原有的基本特点、所在区域自然环境、水资源及水生态的基本特点,科学制定和实施《区划》,实现水资源的合理开发利用与有效保护。

《区划》范围是在全国 31 个省(自治区、直辖市)人民政府批复的水功能区划基础上,按照实行最严格水资源管理制度要求,突出重点水域的保护,按照下列原则选定的:

一是国家重要江河干流及其主要支流的水功能区。二是重要的涉水国家级及省级自然保护区、国际重要湿地和重要的国家级水产种质资源保护区、跨流域调水水源地及重要饮用水水源地水功能区。三是国家重点湖库水域的水功能区,主要包括对区域生态系统保护和水资源开发利用具有重要意义的湖泊和水库水域的水功能区。四是主要省际边界水域、重要河口水域等协调省际间用水关系以及内陆与海洋水域功能关系的水功能区。

《区划》确定的目标是：力争到 2020 年，重要江河湖库水功能区水质达标率达到 80%；到 2030 年，水质基本达标。

中国水利 《区划》是历时多年完成的，请介绍一下《区划》的主要成果。

胡四一 《区划》共涉及河流 1027 条，基本上是流域面积 1000km² 以上的河流，约占全国 1000km² 以上河流总数的 2/3。《区划》采用两级水功能区划体系，涉及总河长 17.8 万 km，湖库总面积 4.33 万 km²，共 4493 个水功能区（其中 81% 的水功能区水质目标为 I～Ⅲ 类）。

（1）一级区划。在宏观上调整水资源开发利用与保护关系，协调地区间用水关系，划分为 4 类。

1）保护区。对水资源保护、自然生态系统及珍稀濒危物种保护具有重要意义的水域，水质目标为 I～Ⅱ 类或维持现状水质。共 618 个，河长 3.69 万 km（占总河长的 20.7%），湖库面积 3.34 万 km²（占总面积的 77%）。

2）保留区。指目前水资源开发利用程度不高、为今后水资源可持续利用而保留的水域，水质目标为 I～Ⅲ 类或维持现状水质。共 679 个，河长 5.57 万 km（占总河长的 31.3%），湖库面积 0.27 万 km²（占总面积的 6.2%）。

3）开发利用区。为满足工农业生产、城镇生活、渔业、娱乐等功能需求的水域，水质目标在二级区划中确定。

4）缓冲区。为协调省际间、用水矛盾突出地区间用水关系的水域，水质目标根据实际需要确定或维持现状水质。共 458 个，河长 1.36 万 km（占总河长的 7.6%），湖库面积 0.05 万 km²（占总面积的 1.1%）。

（2）二级区划。在一级区划的开发利用区内，细化水域使用功能类型及功能排序，协调不同用水行业间关系，划分为饮用水源区、工业用水区、农业用水区、渔业用水区、景观娱乐用水区、过渡区、排污控制区等 7 类二级水功能区，水质目标根据有关标准确定。共 2738 个二级水功能区，河长 7.2 万 km²（占总河长的 40.4%），湖库面积 0.68 万 km²（占总面积的 15.7%），其中农业用水区、工业用水区和饮用水源区所占比重较大。

中国水利 国务院关于《区划》的批复中有什么要求？

胡四一 国务院在批复中，明确提出《区划》是全国水资源开发利用与保护、水污染防治和水环境综合治理的重要依据。要根据不同水域的功能定位，实行分类保护和管理，促进经济社会发展与水资源承载能力相适应。力争到 2020 年水功能区水质达标率达到 80%，到 2030 年水质基本达标。

国务院对各地区和有关部门贯彻落实《区划》工作提出了明确要求：一是要求水利部会同有关部门和地方人民政府认真组织实施《区划》。二是要求各地区和有关部门要加强领导，密切配合，加大投入，制定相应措施，完善管理规定，如期实现各水功能区水质目标。要求在水资源管理、水污染防治、节能减排等工作中严格执行《区划》要求，协调好《区划》与国民经济和社会发展、主体功能区、土地利用、城市建设等相关规划的关系。三是要求县级以上人民政府水行政主管部门和流域管理机构要按照《区划》对水质的要求和水体的自然净化能力，核定水域纳污能力，提出限制排污总量意见。要加强对水功能区水质、水量动态监测和入河排污口管理，对排污量超出限制总量的地区，限制审批新增取水和入河排污口。要加强水功能区监管能力建设，建立水功能区水质达标评价体系，定期向有关人民政府报告水功能区水质达标状况。

中国水利 《区划》就要开始实施了，请介绍一下水利部贯彻落实《区划》的计划。

胡四一 《区划》的贯彻落实是一项重大任务。2012 年 1 月 30 日，在全国水利厅局长会议上，水利部领导对《区划》的贯彻实施进行了全面部署。当前，各级水行政主管部门和流域管理机构已经把《区划》的贯彻实施列为重要议事日程，作为贯彻落实中央 2011 年 1 号文件和中央水利工作会议精神，加快水利改革发展的重要举措，作为水资源管理与保护工作的重要任务。同时，结合本地区、本部门的实际情况，会同有关部门，认真制定贯彻实施方案，确保《区划》的各项要求不折不扣地落到实处，发挥好《区划》的重大基础性作用。

一是做好《区划》的宣传贯彻工作。水利部将会同国家发展与改革委员会、环境保护部尽快印发《区划》，明确贯彻落实国务院批复的要求。同时，加大宣传力度，不断增强各有关方面对水功能区划工作的重视程度，为全面推进水功能区划工作营造良好的社会环境和舆论氛围。

二是要加强与各有关部门和地方的协调配合。做好政策上的衔接，协调好水功能区划与国民经济和社会发展、主体功能区、土地利用、城市建设等相关规划的关系。加强与各部门和各地区的密切配合，在节能减排、污染防治、水资源保护等各方面采取有力措施，落实水功能区划要求，强化《区划》的指导和约束作用，改善水体功能，共同推进水功能区目标的实现。

三是做好相关规划的编制与实施工作。开展全国水资源保护规划编制工作，做好水资源保护工作的顶层设计，将《区划》要求落实到各项水资源保护工作中。按照《区划》对水质的要求和水体的自然净化能力，核定水域纳污能力，提出限制排污总量意见，做好与水污染防治规划的衔接。

四是严格水功能区的监督管理。按照国务院批复要求，要加强水功能区的动态监测，不断提高全国重要江河湖泊水功能区的监测覆盖度；建立水功能区水质达标评价体系，定期将全国重要江河湖泊水功能区达标评价结果向有关人民政府报告；同时，要强化入河排污口监管，严格入河排污口设置同意许可，对排污量超出限制排污总量的地区，限制审批新增取水和入河排污口；要制定最严格水资源管理制度的考核办法，开展水功能区水质达标目标考核，建立奖惩制度，将考核结果作为地方政府领导综合考核评估的重要依据。

五是不断完善水功能区管理的制度和保障措施。完善水功能区管理的法律法规，抓紧研究制定"水功能区管理条例"，完善水功能区监督管理的各项制度；要加强领导，密切配合，不断加大水功能区监督管理的投入力度。

水功能区管理办法

（水资源〔2003〕233 号）

第一条　为规范水功能区的管理，加强水资源管理和保护，保障水资源的可持续利用，依据《中华人民共和国水法》等有关法律、法规，制定本办法。

第二条　本办法适用于全国江河、湖泊、水库、运河、渠道等地表水体。

本办法所称水功能区，是指为满足水资源合理开发和有效保护的需求，根据水资源的自然条件、功能要求、开发利用现状，按照流域综合规划、水资源保护规划和经济社会发展要求，在相应水域按其主导功能划定并执行相应质量标准的特定区域。

本办法所称水功能区划，是指水功能区划分工作的成果，其内容应包括水功能区名称、范围、现状水质、功能及保护目标等。

第三条　水功能区分为水功能一级区和水功能二级区。

水功能一级区分为保护区、缓冲区、开发利用区和保留区四类。

水功能二级区在水功能一级区划定的开发利用区中划分，分为饮用水源区、工业用水区、农业用水区、渔业用水区、景观娱乐用水区、过渡区和排污控制区七类。

第四条　国务院水行政主管部门负责组织全国水功能区的划分，并制订《水功能区划分技术导则》。

长江、黄河、淮河、海河、珠江、松辽、太湖七大流域管理机构（以下简称流域管理机构）会同有关省、自治区、直辖市水行政主管部门负责国家确定的重要江河、湖泊以及跨省、自治区、直辖市的其他江河、湖泊的水功能一级区的划分，并按照有关权限负责直管河段水功能二级区的划分。

前款规定以外的水功能二级区和其他江河、湖泊等地表水体的水功能区，由县级以上地方人民政府水行政主管部门组织划分。

第五条　长江、黄河、淮河、海河、珠江、松辽、太湖七大流域以及跨省、自治区、直辖市的其他江河、湖泊的水功能区划，由国务院水行政主管部门审核后，编制形成全国水功能区划，经征求国务院有关部门和有关省、自治区、直辖市人民政府意见后报国务院批准。

县级以上地方人民政府水行政主管部门，应在上一级水功能区划的基础上组织编制本地区的水功能区划，经征求同级人民政府有关部门意见后，报同级人民政府批准，并报上一级水行政主管部门备案。

第六条　经批准的水功能区划是水资源开发、利用和保护的依据。

水功能区划经批准后不得擅自变更。社会经济条件和水资源开发利用条件发生重大变化，需要对水功能区划进行调整时，县级以上人民政府水行政主管部门应组织科学论证，提出水功能区划调整方案，报原批准机关审查批准。

第七条　国务院水行政主管部门对全国水功能区实施统一监督管理。

县级以上地方人民政府水行政主管部门和流域管理机构按各自管辖范围及管理权限，对水功能区进行监督管理。具体范围及权限的划分由国务院水行政主管部门另行规定。

取水许可管理、河道管理范围内建设项目管理、入河排污口管理等法律法规已明确的行政审批事项，县级以上地方人民政府水行政主管部门和流域管理机构应结合水功能区的要求，按照现行审批权限划分的有关规定分别进行管理。

第八条　经批准的水功能区划应向社会公告。县级以上地方人民政府水行政主管部门和流域管理机构应按管辖范围在水功能区的边界设立明显标志。标志式样由国务院水行政主管部门统一制定，并负责监制。

第九条　水功能区的管理应执行水功能区划确定的保护目标。

保护区禁止进行不利于功能保护的活动，同时应遵守现行法律法规的规定。

保留区作为今后开发利用预留的水域，原则上应维持现状。

在缓冲区内进行对水资源的质和量有较大影响的活动，必须按有关规定，经有管辖权的水行政主管部门或流域管理机构批准。

开发利用活动，不得影响开发利用区及相邻水功能区的使用功能。具体水质目标按水功能二级区划分类分别执行相应的水质标准。

第十条　国务院水行政主管部门定期对水功能区的水资源开发利用状况、水资源保护情况进行检查和考核，并公布结果。

第十一条　县级以上地方人民政府水行政主管部门或流域管理机构应当按照水功能区对水质的要求和水体的自然净化能力，审核该水域的纳污能力，向环境保护行政主管部门提出该水域的限制排污总量意见，同时抄报同级人民政府和上级水行政主管部门。

经审定的水域纳污能力和限制排污总量意见是县级以上地方人民政府水行政主管部门和流域管理机构对水资源保护实施监督管理以及协同环境保护行政主管部门对水污染防治实施监督管理的基本依据。

第十二条　县级以上地方人民政府水行政主管部门和流域管理机构应组织对水功能区的水量、水质状况进行统一监测，建立水功能区管理信息系统，并定期公布水功能区质量状况。发现重点污染物排放总量超过控制指标的，或者水功能区水质未达到要求的，应当及时报告有关人民政府采取治理措施，并向环境保护行政主管部门通报。

第十三条　新建、改建、扩建的建设项目，进行可能对水功能区有影响的取水、河道管理范围内建设等活动的，建设单位在向有管辖权的水行政主管部门或流域管理机构提交的水资源论证报告书或申请文件中，应分析建设项目施工和运行期间对水功能区水质、水量的影响。

第十四条　县级以上地方人民政府水行政主管部门或流域管理机构应对水功能区内已经设置的入河排污口情况进行调查。入河排污口设置单位，应向有管辖权的水行政主管部门或流域管理机构登记。水行政主管部门或流域管理机构应按照水功能区保护目标和水资源保护规划要求，编制入河排污口整治规划，并组织实施。

新建、改建或者扩大入河排污口的，排污口设置单位应征得有管辖权的水行政主管部门或流域管理机构同意。

第十五条　县级以上地方人民政府水行政主管部门和流域管理机构应当按照有关规定

对进行取水、河道管理范围内建设以及新建、改建或者扩大入河排污口的单位进行现场检查。被检查单位应当如实反映情况，并提供必要的资料。检查机关有责任为被检查单位保守技术秘密和业务秘密。

第十六条　县级以上地方人民政府水行政主管部门或流域管理机构的工作人员在水功能区管理工作中玩忽职守、滥用职权、徇私舞弊的，由其所在单位或者上级机关给予行政处分；构成犯罪的，依法追究刑事责任。

第十七条　各省、自治区、直辖市人民政府水行政主管部门和流域管理机构，可以根据本办法的规定，结合本地区或本流域的实际情况，制定具体实施细则。

第十八条　本办法由国务院水行政主管部门负责解释。

第十九条　本办法自 2003 年 7 月 1 日起施行。

附件 4

入河排污口监督管理办法

(2004 年 11 月 30 日 水利部令第 22 号)

第一条 为加强入河排污口监督管理,保护水资源,保障防洪和工程设施安全,促进水资源的可持续利用,根据《中华人民共和国水法》、《中华人民共和国防洪法》和《中华人民共和国河道管理条例》等法律法规,制定本办法。

第二条 在江河、湖泊(含运河、渠道、水库等水域,下同)新建、改建或者扩大排污口,以及对排污口使用的监督管理,适用本办法。

前款所称排污口,包括直接或者通过沟、渠、管道等设施向江河、湖泊排放污水的排污口,以下统称入河排污口;新建,是指入河排污口的首次建造或者使用,以及对原来不具有排污功能或者已废弃的排污口的使用;改建,是指已有入河排污口的排放位置、排放方式等事项的重大改变;扩大,是指已有入河排污口排污能力的提高。入河排污口的新建、改建和扩大,以下统称入河排污口设置。

第三条 入河排污口的设置应当符合水功能区划、水资源保护规划和防洪规划的要求。

第四条 国务院水行政主管部门负责全国入河排污口监督管理的组织和指导工作,县级以上地方人民政府水行政主管部门和流域管理机构按照本办法规定的权限负责入河排污口设置和使用的监督管理工作。

县级以上地方人民政府水行政主管部门和流域管理机构可以委托下级地方人民政府水行政主管部门或者其所属管理单位对其管理权限内的入河排污口实施日常监督管理。

第五条 依法应当办理河道管理范围内建设项目审查手续的,其入河排污口设置由县级以上地方人民政府水行政主管部门和流域管理机构按照河道管理范围内建设项目的管理权限审批;依法不需要办理河道管理范围内建设项目审查手续的,除下列情况外,其入河排污口设置由入河排污口所在地县级水行政主管部门负责审批:

(一)在流域管理机构直接管理的河道(河段)、湖泊上设置入河排污口的,由该流域管理机构负责审批;

(二)设置入河排污口需要同时办理取水许可手续的,其入河排污口设置由县级以上地方人民政府水行政主管部门和流域管理机构按照取水许可管理权限审批;

(三)设置入河排污口不需要办理取水许可手续,但是按规定需要编制环境影响报告书(表)的,其入河排污口设置由与负责审批环境影响报告书(表)的环境保护部门同级的水行政主管部门审批。其中环境影响报告书(表)需要报国务院环境保护行政主管部门审批的,其入河排污口设置由所在流域的流域管理机构审批。

第六条 设置入河排污口的单位(下称排污单位),应当在向环境保护行政主管部门报送建设项目环境影响报告书(表)之前,向有管辖权的县级以上地方人民政府水行政主管部门或者流域管理机构提出入河排污口设置申请。

依法需要办理河道管理范围内建设项目审查手续或者取水许可审批手续的，排污单位应当根据具体要求，分别在提出河道管理范围内建设项目申请或者取水许可申请的同时，提出入河排污口设置申请。

依法不需要编制环境影响报告书（表）以及依法不需要办理河道管理范围内建设项目审查手续和取水许可手续的，排污单位应当在设置入河排污口前，向有管辖权的县级以上地方人民政府水行政主管部门或者流域管理机构提出入河排污口设置申请。

第七条 设置入河排污口应当提交以下材料：

（一）入河排污口设置申请书；

（二）建设项目依据文件；

（三）入河排污口设置论证报告；

（四）其他应当提交的有关文件。

设置入河排污口对水功能区影响明显轻微的，经有管辖权的县级以上地方人民政府水行政主管部门或者流域管理机构同意，可以不编制入河排污口设置论证报告，只提交设置入河排污口对水功能区影响的简要分析材料。

第八条 设置入河排污口依法应当办理河道管理范围内建设项目审查手续的，排污单位提交的河道管理范围内工程建设申请中应当包含入河排污口设置的有关内容，不再单独提交入河排污口设置申请书。

设置入河排污口需要同时办理取水许可和入河排污口设置申请的，排污单位提交的建设项目水资源论证报告中应当包含入河排污口设置论证报告的有关内容，不再单独提交入河排污口设置论证报告。

第九条 入河排污口设置论证报告应当包括下列内容：

（一）入河排污口所在水域水质、接纳污水及取水现状；

（二）入河排污口位置、排放方式；

（三）入河污水所含主要污染物种类及其排放浓度和总量；

（四）水域水质保护要求，入河污水对水域水质和水功能区的影响；

（五）入河排污口设置对有利害关系的第三者的影响；

（六）水质保护措施及效果分析；

（七）论证结论。

设置入河排污口依法应当办理河道管理范围内建设项目审查手续的，还应当按照有关规定就建设项目对防洪的影响进行论证。

第十条 入河排污口设置论证报告应当委托具有以下资质之一的单位编制：

（一）建设项目水资源论证资质；

（二）水文水资源调查评价资质；

（三）建设项目环境影响评价资质（业务范围包括地表水和地下水的）。

第十一条 有管辖权的县级以上地方人民政府水行政主管部门或者流域管理机构对申请材料齐全、符合法定形式的入河排污口设置申请，应当予以受理。

对申请材料不齐全或者不符合法定形式的，应当当场或者在五日内一次告知需要补正的全部内容，排污单位按照要求提交全部补正材料的，应当受理；逾期不告知补正内容的，自收到申请材料之日起即为受理。

受理或者不受理入河排污口设置申请，应当出具加盖印章和注明日期的书面凭证。

第十二条 有管辖权的县级以上地方人民政府水行政主管部门或者流域管理机构应当自受理入河排污口设置申请之日起二十日内作出决定。同意设置入河排污口的，应当予以公告，公众有权查询；不同意设置入河排污口的，应当说明理由，并告知排污单位享有依法申请行政复议或者提起行政诉讼的权利。对于依法应当编制环境影响报告书（表）的建设项目，还应当将有关决定抄送负责该报告书（表）审批的环境保护行政主管部门。

有管辖权的县级以上地方人民政府水行政主管部门或者流域管理机构根据需要，可以对入河排污口设置论证报告组织专家评审，并将所需时间告知排污单位。

入河排污口设置直接关系他人重大利益的，应当告知该利害关系人。排污单位、利害关系人有权进行陈述和申辩。

入河排污口的设置需要听证或者应当听证的，依法举行听证。

有管辖权的县级以上地方人民政府水行政主管部门或者流域管理机构作出决定前，应当征求入河排污口所在地有关水行政主管部门的意见。

本条第二款规定的专家评审和第四款规定的听证所需时间不计算在本条第一款规定的期限内，有管辖权的县级以上地方人民政府水行政主管部门或者流域管理机构应当将所需时间告知排污单位。

第十三条 设置入河排污口依法应当办理河道管理范围内建设项目审查手续的，有管辖权的县级以上地方人民政府水行政主管部门或者流域管理机构在对该工程建设申请和工程建设对防洪的影响评价进行审查的同时，还应当对入河排污口设置及其论证的内容进行审查，并就入河排污口设置对防洪和水资源保护的影响一并出具审查意见。

设置入河排污口需要同时办理取水许可和入河排污口设置申请的，有管辖权的县级以上地方人民政府水行政主管部门或者流域管理机构应当就取水许可和入河排污口设置申请一并出具审查意见。

第十四条 有下列情形之一的，不予同意设置入河排污口：

（一）在饮用水水源保护区内设置入河排污口的；

（二）在省级以上人民政府要求削减排污总量的水域设置入河排污口的；

（三）入河排污口设置可能使水域水质达不到水功能区要求的；

（四）入河排污口设置直接影响合法取水户用水安全的；

（五）入河排污口设置不符合防洪要求的；

（六）不符合法律、法规和国家产业政策规定的；

（七）其他不符合国务院水行政主管部门规定条件的。

第十五条 同意设置入河排污口的决定应当包括以下内容：

（一）入河排污口设置地点、排污方式和对排污口门的要求；

（二）特别情况下对排污的限制；

（三）水资源保护措施要求；

（四）对建设项目入河排污口投入使用前的验收要求；

（五）其他需要注意的事项。

第十六条　发生严重干旱或者水质严重恶化等紧急情况时，有管辖权的县级以上地方人民政府水行政主管部门或者流域管理机构应当及时报告有关人民政府，由其对排污单位提出限制排污要求。

第十七条　《中华人民共和国水法》施行前已经设置入河排污口的单位，应当在本办法施行后到入河排污口所在地县级人民政府水行政主管部门或者流域管理机构所属管理单位进行入河排污口登记，由其汇总并逐级报送有管辖权的水行政主管部门或者流域管理机构。

第十八条　县级以上地方人民政府水行政主管部门应当对饮用水水源保护区内的排污口现状情况进行调查，并提出整治方案报同级人民政府批准后实施。

第十九条　县级以上地方人民政府水行政主管部门和流域管理机构应当对管辖范围内的入河排污口设置建立档案制度和统计制度。

第二十条　县级以上地方人民政府水行政主管部门和流域管理机构应当对入河排污口设置情况进行监督检查。被检查单位应当如实提供有关文件、证照和资料。

监督检查机关有为被检查单位保守技术和商业秘密的义务。

第二十一条　未经有管辖权的县级以上地方人民政府水行政主管部门或者流域管理机构审查同意，擅自在江河、湖泊设置入河排污口的，依照《中华人民共和国水法》第六十七条第二款追究法律责任。

虽经审查同意，但未按要求设置入河排污口的，依照《中华人民共和国水法》第六十五条第三款和《中华人民共和国防洪法》第五十八条追究法律责任。

在饮用水水源保护区内设置排污口的，以及已设排污口不依照整治方案限期拆除的，依照《中华人民共和国水法》第六十七条第一款追究法律责任。

第二十二条　入河排污口设置和使用的监督管理，本办法有规定的，依照本办法执行；本办法未规定，需要办理河道管理范围内建设项目审查手续的，依照河道管理范围内建设项目管理的有关规定执行。

第二十三条　入河排污口设置申请书和入河排污口登记表等文书格式，由国务院水行政主管部门统一制定。

第二十四条　各省、自治区、直辖市水行政主管部门和流域管理机构，可以根据本办法制定实施细则。

第二十五条　本办法由国务院水行政主管部门负责解释。

第二十六条　本办法自 2005 年 1 月 1 日起施行。

实行最严格水资源管理制度考核办法

（国办发 ［2013］ 2 号）

第一条 为推进实行最严格水资源管理制度，确保实现水资源开发利用和节约保护的主要目标，根据《中华人民共和国水法》、《中共中央国务院关于加快水利改革发展的决定》（中发 ［2011］ 1 号）、《国务院关于实行最严格水资源管理制度的意见》（国发 ［2012］ 3 号）等有关规定，制定本办法。

第二条 考核工作坚持客观公平、科学合理、系统综合、求真务实的原则。

第三条 国务院对各省、自治区、直辖市落实最严格水资源管理制度情况进行考核，水利部会同发展改革委、工业和信息化部、监察部、财政部、国土资源部、环境保护部、住房城乡建设部、农业部、审计署、统计局等部门组成考核工作组，负责具体组织实施。

各省、自治区、直辖市人民政府是实行最严格水资源管理制度的责任主体，政府主要负责人对本行政区域水资源管理和保护工作负总责。

第四条 考核内容为最严格水资源管理制度目标完成、制度建设和措施落实情况。

各省、自治区、直辖市实行最严格水资源管理制度主要目标详见附表；制度建设和措施落实情况包括用水总量控制、用水效率控制、水功能区限制纳污、水资源管理责任和考核等制度建设及相应措施落实情况。

第五条 考核评定采用评分法，满分为 100 分。考核结果划分为优秀、良好、合格、不合格四个等级。考核得分 90 分以上为优秀，80 分以上 90 分以下为良好，60 分以上 80 分以下为合格，60 分以下为不合格。（以上包括本数，以下不包括本数）

第六条 考核工作与国民经济和社会发展五年规划相对应，每五年为一个考核期，采用年度考核和期末考核相结合的方式进行。在考核期的第 2 至 5 年上半年开展上年度考核，在考核期结束后的次年上半年开展期末考核。

第七条 各省、自治区、直辖市人民政府要按照本行政区域考核期水资源管理控制目标，合理确定年度目标和工作计划，在考核期起始年 3 月底前报送水利部备案，同时抄送考核工作组其他成员单位。如考核期内对年度目标和工作计划有调整的，应及时将调整情况报送备案。

第八条 各省、自治区、直辖市人民政府要在每年 3 月底前将本地区上年度或上一考核期的自查报告上报国务院，同时抄送水利部等考核工作组成员单位。

第九条 考核工作组对自查报告进行核查，对各省、自治区、直辖市进行重点抽查和现场检查，划定考核等级，形成年度或期末考核报告。

第十条 水利部在每年 6 月底前将年度或期末考核报告上报国务院，经国务院审定后，向社会公告。

第十一条 经国务院审定的年度和期末考核结果，交由干部主管部门，作为对各省、自治区、直辖市人民政府主要负责人和领导班子综合考核评价的重要依据。

第十二条　对期末考核结果为优秀的省、自治区、直辖市人民政府，国务院予以通报表扬，有关部门在相关项目安排上优先予以考虑。对在水资源节约、保护和管理中取得显著成绩的单位和个人，按照国家有关规定给予表彰奖励。

第十三条　年度或期末考核结果为不合格的省、自治区、直辖市人民政府，要在考核结果公告后一个月内，向国务院作出书面报告，提出限期整改措施，同时抄送水利部等考核工作组成员单位。

整改期间，暂停该地区建设项目新增取水和入河排污口审批，暂停该地区新增主要水污染物排放建设项目环评审批。对整改不到位的，由监察机关依法依纪追究该地区有关责任人员的责任。

第十四条　对在考核工作中瞒报、谎报的地区，予以通报批评，对有关责任人员依法依纪追究责任。

第十五条　水利部会同有关部门组织制定实行最严格水资源管理制度考核工作实施方案。

各省、自治区、直辖市人民政府要根据本办法，结合当地实际，制定本行政区域内实行最严格水资源管理制度考核办法。

第十六条　本办法自发布之日起施行。

附表1　　　　　　　　各省、自治区、直辖市用水总量控制目标　　　　　单位：亿 m³

地区	2015 年	2020 年	2030 年	地区	2015 年	2020 年	2030 年
北京	40.00	46.58	51.56	湖北	315.51	365.91	368.91
天津	27.50	38.00	42.20	湖南	344.00	359.75	359.77
河北	217.80	221.00	246.00	广东	457.61	456.04	450.18
山西	76.40	93.00	99.00	广西	304.00	309.00	314.00
内蒙古	199.00	211.57	236.25	海南	49.40	50.30	56.00
辽宁	158.00	160.60	164.58	重庆	94.06	97.13	105.58
吉林	141.55	165.49	178.35	四川	273.14	321.64	339.43
黑龙江	353.00	353.34	370.05	贵州	117.35	134.39	143.33
上海	122.07	129.35	133.52	云南	184.88	214.63	226.82
江苏	508.00	524.15	527.68	西藏	35.79	36.89	39.77
浙江	229.49	244.40	254.67	陕西	102.00	112.92	125.51
安徽	273.45	270.84	276.75	甘肃	124.80	114.15	125.63
福建	215.00	223.00	233.00	青海	37.00	37.95	47.54
江西	250.00	260.00	264.63	宁夏	73.00	73.27	87.93
山东	250.60	276.59	301.84	新疆	515.60	515.97	526.74
河南	260.00	282.15	302.78	全国	6350.00	6700.00	7000.00

附表2　　　　　　　　各省、自治区、直辖市用水效率控制目标

地区	2015 年		地区	2015 年	
	万元工业增加值用水量比 2010 年下降（%）	农田灌溉水有效利用系数		万元工业增加值用水量比 2010 年下降（%）	农田灌溉水有效利用系数
北京	25	0.710	湖北	35	0.496
天津	25	0.664	湖南	35	0.490
河北	27	0.667	广东	30	0.474
山西	27	0.524	广西	33	0.450
内蒙古	27	0.501	海南	35	0.562
辽宁	27	0.587	重庆	33	0.478
吉林	30	0.550	四川	33	0.450
黑龙江	35	0.588	贵州	35	0.446
上海	30	0.734	云南	30	0.445
江苏	30	0.580	西藏	30	0.414
浙江	27	0.581	陕西	25	0.550
安徽	35	0.515	甘肃	30	0.540
福建	35	0.530	青海	25	0.489
江西	35	0.477	宁夏	27	0.480
山东	25	0.630	新疆	25	0.520
河南	35	0.600	全国	30	0.530

注　各省、自治区、直辖市 2015 年后的用水效率控制目标，应综合考虑国家产业政策、区域发展布局和物价等因素，结合国民经济和社会发展五年规划另行制定。

附表3　　各省、自治区、直辖市重要江河湖泊水功能区水质达标率控制目标（%）

地区	2015 年	2020 年	2030 年	地区	2015 年	2020 年	2030 年
北京	50	77	95	湖北	78	85	95
天津	27	61	95	湖南	85	91	95
河北	55	75	95	广东	68	83	95
山西	53	73	95	广西	86	90	95
内蒙古	52	71	95	海南	89	95	95
辽宁	50	78	95	重庆	78	85	95
吉林	41	69	95	四川	77	83	95
黑龙江	38	70	95	贵州	77	85	95
上海	53	78	95	云南	75	87	95
江苏	62	82	95	西藏	90	95	95
浙江	62	78	95	陕西	69	82	95
安徽	71	80	95	甘肃	65	82	95
福建	81	86	95	青海	74	88	95
江西	88	91	95	宁夏	62	79	95
山东	59	78	95	新疆	85	90	95
河南	56	75	95	全国	60	80	95

附件 6

全国重要江河湖泊水功能区标志
设立工作要求

（水利部　办资源〔2012〕381 号）

为规范水功能区标志设计，按照《水功能区管理办法》、水利部办公厅《关于贯彻落实〈水功能区管理办法〉加强水功能区监督管理工作的通知》（办资源〔2003〕77 号）和水利部办公厅《关于开展水功能区确界立碑工作的通知》（办资源〔2004〕117 号）规定，现对全国重要江河湖泊水功能区标志设立制定要求如下：

一、位置及数量

优先对保护区、保留区、缓冲区等水功能一级区和开发利用区中的饮用水源区进行立标，并逐步扩大到其他水功能区。水功能区标志应设置在水功能区起点、终点或监测断面附近，并靠近交通要道、人流量较大的地点。河流（水库、湖泊）较宽的可以在两岸分别设立。水功能区长度小于 10 公里的，只在代表断面设立标。

二、标志内容

标志文字内容分正反两面。

（一）正面内容应包括水功能区名称、范围、水质保护目标、批准机关、简要管理要求、立标单位和日期等 7 项。

1. 水功能区名称：一级或二级水功能区名称，应与《全国重要江河湖泊水功能区划（2011—2030 年）》中的名称一致。

2. 批准机关：中华人民共和国国务院。

3. 水质保护目标：水功能区水质目标。

4. 范围：水功能区地理范围，包括所在河流（湖泊）、起始断面、终止断面及水功能区长度或湖泊、水库面积。

5. 简要管理要求：醒目、重要的水功能区管理及保护要求。

6. 立标单位和时间：立标的流域管理机构或省级人民政府水行政主管部门、立标时间。

除上述内容外，也可以标注其他与水资源管理和保护有关的其他内容。

（二）标志可以正反两面印制相同文字内容，也可在标志反面选择印制以下内容：

1. 《水法》等法律法规中有关水功能区管理的条文节选。

2. 水功能区简要示意图，说明水功能区地理范围、所在河流流向、交界行政区位置关系等。

3. 有关水资源保护工作的宣传口号。

（三）标志设计样式要美观大方，文字的字体、设计样式应保持统一。

三、规格及材质

可结合各自特点，按照经济节约、安全耐用的原则，自行选择确定水功能区标志的规格及材质，在同一河流上，尽量使用统一的水功能区标志制作规格及材质。

四、经费使用要求

水功能区确界立标工作经费的使用，应严格执行有关财务制度和规定，严格招投标管理，坚持做到安全规范、高效节约、合理合规。